複素代数幾何学入門

複素代数幾何学入門

堀川穎二 著

Introduction to Complex
Algebraic Geometry

岩波書店

口　上

本書は東京大学理学部数学科で4年生，大学院生を対象に行なった代数幾何の入門講義をもとに書かれている．第1章として複素関数論を付け加えたので，微分積分と線形代数の知識があれば(つまり大学2年生でも)かなり読み進むことができると思われる．途中から，環・体の基本事項と位相空間の知識が必要となるが，参照すべき本と個所を挙げておいた．

本書の原稿は1981年後半には殆ど完成していたのであるが，種々の理由により出版されることはなかった．今回日の目を見ることになったことは著者としても非常に喜ばしい．内容的にはそれ程古びていないと思う．もともと最新の成果よりむしろクラシックな内容を選んでいたからであろう．

「複素代数幾何学」というのは複素数体上の代数多様体を，複素多様体の言葉で研究するという意である．したがってスキーム理論や標数pの代数多様体には触れない．しかしそれらを学ぶ時にも本書のような内容に親しんでおくことは非常に重要であると考えられる．

目　次

第1章　正則関数

§1.1　微分形式と積分

記号 $\boldsymbol{R}$ で実数全体を表わし，$\boldsymbol{C}$ で複素数全体を表わす．一般に n 個の $\boldsymbol{R}$ の直積を $\boldsymbol{R}^n$，n 個の $\boldsymbol{C}$ の直積を $\boldsymbol{C}^n$ と書く．複素数 z に対して実部 $\mathrm{Re}\, z$ と虚部 $\mathrm{Im}\, z$ を対応させることによって $\boldsymbol{C}$ は $\boldsymbol{R}^2$ と同一視できる．$\boldsymbol{R}^2$ を実平面と呼ぶのに対して $\boldsymbol{C}$ を複素平面と呼ぶ．

この節では実平面 $\boldsymbol{R}^2$ に含まれる領域 D を考える．$\boldsymbol{R}^2$ の座標を (x, y) とするとき

$$\varphi = fdx + gdy$$

の形のものを D 上の1次微分形式と呼ぶ．ここで f, g は D 上定義された複素数値をとる連続微分可能な関数であるとする．f, g が C^∞ 関数，すなわち無限回連続微分可能のとき φ は C^∞ 1次微分形式であるという．また dx, dy は座標 (x, y) に付随した記号であると考えることにする．

このように定義された微分形式は座標 (x, y) に依存した概念である．$\boldsymbol{R}^2$ の別の座標 (u, v) をとって

$$\psi = hdu + kdv$$

(h, k は D 上の連続微分可能な関数)という微分形式を考える．このとき，φ と ψ をいつ同じものと考えるかということが定義されなければならない．

新しい座標 u, v は D 上の関数であるから，古い座標 (x, y) の関数として

$$u = A(x, y), \qquad v = B(x, y)$$

と表わすことができる．このとき上に用いた記号 dx, dy, du, dv は次のように振舞うと定める．

$$du = \frac{\partial A}{\partial x}dx + \frac{\partial A}{\partial y}dy, \tag{1.1}$$
$$dv = \frac{\partial B}{\partial x}dx + \frac{\partial B}{\partial y}dy.$$

これを形式的に代入すれば

$$\psi=\left(h\frac{\partial A}{\partial x}+k\frac{\partial B}{\partial x}\right)dx+\left(h\frac{\partial A}{\partial y}+k\frac{\partial B}{\partial y}\right)dy$$

となる．したがって，2つの微分形式 $\varphi=fdx+gdy$ と $\psi=hdu+kdv$ が同じものであるとは，D 上

$$f=h\frac{\partial A}{\partial x}+k\frac{\partial B}{\partial x},\qquad g=h\frac{\partial A}{\partial y}+k\frac{\partial B}{\partial y} \tag{1.2}$$

が成り立つことであると定義すればよい．

上の定義で座標変換の関数 A, B がどのような関数であるかをことわらなかった．ここでは一応 A, B は (x, y) の C^∞ 関数ということにしておく[1)]．

最初に座標 (x, y) を用いて微分形式を定義した時点では，微分形式は座標に束縛されたものであったが，変換公式(1.1)を定めることによってそれはある意味で座標から独立になっているのである．したがって，あたかも微分形式 φ というものがまず存在して，それをある座標 (x, y) に関してあらわしたものが $fdx+gdy$ であるというように考えることができる．

より厳密には，D 上の座標(x, y)と微分形式 $\varphi=fdx+gdy$ の組$((x, y), \varphi)$を考える．(u, v) と $\psi=hdu+kdv$ が同様の組で(1.2)がみたされているとき $((x, y), \varphi)\sim((u, v), \psi)$ と定義する．このとき，容易に確かめられるように $\sim$ は同値関係である[2)]．この同値関係による同値類のことを微分形式と考えればよい．

記号から想像されるように微分形式は積分と結びついた概念である．そこで次に微分形式の積分を定義したいのであるが，そのために積分路の概念を明確にしなければならない．$I=[a, b]$ を $\boldsymbol{R}$ 内の閉区間として

$$\gamma: I \longrightarrow D$$

を C^1 級の写像とする．すなわち $\boldsymbol{R}$ の座標を t とすれば γ は

$$t \longrightarrow (x, y)=(\alpha(t), \beta(t))$$

で与えられ，α, β は閉区間 I で連続微分可能な関数である．このような γ を C^1 級の道と呼ぶ．さらに導関数 $\alpha'(t), \beta'(t)$ が同時に0にならないとき，γ を

---

1)　これはすなわち D を C^∞ 可微分多様体(後出)と考えようということである．

2)　合成微分の連鎖律．

滑らかな道(smooth path)と呼ぶ．また γ が写像として1対1のとき Jordan の道(Jordan path)と呼ぶ．

$\varphi=fdx+gdy$ を D 上の1次微分形式，γ を D 内の C^1 級の道とする．このとき，φ の γ に沿っての積分を

$$\int_a^b\{f(\alpha(t),\beta(t))\alpha'(t)+g(\alpha(t),\beta(t))\beta'(t)\}dt$$

によって定義して $\int_\gamma\varphi$ と書くことにする．これは D の座標 (x,y) のとり方によらないことが(1.1)を用いて容易に確かめられる．γ をこの積分の積分路と呼ぶ．

考えを明確にするために γ は滑らかな Jordan の道とする．γ の像を Γ とする．上に定義した積分は写像 γ によって定まるものであって Γ に対して定義されたものではないことに注意しよう．たとえば $\delta:I\to D$ を $\delta(t)=\gamma(a+b-t)$ によって定義すれば $\delta(I)=\Gamma$ であるが，簡単な計算によって $\int_\delta\varphi=-\int_\gamma\varphi$ であることがわかる．このような γ と δ を区別するためには Γ の向きづけを考えればよい．すなわち，$p=\gamma(a),q=\gamma(b)$ を Γ の端点とすれば γ の像としての Γ は p から q に向って向きづけられていると定義する．したがって上に定義した δ は Γ 上に γ とは逆の向きづけを定めていることになる．

補題 1.1　γ を D 内の滑らかな Jordan の道とする．D 上の1次微分形式 φ を固定したとき，積分 $\int_\gamma\varphi$ は γ の像 Γ とその向きづけによって定まる．

証明　$\hat{\gamma}:[\hat{a},\hat{b}]\to D$ は滑らかな Jordan の道で γ と同じ向きがつけられた像 Γ を持つとする．$\hat{\gamma}$ は座標 s を用いて $x=\hat{\alpha}(s), y=\hat{\beta}(s)$ によって与えられているとすれば，$\hat{\gamma}$ は1対1で $\hat{\alpha}'(s)=\hat{\beta}'(s)=0$ とはならない．$\hat{\gamma}$ の逆写像を $\hat{\gamma}^{-1}:\Gamma\to[\hat{a},\hat{b}]$ として $h=\hat{\gamma}^{-1}\circ\gamma$ とすれば，h は $[a,b]$ から $[\hat{a},\hat{b}]$ の上への1対1連続写像で C^1 級である．γ と $\hat{\gamma}$ は Γ 上に同じ向きを定めているから $h(a)=\hat{a}$, $h(b)=\hat{b}$ である．$\varphi=fdx+gdy$ とすれば

$$\int_{\hat{\gamma}}\varphi=\int_{\hat{a}}^{\hat{b}}\{f(\hat{\alpha}(s),\hat{\beta}(s))\hat{\alpha}'(s)+g(\hat{\alpha}(s),\hat{\beta}(s))\hat{\beta}'(s)\}ds$$

であるが，ここで $s=h(t)$ によって変数変換すれば右辺は $\int_\gamma\varphi$ の定義式に書き直される．(証明終り)

今後 $\int_\gamma\varphi$ のかわりに $\int_\Gamma\varphi$ と書くことがあるが，その場合にも前後の文脈か

らΓには向きづけが定まっている筈である．

道の概念を少し一般化して，区分的にC^1級の写像$\gamma:[a,b]\to D$を考える．すなわちγは連続で，$[a,b]$を適当な有限個の区間$[\varepsilon_0,\varepsilon_1],[\varepsilon_1,\varepsilon_2],\cdots,[\varepsilon_{m-1},\varepsilon_m]$ $(a=\varepsilon_0<\varepsilon_1<\cdots<\varepsilon_m=b)$に分割したとき，$\gamma$は各区間$[\varepsilon_i,\varepsilon_{i+1}]$で$C^1$級であるとする．このとき$\gamma$の$[\varepsilon_i,\varepsilon_{i+1}]$への制限を$\gamma_i$とすれば

$$\int_\gamma \varphi = \sum_{i=0}^{m-1}\int_{\gamma_i}\varphi \tag{1.3}$$

によって左辺を定義することができる．与えられたγに対して上に述べた条件をみたす分割の仕方は幾通りもあるが(1.3)の値はこのような分割のとり方によらない．

以後重要なのは$\gamma(a)=\gamma(b)$の場合である．このときγは閉じた道(closed path)と呼ばれる．さらに端点a,bを除いてはγが1対1のとき，γを閉じたJordanの道と呼ぶ．

§1.2 向きづけ(orientation)

前節に引き続きDは実平面$\boldsymbol{R}^2$の領域とする．(x,y)を$\boldsymbol{R}^2$の座標とし，$h=h(x,y)$をD上のC^∞関数とすれば，積分

$$\int_D h(x,y)\,dxdy$$

を考えることができる[1)]．しかし前節で述べたかったことは，このとき積分されるべきものは関数ではなく微分形式であるという考え方である．2次元の場合には$h(x,y)\,dxdy$をD上積分していると考える訳であるが，ここで新しい記号を導入して

$$\eta = h(x,y)\,dx\wedge dy$$

の形のものをD上の2次微分形式と呼ぶことにする．ここで$dx\wedge dy$はdxとdyの外積(exterior product，または wedge product)と呼ばれる．つまり2つの1次微分形式の外積をとれば2次の微分形式が生ずる．ただし，この外積はいわゆる交代的な積であって

1) 小平邦彦“解析入門”岩波講座 基礎数学，§7.2，高木貞治“解析概論”改訂第3版(岩波)第8章．

$$dy\wedge dx=-dx\wedge dy, \qquad dx\wedge dx=dy\wedge dy=0$$

と約束する．$\varphi=fdx+gdy, \psi=hdx+kdy$ が2つの1次微分形式のとき，それらの外積 $\varphi\wedge\psi$ を線形性と分配律によって定義することにする．すなわち

$$(1.4) \qquad \begin{aligned}\varphi\wedge\psi &= (fdx+gdy)\wedge(hdx+kdy)\\ &= fkdx\wedge dy+ghdy\wedge dx\\ &= (fk-gh)\,dx\wedge dy\end{aligned}$$

である．最後の式に表われる係数は行列式 $\det\begin{pmatrix} f & g \\ h & k\end{pmatrix}$ であることに注意しておく．

さて，改めて D 上の2次微分形式 $\eta=h(x,y)\,dx\wedge dy$ が与えられたとする．η の D 上の積分 $\int_D\eta$ を定義するためには D 上の向きづけを指定しなければならない．結論から言えば D 上には2通りの向きづけがあって，一方は $dx\wedge dy$ を正の微分形式と考える向きづけで，他方は $dx\wedge dy$ を負の微分形式と考える向きづけである．前者の場合には

$$\int_D h(x,y)\,dx\wedge dy=\int_D h(x,y)\,dxdy$$

と定義する．ここで右辺は通常の重積分である[1]．また逆の向きづけの場合には右辺の符号を変えたものを左辺の積分であると定義する．

さてそれでは D 上の向きづけは如何にして与えられるかと言うと，それは D 上の座標系 (x,y) を指定することで与えられる．このとき $dx\wedge dy$ は正の微分形式であると約束するのである．x,y の順序を入れ換えて (y,x) とすれば，これは $dy\wedge dx$ が正の微分形式となる向きづけであるから，上の約束によって $dx\wedge dy$ は負の微分形式ということになる．したがって (y,x) は (x,y) の定める向きづけと逆の向きづけを定める．一般に (u,v) が D 上の座標系のとき，u,v を (x,y) の関数と考えて Jacobi 行列式を

$$J=\det\begin{pmatrix}\dfrac{\partial u}{\partial x} & \dfrac{\partial u}{\partial y}\\[2ex] \dfrac{\partial v}{\partial x} & \dfrac{\partial v}{\partial y}\end{pmatrix}$$

とする．J は D 上決して0にならない C^∞ 関数であるから，連結集合 D 上で

1) 通常の積分では $dxdy$ と $dydx$ には区別がない(Fubini の定理参照)．

J の符号は一定である．$J>0$ のとき (u, v) は (x, y) と同じ向きづけを定め，$J<0$ のとき (u, v) は (x, y) と逆の向きづけを定めるものと定義する．(1.1) と(1.4)によって

$$du \wedge dv = Jdx \wedge dy \tag{1.5}$$

が成り立つから，この定義は自然なものと考えられる．

次に上に定義した微分形式の積分が座標系のとり方によらない意味を持つことを確かめておこう．そのために (x, y), (u, v) を D 上の 2 つの座標として，η を D 上の 2 次微分形式とする．

$$\eta = hdx \wedge dy = fdu \wedge dv$$

とすれば(1.5)によって $h=fJ$ である．一方，重積分の変数変換の公式[1]によれば

$$\int_D fdudv = \int_D f|J|dxdy$$

が成り立つ．今 D は (u, v) によって向きづけられているとすれば左辺の積分は $\int_D fdu \wedge dv$ である．もし $J>0$ ならば右辺は $\int_D hdxdy$ で，この場合には (x, y) は (u, v) と同じ向きづけであるからこれは $\int_D hdx \wedge dy$ に等しい．また $J<0$ の場合には

$$\text{右辺} = -\int_D fJdxdy = -\int_D hdxdy = \int_D hdx \wedge dy$$

となる．ここで最後に符号が変わるのは $dx \wedge dy$ が負の微分形式だからである．以上によって，いずれの場合にも等式 $\int_D fdu \wedge dv = \int_D hdx \wedge dy$ が確かめられた．

前節で述べたように道の向きづけの意味は明らかである．一方がプラスの方向なら他方はマイナスの方向である．2 次元の領域の向きづけはそれに比べて少しわかりにくいが次のように考えることができる．今 $\boldsymbol{R}^2$ の座標 (x, y) をとって，さらに 3 番目の座標 z をとり，$z=h(x, y)$ なる関数とそのグラフを考えることにする．このとき，(x, y) を通常の習慣のようにとると，z に対しては紙面から上をプラスにとるか，下をプラスにとるかの選択の余地が生ずる．普通 x 軸から y 軸の方向へねじったとき，右ネジの進む方向に z 軸のプラス

1) “解析入門” 379 ページ，“解析概論” 第 8 章 96 節．

をとる場合を右手系と呼び，逆の場合を左手系と呼ぶ(図1)．いずれの場合にも，座標 x, y を入れ換えれば z 軸のプラスの方向とマイナスの方向が入れ換わる．したがって，たとえば右手系をとると約束すれば，x, y の順序を定めることと z 軸のプラスの方向を定めることは同値である．さらに z 軸のプラスの方向を定めるためには，その方向に進む右ネジの回転方向を定めればよろしい．したがって $\boldsymbol{R}^2$ における向きづけを定めることは $\boldsymbol{R}^2$ における1つの回転方向を定めることに他ならない．

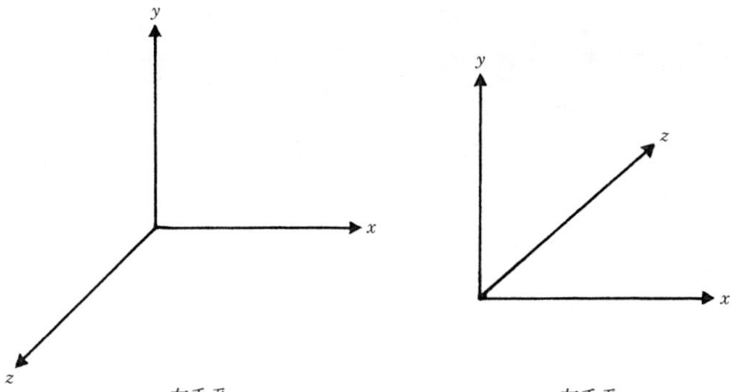

図 1

D が $\boldsymbol{R}^2$ の領域のとき，座標 (x, y) を習慣のようにとって D の向きづけを定めることに約束する．これは上に述べた翻訳によれば，D 上に時計の進行方向と逆の回転方向を指定することと同じである．さらに D の境界が有限個の区分的に滑らかな Jordan の閉じた道から成り立っているとすれば，この回転方向はこれらの道の上での向きづけを定める．たとえば図2では γ_1 は時計の進行方向，γ_2 ではその逆である．言い換えれば，境界の向きづけは D の内部を

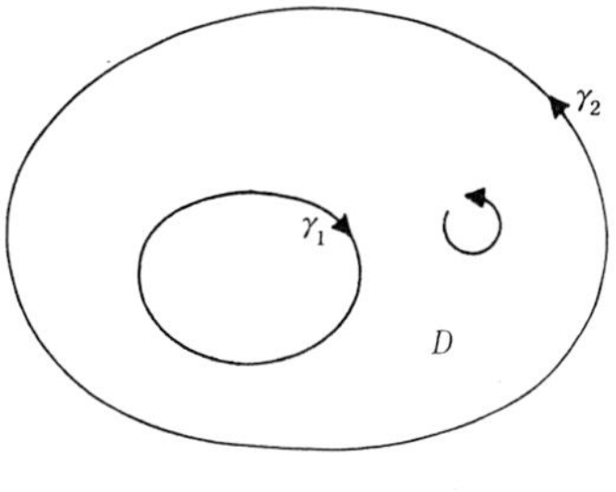

図 2

左側に見るように進む方向が正の方向である．特に D が円の内部の場合に対応して，円周上では時計の進行方向と逆の方向を正の向きと呼ぶ．

以上の習慣的な向きづけの選び方には何ら論理的必然性はなく，その理由は左利きの人よりも右利きの人が多いことであると考えられる．

§1.3　Green の定理

この節では D は $\boldsymbol{R}^2$ の有界領域で，その境界 ∂D は有限個の区分的に滑らかな閉じた Jordan の道 $\gamma_1, \gamma_2, \cdots, \gamma_m$ から成っていて，相異なる γ_i と γ_j は交わらないとする．D は前節の最後に述べたように向きづけられていて，それにしたがって $\gamma_1, \gamma_2, \cdots, \gamma_m$ も向きづけられているものとする．

D の閉包を含む領域 E で定義された1次微分形式 φ を考える．$\boldsymbol{R}^2$ の座標を (x, y) とすれば $\varphi = fdx + gdy$ とあらわすことができる．ここで f, g は E で定義された C^1 級の関数である．このとき φ の外微分 $d\varphi$ を

$$d\varphi = \left(\frac{\partial g}{\partial x} - \frac{\partial f}{\partial y}\right) dx \wedge dy$$

によって定義する[1]．

定理

(1.6)
$$\int_D d\varphi = \int_{\partial D} \varphi$$

が成り立つ．ただし右辺は各 γ_i 上の積分の和である．関数 f, g を用いて書けば

$$\int_D \left(\frac{\partial g}{\partial x} - \frac{\partial f}{\partial y}\right) dxdy = \int_{\partial D} fdx + gdy$$

である．——

これは Green の定理，または Gauss の定理と呼ばれる定理である．ここでは一般の場合に定理を証明することはやめて，D が簡単な形の場合に定理を証明し，一般の場合は証明の方針を示すにとどめる．

(i)　まず D が座標軸に平行な辺を持つ長方形

$$D = \{(x, y) \in \boldsymbol{R}^2 \mid a < x < b,\ c < y < d\}$$

---

1)　簡単な計算でわかるように $d\varphi$ は座標 (x, y) によらずに定まる(§5.1参照)．

の場合を考える．このとき

$$\int_D \frac{\partial g}{\partial x} dxdy = \int_c^d dy \int_a^b \frac{\partial g}{\partial x} dx$$

であるから[1)]

$$\int_D \frac{\partial g}{\partial x} dxdy = \int_c^d \{g(b, y) - g(a, y)\} dy$$

となる．同様に

$$\int_D \frac{\partial f}{\partial y} dxdy = \int_a^b \{f(x, d) - f(x, c)\} dx$$

である．したがって

$$\int_D d\varphi = \int_a^b f(x, c)\, dx + \int_c^d g(b, y)\, dy - \int_a^b f(x, d)\, dx - \int_c^d g(a, y)\, dy$$

が成り立つ．右辺は D の各辺上の積分の和であるが，§1.1 の積分の定義と向きづけを考慮すればその和は $\int_{\partial D} \varphi$ に他ならない．

（ii） 次に $c(x), d(x)$ を閉区間 $[a, b]$ で定義された C^1 級の関数として

(1.7) $$D = \{(x, y) \in \boldsymbol{R}^2 \mid a < x < b,\ c(x) < y < d(x)\}$$

の場合を考える．ただし，$a \leqq x \leqq b$ で $c(x) < d(x)$ であると仮定する (図 3)．(i)の場合に帰着させるために

$$S = \{(u, v) \in \boldsymbol{R}^2 \mid a < u < b,\ 0 < v < 1\}$$

として，S から D への写像 Φ を

$$(u, v) \to (x, y) = (u, (1-v)c(u) + vd(u))$$

によって定義する．Φ は S から D の上への 1 対 1，C^1 写像で逆も C^1 級であって，S の境界を D の境界に写す．言い換えれば，(u, v) を D の座標と考えることができる．この新しい座標について見れば D は(i)で考えた領域であるから (1.6) が成り立つ[2)]．

（iii） D は (1.7) の形の領域で，$x = a$ または b では $c(x) = d(x)$ となる場合を考える．このとき，上と同じ写像 Φ によって，x, y を (u, v) の関数と考えて

1) “解析入門” 421 ページ定理 8.14，“解析概論” 第 8 章 93 節．
2) 8 ページの脚注に注意．

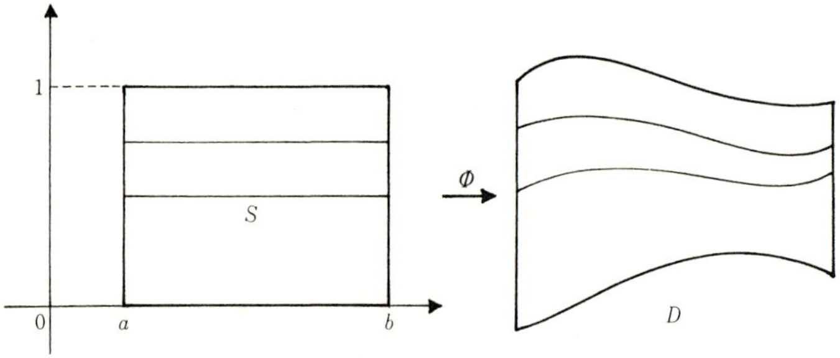

図 3

$$\Phi^*\varphi = f\left(\frac{\partial x}{\partial u}du+\frac{\partial x}{\partial v}dv\right)+g\left(\frac{\partial y}{\partial u}du+\frac{\partial y}{\partial v}dv\right)$$

とする．$\Phi^*\varphi$ に(i)を適用して

$$\int_S d(\Phi^*\varphi) = \int_{\partial S}\Phi^*\varphi$$

を得る．ここで左辺は $\int_D d\varphi$ に等しい．右辺は S の 4 つの辺上の積分の和であるが，たとえば $c(a)=d(a)$ ならば，$u=a, 0\leqq v\leqq 1$ における積分は 0 である．したがって，結局右辺は $\int_{\partial D}\varphi$ に等しい．

(iv) 一般の場合には D を有限個の(ii), (iii)の形の領域[1] K_j に分割して，各 K_j に定理を適用すれば

$$\int_D d\varphi = \sum_j \int_{\partial K_j}\varphi$$

を得る．ある K_j の境界で D の内部にある部分の積分は別の K_i の境界上の積分と打ち消し合って，最後の和は ∂D 上の積分となる．このような分割が存在することを正確に証明することは結構面倒である[2]．しかし D が円板や円環領域

$$\{(x, y)\in \boldsymbol{R}^2 \mid r^2<x^2+y^2<R^2\}$$

の場合にはこのような分割の存在は直観的に明らかであろう．

これまで φ は D の閉包を含む領域で定義されていると仮定してきたが，実は φ が D で C^1 級で，D の閉包で連続ならば(1.6)が成り立つ．これを証明するには D が(ii)の形の領域の場合に証明できればよいことは上と同様である．

1) 及び，それらを 90° 回転した形の領域．
2) 小平邦彦“複素解析”岩波講座，基礎数学 § 2.2.

またその場合には ε を十分小さい正数として

$$D^\varepsilon = \{(x, y) \in \boldsymbol{R}^2 \mid a+\varepsilon < x < b-\varepsilon,\ c(x)+\varepsilon < y < d(x)-\varepsilon\}$$

とすれば $\int_{D^\varepsilon} d\varphi = \int_{\partial D^\varepsilon} \varphi$ が成り立つから，$\varepsilon \to 0$ とすれば(1.6)が得られる[1]．

§1.4 Cauchyの積分公式

この節では複素平面 $\boldsymbol{C}$ を考える．$\boldsymbol{C}$ の座標を z として実部 $\mathrm{Re}\, z$ を x，虚部 $\mathrm{Im}\, z$ を y とする．$z=x+iy$, $i=\sqrt{-1}$ である．$z=x+iy$ の複素共役 $x-iy$ を $\bar{z}$ で表わす．

さて f を $\boldsymbol{C}$ 内の領域 D で定義された複素数値をとる C^1 級の関数とする．このとき

$$\frac{\partial f}{\partial z} = \frac{1}{2}\left(\frac{\partial f}{\partial x} - i\frac{\partial f}{\partial y}\right),$$
$$\frac{\partial f}{\partial \bar{z}} = \frac{1}{2}\left(\frac{\partial f}{\partial x} + i\frac{\partial f}{\partial y}\right) \tag{1.8}$$

と定義する．これは $x=\frac{1}{2}(z+\bar{z})$, $y=\frac{1}{2i}(z-\bar{z})$ で $z, \bar{z}$ を独立だと思って合成微分の公式を形式的に適用して得られる式である．(1.8)に対応して

$$dz = dx + idy,$$
$$d\bar{z} = dx - idy \tag{1.9}$$

と定義する[2]．これらは D 上の1次微分形式である．関数 f の外微分 df は

$$df = \frac{\partial f}{\partial x}dx + \frac{\partial f}{\partial y}dy$$

と定義されるが，(1.8)(1.9)にしたがって計算すれば

$$df = \frac{\partial f}{\partial z}dz + \frac{\partial f}{\partial \bar{z}}d\bar{z}$$

である．また(1.9)を用いれば D 上の1次微分形式は

$$\varphi = \alpha dz + \beta d\bar{z}$$

の形にあらわされる．このとき

$$d\varphi = \left(\frac{\partial \beta}{\partial z} - \frac{\partial \alpha}{\partial \bar{z}}\right) dz \wedge d\bar{z} \tag{1.10}$$

---

1) 次節，補題1.2参照．
2) $dz, d\bar{z}$ は，$\partial/\partial z, \partial/\partial \bar{z}$ の双対基底(dual basis)である．

である．

領域 D で定義された C^1 級の関数 f が D の任意の点で

$$\frac{\partial f}{\partial \bar{z}} = 0 \tag{1.11}$$

をみたすとき，f は D で正則(holomorphic)であるという．あるいは f は D 上の正則関数(holomorphic function)であるともいう．また(1.11)は Cauchy-Riemann の方程式と呼ばれる．

正則関数は次に述べる微分可能性によっても定義することができる．まず D の点 z_0 をとり，h を絶対値の十分小さい[1]複素数として

$$\lim_{h \to 0} \frac{f(z_0+h)-f(z_0)}{h} \tag{1.12}$$

を考える．ここで h は複素変数として 0 に近づくとする．(1.12)の極限が存在するとき，f は z_0 で(複素)微分可能であるといって，その極限を $f'(z_0)$ または $df/dz(z_0)$ であらわして f の z_0 における微係数と呼ぶ．また $f'(z_0)$ を z_0 の関数と考える場合には f' を f の導関数(derivative)と呼ぶ．

命題 1.1 領域 D で定義された関数 f が正則であるための必要かつ十分な条件は D の各点 z で $f'(z)$ が存在して，$f'(z)$ が z の連続関数となることである[2]．

証明 f を $x=\mathrm{Re}\, z$, $y=\mathrm{Im}\, z$ の関数と見たものを $g(x, y)$ と書くことにする．g が (x, y) について C^1 級ならば g は全微分可能で

$$g(x_0+u, y_0+v)-g(x_0, y_0) = \frac{\partial g}{\partial x}(x_0, y_0)\,u+\frac{\partial g}{\partial y}(x_0, y_0)\,v+\varepsilon$$

と書ける．ここで ε は $\sqrt{u^2+v^2}\to 0$ のとき $\sqrt{u^2+v^2}$ よりも早く 0 に収束する[3]．$z_0=x_0+iy_0$, $h=u+iv$ とすれば左辺は $f(z_0+h)-f(z_0)$ に他ならない．一方 $u=(h+\bar{h})/2$ と $v=(h-\bar{h})/2i$ と(1.8)を用いて右辺を書き換えれば

$$f(z_0+h)-f(z_0) = \frac{\partial f}{\partial z}(z_0)\,h+\frac{\partial f}{\partial \bar{z}}(z_0)\,\bar{h}+\varepsilon$$

となる．f が正則ならば $\partial f/\partial \bar{z}=0$ であるから(1.12)の極限が存在して $f'(z_0)$

1) z_0+h が D に含まれる程度に．
2) f' の連続性は実は微分可能性から導くことができる(“複素解析” §2.4)．
3) “解析入門” 267 ページ定理 6.6, “解析概論” 第 2 章 22 節．

$=\partial f/\partial z(z_0)$ となる．

逆に f は z について微分可能で $f'(z)$ は連続であると仮定する．このとき(1.12)の極限において特に $h=u$ が実数のみをとって0に近づく場合を考えれば

$$f'(z_0)=\frac{\partial g}{\partial x}(x_0,y_0)$$

である．同様に $h=iv$ が純虚数の場合を考えれば

$$f'(z_0)=-i\frac{\partial g}{\partial y}(x_0,y_0)$$

を得る．これらより $f(z)$ は C^1 級で Cauchy-Riemann の方程式をみたすことがわかる．(証明終り)

実変数の場合と同様にして $f(z)=z^n$ (n は自然数)に対しては $f'(z)=nz^{n-1}$ となる．したがって z の多項式は $\boldsymbol{C}$ 上の正則関数である．また f が D 上正則でどの点でも0にならなければ $1/f$ も正則で $(1/f)'=-f'/f^2$ が成り立つ．

正則関数に対して次の Cauchy の定理と Cauchy の積分公式が成り立つ．

定理 1.1(Cauchy の定理)　f は $\boldsymbol{C}$ の有界領域 D で正則，D の閉包 $\bar{D}$ で連続な関数とする．さらに D の境界 ∂D は§1.3で述べた仮定をみたすとする．このとき

$$\int_{\partial D} f(z)\,dz=0 \tag{1.13}$$

が成り立つ．

証明　D 上の微分形式 $\varphi=f(z)\,dz$ を考えると(1.10)によって $d\varphi=0$ である．したがって Green の定理を適用すれば(1.13)が得られる．(証明終り)

定理 1.2(Cauchy の積分公式)　f, D は定理1.1と同じとして，c を D の点とする．このとき

$$f(c)=\frac{1}{2\pi i}\int_{\partial D}\frac{f(z)}{z-c}dz \tag{1.14}$$

が成り立つ．ただし ∂D は D の通常の向きづけから惹き起こされる向きづけを持つものとする．

証明　十分小さい正数 ρ をとり，c を中心とする半径 ρ の円板

$$\Delta_\rho=\{z\in\boldsymbol{C}\mid |z-c|<\rho\}$$

が D に含まれるようにする．E_ρ を D から $\varDelta_\rho$ の閉包を除いて得られる領域とする．このとき E_ρ の境界 ∂E_ρ は

$$\partial E_\rho = \partial D - \partial\varDelta_\rho \tag{1.15}$$

と書ける．ここで $\partial\varDelta_\rho$ に負の符号をつけたのは，E_ρ の境界としての向きづけが $\varDelta_\rho$ の境界としての向きづけと逆だからである．

E_ρ 上の1次微分形式

$$\varphi = \frac{f(z)}{z-c}dz$$

を考える．(1.10)によって

$$d\varphi = -\frac{\partial}{\partial\bar{z}}\left(\frac{f(z)}{z-c}\right)dz\wedge d\bar{z} \tag{1.16}$$

であるが E_ρ 上では $f(z)$ も $1/(z-c)$ も正則であるから $d\varphi=0$ となる．したがって E_ρ と φ に Green の定理を適用すれば，(1.15)に注意して

$$\int_{\partial D}\frac{f(z)}{z-c}dz - \int_{\partial\varDelta_\rho}\frac{f(z)}{z-c}dz = 0 \tag{1.17}$$

を得る．

次に(1.17)の第2項について

$$\lim_{\rho\to 0}\int_{\partial\varDelta_\rho}\frac{f(z)}{z-c}dz = 2\pi i f(c) \tag{1.18}$$

となることを証明する．そのために $\partial\varDelta_\rho$ を

$$z = c+\rho e^{i\theta}, \qquad 0 \leqq \theta \leqq 2\pi$$

とパラメータ表示すると $dz=\rho ie^{i\theta}d\theta$ であるから

$$\int_{\partial\varDelta_\rho}\frac{dz}{z-c} = \int_0^{2\pi} id\theta = 2\pi i$$

である．したがって両辺に $f(c)$ を掛けて

$$\int_{\partial\varDelta_\rho}\frac{f(c)}{z-c}dz = 2\pi i f(c)$$

を得る．これを用いて

$$\int_{\partial\varDelta_\rho}\frac{f(z)}{z-c}dz - 2\pi i f(c) = \int_{\partial\varDelta_\rho}\frac{f(z)-f(c)}{z-c}dz$$

と書くことができる．

(1.18)を証明するために ε を勝手な正の数とする．このとき ρ を十分小さ

くとれば $\partial\Delta_\rho$ の任意の点 z に対して

$$|f(z)-f(c)| < \varepsilon/2\pi$$

となるようにすることができる．したがって

$$\left|\int_{\partial\Delta_\rho}\frac{f(z)-f(c)}{z-c}dz\right| < \int_0^{2\pi}\frac{\varepsilon}{2\pi}d\theta = \varepsilon$$

が成り立つ．これで(1.18)が証明されたから(1.17)において $\rho\to0$ とすれば公式(1.14)が得られる．（証明終り）

定理 1.2 で f が正則であるという仮定をやめて，f は D 上 C^1 級，$\bar{D}$ で連続な関数であるとする．このとき Green の定理は

$$\int_{\partial D}\frac{f(z)}{z-c}dz-\int_{\partial\Delta_\rho}\frac{f(z)}{z-c}dz = -\int_{E_\rho}\frac{\partial f}{\partial\bar{z}}(z)\frac{dz\wedge d\bar{z}}{z-c} \tag{1.19}$$

となる．ここで $\rho\to0$ とすれば

$$f(c) = \frac{1}{2\pi i}\int_{\partial D}\frac{f(z)}{z-c}dz+\lim_{\rho\to0}\frac{1}{2\pi i}\int_{E_\rho}\frac{\partial f}{\partial\bar{z}}(z)\frac{dz\wedge d\bar{z}}{z-c}$$

が得られる．右辺第 2 項の極限が存在することは(1.19)と(1.18)からしたがう訳であるが次のように直接確かめることもできる．

極座標を用いて $z=c+re^{i\theta}$ $(r>0, 0\leqq\theta\leqq2\pi)$ とすると

$$dz = e^{i\theta}dr+ire^{i\theta}d\theta$$
$$d\bar{z} = e^{-i\theta}dr-ire^{-i\theta}d\theta$$

であるから

$$dz\wedge d\bar{z} = -2irdr\wedge d\theta$$

となる[1]．したがって

$$\int_{E_\rho}\frac{\partial f}{\partial\bar{z}}(z)\frac{dz\wedge d\bar{z}}{z-c} = -2i\int_{E_\rho}\frac{\partial f}{\partial\bar{z}}(c+re^{i\theta})e^{-i\theta}dr\wedge d\theta$$

となる．ここで右辺の被積分関数の絶対値は $\bar{D}$ 上有界であるから，上の積分の $\rho\to0$ のときの極限が存在する．広義積分の意味で $\lim_{\rho\to0}\int_{E_\rho}\frac{\partial f}{\partial\bar{z}}(z)\frac{dz\wedge d\bar{z}}{z-c}$ のことを $\int_D\frac{\partial f}{\partial\bar{z}}(z)\frac{dz\wedge d\bar{z}}{z-c}$ と書くことにする．以上によって次の定理が証明された．

定理 1.3 f は D 上 C^1 級，$\bar{D}$ で連続な関数，c は D の点とすると

1) $dx\wedge dy=rdr\wedge d\theta$ である．

$$f(c) = \frac{1}{2\pi i}\int_{\partial D}\frac{f(z)}{z-c}dz + \frac{1}{2\pi i}\int_{D}\frac{\partial f}{\partial \bar{z}}(z)\frac{dz\wedge d\bar{z}}{z-c}$$

が成り立つ．——

Cauchy の積分公式からいくつかの重要な定理が導かれる．

定理 1.4 $f(z)$ は $\boldsymbol{C}$ の領域 D で正則な関数とする．このとき $f(z)$ は D の任意の点 c のまわりで巾級数に展開できる．すなわち $\sum_{n=0}^{\infty} a_n(z-c)^n$ $(a_n \in \boldsymbol{C})$ なる巾級数が存在して，ある正の数 r に対し $|z-c|<r$ で絶対収束して

$$f(z) = \sum_{n=0}^{\infty} a_n(z-c)^n$$

が成り立つ．さらに展開の係数 a_n は

$$a_n = \frac{1}{2\pi i}\int_{\partial\Delta}\frac{f(z)}{(z-c)^{n+1}}dz$$

で与えられる．ただし $\Delta=\{z\in \boldsymbol{C} \mid |z-c|<r\}$ である．

証明 正の数 r を，円板 $\Delta=\{z\in \boldsymbol{C} \mid |z-c|<r\}$ が周までこめて D に含まれるようにとる．このとき Δ の点 w に対して

(1.20) $$f(w) = \frac{1}{2\pi i}\int_{\partial\Delta}\frac{f(z)}{z-w}dz$$

であった．ここで $1/(z-w)$ を展開して

$$\frac{1}{z-w} = \frac{1}{(z-c)-(w-c)} = \frac{1}{z-c}\sum_{n=0}^{\infty}\left(\frac{w-c}{z-c}\right)^n$$

とする．最後の巾級数は $|(w-c)/(z-c)|<1$ のとき絶対収束するから，特に $z\in\partial\Delta$ ならば任意の $w\in\Delta$ で絶対収束する．これを(1.20)に代入すれば

(1.21) $$f(w) = \frac{1}{2\pi i}\int_{\partial\Delta}\sum_{n=0}^{\infty}\frac{f(z)}{z-c}\left(\frac{w-c}{z-c}\right)^n dz$$

である．和と積分の順序を変えるために次の補題を用いる．

補題 1.2 (i) $\varphi_n(t)$ $(n=1,2,\cdots)$ は $a\leqq t\leqq b$ で定義された連続関数で $n\to\infty$ のとき関数 $\varphi(t)$ に一様収束しているとする．このとき

$$\int_a^b \varphi(t)\,dt = \lim_{n\to\infty}\int_a^b \varphi_n(t)\,dt$$

が成り立つ．

(ii) $\psi_n(t)$ $(n=1,2,\cdots)$ は $a\leqq t\leqq b$ で定義された連続関数で $\sum_{n=1}^{\infty}\psi_n(t)$ が $\psi(t)$ に一様収束すれば

$$\int_a^b \psi(t)\,dt = \sum_{n=1}^{\infty}\int_a^b \psi_n(t)\,dt$$

が成り立つ．

証明　まず $\varphi(t)$ は t について連続であることに注意する．任意の正数 ε に対して n を十分大きくとれば

$$|\varphi(t)-\varphi_n(t)| < \varepsilon$$

が任意の t について成り立つ．このとき

$$\left|\int_a^b \varphi(t)\,dt - \int_a^b \varphi_n(t)\,dt\right| \leqq \int_a^b |\varphi(t)-\varphi_n(t)|dt < \varepsilon(b-a)$$

である．これで(i)が証明された．(ii)は(i)から直ちにしたがう．（補題1.2の証明終り）

さて定理の証明に戻ると $w\in\varDelta$ のとき $\rho=|(w-c)/(z-c)|$ は $z\in\partial\varDelta$ によらない正数で，$\rho<1$ である．$|f(z)|$ がコンパクト集合 $\partial\varDelta$ 上とる最大値を M とすれば

$$\sum_{n=0}^{\infty}\left|\frac{f(z)}{z-c}\right|\left|\frac{w-c}{z-c}\right|^n \leqq \frac{M}{r}\sum_{n=0}^{\infty}\rho^n = \frac{M}{r}\cdot\frac{1}{1-\rho}$$

が成り立つ．したがって

$$\sum_{n=0}^{\infty}\frac{f(z)}{z-c}\left(\frac{w-c}{z-c}\right)^n$$

は $\partial\varDelta$ 上絶対一様収束する．そこで(1.21)に補題1.2を適用すれば

$$f(w) = \sum_{n=0}^{\infty} a_n(w-c)^n, \qquad a_n = \frac{1}{2\pi i}\int_{\partial\varDelta}\frac{f(z)}{(z-c)^{n+1}}dz \tag{1.22}$$

を得る．さらに $\partial\varDelta$ 上 $|f(z)|\leqq M$ であることに注意すれば a_n の積分表示から

$$|a_n| \leqq \frac{M}{r^n} \tag{1.23}$$

が得られる．$|w-c|=\rho r$ であるから

$$\sum_{n=0}^{\infty}|a_n|\,|w-c|^n \leqq M\sum_{n=0}^{\infty}\rho^n = M/(1-\rho)$$

が成り立つ．すなわち(1.22)の巾級数は $\varDelta$ の内部で絶対収束する．（証明終り）

§1.5 巾級数

z の巾級数 $\varphi=\sum_{n=0}^{\infty}a_n z^n$ $(a_n\in \boldsymbol{C})$ を考える．φ に対して r を

$$1/r=\limsup_{n\to\infty}\sqrt[n]{|a_n|} \tag{1.24}$$

と定義すれば $r\geqq 0$ または $r=\infty$ で，$|z|<r$ のとき φ は絶対収束し，$|z|>r$ では φ は絶対収束しない．これが Cauchy-Hadamard の定理である．

［証明］ φ が $z=z_0$ で絶対収束していれば $\sum_{n=0}^{\infty}|a_n||z_0|^n<\infty$ である．したがって $\lim|a_n||z_0|^n=0$ である．特にある指数 N から先では $|a_n||z_0|^n\leqq M$ となる n によらない定数 M が存在する．両辺の n 乗根をとって $n\to\infty$ のときの上極限をとれば $r^{-1}|z_0|\leqq 1$ が得られる．したがって $|z_0|\leqq r$ でなければならない．逆に $|z_0|<r$ と仮定すると

$$\limsup_{n\to\infty}\sqrt[n]{|a_n|}\,|z_0|<1$$

である．この上極限を α とすれば，上極限の定義によって，任意の $\alpha<\beta<1$ なる β に対してある N が存在して $n\geqq N$ ならば $\sqrt[n]{|a_n|}\,|z_0|<\beta$ となる．ゆえに

$$\sum_{n=0}^{\infty}|a_n z_0{}^n|\leqq\sum_{n=0}^{N-1}|a_n z_0{}^n|+\sum_{n=N}^{\infty}\beta^n$$

が成り立つ．右辺の第1項は有限和で第2項は有限の値に収束するから φ は $z=z_0$ で絶対収束する．（証明終り）

(1.24)によって定義した r を φ の収束半径(radius of convergence)と呼ぶ．φ の収束半径が r のとき，正数 s を $s<r$ にとれば φ は $|z|\leqq s$ で一様に絶対収束する．実際，r の性質によって $\sum_{n=0}^{\infty}|a_n|s^n$ はある有限の値 M に収束している．$|z|\leqq s$ のとき $|a_n z^n|$ は $|a_n|s^n$ で抑えられて

$$\sum_{n=0}^{\infty}|a_n z^n|\leqq\sum_{n=0}^{\infty}|a_n|s^n=M<\infty$$

である．これは左辺の収束が一様であることをあらわしている[1)]．

定理1.5 $\varphi=\sum_{n=0}^{\infty}a_n z^n$ は正の収束半径 r をもつ巾級数であるとする．このとき φ は領域 $\Delta=\{z\in\boldsymbol{C}\mid |z|<r\}$ で正則な関数を定義する．さらに φ の導関数 φ' は

$$\varphi'=\sum_{n=0}^{\infty}na_n z^{n-1}$$

---

1) 優級数による収束の判定(“解析入門”定理5.6，“解析概論”第4章44節)．

で与えられ右辺は $\varDelta$ で絶対収束する.

証明 巾級数 φ は $\varDelta$ で絶対収束しているから $z\in\varDelta$ における値を $\varphi(z)$ と書くことにする. $\varphi(z)$ が正則であることを示すには $\varphi(z)$ が z について微分可能で $\varphi'(z)$ が連続であることを示せばよい(命題1.1).

まず φ を形式的に項別微分して

$$\psi(z) = \sum_{n=0}^{\infty} na_n z^{n-1}$$

とおく. $\lim_{n\to\infty}\sqrt[n]{n}=1$ であるから Cauchy-Hadamard の定理によって ψ は φ と同じ収束半径 r をもつ. したがって ψ は $\varDelta$ 上絶対収束する.

次に φ が微分可能で $\varphi'=\psi$ であることを示す. φ, ψ の部分和を

$$\varphi_m = \sum_{n=0}^{m} a_n z^n, \qquad \psi_m = \sum_{n=0}^{m} na_n z^{n-1}$$

とあらわすことにする. $\varDelta$ の点 z を固定して, 絶対値の十分小さい複素数 h を考える. このとき

$$(1.25) \qquad \frac{1}{h}\{\varphi(z+h)-\varphi(z)\}-\psi(z)$$
$$= \frac{1}{h}\left\{\sum_{n=0}^{\infty} a_n(z+h)^n - \sum_{n=0}^{\infty} a_n z^n\right\} - \sum_{n=0}^{\infty} na_n z^{n-1}$$
$$= \frac{1}{h}\{\varphi_m(z+h)-\varphi_m(z)\}-\psi_m(z)$$
$$+\frac{1}{h}\left\{\sum_{n=m+1}^{\infty} a_n(z+h)^n - \sum_{n=m+1}^{\infty} a_n z^n\right\} - \sum_{n=m+1}^{\infty} na_n z^{n-1}$$

である. 最後の式の第1行を L_1, 第2行を L_2 と書くことにする.

まず φ_m は正則で $\varphi_m'=\psi_m$ であるから, m を固定して考えるとき, $|h|$ を十分小さくとれば $|L_1|$ はいくらでも小さくすることができる. 一方, L_2 の3つの和はいずれも絶対収束しているから和の順序を変えて

$$L_2 = \sum_{n=m+1}^{\infty}\left[\frac{1}{h}\{a_n(z+h)^n - a_n z^n\} - na_n z^{n-1}\right]$$

と書ける[1]. $w=z+h$ とおけば[ ]の中は

$$(1.26) \quad a_n\frac{w^n-z^n}{w-z} - na_n z^{n-1} = a_n(w^{n-1}+w^{n-2}z+\cdots+z^{n-1}-nz^{n-1})$$

---

1) "解析入門" 定理 5.1, "解析概論" 第4章43節.

である．$|w|, |z|<\rho<r$ となるような ρ を選べば(1.26)の絶対値は $2n|a_n|\rho^{n-1}$ で抑えられる．ここで $\sum_{n=0}^{\infty} na_n\rho^{n-1}$ が絶対収束していることから

$$\sum_{n=m+1}^{\infty} 2n|a_n|\rho^{n-1}$$

は m を十分大きくとればいくらでも小さくできることがわかる．すなわち m を十分大きくとれば $|L_2|$ をいくらでも小さくできるのである．

以上をまとめると次のようになる．ε を任意の正数とするとき，m を十分大きくとれば $|L_2|<\varepsilon/2$ とできる．このような m を固定して次に $|h|$ を十分小さくとれば $|L_1|<\varepsilon/2$ とできる．したがって $|h|$ を十分小さくとれば(1.25)の絶対値は ε より小さい．これは φ が z で微分可能で $\varphi'(z)=\psi(z)$ であることにほかならない．最後に $\psi(z)$ は $\varphi(z)$ と同じ収束半径を持つ巾級数であるから $\psi(z)$ もまた微分可能である．特に $\psi(z)$ は連続，したがって $\varphi(z)$ は正則である[1)]．（証明終り）

定理1.5を繰り返し適用すれば $\varphi'(z)$は正則で

$$\varphi''(z) = \sum_{n=0}^{\infty} n(n-1)a_n z^{n-2}$$

等となり，一般に k 回の微分 $\varphi^{(k)}(z)$ は

$$\varphi^{(k)}(z) = \sum_{n=0}^{\infty} n(n-1)\cdots(n-k+1)a_n z^{n-k}$$

で与えられる．以上の結果は点 c を中心とする巾級数 $\sum_{n=0}^{\infty} a_n(z-c)^n$ についても同様である．これらをまとめて次の定理が得られる．

定理1.6　$f=f(z)$ を $\boldsymbol{C}$ の領域 D で定義された関数とする．f が D で正則であるためには D の各点 c の近傍で $f(z)=\sum_{n=0}^{\infty} a_n(z-c)^n$ と絶対収束する巾級数に展開できることが必要かつ十分である．このとき

$$a_n = \frac{1}{n!}f^{(n)}(c) = \frac{1}{2\pi i}\int_{\partial\Delta}\frac{f(z)}{(z-c)^{n+1}}dz$$

が成り立つ．ただし Δ は周までこめて D に含まれるような中心 c の円板である．——

系　関数 $f(z)$ は $|z-c|\leqq r$ を含む領域 D で正則であって，$|z-c|=r$ のと

1)　項別微分の定理(実変数の場合，“解析入門” 221ページ，定理5.9(2°)，“解析概論” 第4章47節)を用いてCauchy-Riemannの方程式の成立を確かめてもよい．

き $|f(z)|\leqq M$ であるとする．このとき

$$|f^{(n)}(c)| \leqq \frac{Mn!}{r^n}$$

である．——

定理 1.6 によれば，もし点 $c\in D$ で $f(c), f'(c), f''(c), \cdots, f^{(n)}(c), \cdots$ がすべて 0 ならば f は c の近傍で 0 でなければならない．この性質から次の定理が導かれる．

定理 1.7(一致の定理)　f, g を領域 D で定義された正則関数とする．ある空でない開集合 E が存在して E 上 $f=g$ であると仮定する．このとき D 全体で $f=g$ である．

証明　$f-g$ を考えて，f が E 上 0 ならば D の至る所で 0 であることを示せばよい．そこで

$$F = \{c\in D \mid f^{(n)}(c)=0,\ n=0, 1, 2, \cdots\}$$

とおく．$f^{(n)}$ は連続関数であるから F は閉集合である．しかも上に述べたように F は開集合でもある．さらに F は E を含むから空集合ではない．したがって D の連結性から $F=D$ でなければならない．(証明終り)

領域 D で正則な関数 f が D の点 c で $f(c)=0$ をみたすとき c を f の零点 (zero of f) と呼ぶ．一致の定理によれば，f が恒等的に 0 でない限り f の零点のなす集合は内点をもたない．c を f の零点として $z=c$ における f の巾級数展開を

$$f(z) = \sum_{n=0}^{\infty} a_n(z-c)^n \tag{1.27}$$

とする．$f(c)=0$ であるから $a_0=0$ である．f は恒等的に 0 でないとすれば a_n の中に 0 でないものがあるからそのような a_n の中で n が最小のものを a_k とする．このとき f は c において k 位の零(zero of order k)を持つという．k を零点 c の位数(order)または重複度(multiplicity)と呼ぶこともある．定理 1.6 によって，これは

$$f(c) = f'(c) = \cdots = f^{(k-1)}(c) = 0, \qquad f^{(k)}(c) \neq 0$$

ということと同値である．

定理 1.8　$f(z)$ は D 上正則な関数で $z=c$ において k 位の零を持つとする．

このとき $f(z)=(z-c)^k g(z)$, $g(c)\neq 0$ をみたす D 上の正則関数 $g(z)$ が存在する．

証明 $g(z)=f(z)/(z-c)^k$ と定義すれば g は $D-\{c\}$ で正則である．$f(z)$ の巾級数展開(1.27)を用いると形式的に

$$f(z)/(z-c)^k = \sum_{n=k}^{\infty} a_n(z-c)^{n-k}$$

となる．右辺を $\psi(z)$ とすれば $\psi(z)$ はもとの巾級数と同じ収束半径を持つ[1]．

$\psi(z)$ の作り方から $\psi(z)$ が収束する領域内で $z\neq c$ に対して $g(z)=\psi(z)$ が成り立つ．したがって $g(c)=\psi(c)$ $(=a_k)$ と定義すれば g は D 全体で正則で $f(z)=(z-c)^k g(z)$ かつ $g(c)\neq 0$ をみたす．（証明終り）

系 f が恒等的に 0 でなければ f の零点の集合は離散集合である．

証明 c を f の零点とすれば定理 1.8 に述べられたような $g(z)$ が存在する．$g(c)\neq 0$ であるから c の十分小さい近傍 U をとれば，U の任意の点 z に対して $g(z)\neq 0$ である．したがって f は U 内に c 以外の零点をもたない．（証明終り）

この系を用いると一致の定理は次のように拡張される．

定理 1.9 f は領域 D で正則な関数で無限個の相異なる零点 $c_1, c_2, \cdots$ を持ち，さらに集合 $\{c_1, c_2, \cdots\}$ は D 内に集積点を持つと仮定する．このとき f は恒等的に 0 でなければならない．

証明 c_0 を $\{c_1, c_2, \cdots\}$ の集積点とすれば連続性によって $f(c_0)=0$ である．もし f が恒等的に 0 でなければ上の系によって，c_0 の近傍には c_0 以外の零点をもたない．これは c_0 が $\{c_n\}$ の集積点であることに矛盾する．（証明終り）

§1.6 正則関数の性質

この節では正則関数の性質をいくつかまとめておく．

a) 平均値の定理と最大値の原理

定理 1.10（平均値の定理） f は領域 $\Delta=\{z\in \boldsymbol{C} \mid |z-c|<\rho\}$ で正則，Δ の閉

---

1) $|z-c|=\rho$ のとき $\sum_{n=k}^{\infty}|a_n(z-c)^{n-k}| = \rho^{-k}\sum_{n=0}^{\infty}|a_n(z-c)^n|-\rho^{-k}\sum_{n=0}^{k-1}|a_n(z-c)^n|$ であるが右辺第2項の有限和は収束に関係しない．

包で連続な関数とする．このとき

(1.28)
$$f(c) = \frac{1}{2\pi}\int_0^{2\pi} f(c+\rho e^{i\theta})\,d\theta$$

さらに $z=x+iy$ とすれば

(1.29)
$$f(c) = \frac{1}{\pi\rho^2}\int_\Delta f(x+iy)\,dxdy$$

が成り立つ[1]．

証明　極座標 (r,θ) を用いて $z=c+re^{i\theta}$ とする．Cauchy の積分公式

$$f(c) = \frac{1}{2\pi i}\int_{\partial\Delta}\frac{f(z)}{z-c}dz$$

において $dz=\rho ie^{i\theta}d\theta$ であることを用いれば(1.28)が得られる．

次に(1.28)で $\rho=r$ と書いて，r を変数と考える．両辺を r 倍して，r について 0 から ρ まで積分すると

$$\frac{1}{2}\rho^2 f(c) = \frac{1}{2\pi}\int_0^\rho rdr\int_0^{2\pi} f(c+re^{i\theta})\,d\theta$$

となる．ここで $dxdy=rdrd\theta$ を用いればよい．（証明終り）

次の定理は最大値の原理の名で呼ばれるもので平均値の定理だけを用いて[2]導かれる．

定理 1.11　f は領域 D で正則な関数とする．D の内点 c で $|f(z)|$ が最大値をとるならば f は定数関数である．

証明　$M=|f(c)|$ とする．r を十分小さくとれば(1.28)より

$$|f(c)| \leqq \frac{1}{2\pi}\int_0^{2\pi}|f(c+re^{i\theta})|\,d\theta$$

である．両辺から M を引けば

$$0 \leqq \frac{1}{2\pi}\int_0^{2\pi}\{|f(c+re^{i\theta})|-M\}\,d\theta$$

を得る．ここで { } 内は θ の連続関数で 0 または負である．したがって積分が負にならないためには，$M=|f(c+re^{i\theta})|$ が任意の θ に対して成り立たねばならない．r は十分小さい任意の正数であったから結局 c の十分小さい近傍 U で $|f(z)|=M$ が成り立つ．等式 $f(z)\overline{f(z)}=M^2$ の両辺に $\partial/\partial\bar{z}$ を作用させて

---

1)　(1.29)は f の実部，虚部に対してそれぞれ成り立つ．

2)　したがって(1.29)をみたす実数値関数 f に対して最大値の原理が成り立つ．

$$f(z)\overline{\frac{\partial f}{\partial z}(z)}=0$$

が得られる．f が恒等的に 0 でないとすれば $f(z)=0$ なる z は離散集合(定理 1.8 の系)であるから連続性によって U 上 $\partial f/\partial z=0$ である．したがって f は U 上定数で，一致の定理によって D 上定数でなければならない．(証明終り)

系　f は有界領域 D で正則，D の閉包で連続な関数とする．このとき絶対値 $|f(z)|$ は D の境界上で最大値をとる．

証明　D の閉包 $\bar{D}$ はコンパクトであるから $|f(z)|$ は $\bar{D}$ のある点で最大値をとる．f が定数でなければ上の定理によってその最大値は境界の点でとられる．f が定数ならば至る所が最大値である．(証明終り)

b)　積分で定義された正則関数

ここでは積分を用いて定義される正則関数を扱う．第2章で明らかとなるようにこれは正則関数を構成するための重要な手段である．

まず積分路として区分的に滑らかな道 $\gamma:[a,b]\to \boldsymbol{C}$ を考えて，γ の像を Γ であらわすことにする．

定理 1.12　$\varphi(t)$ は閉区間 $[a,b]$ で定義された連続関数とする．このとき

$$F(z)=\int_a^b\frac{\varphi(t)}{\gamma(t)-z}dt$$

は $\boldsymbol{C}$ から Γ を除いた開集合で正則で，

$$F'(z)=\int_a^b\frac{\varphi(t)}{(\gamma(t)-z)^2}dt \tag{1.30}$$

が成り立つ．——

z が Γ の外にあるとき上の被積分関数は z について正則である．したがって証明の核心は積分記号下で微分ができるかという点にある．

証明　w,z を Γ の外にとると

$$F(w)-F(z)=\int_a^b\frac{(w-z)\varphi(t)}{(\gamma(t)-w)(\gamma(t)-z)}dt$$

である．したがって

$$\frac{F(w)-F(z)}{w-z}=\int_a^b\frac{\varphi(t)}{(\gamma(t)-w)(\gamma(t)-z)}dt$$

である．z を固定して $w\to z$ とするとき

$$\frac{\varphi(t)}{(\gamma(t)-w)(\gamma(t)-z)} \longrightarrow \frac{\varphi(t)}{(\gamma(t)-z)^2}$$

で，この収束は $t\in[a,b]$ について一様である．したがって補題1.2(16ページ)によって(1.30)が成り立つ．（証明終り）

定理1.12では被積分関数の特別な形を用いたが，一般には次の定理が成り立つ．

定理1.13 D は $\boldsymbol{C}$ の領域，$[a,b]$ を閉区間として，$f(z,t)$ は $D\times[a,b]$ で定義された連続関数とする．さらに t を固定したとき f は z について正則で $\partial f/\partial z$ は (z,t) について連続であると仮定する．このとき

$$F(z) = \int_a^b f(z,t)\,dt$$

は $z\in D$ の正則関数で

$$F'(z) = \int_a^b \frac{\partial f}{\partial z}(z,t)\,dt$$

が成り立つ．

証明 $x=\mathrm{Re}\,z$, $y=\mathrm{Im}\,z$ とする．f を (x,y,t) の関数と見れば Cauchy-Riemann の方程式によって $\partial f/\partial x=-i\partial f/\partial y$ である．したがって(1.8)によって

$$\frac{\partial f}{\partial x} = \frac{\partial f}{\partial z}, \qquad \frac{\partial f}{\partial y} = i\frac{\partial f}{\partial z}$$

が成り立つ．仮定によってこれらは (x,y,t) について連続であるから積分記号下で x,y について微分することができる[1]．すなわち

$$\frac{\partial F}{\partial x} = \int_a^b \frac{\partial f}{\partial x}dt, \qquad \frac{\partial F}{\partial y} = \int_a^b \frac{\partial f}{\partial y}dt$$

である．したがって

$$\frac{1}{2}\left(\frac{\partial F}{\partial x}\pm i\frac{\partial F}{\partial y}\right) = \frac{1}{2}\int_a^b\left(\frac{\partial f}{\partial x}\pm i\frac{\partial f}{\partial y}\right)dt \qquad \text{（複号同順）}$$

が成り立つ．言い換えれば

$$\frac{\partial F}{\partial \bar{z}} = 0, \qquad \frac{\partial F}{\partial z} = \int_a^b \frac{\partial f}{\partial z}(z,t)\,dt$$

---

1) “解析入門” 298ページ，定理6.20．または“解析概論”第4章48節162ページ定理41．

である．(証明終り)

c)　除去可能特異点

$\varDelta$ で原点を中心とした円板 $\{z\in \boldsymbol{C} \mid |z|<r\}$ をあらわし，$\varDelta$ から原点を除いた領域 $\varDelta^*=\varDelta-\{0\}$ で定義された正則関数 f を考える．

定理 1.14　上の条件のもとで f は $\varDelta^*$ 上有界であるとする．このとき f は $\varDelta$ 上の正則関数に拡張される．

証明　$0<r'<r$ なる r' をとり，ε を十分小さい正数として，

$$D_\varepsilon=\{z\in \boldsymbol{C} \mid \varepsilon<|z|<r'\}$$

とする．Cauchy の積分公式によって，$z\in D_\varepsilon$ に対して

$$f(z)=\frac{1}{2\pi i}\int_{|\zeta|=r'}\frac{f(\zeta)}{\zeta-z}d\zeta-\frac{1}{2\pi i}\int_{|\zeta|=\varepsilon}\frac{f(\zeta)}{\zeta-z}d\zeta \tag{1.31}$$

が成り立つ．ただし積分は円周上正の方向にとるものとする．仮定により，$\varDelta^*$ 上 $|f(\zeta)|\leqq M$ なる定数 M が存在する．z から円周 $|\zeta|=\varepsilon$ までの距離を ρ とすれば

$$\left|\frac{1}{2\pi i}\int_{|\zeta|=\varepsilon}\frac{f(\zeta)}{\zeta-z}d\zeta\right|\leqq\frac{M\varepsilon}{\rho}$$

が成り立つ．したがって，$\varepsilon\to 0$ とすれば(1.31)の右辺の第2項は0に収束して

$$f(z)=\frac{1}{2\pi i}\int_{|\zeta|=r'}\frac{f(\zeta)}{\zeta-z}d\zeta \tag{1.32}$$

を得る．定理 1.12 によって右辺は円板 $|z|<r'$ で正則な関数であるから，これを用いて $f(0)$ を定義すれば f は $\varDelta$ 全体で正則な関数に拡張される．(証明終り)

f に対して定理 1.14 における原点のような点を除去可能特異点(removable singularity)と呼ぶ．また定理 1.14 は Riemann の拡張定理と呼ばれる．

一般に f が $\varDelta$ から有限個の点 $p_1, p_2, \cdots, p_m$ を除いた領域で正則な有界関数の場合にも f は $\varDelta$ 上の正則関数に拡張される．r' を r に十分近くとれば，その拡張はやはり(1.32)の右辺によって与えられる．

d)　正則関数列の極限

最初に一様収束について復習する．$f_1, f_2, \cdots, f_\nu, \cdots$ は領域 D で定義された関数とする．D の勝手な点 z を固定したとき，数列 $\{f_\nu(z)\}_{\nu=1,2,\cdots}$ はある値に収束すると仮定してその値を $f(z)$ とする．すなわち，任意の正数 ε に対して，

十分大きい自然数 N をとれば

$$\nu \geqq N \quad \text{のとき} \quad |f(z)-f_\nu(z)| < \varepsilon$$

が成り立つ．このとき関数列 $\{f_\nu\}$ は f に各点毎に収束する(pointwise convergent)という．この場合上の N は ε のとり方にも z にもよるのである．よく知られているように，各点毎の収束の場合 f_ν がすべて連続であっても f は連続であるとは限らない．K を D の部分集合として，z は K の点をすべて動くとする．上の自然数 N を ε だけによって，$z\in K$ によらず一斉に選べるとき関数列 $\{f_\nu\}$ はK 上 f に一様に収束する(uniformly convergent)という．D に含まれる任意のコンパクト集合 K に対して関数列 $\{f_\nu\}_{\nu=1,2,\cdots}$ が K 上一様に収束するとき，$\{f_\nu\}_{\nu=1,2,\cdots}$ は D 上広義一様収束するという．

定理 1.15 D 上の正則関数列 $\{f_\nu\}_{\nu=1,2,\cdots}$ は D 上広義一様収束するとする．このとき $f(z)=\lim_{\nu\to\infty} f_\nu(z)$ で定義される関数 f は D 上正則である．

証明 D の点 c を固定して，D に周まで含まれる円板

$$\varDelta = \{z\in \boldsymbol{C} \mid |z-c|<r\}$$

を考える．定理を証明するためには f が $\varDelta$ 上正則であることを示せばよい．まず f_ν に Cauchy の積分公式を適用して

$$f_\nu(z) = \frac{1}{2\pi i}\int_{\partial\varDelta}\frac{f_\nu(\zeta)}{\zeta-z}d\zeta, \qquad z\in\varDelta$$

を得る．$\partial\varDelta$ はコンパクトであるから，$\partial\varDelta$ 上 f_ν は一様に f に収束する．したがって補題 1.2 によって

$$f(z) = \frac{1}{2\pi i}\int_{\partial\varDelta}\frac{f(\zeta)}{\zeta-z}d\zeta$$

である．ここで $f(\zeta)$ は連続関数の一様収束極限であるから $\partial\varDelta$ 上連続である．ゆえに定理 1.12 によって f は $\varDelta$ 上正則である．(証明終り)

正則関数列の極限についてもう 1 つの基本的な定理は収束する部分列の存在に関する次の定理 1.16 である．これは以下に述べるように連続関数に対する Ascoli-Arzela の定理を正則関数に翻案したものである．Montel の定理，または Vitali の定理とも呼ばれる．

最初に 2 つの定義を行なう．$\boldsymbol{R}^n$ の領域 D で定義された連続関数列 $\{f_\nu\}_{\nu=1,2,\cdots}$ を考えることにする．D の部分集合 K の任意の点 x と任意の ν に

対して $|f_\nu(x)| \leqq M$ をみたす x, ν によらない定数 M が存在するとき，$\{f_\nu\}$ は K 上一様に有界(uniformly bounded)であるという．

次に $x=(x_1, x_2, \cdots, x_n) \in \boldsymbol{R}^n$ に対して，ノルム $\|x\|=(\sum_{j=1}^{n} x_j{}^2)^{1/2}$ によって距離を導入する．任意の正数 ε に対して，ν によらない正数 δ が存在して

$$x, y \in K,\ \|x-y\| < \delta \quad \text{のとき} \quad |f_\nu(x)-f_\nu(y)| < \varepsilon$$

がすべての ν に対して成り立つとき関数列 $\{f_\nu\}$ は集合 K において同程度連続(equicontinuous)であるという．このとき次の定理が成り立つ．

Ascoli-Arzela の定理 $\boldsymbol{R}^n$ の領域 D で定義された連続関数列 $\{f_\nu\}_{\nu=1,2,\cdots}$ があって，D の任意のコンパクト集合 K において一様に有界かつ同程度連続であると仮定する．このとき部分列 $\{f_{\nu_\lambda}\}_{\lambda=1,2,\cdots}$ を適当に選べば $\{f_{\nu_\lambda}\}$ は D 上広義一様収束する[1]．——

これを正則関数列に適用したものが次の定理である．

定理 1.16 $\{f_\nu\}_{\nu=1,2,\cdots}$ は $\boldsymbol{C}$ の領域 D で定義された正則関数列で，D 上一様に有界であると仮定する．このとき部分列 $\{f_{\nu_\lambda}\}_{\lambda=1,2,\cdots}$ を適当に選べば $\{f_{\nu_\lambda}\}$ は D 上の正則関数に広義一様収束する．

証明 $\{f_\nu\}$ が D 内の任意のコンパクト集合 K 上同程度連続であることを示せばよい．正の数 ρ を十分小さくとって，K の任意の点 c に対して

$$\Delta(c) = \{z \in \boldsymbol{C} \mid |z-c| < 2\rho\}$$

は周までこめて D に含まれるとする．また D 上すべての ν に対して $|f_\nu(z)| \leqq M$ なる定数 M をとっておく．

$z, c \in K,\ |z-c| < \rho$ のとき

$$f_\nu(z)-f_\nu(c) = \frac{1}{2\pi i}\int_{\partial\Delta(c)}\left(\frac{1}{\zeta-z}-\frac{1}{\zeta-c}\right)f_\nu(\zeta)\,d\zeta$$

である．$\zeta \in \partial\Delta(c)$ のとき

$$\left|\frac{1}{\zeta-z}-\frac{1}{\zeta-c}\right| = \frac{|z-c|}{|\zeta-z|\,|\zeta-c|} \leqq \frac{|z-c|}{2\rho^2}$$

であるから

$$|f_\nu(z)-f_\nu(c)| \leqq (M/\rho)|z-c|$$

---

1) たとえば L. Ahlfors "Complex Analysis" 2nd edition 第5章4.3定理11．また"複素解析"定理5.1参照．証明はカントールの対角線論法による．

が成り立つ．これより $\{f_\nu\}$ が K 上同程度連続であることは明らかである．（証明終り）

e)　有理型関数の積分

$\boldsymbol{C}$ 内の領域 D と D の離散部分集合 $\{c_\alpha\}_{\alpha\in A}$ を考える（A は有限でも無限でもよい）．f は D から c_α $(\alpha\in A)$ を除いた領域で正則な関数とする．このとき f が D 上の有理型関数(meromorphic function)であるとは，各 α に対して c_α の近傍 U_α と U_α で定義された正則関数 g_α, h_α が存在して，U_α から c_α を除いた領域で

$$f(z) = g_\alpha(z)/h_\alpha(z)$$

が成り立つことである．$z=c_\alpha$ における g_α, h_α の零点の位数をそれぞれ k, l とする．$k\geqq l$ ならば f は $z=c_\alpha$ でも正則な関数に拡張できる．$l>k$ の場合には f を $z=c_\alpha$ まで正則に拡張することはできない．この場合 f は $z=c_\alpha$ で極(pole)を持つといって，$l-k$ を極の位数(order)と呼ぶ．

f は D 上の有理型関数で $z=c$ で極を持つとしよう．c を中心とした十分小さい円周 $|z-c|=\varepsilon$ をとって，積分

$$\frac{1}{2\pi i}\int_{|z-c|=\varepsilon} f(z)\,dz \tag{1.33}$$

を考える．ただし円周は正の向きに向きづけられているとする．Cauchy の定理によって，正数 ε が十分小さいとき積分の値は ε のとり方によらない．積分(1.33)の値を $f(z)\,dz$ の $z=c$ における留数(residue)と呼び $\mathrm{Res}_{z=c} f(z)\,dz$ で表わす．

記号の簡単のために c は原点であるとする．極の位数を l とすれば $z^l f(z)$ は原点まで正則に拡張できる．したがって f は原点のまわりで

$$f(z) = \frac{a_{-l}}{z^l}+\frac{a_{-(l-1)}}{z^{l-1}}+\cdots+\frac{a_{-1}}{z}+a_0+a_1z+\cdots$$

と展開される．正則な部分をまとめて $\varphi(z)$ と書けば

$$f(z) = \sum_{n=1}^{l}\frac{a_{-n}}{z^n}+\varphi(z)$$

である．ゆえに

$$\int_{|z|=\varepsilon} f(z)\,dz = \sum_{n=1}^{l} a_{-n}\int_{|z|=\varepsilon}\frac{dz}{z^n} \tag{1.34}$$

を得る．$z=\varepsilon e^{i\theta}$, $0\leqq\theta\leqq 2\pi$, とすれば

$$\int_{|z|=\varepsilon}\frac{dz}{z^n} = \varepsilon^{(1-n)}i\int_0^{2\pi}e^{(1-n)i\theta}d\theta = \begin{cases} 2\pi i, & n=1 \\ 0, & n\neq 1 \end{cases}$$

である．ゆえに(1.34)の右辺で $n=1$ の項のみが残って

$$\mathrm{Res}_{z=0}\, f(z)\,dz = a_{-1} \tag{1.35}$$

となる．

簡単のため D は区分的に滑らかな Jordan の閉じた道で囲まれた有界領域とする[1]．また f は D の閉包 $\bar{D}$ を含む領域で定義された有理型関数で，境界 ∂D 上には極を持たないとする．

定理 1.17　以上の仮定のもとに

$$\frac{1}{2\pi i}\int_{\partial D} f(z)\,dz = \sum_c \mathrm{Res}_{z=c}\, f(z)\,dz \tag{1.36}$$

が成り立つ．ただし右辺の和は D 内の f の極をすべて動く．

証明　$\bar{D}$ はコンパクトであるから D 内の極は有限個しかない．極 c のまわりに十分小さい円周を考えて Cauchy の定理を適用すれば(1.36)が得られる．(証明終り)

引き続き D は上の仮定をみたす領域として，f は $\bar{D}$ を含む領域で正則な関数で，∂D 上には零点を持たないとする．

定理 1.18　(i)　$\displaystyle\frac{1}{2\pi i}\int_{\partial D}\frac{f'(z)}{f(z)}dz$ は D 内の f の零点の位数の和に等しい．

(ii)　D 内の f の零点を $c_1, c_2, \cdots, c_m$ として，$z=c_j$ における零点の位数を k_j とすれば，任意の自然数 n に対して

$$\frac{1}{2\pi i}\int_{\partial D} z^n\frac{f'(z)}{f(z)}dz = \sum_j k_j c_j{}^n$$

が成り立つ．

証明　(i)　$g(z)=f'(z)/f(z)$ とする．$z=c$ を f の k 位の零点として

$$f(z) = a_k(z-c)^k + a_{k+1}(z-c)^{k+1} + \cdots, \qquad a_k \neq 0$$

を $z=c$ における f の巾級数展開とする．

1)　D は §1.3 の条件をみたせば十分である．

$$f'(z) = ka_k(z-c)^{k-1}+(k+1)a_{k+1}(z-c)^k+\cdots$$

であるから，(1.35)によって

$$\mathrm{Res}_{z=c}\, g(z)\,dz = k$$

である．したがって定理 1.17 を適用すれば証明が終る．

（ii）　同様に $h(z)=z^n f'(z)/f(z)$ とすれば，$c\neq 0$ のとき

(1.37)
$$\mathrm{Res}_{z=c}\, h(z)\,dz = kc^n$$

である．$n\geqq 1$ のとき h は $z=0$ で正則であるから(1.37)は $c=0$ の場合にも成り立つ．(証明終り)

定理 1.18(i)は特に $f(z)$ が z の多項式の場合にも応用することができる．

定理 1.19　$P_t(z)=z^n+a_1(t)z^{n-1}+\cdots+a_n(t)$ を z の多項式で，係数 $a_j(t)$ はパラメータ t の連続関数であるものとする．さらに

(1.38)
$$a_1(0) = a_2(0) = \cdots = a_n(0) = 0$$

と仮定する．このとき任意の正の数 ε に対して正の数 δ を十分小さくとれば，$|t|<\delta$ のとき $P_t(z)=0$ の任意の根 α は $|\alpha|<\varepsilon$ をみたす．

証明　$|z|=\varepsilon$ のとき $|P_0(z)|=\varepsilon^n>0$ であるから，$\delta>0$ を十分小さくとれば

$$|t| < \delta,\ |z| = \varepsilon \quad \text{のとき} \quad |P_t(z)| > \gamma > 0$$

なる γ が存在する．したがって定理 1.18 を適用できて

$$m(t) = \frac{1}{2\pi i}\int_{|z|=\varepsilon} \frac{P_t{}'(z)}{P_t(z)}dz$$

は近傍 $|z|<\varepsilon$ における $P_t(z)=0$ の根を重複度を考慮して数えた個数に等しい．$m(t)$ は t について連続で $m(0) = n$ であるから，$|t|<\delta$ のとき $m(t)=n$ でなければならない．すなわち $P_t(z)=0$ は $|z|<\varepsilon$ にすべての根を持つ．(証明終り)

一般に(1.38)を仮定しない場合には結論は次のようになる．β を $P_0(z)=0$ の k 重根とする．任意の $\varepsilon>0$ に対して，$\delta>0$ を十分小さくとれば，$|t|<\delta$ のとき $P_t(z)=0$ は $|z-\beta|<\varepsilon$ に重複度をこめて数えればちょうど k 個の根を持つ．したがって，荒く言えば $t\to 0$ のとき $P_t(z)=0$ の根は $P_0(z)=0$ の根に収束する．

第2章　多変数正則関数

§2.1　Cauchy の積分公式

複素平面 $\boldsymbol{C}$ の n 個の直積 $\boldsymbol{C}^n$ の領域 D で定義された関数 f を考える．$\boldsymbol{C}^n$ の点は複素座標を用いて $(z_1, z_2, \cdots, z_n)$ とあらわされるが，これをひとまとめにして z であらわすことにする．したがって

$$f = f(z) = f(z_1, z_2, \cdots, z_n)$$

と書かれる．以後 z は $\boldsymbol{C}^n$ の点をあらわす場合とその点における座標をあらわす場合がある．

$x_j = \mathrm{Re}\, z_j$, $y_j = \mathrm{Im}\, z_j$ $(j=1, 2, \cdots, n)$ として，1変数の場合と同様に

$$\frac{\partial f}{\partial z_j} = \frac{1}{2}\left(\frac{\partial f}{\partial x_j} - i\frac{\partial f}{\partial y_j}\right), \qquad j = 1, 2, \cdots, n,$$

$$\frac{\partial f}{\partial \bar{z}_j} = \frac{1}{2}\left(\frac{\partial f}{\partial x_j} + i\frac{\partial f}{\partial y_j}\right), \qquad j = 1, 2, \cdots, n$$

と定義する．f が $(x_1, x_2, \cdots, x_n, y_1, y_2, \cdots, y_n)$ について C^1 級で D 上

$$\frac{\partial f}{\partial \bar{z}_j} = 0, \qquad j = 1, 2, \cdots, n$$

をみたすとき f は D で正則(holomorphic)であるという．あるいは f は D 上の正則関数(holomorphic function)と呼ばれる．

1変数の場合と異なり一般の領域 D を扱うのは難しい．1次元の円板に相当するものとして多重円板を定義する．$c=(c_1, \cdots, c_n)$ を $\boldsymbol{C}^n$ の点，$r_1, \cdots, r_n$ を正の数とするとき

$$\varDelta = \{(z_1, \cdots, z_n) \in \boldsymbol{C}^n \mid |z_j - c_j| < r_j,\ j=1, 2, \cdots, n\}$$

の形の領域を c を中心とする多重円板(polydisc または polydisk)と呼ぶ．

$f = f(z_1, \cdots, z_n)$ は多重円板 $\varDelta$ の閉包 $\bar{\varDelta}$ を含む領域で正則な関数とする．$(z_2, \cdots, z_n)$ を固定して z_1 に対して1変数の Cauchy の積分公式を用いれば $(z_1, \cdots, z_n) \in \varDelta$ に対して

$$f(z_1, \cdots, z_n) = \frac{1}{2\pi i}\int_{C_1} \frac{f(\zeta_1, z_2, \cdots, z_n)}{\zeta_1 - z_1} d\zeta_1$$

である．ここで C_1 は ζ_1-平面で $|\zeta_1 - c_1| = r_1$ で定義される円周で正の向きに向きづけられているものとする．これを $z_2, \cdots, z_n$ に次々適用すれば

$$f(z_1, \cdots, z_n) = \left(\frac{1}{2\pi i}\right)^n \int_{C_1} \frac{d\zeta_1}{\zeta_1 - z_1} \int_{C_2} \frac{d\zeta_2}{\zeta_2 - z_2} \int \cdots \int_{C_n} \frac{f(\zeta_1, \cdots, \zeta_n)}{\zeta_n - z_n} d\zeta_n$$

が得られる．ただし C_j は C_1 と同様 $|\zeta_j - c_j| = r_j$ で定義される円周である．$C = C_1 \times \cdots \times C_n$ とすれば上の公式は

$$(2.1) \qquad f(z_1, \cdots, z_n) = \left(\frac{1}{2\pi i}\right)^n \int_C \frac{f(\zeta_1, \cdots, \zeta_n)}{(\zeta_1 - z_1)\cdots(\zeta_n - z_n)} d\zeta_1 \cdots d\zeta_n$$

と書くことができる．これが n 変数の場合の Cauchy の積分公式である．

n 変数の場合，$c = (c_1, \cdots, c_n) \in \boldsymbol{C}^n$ における巾級数は

$$\sum_{m_1=0}^{\infty} \cdots \sum_{m_n=0}^{\infty} a_{m_1 \cdots m_n} (z_1 - c_1)^{m_1} \cdots (z_n - c_n)^{m_n}$$

である．1変数の場合(定理1.4)と同様にして，$\boldsymbol{C}^n$ の領域 D で正則な関数 f は D の各点 c の近傍で絶対収束する巾級数に展開される．このとき展開の係数は

$$(2.2) \qquad a_{m_1 \cdots m_n} = \frac{1}{m_1! \cdots m_n!} \frac{\partial^{m_1 + \cdots + m_n} f}{\partial z_1{}^{m_1} \cdots \partial z_n{}^{m_n}}(c)$$

$$= \left(\frac{1}{2\pi i}\right)^n \int_{C_1} \cdots \int_{C_n} \frac{f(\zeta_1, \cdots, \zeta_n)}{(\zeta_1 - c_1)^{m_1+1} \cdots (\zeta_n - c_n)^{m_n+1}} d\zeta_1 \cdots d\zeta_n$$

で与えられる．したがって $C_1 \times \cdots \times C_n$ における $|f(z_1, \cdots, z_n)|$ の最大値を M とすれば

$$(2.3) \qquad |a_{m_1 \cdots m_n}| \leqq \frac{M}{r_1{}^{m_1} \cdots r_n{}^{m_n}}$$

が成り立つ．特に $r_1, \cdots, r_n$ の最小値を r とすれば

$$|a_{m_1 \cdots m_n}| \leqq \frac{M}{r^{m_1 + \cdots + m_n}}$$

が成り立つ．

1変数の場合と同様に，これらの結果を用いて一致の定理(定理1.7)と最大値の原理(定理1.11)が証明される．ただし定理1.9に対応する定理はない．2変数以上の正則関数の零点のかたちは遥かに複雑で，それは後の章での研究の対象である．

2変数以上の正則関数がもつ顕著な性質は次の Hartogs の定理である.

定理 2.1　D は $\boldsymbol{C}^n$ の原点 0 を含む領域で $n \geqq 2$ とする. f が $D-\{0\}$ で定義された正則関数ならば f は D 上の正則関数に拡張される.

証明　D は多重円板 $\{z \in \boldsymbol{C}^n \mid |z_j| < r_j,\ j=1, 2, \cdots, n\}$ としてよい. 正の数 s を $0 < s < r_1$ となるように選び

$$g(z_1, z_2, \cdots, z_n) = \frac{1}{2\pi i}\int_{|\zeta_1|=s} \frac{f(\zeta_1, z_2, \cdots, z_n)}{\zeta_1 - z_1}\, d\zeta_1$$

と定義する. ここで積分は円周 $|\zeta_1|=s$ 上正の向きにとるものとする. このとき g は $D'=\{z \in \boldsymbol{C}^n \mid |z_1|<s,\ |z_j|<r_j,\ j=2, \cdots, n\}$ で正則な関数を定める(定理 1.13).

$(z_2, \cdots, z_n) \neq (0, \cdots, 0)$ を固定すれば $f(z_1, z_2, \cdots, z_n)$ は z_1 の関数として $|z_1| < r_1$ で正則である. したがって Cauchy の積分公式によって $|z_1|<s$ に対して $g(z_1, z_2, \cdots, z_n) = f(z_1, z_2, \cdots, z_n)$ が成り立つ. したがって $D'-\{z_2=0\}$ 上 $g=f$ である. ゆえに,

$$\tilde{f}(z) = \begin{cases} f(z), & z \in D-\{0\} \\ g(z), & z \in D' \end{cases}$$

と定義すれば $\tilde{f}$ は D 上の正則関数で f の拡張である. (証明終り)

定理 2.1 は Hartogs の定理の最も簡単な場合である. 証明を見れば f が定義されていない範囲はもう少し大きくてもよいことがわかる. たとえば

$$D = \{z \in \boldsymbol{C}^n \mid |z_j| < r_j,\ j=1, 2, \cdots, n\}$$

に対し, $0 < r_j' < r_j$ なる r_j' $(j=1, 2)$ を選び

$$T = \{z \in \boldsymbol{C}^n \mid |z_1| < r_1',\ \mathrm{Im}\, z_2 < r_2'\}$$

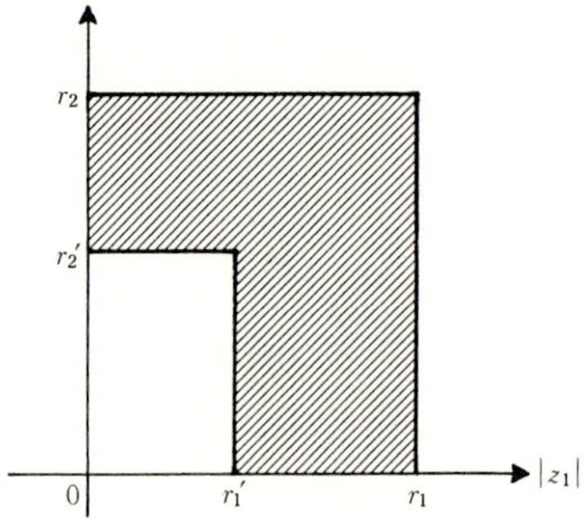

図 4

とする．このとき $D-T$ で正則な関数は D 上の正則関数に拡張できる．

§2.2 Weierstrass の予備定理

多変数の正則関数の局所的な性質に関して最も基本的で重要な定理は Weierstrass に依るもので，予備定理または準備定理(preparation theorem (英)，Vorbereitungs Satz(独))と呼ばれる．この定理では座標 $(z_1, z_2, \cdots, z_n)$ の中の 1 つの座標が特別な役割を受け持つ．その座標を z_1 にとることにして，z_1 のかわりに w と書くことにする．$z=(z_2, \cdots, z_n)$，$(w, z)=(w, z_2, \cdots, z_n)$ と略記する．また $|z|$ で，$\max(|z_2|, \cdots, |z_n|)$ をあらわす．

この節では $\boldsymbol{C}^n$ の原点 $(w, z)=(0, 0)$ の近傍で定義された正則関数を考える．まず $A_1(z), A_2(z), \cdots, A_k(z)$ を $\boldsymbol{C}^{n-1}$ の原点 $z=0$ の近傍で定義された正則関数で $A_1(0)=A_2(0)=\cdots=A_k(0)=0$ と仮定する．このとき

$$f(w, z) = w^k+A_1(z)w^{k-1}+\cdots+A_{k-1}(z)w+A_k(z)$$

の形の多項式を次数 k の w に関する Weierstrass 多項式(Weierstrass polynomial)または特別多項式(distinguished polynomial)と呼ぶ．この本では簡単のため W 多項式と呼ぶことにする．

次に $g=g(w, z)$ を $\boldsymbol{C}^n$ の原点の近傍で定義された正則関数とする．w 以外の座標 $z_2, \cdots, z_n$ を 0 とおいて w の正則関数 $g(w, 0)$ を得る．$g(w, 0)$ が恒等的に 0 でないとき g は w について正常(regular)であるという．$w=0$ における $g(w, 0)$ の展開を

$$g(w, 0) = cw^k+(k+1 \text{ 次以上の項}), \qquad c \neq 0 \tag{2.4}$$

とする．

以上の定義のもとに Weierstrass の予備定理は次のように述べられる．

定理 2.2 $g(w, z)$ は $\boldsymbol{C}^n$ の原点の近傍 U で定義された正則関数で，w について正常であるとする．このとき U に含まれる原点の近傍 V と，V 上定義された正則関数 f, u を

(i) $f = ug$,

(ii) f は w に関する W 多項式,

(iii) $u(0, 0) \neq 0$

となるように選ぶことができる．さらに，もし原点の近傍 V' で定義された正

則関数 f', u' が上の条件をみたすならば，原点の十分小さい近傍で $f=f', u=u'$ が成り立つ．——

証明に入る前にいくつか注意を述べる．まず g が w について正常であるという仮定はそれ程本質的なものではない．0 でない勝手な正則関数 g が与えられたとき，座標 (w, z) を適当に選べば g は w について正常となる．それを見るために g を原点の近傍で巾級数に展開して

$$g(w, z) = \sum_{i, j_2, \cdots, j_n=0}^{\infty} b_{ij_2\cdots j_n} w^i z_2^{j_2} \cdots z_n^{j_n}$$

とする．右辺で $(w, z_2, \cdots, z_n)$ について m 次の項の和を $g_m(w, z)$ とすれば

$$g(w, z) = \sum_{m=0}^{\infty} g_m(w, z)$$

である．g が恒等的に 0 でないとして，$g_m \neq 0$ であるような m の中で最小のものを k とする(このとき g は位数 k であるという)．w^k の係数 $b_{k0\cdots0}$ が 0 でないならば g は w について正常である．$b_{k0\cdots0}=0$ ならば新しい座標 $(W, Z_2, \cdots, Z_n)$ を

$$W = w, \qquad Z_j = z_j - \beta_j w \qquad (j=2, 3, \cdots, n)$$

とする．ここで $\beta_2, \cdots, \beta_n$ は後に定める定数である．この新しい座標によって g を展開すれば

$$g = \sum_{m=0}^{\infty} h_m(W, Z),$$

$$h_m(W, Z) = \sum_{i+j_2+\cdots+j_n=m} b_{ij_2\cdots j_m} W^i (Z_2+\beta_2 W)^{j_2} \cdots (Z_n+\beta_n W)^{j_n}$$

である．特に，$m<k$ のとき $h_m=0$ で

$$h_k(W, 0) = \left(\sum_{i+j_2+\cdots+j_n=k} b_{ij_2\cdots j_n} \beta_2^{j_2} \cdots \beta_n^{j_n} \right) W^k$$

である．すなわち，新しい座標によれば W^k の係数は $g_k(1, \beta_2, \cdots, \beta_n)$ に他ならない．g_k は多項式として 0 でないから，$\beta_2, \cdots, \beta_n$ を適当に選んで $g_k(1, \beta_2, \cdots, \beta_k) \neq 0$ とできる．このとき g は W について正常である．さらに有限個の正則関数 $g^{(1)}, g^{(2)}, \cdots, g^{(s)}$ が与えられたときには，$g^{(1)}, g^{(2)}, \cdots, g^{(s)}$ がすべて w について正常となるように座標 (w, z) を選ぶことができることも明らかであろう．

次に(iii)の $u(0, 0) \neq 0$ という条件は $1/u$ が原点の近傍で正則であることを

意味している．このような u は単元(unit)と呼ばれる．後に§2.5で定義するように u は局所環の元として可逆である．条件(i)(iii)より $f(w,z)$ の零点と $g(w,z)$ の零点は原点の近傍で一致していることがわかる．

第3に，g が正則関数でなく単に (w,z) の形式的巾級数[1]として与えられた場合にも，f,u を形式的巾級数と考えれば定理が意味を持つことに注意する．この場合，(iii)の条件は u の定数項が0でないことである．

以下ではWeierstrassの予備定理の証明を2種類与える．証明Iは巾級数展開の方法によるもので証明IIは留数定理の応用である．

証明I まず $g(w,z)$ は形式的巾級数であるとして定理の条件をみたす形式的巾級数 f,u の存在を証明する．

$g(w,0)$ の展開が(2.4)のように w^k から始まっているとする．(i)において $z=0$ とすれば

$$f(w,0)=u(0,0)cw^k+(\text{高次の項})$$

である．したがって f は w について k 次でなければならない．

形式的巾級数を帰納的に定義するために次のような重さ(weight)を導入する——k よりも大きい自然数 l を1つ固定して，w の重さは1，$z_2,\cdots,z_n$ の重さは l であるとする．したがって $w^iz_2^{j_2}\cdots z_n^{j_n}$ の重さは $i+l(j_2+\cdots+j_n)$ である．巾級数 g の項の中で重さが m のものの和を g_m とする．

$$g=\sum_{m=k}^{\infty}g_m,\qquad g_k=cw^k$$

である．g を $c^{-1}g$ で置き換えることによって $c=1$ と仮定することができる．同様に f,u を

$$f=\sum_{m=0}^{\infty}f_m,\qquad u=\sum_{m=0}^{\infty}u_m$$

とする．このとき f が次数 k の W 多項式であることは

$$f_m=0\qquad(m<k),$$

$$f_k=w^k, \tag{2.5}$$

$$f_m\ (m>k)\quad \text{は } w \text{ について}\quad (k-1)\text{ 次以下} \tag{2.6}$$

であることと同値である．重さ m の単項式の次数は少くとも m/l であるから，

---

1) 必ずしも収束しない巾級数をこう呼ぶ．

f, u を定めるためには $f_k, f_{k+1}, \cdots, u_0, u_1, \cdots$ を定めればよい．

以下，数学的帰納法によって f_{k+m}, u_m $(m=0, 1, 2, \cdots)$ を定める．定理の(i)の条件は

$$\sum_{m=k}^{\infty} f_m = \left(\sum_{m=0}^{\infty} u_m\right)\left(\sum_{m=k}^{\infty} g_m\right) \tag{2.7}$$

である．(2.5)によって $f_k=w^k$ であるから，両辺の重さ k の項を比較して $u_0=1$ を得る．これは定理の(iii)の条件をみたしていることに注意しておく．次に $f_k, f_{k+1}, \cdots, f_{k+m-1}, u_0, \cdots, u_{m-1}$ が定まったと仮定して，(2.7)の重さ $k+m$ の項を比較すれば

$$f_{k+m} = u_0 g_{k+m} + \cdots + u_{m-1} g_{k+1} + u_m g_k \tag{2.8}$$

でなければならない．(2.8)を書き換えて

$$u_0 g_{k+m} + \cdots + u_{m-1} g_{k+1} = (-u_m) w^k + f_{k+m} \tag{2.9}$$

とする．(2.6)の条件を考慮すれば(2.9)は左辺を w^k で割ったときの商が $-u_m$，余りが f_{k+m} ということに他ならない．したがって(2.6)(2.9)をみたす f_{k+m}, u_m が一意的に定まる．

以上によって定理の条件をみたす形式的巾級数 f, u がただ一組存在することが証明された．したがって，特に定理の一意性の部分が証明された[1]．

収束の証明　上に定めた巾級数 f, u が正の収束半径をもつことを示す．(i)の関係式によって，u に対して証明すれば十分である．まず g の巾級数展開を

$$g = \sum g_{ij_2\cdots j_n} w^i z_2^{j_2} \cdots z_n^{j_n}$$

とすれば(2.3)によって

$$|g_{ij_2\cdots j_n}| \leqq M/r^i r_2^{j_2} \cdots r_n^{j_n}$$

が成り立つ．ここで $M, r, r_2, \cdots, r_n$ は $i, j_2, \cdots, j_n$ によらない定数である．新しい座標 $(W, Z_2, \cdots, Z_n)$ を $W=r^{-1}w$, $Z_j=r_j^{-1}z_j$ $(j=2, 3, \cdots, n)$ によって定めれば g の展開係数は $r^i r_2^{j_2} \cdots r_n^{j_n} g_{ij_2\cdots j_n}$ で置き換えられる．しかも g は座標 $(W, Z_2, \cdots, Z_n)$ で考えたとき W について正常である．したがって最初から

$$|g_{ij_2\cdots j_n}| \leqq M \tag{2.10}$$

と仮定してよい．

1)　一致の定理(定理1.7)により，同じ巾級数展開を持つ正則関数は原点の近傍で一致する．

$u=\sum u_{ij_2\cdots j_n}w^i z_2^{j_2}\cdots z_n^{j_n}$ とするとき係数 $u_{ij_2\cdots j_n}$ に対して

$$|u_{ij_2\cdots j_n}| \leqq Kc^i c_2^{j_2}\cdots c_n^{j_n} \tag{2.11}$$

をみたす定数 $K, c, c_2, \cdots, c_n$ が存在することを示す．そうすれば u は $|w|<c^{-1}$, $|z_j|<c_j^{-1}$ で絶対収束する．

重さ $m=i+l(j_2+\cdots+j_n)$ に関する数学的帰納法で(2.11)を証明する．$m=0$ のときは $u_{0\cdots0}=1$ であるから $K\geqq1$ とすれば(2.11)がみたされる．そこで重さが m より小さい範囲では(2.11)が成り立っていると仮定して重さが m の場合を証明しよう．(2.9)によって

$$-u_{ij_2\cdots j_n} = \sum u_{\mu\alpha_2\cdots\alpha_n} g_{\nu\beta_2\cdots\beta_n}$$

である．ここで右辺の和は $\mu+\nu=i+k$, $\alpha_2+\beta_2=j_2, \cdots, \alpha_n+\beta_n=j_n$, $(\mu,\alpha_2,\cdots,\alpha_n)\neq(i, j_2, \cdots, j_n)$ の範囲を動く．さらに $\nu\leqq k-1$, $\beta_2=\cdots=\beta_n=0$ のとき $g_{\nu0\cdots0}=0$ であるから，$(\alpha_2,\cdots,\alpha_n)=(j_2,\cdots,j_n)$ のときには $\mu\leqq i-1$ の範囲に制限してよい．(2.10)と帰納法の仮定によって

$$\begin{aligned}|u_{ij_2\cdots j_n}| &\leqq MK\sum c^\mu c_2^{\alpha_2}\cdots c_n^{\alpha_n}\\ &\leqq MKc_2^{j_2}\cdots c_n^{j_n}\left[\sum_{\mu=0}^{i-1}c^\mu+\sum_{\mu=0}^{i+k}c^\mu\sum_{\substack{(\beta_2,\cdots,\beta_n)\neq(0,\cdots,0)\\ \beta_2\geqq0,\cdots,\beta_n\geqq0}}c_2^{-\beta_2}\cdots c_n^{-\beta_n}\right]\\ &\leqq MKc_2^{j_2}\cdots c_n^{j_n}\left[\frac{c^i-1}{c-1}+\frac{c^{i+k+1}-1}{c-1}\left\{\left(\frac{1}{1-c_2^{-1}}\right)\cdots\left(\frac{1}{1-c_n^{-1}}\right)-1\right\}\right]\end{aligned}$$

を得る．ここで $c\geqq2M+1$ にとれば

$$M\frac{c^i-1}{c-1}\leqq\frac{c^i}{2} \tag{2.12}$$

である．そこで $c_2=c_3=\cdots=c_n$ を十分大きく

$$\left(\frac{1}{1-c_2^{-1}}\right)^{n-1}-1\leqq\frac{c-1}{2c^{k+1}M} \tag{2.13}$$

をみたすようにとる．このとき[ ]の第2項は $c^i/2M$ を越えない．したがって定数 c, c_2 を(2.12)(2.13)をみたすように選べば(2.11)が成り立つ[1]．(証明終り)

証明II 仮定によって

$$g(w,0)=w^k\varphi(w), \qquad \varphi(0)\neq0$$

---

1) ここで $c, c_2, \cdots, c_n$ の選び方は m によらないということが大切である．

となる正則関数 φ が $w=0$ の近傍で存在する(定理 1.8). ε を十分小さい正数とすれば $|w|\leqq\varepsilon$ で φ は決して 0 にならないようにできる. したがって $|w|=\varepsilon$ のとき $|g(w,0)|>\gamma$ をみたす正数 γ が存在する[1]. g は連続で円周 $|w|=\varepsilon$ はコンパクトであるから, $\delta>0$ を十分小さくとれば

$$|w|=\varepsilon,\ |z|<\delta \quad のとき \quad |g(w,z)|>\gamma/2$$

となるようにできる[2].

ここで $g_w(w,z)=\partial g/\partial w(w,z)$ として, $|z|<\delta$ なる z に対して積分

$$N(z)=\frac{1}{2\pi i}\int_{|w|=\varepsilon}\frac{g_w(w,z)}{g(w,z)}dw$$

を考える. $N(z)$ は z を固定したときの $g(w,z)=0$ の $|w|<\varepsilon$ 内での零点の重複度の和に等しい(定理 1.18). この積分は z について連続で $N(0)=k$ であるから, $|z|<\delta$ の至る所 $N(z)=k$ である. すなわち w の正則関数 $g(w,z)$ は円板 $|w|<\varepsilon$ 内に重複度をこめて[3] ちょうど k 個の零点をもつ. それらを $\alpha_1(z)$, $\cdots$, $\alpha_k(z)$ とする. 定理 1.18 によって, 自然数 m に対して

$$\sum_{j=1}^{k}\alpha_j(z)^m=\frac{1}{2\pi i}\int_{|w|=\varepsilon}\frac{g_w(w,z)}{g(w,z)}w^m dw$$

が成り立つ. この関数を $T_m(z)$ であらわすことにすると, 積分記号内で微分ができるから $T_m(z)$ は z について正則である(定理 1.13). $S_m(z)$ を $\alpha_1(z),\cdots$, $\alpha_k(z)$ の m 次基本対称式とすると, $S_m(z)$ は $T_1(z),\cdots,T_m(z)$ の多項式である[4]. したがって $S_m(z)$ は z の正則関数である. これを用いて

$$f(w,z)=w^k-S_1(z)w^{k-1}+S_2(z)w^{k-2}-\cdots+(-1)^kS_k(z)$$

と定義する. $\alpha_j(0)$ はすべて 0 であるから $S_m(0)=0$ で, f は W 多項式である. 最後に $u(w,z)=f(w,z)/g(w,z)$ とおく.

z を $|z|<\delta$ に固定したとき $g(w,z)$ と $f(w,z)$ の零点の位置と重複度は一致している. したがって $u(w,z)$ は $|w|<\varepsilon$ で正則であって, $|w|<\varepsilon$ で 0 にならない(定理 1.8). さらに u は $|w|\leqq\varepsilon$ で連続であるから Cauchy の積分公式によって

---

1) コンパクト集合上連続な関数は最小値をもつことを用いた.
2) 被覆定理の応用.
3) 重複度 e の零点を e 回数える.
4) 高木貞治“改訂代数学講義”149 ページ.

$$u(w, z) = \frac{1}{2\pi i}\int_{|\zeta|=\varepsilon} \frac{u(\zeta, z)}{\zeta - w} d\zeta$$

が成り立つ．$|\zeta|=\varepsilon$ で $u(\zeta, z)$ は z について正則であるから，この積分表示から $u(w, z)$ は $|w|<\varepsilon$, $|z|<\delta$ で正則であることがわかる．以上で f, u の存在が証明された．

上の構成で ε, δ をより小さい正数 ε_1, δ_1 で置き換えても $f(w, z)$ は変わらないことに注意すれば一意性は明らかであろう．（証明終り）

Weierstrass の予備定理は 1886 年に発表された．後に 1929 年に Späth が別の定式化を発表している．

定理 2.3　$g(w, z)$ を $\boldsymbol{C}^n$ の原点の近傍で定義された正則関数で，w について正常で，$g(w, 0)=cw^k+$(高次の項), $c\neq 0$ とする．このとき原点の近傍で定義された正則関数 $h(w, z)$ は

$$h = gq+r$$

と書ける．ここで q, r は原点の十分小さい近傍で定義された正則関数で，r は w について $k-1$ 次以下の多項式である．さらに q, r は前の定理と同じ意味で一意的に定まる．——

この定理は Weierstrass の割り算定理(division theorem)と呼ばれる．あるいは混同して定理 2.3 も予備定理と呼ばれることがある．定理 2.3 を仮定して定理 2.2 を導くには $h=w^k$ に適用すればよい．ここでは定理 2.2 を用いて定理 2.3 を証明する．

証明　定理 2.2 によって g は W 多項式であると仮定してよい．定理 2.2 の証明 II の最初の部分と同様に，$\varepsilon, \delta>0$ を十分小さく選んで $|w|=\varepsilon$, $|z|<\delta$ のとき $g(w, z)\neq 0$ とすることができる．$|w|<\varepsilon$, $|z|<\delta$ のとき

$$q(w, z) = \frac{1}{2\pi i}\int_{|\zeta|=\varepsilon} \frac{h(\zeta, z)}{g(\zeta, z)} \frac{d\zeta}{\zeta - w}$$

と定義すると

$$\begin{aligned} &h(w, z)-g(w, z)q(w, z) \\ &= \frac{1}{2\pi i}\left\{\int_{|\zeta|=\varepsilon} \frac{h(\zeta, z)}{\zeta - w} d\zeta - \int_{|\zeta|=\varepsilon} \frac{h(\zeta, z)}{g(\zeta, z)} \frac{g(w, z)}{\zeta - w} d\zeta\right\} \\ &= \frac{1}{2\pi i}\int_{|\zeta|=\varepsilon} \frac{h(\zeta, z)}{g(\zeta, z)} \left\{\frac{g(\zeta, z)-g(w, z)}{\zeta - w}\right\} d\zeta \end{aligned}$$

である．ここで $g(\zeta, z)-g(w, z)$ は ζ, w の多項式として $\zeta-w$ で割り切れるから

$$\frac{g(\zeta, z)-g(w, z)}{\zeta-w} = a_1(\zeta, z)w^{k-1}+a_2(\zeta, z)w^{k-2}+\cdots+a_k(\zeta, z)$$

と書ける．したがって

$$h-gq = \sum_{\lambda=0}^{k-1}\left(\frac{1}{2\pi i}\int_{|\zeta|=\varepsilon}\frac{h(\zeta, z)}{g(\zeta, z)}a_\lambda(\zeta, z)\,d\zeta\right)w^{k-\lambda}$$

である．一意性は省略する．（証明終り）

§2.3　Riemann の拡張定理

この節では多変数における Riemann の拡張定理を証明する．これは1変数の場合の同名の定理(定理 1.14)の一般化である．

定理 2.4　φ は $\boldsymbol{C}^n$ の領域 D で定義された 0 でない正則関数として

$$\Sigma = \{z \in D \mid \varphi(z)=0\}$$

とする．f は $D-\Sigma$ で定義された正則関数で有界であるとする．このとき f は D 全体で正則な関数に拡張できる．

証明　Σ の各点 p に対して十分小さい近傍 U を考えて f が U 上の正則関数に拡張されることを示せば十分である[1]．前節で見たように p を原点とする $\boldsymbol{C}^n$ の座標 $(z_1, z_2, \cdots, z_n)$ を適当にとって，$\varphi(z_1, z_2, \cdots, z_n)$ は z_1 について正常であるとしてよい．このとき Weierstrass の予備定理の証明 II の冒頭と同様にして

$$|z_1| = \varepsilon,\ |z_j| < \delta\ (j=2, 3, \cdots, n)\quad ならば\quad |\varphi(z)| > \gamma/2$$

となるような正数 $\varepsilon, \delta, \gamma$ を選ぶことができる．特にこれらの点は Σ に属さない．そこで

$$g(z_1, z_2, \cdots, z_n) = \frac{1}{2\pi i}\int_{|\zeta|=\varepsilon}\frac{f(\zeta, z_2, \cdots, z_n)}{\zeta-z_1}\,d\zeta$$

と定義すれば，g は $|z_1|<\varepsilon$, $|z_j|<\delta$ $(j=2, 3, \cdots, n)$ で正則である(定理 1.12, 1.13)．

次に $\boldsymbol{C}^{n-1}$ の点 $(z_2, \cdots, z_n)$ を $|z_j|<\delta$ をみたすように選んで固定する．このとき $h(z_1)=f(z_1, z_2, \cdots, z_n)$ は円板 $|\zeta|<\varepsilon$ 内に有限個の除去可能な特異点をも

1)　一致の定理による．

つから，1 変数の Riemann の拡張定理の証明によって

$$h(z_1) = \frac{1}{2\pi i}\int_{|\zeta|=\varepsilon} \frac{h(\zeta)}{\zeta - z_1}\, d\zeta$$

が成り立つ．したがって $D-\Sigma$ では $g=f$ である．（証明終り）

この定理から次の位相的な結果が導かれる．

系　D は $\boldsymbol{C}^n$ の領域[1]，φ は D 上定義された 0 でない正則関数とする．

$$\Sigma = \{z \in D \mid \varphi(z) = 0\}$$

とすれば $D-\Sigma$ は連結である．

証明　$D-\Sigma$ が連結でないと仮定すれば

$$D-\Sigma = W_1 \cup W_2, \qquad W_1 \cap W_2 = \phi$$

なる空でない開集合 W_1, W_2 がとれる．$D-\Sigma$ 上の正則関数 f を W_1 上恒等的に 0, W_2 上恒等的に 1 であると定義する．明らかに f は有界であるから定理によって D 上の正則関数 g に拡張できる．しかし一致の定理によって D 全体で $g=0$ でなければならない．これは矛盾である．（証明終り）

§2.4　陰関数の定理，逆関数の定理

$\boldsymbol{C}^n$ の領域 D で定義されて $\boldsymbol{C}^m$ に値をとる写像 f を考える．$\boldsymbol{C}^m$ の座標系 $(w_1, \cdots, w_m)$ をとり，D の点 p に対してその像 $f(p)$ の座標を $(w_1, \cdots, w_m) = (f_1(p), \cdots, f_m(p))$ とあらわせば $f_1, \cdots, f_m$ は D 上定義された複素数値関数である．ここで $f_1, \cdots, f_m$ が D 上正則であるとき f を D から $\boldsymbol{C}^m$ への正則写像 (holomorphic mapping) と呼ぶ．

次に $\boldsymbol{C}^n$ の座標系 $(z_1, \cdots, z_n)$ をとり，$f: D \to \boldsymbol{C}^m$ を正則写像とする．このとき

$$\begin{bmatrix} \dfrac{\partial f_1}{\partial z_1} & \dfrac{\partial f_1}{\partial z_2} & \cdots & \dfrac{\partial f_1}{\partial z_n} \\ & \cdots & & \\ & \cdots & & \\ \dfrac{\partial f_m}{\partial z_1} & \dfrac{\partial f_m}{\partial z_2} & \cdots & \dfrac{\partial f_m}{\partial z_n} \end{bmatrix}$$

を正則写像 f の Jacobi 行列 (Jacobian matrix) と呼んで

1)　領域は連結な開集合を意味する．

$$\frac{\partial(f_1, f_2, \cdots, f_m)}{\partial(z_1, z_2, \cdots, z_n)}$$

であらわす．$n=m$ の場合には行列式

$$J(z) = \det \frac{\partial(f_1, f_2, \cdots, f_n)}{\partial(z_1, z_2, \cdots, z_n)}$$

を f のヤコビアン(Jacobian)，またはJacobi行列式と呼ぶ．

定理 2.5　$f_1, f_2, \cdots, f_m$ $(m \leqq n)$ を $\boldsymbol{C}^n$ の原点の近傍 U で定義された正則関数として，$f_1(0)=f_2(0)=\cdots=f_m(0)=0$ で，Jacobi行列式

$$\det \frac{\partial(f_1, f_2, \cdots, f_m)}{\partial(z_1, z_2, \cdots, z_m)}$$

は原点で0でないと仮定する．このとき $\boldsymbol{C}^{n-m}$ の原点の近傍で定義された m 個の正則関数 $g_1(z_{m+1}, \cdots, z_n), \cdots, g_m(z_{m+1}, \cdots, z_n)$ が存在して $g_1(0, \cdots, 0)=\cdots=g_m(0, \cdots, 0)=0$,

$$f_j(g_1, \cdots, g_m, z_{m+1}, \cdots, z_n) = 0, \qquad j = 1, 2, \cdots, m \tag{2.14}$$

が成り立つ．さらに $\boldsymbol{C}^n$ の原点の近傍 V を十分小さくとれば V の点 $z=(z_1, \cdots, z_n)$ で $f_j(z)=0$, $j=1, 2, \cdots, m$ をみたすものは

$$z_1 = g_1(z_{m+1}, \cdots, z_n), \quad \cdots, \quad z_m = g_m(z_{m+1}, \cdots, z_n)$$

をみたす[1]．——

この定理はよく知られた可微分関数に対する陰関数定理[2]の“正則関数版”で，やはり陰関数定理(implicit function theorem)と呼ばれる．ここでは2つの証明を与える．

証明 I　$w_j=f_j(z)$, $j=1, 2, \cdots, m$ で定義される写像を考えて，$u_j=\mathrm{Re}\, w_j$, $v_j=\mathrm{Im}\, w_j$ とする．一方 $x_k=\mathrm{Re}\, z_k$, $y_k=\mathrm{Im}\, z_k$ とすれば，合成関数の微分公式によって

$$\frac{\partial(u_1, v_1, \cdots, u_m, v_m)}{\partial(x_1, y_1, \cdots, x_m, y_m)} = \frac{\partial(u_1, v_1, \cdots, u_m, v_m)}{\partial(w_1, \bar{w}_1, \cdots, w_m, \bar{w}_m)} \frac{\partial(f_1, \bar{f}_1, \cdots, f_m, \bar{f}_m)}{\partial(z_1, \bar{z}_1, \cdots, z_m, \bar{z}_m)} \frac{\partial(z_1, \bar{z}_1, \cdots, z_m, \bar{z}_m)}{\partial(x_1, y_1, \cdots, x_m, y_m)}$$

が成り立つ．ここで右辺の第1因子と第3因子は互いに逆行列であるから

---

1)　$m=n$ のとき定理は $f_1=\cdots=f_n=0$ の解は原点の近傍には原点以外ないことを主張している．

2)　“解析入門” 394ページ，定理8.4，“解析概論” 第7章，82節．

$$\det \frac{\partial(u_1, v_1, \cdots, u_m, v_m)}{\partial(x_1, y_1, \cdots, x_m, y_m)} = \det \frac{\partial(f_1, \bar{f}_1, \cdots, f_m, \bar{f}_m)}{\partial(z_1, \bar{z}_1, \cdots, z_m, \bar{z}_m)}$$

である．さらに $\partial f_j/\partial \bar{z}_k = \partial \bar{f}_j/\partial z_k = 0$, $\partial \bar{f}_j/\partial \bar{z}_k = \overline{\partial f_j/\partial z_k}$ $(j, k=1, 2, \cdots, m)$ に注意して

$$\det \frac{\partial(u_1, v_1, \cdots, u_m, v_m)}{\partial(x_1, y_1, \cdots, x_m, y_m)} = \left| \det \frac{\partial(f_1, \cdots, f_m)}{\partial(z_1, \cdots, z_m)} \right|^2$$

を得る．この行列式は仮定によって原点で 0 でないから陰関数の定理によって $(x_{m+1}, y_{m+1}, \cdots, x_n, y_n)$ の C^∞ 関数 $g_1, \cdots, g_m$ で定理の結論をみたすものが存在する．

次にこのようにして定めた g_j が正則であることを示そう．(2.14)の両辺に $\partial/\partial \bar{z}_k$ を作用させれば

$$\sum_{s=1}^{m} \frac{\partial f_j}{\partial z_s}(g_1, \cdots, g_m, z_{m+1}, \cdots, z_n) \frac{\partial g_s}{\partial \bar{z}_k}(z_{m+1}, \cdots, z_n) = 0$$

である．しかも $(z_{m+1}, \cdots, z_n)$ が原点に十分近いとき行列

$$\left(\frac{\partial f_j}{\partial z_s}(g_1, \cdots, g_m, z_{m+1}, \cdots, z_n) \right)_{j,s=1,2,\cdots,m}$$

は可逆である．したがって $\partial g_s/\partial \bar{z}_k = 0$, $k=m+1, \cdots, n$ が成り立つ．（証明終り）

第 2 の証明では Weierstrass の予備定理を用いるが，そうすれば正則関数だけを考えて定理を証明することができる．

証明 II 方程式の個数 m についての数学的帰納法を用いる．$m=1$ のとき仮定は $f_1(0)=0$ で，かつ原点における巾級数展開の z_1 の係数が 0 でないことを意味している．特に f_1 は z_1 について正常である．Weierstrass の予備定理によって

(2.15) $$uf_1 = z_1 - g(z_2, \cdots, z_n)$$

となる．u は単元，g は $\boldsymbol{C}^{n-1}$ の原点の近傍で定義された正則関数で $g(0)=0$ である．u が 0 にならない範囲では $f(z_1, \cdots, z_n)=0$ は $z_1 = g(z_2, \cdots, z_n)$ と同値である．

$m>1$ の場合，仮定により $\partial f_1/\partial z_k(0)$ の中に 0 でないものがあるから，$z_1, \cdots, z_m$ の順序を変えて $\partial f_1/\partial z_1$ は原点で 0 にならないとしてよい．このとき上のような正則関数 $g(z_2, \cdots, z_n)$ が存在するから，それを用いて

$$h_j(z_2, \cdots, z_n) = f_j(g(z_2, \cdots, z_n), z_2, \cdots, z_n), \qquad j = 2, 3, \cdots, m$$

と定義する．このとき

$$\frac{\partial h_j}{\partial z_k} = \frac{\partial f_j}{\partial z_k} + \frac{\partial f_j}{\partial z_1}\frac{\partial g}{\partial z_k}, \qquad j, k = 2, 3, \cdots, n$$

である．一方(2.15)と $f_1(0)=0$ より

$$u(0)\frac{\partial f_1}{\partial z_1}(0) = 1, \qquad u(0)\frac{\partial f_1}{\partial z_k}(0) = -\frac{\partial g}{\partial z_k}(0), \qquad k = 2, 3, \cdots, n$$

が成り立つ．ゆえに

$$\frac{\partial h_j}{\partial z_k}(0) = \frac{\partial f_j}{\partial z_k}(0) - \frac{\partial f_j}{\partial z_1}(0)\,u(0)\frac{\partial f_1}{\partial z_k}(0), \qquad k = 2, 3, \cdots, n$$

であるが $h_1 \equiv 0$ と考えればこれは $k=1$ に対しても成り立つ．したがって行列 $\left.\dfrac{\partial(f_1, \cdots, f_m)}{\partial(z_1, \cdots, z_m)}\right|_{z=0}$ の第1行を $\dfrac{\partial f_j}{\partial z_1}(0)\,u(0)$ 倍して第 j 行から引けば

$$\begin{bmatrix} \dfrac{\partial f_1}{\partial z_1}(0) & * \\ 0 & \left.\dfrac{\partial(h_2, \cdots, h_m)}{\partial(z_2, \cdots, z_m)}\right|_{z_2=\cdots=z_m=0} \end{bmatrix}$$

と変形される．したがって仮定によって $\det \dfrac{\partial(h_2, \cdots, h_m)}{\partial(z_2, \cdots, z_m)}$ は原点で0にならない．帰納法の仮定によって $h_2=\cdots=h_m=0$ に対して求める関数 $g_2, \cdots, g_m$ がとれる．これらは $(z_{m+1}, \cdots, z_n)$ の正則関数である．最後に g_1 として

$$g_1(z_{m+1}, \cdots, z_n) = g(g_2, \cdots, g_m, z_{m+1}, \cdots, z_n)$$

をとれば $g_1, g_2, \cdots, g_m$ が求める関数である．(証明終り)

$\boldsymbol{C}^n$ の領域 D から $\boldsymbol{C}^n$ への正則写像 f が D から $\boldsymbol{C}^n$ の領域 E の上への1対1写像で逆写像も正則であるとき，f は双正則写像(biholomorphic mapping)と呼ばれる．

定理 2.6　$f_1, f_2, \cdots, f_n$ を $\boldsymbol{C}^n$ の原点の近傍 U で定義された正則関数でJacobi行列式 $\det \dfrac{\partial(f_1, f_2, \cdots, f_n)}{\partial(z_1, z_2, \cdots, z_n)}$ は原点で0にならないとする．このとき U に含まれる原点の近傍 V と $(f_1(0), f_2(0), \cdots, f_n(0)) \in \boldsymbol{C}^n$ の近傍 W が存在して写像

$$f : (z_1, z_2, \cdots, z_n) \longrightarrow (f_1(z), f_2(z), \cdots, f_n(z))$$

は V から W の上への双正則写像である．

証明　2番目の $\boldsymbol{C}^n$ の座標を $(w_1, w_2, \cdots, w_n)$ とする．w_j を $w_j - f_j(0)$ でと

りかえて $f_1(0)=f_2(0)=\cdots=f_n(0)=0$ としてよい．次に $(z_1, z_2, \cdots, z_n, w_1, w_2, \cdots, w_n)$ を座標にもつ $\boldsymbol{C}^{2n}$ の原点の近傍で

$$F_j(z, w) = w_j - f_j(z), \qquad j = 1, 2, \cdots, n$$

を考える．このとき $F_1(0,0)=F_2(0,0)=\cdots=F_n(0,0)=0$ で

$$\det \frac{\partial(F_1, F_2, \cdots, F_n)}{\partial(z_1, z_2, \cdots, z_n)}$$

は $(z, w)=(0,0)$ で 0 にならない．したがって陰関数の定理によって，$\boldsymbol{C}^n$ の原点の近傍 W で定義された正則関数 $g_1(w), g_2(w), \cdots, g_n(w)$ で $g_1(0)=g_2(0)=\cdots=g_n(0)=0$,

$$w_j = f_j(g_1(w), g_2(w), \cdots, g_n(w)), \qquad j = 1, 2, \cdots, n$$

となるものが存在する．特に像 $f(U)$ は W を含む．

最初から U を十分小さくとって f の Jacobi 行列式は U の各点で 0 でないとしてよい．このとき上に見たように f は開写像である[1]．

$g: W \to U$ を $(w_1, w_2, \cdots, w_n) \to (g_1(w), g_2(w), \cdots, g_n(w))$ で定義される正則写像とすれば合成写像 $f \circ g$ は W の恒等写像である．したがって Jacobi 行列の積

$$\frac{\partial(f_1, f_2, \cdots, f_n)}{\partial(z_1, z_2, \cdots, z_n)} \frac{\partial(g_1, g_2, \cdots, g_n)}{\partial(w_1, w_2, \cdots, w_n)}$$

は単位行列である．特に g の Jacobi 行列式は W の各点で 0 にならない．そこで上の考察を g に適用すれば g は開写像であることがわかる．したがって像 $g(W)$ は原点の開近傍となるのでこれを V とおけば $g: W \to V$ は1対1で V の上への正則写像である．写像 f の V への制限を $f|_V$ とすれば g と $f|_V$ は互いに逆写像である．よって $f|_V$ が V から W への双正則写像であることが証明された．(証明終り)

定理 2.6 は逆関数の定理(inverse function theorem)と呼ばれる．正則写像 $f: U \to \boldsymbol{C}^n$ が定理 2.6 の結論をみたすとき，f は原点において局所双正則(locally biholomorphic)であるという．

---

1)　すなわち f は開集合を開集合に写す．

§2.5　収束巾級数環

a)　局所環の定義

これまでこの章で証明してきたいくつかの定理は1つの共通な性質を持っている．それは定理の結論が「原点の十分小さい近傍では云々」という形になっていることである．このような形の結果は“局所的(local)”であるといわれる．また正則関数の定義を思い出せば「関数 f が領域 D で正則であるためには，D の各点 p に対して p の近傍 U_p が存在して f が U_p で正則であることが必要かつ十分である.」このような性質は局所的な性質であるといわれる．一方，たとえば写像 $f: \boldsymbol{C} \to \boldsymbol{C}$ が1対1であるという性質は局所的ではない．たとえば写像 $f(z)=e^z$ の場合を考えれば逆関数の定理によって各点 p の十分小さい近傍 U_p をとれば $f|_{U_p}$ は1対1である．しかし，任意の整数 m に対して $f(z+2m\pi i)=f(z)$ であるから $\boldsymbol{C}$ 全体では f は1対1ではない．

局所的なものを扱うための重要な概念として germ[1] というものを定義する．後にこの germ の全体を記述するものとして層を定義する．局所的な種々の概念に対して germ を定義できるが，ここではまず正則関数の germ を定義する．

$\boldsymbol{C}^n$ の点 p を固定してその近傍[2] で定義された正則関数を考える．ここで重要なことは考える p の近傍を固定しないで動かして考えることである．そのために，p の近傍 U と，U で定義された正則関数の組を (U, f) で表わす．W が U に含まれる p の近傍で $h=f|_W$ が f の制限ならば (W, h) もこのような組の1つである．このとき (W, h) を (U, f) の制限と呼ぶ．

上のような p の近傍 U と関数 f の組をすべて考えて，その中で一方が他方の制限であるものを同一視する．当然同一の (W, h) とそれぞれ同一視される (U, f) と (V, g) は互いに同一視されるべきであるから次のように同値関係を定義することになる．

(U, f) と (V, g) を2つの組とする．U, V の両方に含まれる p の近傍 W が存在して，$f|_W=g|_W$ が成り立つとき $(U, f) \underset{p}{\sim} (V, g)$ と定義する．

$\underset{p}{\sim}$ は明らかに同値関係であるから，この同値関係に関する同値類を考えることができる．1つの同値類のことを p における正則関数の germ と呼ぶ．また

1)　通常“芽”と訳されているがここでは germ のまま用いる．

2)　以下，近傍は開近傍のみを考える．

(U, f) の属する同値類のことを正則関数 f の p における germ と呼んで f_p または $\boldsymbol{f}$ であらわすことにする．逆に $\boldsymbol{f}$ が1つの germ であるとき，同値類 $\boldsymbol{f}$ に属する (U, f) のことを $\boldsymbol{f}$ の代表(representative)と呼ぶ．

点 p における正則関数の germ の全体を $\mathcal{O}_{C^n, p}$ または単に $\mathcal{O}_p$ で表わして p における局所環(local ring)と呼ぶ．実際 $\mathcal{O}_p$ は次のように自然に環の構造を持つ．$\boldsymbol{f}, \boldsymbol{g}$ を $\mathcal{O}_p$ の元として，$(U, f), (V, g)$ をそれぞれの代表とする．このとき $(U \cap V, f+g), (U \cap V, fg)$ の p における germ をそれぞれ $\boldsymbol{f}+\boldsymbol{g}$, $\boldsymbol{fg}$ と定義すればこれらは $\boldsymbol{f}, \boldsymbol{g}$ の代表のとり方によらない．単位元としては恒等的に1となる関数を考えて $(U, 1)$ の germ をとればよい．同様に0は $(U, 0)$ の germ である．

$\boldsymbol{f} \in \mathcal{O}_{C^n, p}$ に対して $\boldsymbol{f}$ の p における値 $\boldsymbol{f}(p)$ を定義することができる．$\boldsymbol{f}$ の勝手な代表 (U, f) をとって $\boldsymbol{f}(p) = f(p)$ とすればこれは代表のとり方によらないからである[1]．

定理を述べるために次の記号を導入する．$z_1, z_2, \cdots, z_n$ を不定元として，複素数係数の形式的巾級数

$$\varphi(z) = \sum_{m_1, \cdots, m_n = 0}^{\infty} a_{m_1 m_2 \cdots m_n} {z_1}^{m_1} {z_2}^{m_2} \cdots {z_n}^{m_n}$$

の全体を $\boldsymbol{C}[[z_1, z_2, \cdots, z_n]]$ で表わす．形式的巾級数の中で正の収束半径をもつものを収束巾級数と呼んでそれらの全体のなす集合を $\boldsymbol{C}\{z_1, z_2, \cdots, z_n\}$ で表わす．$\boldsymbol{C}[[z_1, z_2, \cdots, z_n]]$, $\boldsymbol{C}\{z_1, z_2, \cdots, z_n\}$ は自然に環の構造を持ち，それぞれ形式的巾級数環(formal power series ring)，収束巾級数環(convergent power series ring)と呼ばれる．容易に確かめられるようにこれらの環は整域である．

一方 $(z_1, z_2, \cdots, z_n)$ を $\boldsymbol{C}^n$ の座標系として，p は原点であるとする．$\boldsymbol{f} \in \mathcal{O}_{C^n, p}$ に対して代表 (U, f) をとり，f の原点における巾級数展開を考える．この巾級数は代表 (U, f) のとり方によらず $\boldsymbol{f}$ のみによって定まるからこれを $\rho(\boldsymbol{f})$ で表わすことにする．$\rho(\boldsymbol{f})$ は収束巾級数であるから環の準同型

$$\rho : \mathcal{O}_{C^n, p} \longrightarrow \boldsymbol{C}\{z_1, z_2, \cdots, z_n\}$$

が定義される．

定理 2.7　上の準同型 ρ によって $\mathcal{O}_{C^n, p}$ は $\boldsymbol{C}\{z_1, z_2, \cdots, z_n\}$ と同型である．

---

1)　勿論，$\boldsymbol{f}(p) = \boldsymbol{g}(p)$ であっても $\boldsymbol{f} = \boldsymbol{g}$ とは限らない．

証明　$\rho(\boldsymbol{f})=0$ ならば $\boldsymbol{f}$ を代表する正則関数 f は原点の近傍で恒等的に 0 であるから ρ は1対1写像である．次に $\varphi(z)$ を収束巾級数でその収束半径を r とすれば，$\varphi(z)$ は $\{z\,|\,|z|<r\}$ における正則関数 f を定める．このとき f の germ $\boldsymbol{f}$ は ρ によって φ に写される．したがって ρ は上への準同型でもある．(証明終り)

b)　素元分解の一意性

次に $\mathcal{O}_{C^n,p}$ における素元分解を調べるが，そのために必要な可換環論の言葉を復習する[1]．可換環 A の元 u が A 内に逆元を持つとき u を単元または可逆元と呼ぶ．a を A の元とする．$a=bc$ $(b, c\in A)$ ならば b, c の少くとも一方が単元であるとき a は既約元であるという．また $a\neq 0$ でイデアル aA が素イデアルのとき a は素元であるという．$a=bc$ なる c が存在するとき，a は b の倍元，b は a の約元と呼ばれる．さらに c が単元のとき a と b は同伴であるという．$a_1, a_2, \cdots, a_k$ が A の元のとき，それらに共通の約元のことを公約元と呼ぶ．2つの元 a_1, a_2 が単元以外に公約元を持たないとき a_1, a_2 は互いに素であるという．

可換整域 A が素元分解整域であるとは，A の 0 でも単元でもない任意の元が有限個の素元の積に分解できることをいう．これは 0 でも単元でもない任意の元が有限個の既約元の積に分解できて，その分解が一意的であることと同値である．ここで分解が一意的であるというのは

$$a = p_1p_2\cdots p_k = q_1q_2\cdots q_l$$

を2通りの既約元の積への分解とするとき，$k=l$ であって，適当に順序をつけかえれば p_i と q_i $(i=1, 2, \cdots, k)$ が同伴となることである．

一般に素元は既約元である．また素元分解整域では既約元は素元である．

A を素元分解整域，X を不定元として多項式環 $A[X]$ を考える．$A[X]$ の元

$$f(X) = a_0X^n+a_1X^{n-1}+\cdots+a_n, \qquad a_i\in A$$

の係数 $a_0, a_1, \cdots, a_n$ の公約元が単元以外にないとき $f(X)$ は原始的あるいは原始多項式であるという．

補題(Gauss)　(i)　$f(X), g(X)\in A[X]$ が原始的ならば積 $f(X)g(X)$

1)　たとえば，藤﨑源二郎“体と Galois 理論”岩波講座基礎数学，第1章，または永田雅宜“可換体論”裳華房，第I章．

も原始的である．

（ii） A の商体を K として，$A[X]$ の元 $f(X)$ が原始多項式 $g(X) \in A[X]$ と多項式 $h(X) \in K[X]$ の積に分解されたとする．このとき $h(X)$ は $A[X]$ の元である．——

この補題を用いて次の定理が証明される．

定理 A が素元分解整域ならば多項式環 $A[X_1, X_2, \cdots, X_n]$ も素元分解整域である．——

これらの結果と Weierstrass の予備定理を用いて次の定理を証明する．

定理 2.8 局所環 $\mathcal{O}_{C^n, p}$ は素元分解整域である．

証明 n についての数学的帰納法を用いる．$n=0$ のとき $\mathcal{O}_p = \boldsymbol{C}$ は素元分解整域である[1]から定理は成立している．そこで $n-1$ 次元では定理が正しいとして n 次元の場合に証明すればよい．まず次の補題を証明する．

補題 2.1 $A = \boldsymbol{C}\{z_1, z_2, \cdots, z_n\}$, $B = \boldsymbol{C}\{z_2, \cdots, z_n\}[z_1]$ とする[2]．φ は A の元で z_1 に関する W 多項式とする．このとき φ が A の既約元であるために必要かつ十分な条件は φ が B の元として既約なことである．

証明 φ は A の元として既約でないとして $\varphi = \psi_1 \psi_2$ を自明でない分解とする[3]．このとき $z_2 = \cdots = z_n = 0$ を代入すればわかるように ψ_1, ψ_2 は z_1 について正常である．したがって Weierstrass の予備定理によって $\psi_i = u_i P_i$, u_i は単元，P_i は W 多項式と書くことができる．このとき

$$\varphi = u_1 u_2 P_1 P_2$$

であるが予備定理の一意性から $\varphi = P_1 P_2$ でなければならない[4]．ψ_1, ψ_2 は単元でないから P_1, P_2 は z_1 について正の次数を持つ．したがってこれらは B の単元ではない．

逆に φ は B の元として既約でないとして $\varphi = PQ$ を自明でない分解とする．

$$P = a_0 z_1{}^l + (\text{低次の項}), \qquad Q = b_0 z_1{}^m + (\text{低次の項})$$

とすれば $a_0 b_0 = 1$, すなわち a_0, b_0 は $\boldsymbol{C}\{z_2, \cdots, z_n\}$ の単元である．したがって最初から P, Q の最高次の係数は 1 としてよい．このとき $\varphi = PQ$ に $z_2 = \cdots =$

1) 定義によって体は素元分解整域である．
2) B は $\boldsymbol{C}\{z_2, \cdots, z_n\}$ の元を係数とする z_1 の多項式の環を意味する．
3) すなわち ψ_1, ψ_2 は A の単元ではない．
4) このような一意性の使い方に慣れなければならない．

$z_n=0$ を代入してみれば P, Q が W 多項式であることがわかる．それらの z_1 に関する次数は正であるから，P, Q はいずれも A の単元ではない．したがって φ は A の元としても既約でない．(補題 2.1 の証明終り)

定理 2.8 を証明するため，φ を $\mathcal{O}_p$ の 0 でない元とする．座標 $(z_1, z_2, \cdots, z_n)$ を φ が z_1 について正常であるように選べば予備定理によって

$$\varphi = uP, \qquad u \text{ は単元，} P \text{ は } W \text{ 多項式}$$

と書ける．帰納法の仮定によって $B=\boldsymbol{C}\{z_2, \cdots, z_n\}[z_1]$ は素元分解整域であるから P は

$$P = P_1P_2\cdots P_s$$

と B の既約元 P_i の積に分解される．補題 2.1 の後半と同様にして各 P_i は z_1 に関する W 多項式であるとしてよい．したがって P_i は $A=\boldsymbol{C}\{z_1, z_2, \cdots, z_n\}$ の既約元である．これで φ は有限個の既約元の積に分解できることが示された．

分解の一意性を示すために $\varphi=\varphi_1\varphi_2\cdots\varphi_t$ を A における既約元の積への勝手な分解とする．このとき各 φ_j は自動的に z_1 について正常である．したがって予備定理によって $\varphi_j=u_jQ_j$ の形に単元と W 多項式の積に書くことができる．

$$\varphi = uP_1P_2\cdots P_s = u_1\cdots u_tQ_1\cdots Q_t$$

であるから，予備定理の一意性によって

$$P_1P_2\cdots P_s = Q_1Q_2\cdots Q_t$$

である．φ_j は A の既約元であるから補題 2.1 によって各 Q_j は B の既約元である．したがって B における分解の一意性によって $s=t$ で，適当に順序を変えれば P_i と Q_i は B 内で同伴である．これより P_i と φ_i が A 内で同伴であることがしたがう．(定理 2.8 の証明終り)

0 でない巾級数 $\varphi=\sum a_{m_1m_2\cdots m_n}{z_1}^{m_1}{z_2}^{m_2}\cdots{z_n}^{m_n}$ に対して，$(m_1, m_2, \cdots, m_n)$ が $a_{m_1m_2\cdots m_n}\neq 0$ なる指数を動くとき $m_1+m_2+\cdots+m_n$ のとる最小値を φ の $z=0$ における位数と呼んで $\operatorname{ord}\varphi$ で表わす．これは座標 $(z_1, z_2, \cdots, z_n)$ のとり方によらない．2つの巾級数 φ_1, φ_2 に対して

$$\operatorname{ord}(\varphi_1\varphi_2) = \operatorname{ord}\varphi_1+\operatorname{ord}\varphi_2{}^{1)}$$

1)　巾級数 0 の位数は $-\infty$ とすると都合がよい．

である．したがって ord $\varphi=1$ ならば φ は素元である．

一般に素元分解整域 A の元 a を既約元の積にあらわしたとき，同伴な既約元をまとめて

$$a = up_1^{\mu_1}p_2^{\mu_2}\cdots p_k^{\mu_k}$$

の形に書く．ここで u は単元で p_i はどの2つも互いに同伴でない素元である．$\mu_1=\mu_2=\cdots=\mu_k=1$ のとき a は重複因子を持たないという．

c) 終結式とその応用

1を持つ可換整域 A に係数を持つ2つの多項式

$$f(X) = a_0X^n+a_1X^{n-1}+\cdots+a_n,$$
$$g(X) = b_0X^m+b_1X^{m-1}+\cdots+b_m$$

を考える．簡単のため a_0, b_0 は A の単元であるとする．このとき，次の $m+n$ 次正方行列 $\Omega(f,g)$ の行列式を $f(X)$ と $g(X)$ の終結式(resultant)と呼び，それを $R(f,g)$ であらわす．

$$\Omega(f,g) = \begin{bmatrix} a_0 & a_1 & a_2 & \cdots & & a_n & 0 & 0 & \cdots & 0 \\ 0 & a_0 & a_1 & \cdots & & a_{n-1} & a_n & 0 & \cdots & 0 \\ & \cdots & & & & & \cdots & & & \\ 0 & 0 & 0 & \cdots & & a_0 & a_1 & a_2 & \cdots & a_n \\ b_0 & b_1 & b_2 & \cdots & & b_{m-1} & b_m & 0 & \cdots & 0 \\ 0 & b_0 & b_1 & \cdots & & & b_{m-1} & b_m & \cdots & 0 \\ & \cdots & & & & & \cdots & & & \\ 0 & 0 & 0 & \cdots & b_0 & b_1 & b_2 & & \cdots & b_m \end{bmatrix} \begin{matrix} \left.\vphantom{\begin{matrix}a\\a\\a\\a\end{matrix}}\right\} m\text{ 行} \\ \left.\vphantom{\begin{matrix}a\\a\\a\\a\end{matrix}}\right\} n\text{ 行} \end{matrix}$$

特に $g=df/dX$ としたとき $R(f,g)$ を f の判別式(discriminant)と呼んでこの本では $\Delta(f)$ または $\omega(f)$ と書くことにする．

A の商体 K の代数閉包を $\bar{K}$ として

$$f(X) = a_0\prod_{k=1}^{n}(X-\alpha_k), \qquad g(X) = b_0\prod_{l=1}^{m}(X-\beta_l), \qquad \alpha_k, \beta_l\in\bar{K}$$

と $f(X), g(X)$ を1次式の積に分解する．

補題 2.2 $$R(f,g) = a_0{}^m b_0{}^n\prod_{k=1}^{n}\prod_{l=1}^{m}(\alpha_k-\beta_l).$$

証明 $a_0=b_0=1$ のときに証明すれば十分である．このとき係数 a_i, b_j はそれぞれ α_k, β_l の対称式であらわされる．したがって証明すべき式は不定元 $\alpha_1,$

$\alpha_2, \cdots, \alpha_n, \beta_1, \beta_2, \cdots, \beta_m$ の多項式の間の等式と考えることができる．言い換えれば，α_k, β_l は K 上代数的に独立であると考えて等式を証明すればよい．

新たに $x_0, x_1, \cdots, x_{m+n-1}$ を $m+n$ 個の未知数として次の連立1次方程式

$$\begin{aligned}
x_{m+n-1}+a_1x_{m+n-2}+\cdots+a_nx_{m-1} &= 0\\
x_{m+n-2}+\quad\cdots\quad+a_nx_{m-2} &= 0\\
\cdots\qquad\cdots\qquad&\\
x_n+a_1x_{n-1}+\quad\cdots\quad+a_nx_0 &= 0\\
x_{m+n-1}+b_1x_{m+n-2}+\cdots+b_mx_{n-1} &= 0\\
x_{m+n-2}+\quad\cdots\quad+b_mx_{n-2} &= 0\\
\cdots\qquad\cdots\qquad&\\
x_m+b_1x_{m-1}+\quad\cdots\quad+b_mx_0 &= 0
\end{aligned}$$

を考える．もしある k と l に対して $\alpha_k=\beta_l$ が成り立てば $x_i=\alpha_k{}^i$ $(i=0, 1, \cdots, m+n-1)$ はこの連立1次方程式の自明でない解である．したがってこのとき $R(f, g)=0$ である．すなわち $R(f, g)$ は $\alpha_k-\beta_l$ で割り切れる．

次に証明すべき式の両辺の次数を比較する．右辺は $(\alpha_1, \cdots, \alpha_n, \beta_1, \cdots, \beta_l)$ について mn 次である．一方 $R(f, g)$ は m 個の a_i と n 個の b_j の積の和で，その各項は

$$a_{i_1-1}a_{i_2-2}\cdots a_{i_m-n}b_{j_1-1}b_{j_2-2}\cdots b_{j_n-m}$$

の形である．ここで $(i_1, \cdots, i_m, j_1, \cdots, j_n)$ は $(1, 2, \cdots, m+n)$ の置換である．この積の α_k, β_l に関する次数は

$$\sum_{k=1}^{m} i_k-(1+2+\cdots+n)+\sum_{l=1}^{n} j_l-(1+2+\cdots+m)$$

で，これは mn に等しい．したがって $R(f, g)$ は $\prod_k\prod_l(\alpha_k-\beta_l)$ の定数倍であることが示された．

最後に両辺における $\alpha_1{}^m\alpha_2{}^m\cdots\alpha_n{}^m$ の係数を比較する．右辺のそれは1である．また左辺では $\alpha_1{}^m\alpha_2{}^m\cdots\alpha_n{}^m$ は $a_n{}^m$ の項にのみ現われてその係数は

$$(-1)^{mn}\operatorname{sgn}\begin{pmatrix} 1 & 2 & \cdots & m & m+1 & m+2 & \cdots & m+n \\ n+1 & n+2 & \cdots & n+m & 1 & 2 & \cdots & n \end{pmatrix}^{1)}$$

である．これは1に等しい．（証明終り）

1) sgn は置換の符号を表わす．

同様の方法で判別式 $\varDelta(f)$ は $\prod_{k<l}(\alpha_k-\alpha_l)^2$ の定数倍であることが証明される．

終結式の性質に関してさらに3つの補題を証明する．

補題 2.3 $f(X), g(X)$ が $A[X]$ の元として互いに素であるために必要かつ十分な条件は $R(f, g)\neq 0$ なることである．

証明 f, g が互いに素でなければ公約元 h でその次数が正のものが存在する．$h(X)=0$ の根は $f(X)=0$, $g(X)=0$ の共通根であるから補題2.2によって $R(f, g)=0$ である．逆に $R(f, g)=0$ ならば $f(X)=0$, $g(X)=0$ はある共通根 $\alpha\in\bar{K}$ を持つ．α の K 上の最小多項式を $h(X)=0$ とすれば $f(X), g(X)$ は $K[X]$ において $h(X)$ で割り切れる．適当に A の元を掛ければ $h(X)$ は $A[X]$ の元でかつ原始的であるとしてよい．このとき Gauss の補題によって $f(X), g(X)$ は $A[X]$ において $h(X)$ で割り切れる．（証明終り）

補題 2.4 $f(X)$ が重複因子を持たないために必要かつ十分な条件は判別式 $\varDelta(f)\neq 0$ なることである．

証明 f が重複因子 h を持てば，f と df/dX は公約元 h を持つから $\varDelta(f)=0$ である．逆に $\varDelta(f)=0$ ならば $f(X)=0$ と $df/dX=0$ は共通根 α を持つ．α は $f(X)=0$ の重根である．したがって α の K 上の最小多項式を $h(X)=0$ とすれば f は h^2 で割り切れる．（証明終り）

補題 2.5 $A[X]$ の元 $\varphi(X), \psi(X)$ で

$$\varphi(X)f(X)+\psi(X)g(X) = R(f, g) \tag{2.16}$$

となるものが存在する．

証明 右辺は X によらないから $\deg \varphi f=\deg \psi g$ である[1]．もし $\deg \varphi\geqq m$ ならば $\varphi=qg+r$ で $\deg r\leqq m-1$ とあらわすことができる．このとき

$$rf+(\psi+qf)g = R(f, g)$$

であるから，最初から $\deg \varphi\leqq m-1$ と仮定してよい．このとき証明の始めに注意したことによって $\deg \psi\leqq n-1$ である．そこで

$$\varphi(X) = e_1X^{m-1}+e_2X^{m-2}+\cdots+e_m,$$
$$\psi(X) = e_{m+1}X^{n-1}+e_{m+2}X^{n-2}+\cdots+e_{m+n}$$

とおくと，簡単な行列の計算により(2.16)は

$$(e_1, e_2, \cdots, e_{m+n})\Omega(f, g) = (0, 0, \cdots, 0, R(f, g)) \tag{2.17}$$

1) $\deg h$ で多項式 h の次数をあらわす．

が成り立つことと同値である．$R(f,g)=0$ ならば $\varphi=\psi=0$ とすればよいから $R(f,g)\neq 0$ とする．このとき Cramer の公式によって(2.17)を解くことができて，各 e_j は A の元である．(証明終り)

さてここで局所環 $\mathcal{O}_{C^n,p}$ に戻る．f,g を p の近傍 U で定義された正則関数として，p における germ をそれぞれ f_p, g_p であらわす．U の任意の点 q に対して f,g の q における germ f_q, g_q を考えることができる．

定理 2.9　f_p, g_p は互いに素であるとする．そのとき p の十分小さい近傍 V をとれば，任意の $q\in V$ に対して f_q, g_q は $\mathcal{O}_{C^n,q}$ の元として互いに素である．

証明　まず p を原点とする座標 $(w, z_2, \cdots, z_n)$ を適当にとって，f,g は w について正常であるとしてよい．次に適当な単元を掛けて，f,g は W 多項式であると仮定してよい．これらを w の多項式とみなして，その終結式 $R(f,g)$ を ω とおく．ω は環 $A=\boldsymbol{C}\{z_2,\cdots,z_n\}$ の元である．補題 2.3 によって

$$\varphi f_p+\psi g_p = \omega$$

をみたす $A[w]$ の元 φ,ψ が存在する．また補題 2.3 によって ω は 0 でない．

さて，p の近傍 V を十分小さくとって φ,ψ,ω は V で定義された正則関数で

$$\varphi f+\psi g = \omega \tag{2.18}$$

が V 上で成り立つとしてよい．$q=(c, c_2, \cdots, c_n)$ を V の点として f を $w-c$, $z_2-c_2, \cdots, z_n-c_n$ の巾級数に展開すれば

$$f = (w-c)^d+(w-c\ \text{について低次の項})$$

である．したがって f は $w-c$ について正常である．これより，もし f_q と g_q が公約元 $\alpha\in\mathcal{O}_{C^n,q}\cong\boldsymbol{C}\{w-c, z_2-c_2, \cdots, z_n-c_n\}$ をもてば α は $w-c$ について正常である．したがって Weierstrass の予備定理によって α は W 多項式であるとしてよい．(2.18)によって

$$\alpha\beta = \omega_q \tag{2.19}$$

なる $\mathcal{O}_{C^n,q}$ の元 β が存在する．ここで ω_q は ω の q における germ である．さらに α,β は q の近傍 V' $(\subset V)$ 上定義された正則関数で，等式

$$\alpha\beta = \omega \tag{2.20}$$

が V' 上成り立つとしてよい．α は座標 $(w-c, z_2-c_2, \cdots, z_n-c_n)$ で $w-c$ に関する W 多項式であるから，$(z_2,\cdots,z_n)$ が $(c_2,\cdots,c_n)$ に十分近い点であると

き $\alpha(w,z)=0$ なる根 (w,z) を V' 内にもつ(定理1.19). (2.20)の右辺は w によらないから，このような z については $\omega(z)=0$ でなければならない．したがって，一致の定理によって ω は U 上恒等的に0である．これは ω が0でないことに矛盾する．(証明終り)

注 (2.20)から直ちに α が w によらないとすることはできない．β は多項式でなく巾級数だからである．(2.20)から矛盾を導くには次のようにしてもよい．α の w に関する次数を m として，m より大きい整数 l を固定する．新しい変数 $(\eta,\zeta_2,\cdots,\zeta_n)$ を $w-c=\eta$, $z_2-c_2=\zeta_2{}^l$, $\cdots$, $z_n-c_n=\zeta_n{}^l$ となるように定める．これらを α,β に代入して得られる $(\eta,\zeta_2,\cdots,\zeta_n)$ の巾級数を $\tilde{\alpha}$, $\tilde{\beta}$ とすれば，l の選び方によって

$$\tilde{\alpha}=\eta^m+(\text{高次の項})$$

である．したがって

$$\tilde{\beta}=\beta_0+(\text{高次の項}),\qquad \beta_0\neq 0$$

とあらわせば

$$\omega=\eta^m\beta_0+(\text{高次の項})$$

となる．これは ω が w によらないことに矛盾する．

d) 局所環の Noether 性

局所環 $\mathcal{O}_{C^n,p}$ の持つ重要な性質の1つとして次の定理が成り立つ．

定理 2.10 $\mathcal{O}_{C^n,p}$ は Noether 環[1] である．

証明 n に関する数学的帰納法を用いて $n-1$ 次元の場合には定理が成り立つと仮定してよい．

J を $\mathcal{O}_{C^n,p}$ のイデアルとして，J が有限生成であることを示す．$J\neq 0$ としてよいから，0でない J の元 g をとり，$\boldsymbol{C}^n$ の座標 $(w,z)=(w,z_2,\cdots,z_n)$ を g が w について正常となるように選ぶ．J の元 h に対して Weierstrass の割り算定理を適用して

$$h=qg+r,\qquad r\in\boldsymbol{C}\{z\}[w] \tag{2.21}$$

とあらわすことができる．

帰納法の仮定と Hilbert の基底定理[2] によって $\boldsymbol{C}\{z\}[w]$ は Noether 環であ

1) たとえば“体と Galois 理論”§4.8,“可換体論”3.6.
2) “体と Galois 理論”定理4.20,“可換体論”定理3.6.3.

る．したがって $J\cap \boldsymbol{C}\{z\}[w]$ は有限個の元 $r_1, r_2, \cdots, r_m$ で生成される．(2.21) によって J は $g, r_1, \cdots, r_m$ で生成される．（証明終り）

第3章　複素多様体

§3.1　複素多様体

a)　複素多様体の定義

X を連結な Hausdorff 位相空間とする．X の開集合の集まり $\{U_i\}_{i\in I}$ (I は添え字の集合)と写像 $\varphi_i: U_i \to \boldsymbol{C}^n$ (n は i によらない自然数)が次の3条件をみたすとき $\{(U_i, \varphi_i)\}_{i\in I}$ は X 上の複素構造(complex structure)を定めるという．

(i)　$X=\bigcup_{i\in I} U_i$ (すなわち $\{U_i\}_{i\in I}$ は X の開被覆である)．

(ii)　φ_i は U_i から $\boldsymbol{C}^n$ の開集合 W_i の上への同相写像である．

(iii)　$U_i\cap U_j\neq\phi$ ならば合成写像 $\varphi_j\circ\varphi_i^{-1}$ は $\boldsymbol{C}^n$ の開集合 $\varphi_i(U_i\cap U_j)$ から $\varphi_j(U_i\cap U_j)\subset\boldsymbol{C}^n$ の上への双正則写像である．——

X の上の複素構造が定められたとき，X と複素構造の組を複素多様体(complex manifold)と呼ぶ．このとき X を複素多様体の下部構造としての位相空間(underlying topological space)，各 U_i を座標近傍(coordinate neighborhood)と呼び，また (U_i, φ_i) のことを局所 chart (local chart)と呼ぶこともある．$\boldsymbol{C}^n$ の座標を $(\zeta^1, \zeta^2, \cdots, \zeta^n)$ とすれば[1]各局所 chart に対して $z_i^\lambda=\zeta^\lambda\circ\varphi_i$, $\lambda=1, 2, \cdots, n$ は U_i 上の連続関数であるが $(z_i^1, z_i^2, \cdots, z_i^n)$ を U_i 上の局所座標(local coordinates)と呼ぶ．U_i の点 p は座標の値 $(z_i^1(p), z_i^2(p), \cdots, z_i^n(p))$ によって一意的にあらわすことができる．座標近傍と局所座標の全体を組にした $\{(U_i, (z_i^1, z_i^2, \cdots, z_i^n))\}$ を局所座標系(system of local coordinates)と呼ぶ．本質的に同じことであるから局所 chart の組 $\{(U_i, \varphi_i)\}$ のことも局所座標系と呼ぶことにする．$U_i\cap U_j\neq\phi$ のとき $\varphi_j\circ\varphi_i^{-1}$ を座標変換(coordinate transformation)と呼ぶ．

通常，複素多様体を1つの文字であらわす．すなわち複素多様体 M といえ

---

1)　以後しばしば座標に関する添え字を右肩につけてあらわす．

ば，Hausdorff 空間 X と局所座標系 $\{(U_i, \varphi_i)\}$ が与えられていると理解する訳である．定義中にあらわれる自然数 n を複素多様体 M の複素次元(complex dimension)，または単に次元と呼んで $\dim M$ で表わす．

以後 X の開集合，閉集合等のことを M の開集合，閉集合等と呼ぶことにする．同様に M の開被覆とは X の開被覆のことである．さて U は複素多様体 M の開集合で f は U 上定義された関数とする．上の定義で用いた記号をそのまま用いると U は $U\cap U_i$ で覆われていて，各 i に対して合成関数 $f\circ\varphi_i{}^{-1}$ は $\varphi_i(U\cap U_i)$ 上の関数である．すべての i に対して $f\circ\varphi_i{}^{-1}$ が $\varphi_i(U\cap U_i)$ 上正則であるとき f は U 上の正則関数であると定義する．また U の点 p に対して p の開近傍 W で f の W への制限 $f|_W$ が正則なものがとれるとき，f は p において正則であるという．p が座標近傍 U_i に含まれる場合，これは $f\circ\varphi_i{}^{-1}$ が点 $\varphi_i(p)$ の近傍で正則であることと同値である．p が2つの座標近傍 U_i, U_j に含まれるとき，f が U_i の局所座標について正則ならば，U_j の局所座標についても正則である．これが定義における(iii)の条件の意味である．

次に M, N を2つの複素多様体とし，$f: M\to N$ を M から N への連続写像，すなわち下部構造としての位相空間の間の連続写像とする．N の局所座標系を $\{(V_j, \psi_j)\}_{j\in J}$ とする．M の点 p をとると $f(p)$ はある V_j に含まれるので p の近傍 W_p を $f(W_p)\subset V_j$ となるようにとる．N の次元を k とすれば合成写像 $\psi_j\circ f: W_p\to \boldsymbol{C}^k$ は k 個の関数 $w^1, w^2, \cdots, w^k$ によって

$$q \longrightarrow (w^1(q), w^2(q), \cdots, w^k(q)), \qquad q\in W_p$$

と表わされる．この関数 $w^1, w^2, \cdots, w^k$ が正則であるとき f は W_p で正則であるという．M の各点 p に対して p の近傍 W_p で f が正則であるとき f は M から N への正則写像(holomorphic mapping)であるという．M の局所座標系を $\{(U_i, \varphi_i)\}$ とすれば，f が正則写像であるためには任意の i, j に対して $\psi_j\circ f\circ\varphi_i{}^{-1}$ が(定義されているところで)正則であることが必要かつ十分である．それはまた，N の任意の開集合 V と V 上の任意の正則関数 g に対して合成関数 $g\circ f$ が $f^{-1}(V)$ 上の正則関数であることと同値である．

特に写像 $f: M\to N$ が同相写像である場合には逆写像 $f^{-1}: N\to M$ を考えることができる．f, f^{-1} が共に正則写像であるとき f を 双正則写像(biholomorphic mapping)と呼び M と N は双正則同値(biholomorphically equivalent)

であるという[1]．

さらに特別な場合として M と N が同一の位相空間 X 上に定められた2つの複素構造によって得られた複素多様体とする．このとき X の恒等写像 id: $M \to N$ を考える．この恒等写像が M から N への双正則写像であるとき，M と N は同じ複素構造を持つといって，M と N は同じ複素多様体と考える．このとき X の開集合 U 上の関数 f が M の複素構造に関して正則であることと，N の複素構造に関して正則であることは同値である．したがって N の局所座標系は M の局所座標系と同等の意味を有すると考えることができる．

一般に M の開集合 U と正則写像 $\varphi: U \to \boldsymbol{C}^n$ を考える．さらに $\varphi(U)$ は $\boldsymbol{C}^n$ の開集合で，φ は U から $\varphi(U)$ への双正則写像[2] を惹き起こしていると仮定する．このとき M の局所座標系 $\{(U_i, \varphi_i)\}_{i \in I}$ に (U, φ) を付け加えて得られる複素構造は M の複素構造と同じである．したがって (U, φ) も M の局所 chart の1つと考えることができる．同様に φ から得られる U 上の座標 $(z^1, z^2, \cdots, z^n)$ は M 上の局所座標であると考えることができる．以後，局所 chart，局所座標の意味をこのように拡張して用いる．M の1点 p に注目するときには，局所座標 $(z^1, z^2, \cdots, z^n)$ で $z^1(p)=z^2(p)=\cdots=z^n(p)=0$ となるものをとるのが便利である．このような局所座標は p を中心とする局所座標と呼ばれる．

複素多様体の定義で(ii)の $\boldsymbol{C}^n$ を $\boldsymbol{R}^n$ で置き換え，(iii)の“双正則である”を“C^∞ 写像で逆も C^∞ 写像である”で置き換えれば C^∞ 可微分構造，及び C^∞ 可微分多様体の定義となる．これは実 n 次元の多様体である[3]．

M を複素多様体，$\varphi_i: U_i \to \boldsymbol{C}^n$ を局所 chart とする．$\boldsymbol{C}^n$ を $\boldsymbol{R}^{2n}$ と同一視すれば (U_i, φ_i) は C^∞ 可微分多様体の局所 chart の条件をみたしている．したがって，これによって M の位相空間の上に実 $2n$ 次元 C^∞ 可微分多様体の構造が定まる．これを M の下部構造としての C^∞ 可微分多様体(underlying C^∞-differentiable manifold)と呼ぶ．

b) 複素射影空間

定義から明らかなように，最も簡単な複素多様体は $\boldsymbol{C}^n$ 及びその中の領域で

1) このとき $\dim M = \dim N$ であることが f, f^{-1} の Jacobi 行列の関係からわかる．
2) U は $\{(U \cap U_i, \varphi_i|_{U \cap U_i})\}_{i \in I}$ を局所座標系にとることによって複素多様体と考える．
3) 可微分多様体については松島与三“多様体入門”裳華房 1965 を参照．

ある．これらは唯1つの局所座標で覆われた複素多様体である．一方 $\boldsymbol{C}$ に無限遠点 ∞ を付け加えてできる集合は $1/z$ を ∞ の近傍の局所座標にとることによって1次元の複素多様体となる．この複素多様体は複素射影直線(complex projective line)と呼ばれ，$\boldsymbol{P}^1$ であらわされる．以下ではこれを拡張した複素射影空間を定義する．

W で $\boldsymbol{C}^{n+1}$ から原点 $(0, 0, \cdots, 0)$ を除いた開集合をあらわす．W の2つの元 $(\zeta_0, \zeta_1, \cdots, \zeta_n)$ と $(\zeta_0', \zeta_1', \cdots, \zeta_n')$ に対して，0 でない複素数 λ があって $\zeta_i=\lambda\zeta_i'$, $i=0, 1, \cdots, n$ となるとき

$$(\zeta_0, \zeta_1, \cdots, \zeta_n)\sim(\zeta_0', \zeta_1', \cdots, \zeta_n')$$

と定義する．明らかに $\sim$ は同値関係である．この同値関係による同値類の全体を $\boldsymbol{P}^n$ であらわす．$(\zeta_0, \zeta_1, \cdots, \zeta_n)$の同値類に対して，$\boldsymbol{C}^{n+1}$ の原点を通る直線

$$\{(\lambda\zeta_0, \lambda\zeta_1, \cdots, \lambda\zeta_n)\in\boldsymbol{C}^{n+1}\mid\lambda\in\boldsymbol{C}\}$$

が対応する．したがって $\boldsymbol{P}^n$ は $\boldsymbol{C}^{n+1}$ の原点を通る直線の全体と同一視される．

$\pi: W\to\boldsymbol{P}^n$ を $(\zeta_0, \zeta_1, \cdots, \zeta_n)$ に対して，それの属する同値類を対応させる写像とする．$\boldsymbol{P}^n$ の部分集合 U は $\pi^{-1}(U)$ が開集合であるとき $\boldsymbol{P}^n$ の開集合であると定義することによって $\boldsymbol{P}^n$ は Hausdorff 位相空間となり，π は連続写像である．π は $\boldsymbol{P}^n$ の上への写像であるから $\boldsymbol{P}^n$ は連結である．

次に $\boldsymbol{P}^n$ の局所座標系を定める．今後 $\boldsymbol{P}^n$ の点をあらわすのに勝手な代表元をとって $(\zeta_0, \zeta_1, \cdots, \zeta_n)$ と書くことにする．すなわち $\boldsymbol{P}^n$ の点 $(\zeta_0, \zeta_1, \cdots, \zeta_n)$ といえば $\pi(\zeta_0, \zeta_1, \cdots, \zeta_n)$ のことである．そして $(\zeta_0, \zeta_1, \cdots, \zeta_n)$ をその点の同次座標(homogeneous coordinates)と呼ぶ．

添え字 i の同次座標 ζ_i が 0 でないような $\boldsymbol{P}^n$ の点の全体を U_i とする．U_i は $\boldsymbol{P}^n$ の開集合で，$\boldsymbol{P}^n$ は $U_0, U_1, \cdots, U_n$ で覆われる．U_i から $\boldsymbol{C}^n$ への写像 φ_i を

$$\varphi_i((\zeta_0, \zeta_1, \cdots, \zeta_n))=\left(\frac{\zeta_0}{\zeta_i}, \cdots, \frac{\zeta_{i-1}}{\zeta_i}, \frac{\zeta_{i+1}}{\zeta_i}, \cdots, \frac{\zeta_n}{\zeta_i}\right)$$

によって定義すると，φ_i は U_i から $\boldsymbol{C}^n$ の上への同相写像である．これらが $\boldsymbol{P}^n$ 上の複素構造を定めることを見るために座標変換の写像 $\varphi_j\circ\varphi_i^{-1}$ を調べる．そのため，(U_i, φ_i) に対応させた $\boldsymbol{C}^n$ の座標を $z_i=(z_i^0, \cdots, z_i^{i-1}, z_i^{i+1}, \cdots, z_i^n)$ と書くことにする[1)]．このとき

$$\varphi_i(U_i \cap U_j) = \{z_i \in \boldsymbol{C}^n \mid z_i^j \neq 0\}$$

である．さらに写像 $\varphi_j \circ \varphi_i^{-1}$ は

$$z_j^0 = z_i^0/z_i^j,\ \cdots,\ z_j^{i-1} = z_i^{i-1}/z_i^j,$$
$$z_j^i = 1/z_i^j,\ z_j^{i+1} = z_i^{i+1}/z_i^j,\ \cdots,\ z_j^n = z_i^n/z_i^j$$

で与えられる．したがって $\varphi_j \circ \varphi_i^{-1}$ は $\varphi_i(U_i \cap U_j)$ で正則である．同様に $\varphi_i \circ \varphi_j^{-1}$ も正則であるから $\varphi_j \circ \varphi_i^{-1}$ は双正則写像である．

上に構成した局所 chart (U_i, φ_i) によって $\boldsymbol{P}^n$ を複素多様体と考え，n 次元複素射影空間(*n*-dimensional complex projective space)と呼ぶ．しばしば，単に射影空間と呼ぶ．

命題 3.1　$\boldsymbol{P}^n$ はコンパクトである．

証明　$S = \{(\zeta_0, \zeta_1, \cdots, \zeta_n) \in \boldsymbol{C}^{n+1} \mid |\zeta_0|^2 + |\zeta_1|^2 + \cdots + |\zeta_n|^2 = 1\}$ とおく．S はコンパクトで，π の S への制限 $\pi|_S : S \to \boldsymbol{P}^n$ は $\boldsymbol{P}^n$ の上への連続写像である．したがって $\boldsymbol{P}^n$ もコンパクトである．

c)　部分多様体と解析的部分集合

M を n 次元複素多様体，N をその連結閉部分集合とする．また k は n より小さい自然数とする．M の局所座標系 $\{(U_i, (z_i^1, z_i^2, \cdots, z_i^n))\}$ を適当に選んで，各 i に対して $N \cap U_i$ は空集合であるか，または

$$N \cap U_i = \{(z_i^1, z_i^2, \cdots, z_i^n) \in U_i \mid z_i^{k+1} = \cdots = z_i^n = 0\}^{2)}$$

とできるとき，N を M の k 次元部分多様体(*k*-dimensional submanifold)と呼ぶ．

N が M の部分多様体のとき，N は自然な方法で 1 つの複素多様体となって，自然な埋め込みの写像 $\rho : N \to M$[3] は正則写像となる．このことを見るために $V_i = U_i \cap N$ として，$\psi_i : V_i \to \boldsymbol{C}^k$ を $\psi_i(p) = (z_i^1(p), z_i^2(p), \cdots, z_i^k(p))$ によって定義する．M の座標変換 $\varphi_j \circ \varphi_i^{-1}$ を $\psi_i(V_i \cap V_j)$ に制限したものが N の座標変換である．したがって $\psi_j \circ \psi_i^{-1}$ は正則である．同様に $\psi_i \circ \psi_j^{-1}$ も正則であるから $\psi_j \circ \psi_i^{-1}$ は双正則である．以上によって $\{(V_i, \psi_i)\}$ は N 上に複素構造を定めることがわかった．このとき ρ が正則写像となることは明らかである．

---

1) (前頁注)　z_i は非同次座標と呼ばれることがある．

2)　$\{p \in U_i \mid z_i^{k+1}(p) = \cdots = z_i^n(p) = 0\}$ と書くべきものをこのようにあらわす．

3)　$p \in N$ に対して $\rho(p) = p \in M$ である．

部分多様体の定義としては次のものを採ることもできる．N が M の部分多様体であるとは M の局所座標系 $\{(U_i, (z_i^1, z_i^2, \cdots, z_i^n))\}$ を適当に選べば，各 i に対して，$N \cap U_i$ は空集合であるか，

$$N \cap U_i = \{z \in U_i \mid f_i^1(z) = f_i^2(z) = \cdots = f_i^s(z) = 0\}$$

とできることである．ここで $f_i^1, f_i^2, \cdots, f_i^s$ は U_i 上の正則関数，s は i によらない自然数で，Jacobi 行列

$$\frac{\partial(f_i^1, f_i^2, \cdots, f_i^s)}{\partial(z_i^1, z_i^2, \cdots, z_i^n)}$$

は $N \cap U_i$ の各点で階数 s であるとする．

前の定義と同値なことを示すために，$p \in N \cap U_i$ とし，必要ならば座標の番号をつけかえて $\det \dfrac{\partial(f_i^1, f_i^2, \cdots, f_i^s)}{\partial(z_i^1, z_i^2, \cdots, z_i^s)}$ は p において 0 でないとする．このとき $\det \dfrac{\partial(f_i^1, \cdots, f_i^s, z_i^{s+1}, \cdots, z_i^n)}{\partial(z_i^1, z_i^2, \cdots, z_i^n)}$ は p において 0 にならない．したがって逆関数の定理によって，p の近傍で $(f_i^1, \cdots, f_i^s, z_i^{s+1}, \cdots, z_i^n)$ を局所座標にとることができる．M はこのような座標近傍と，N と交わらない座標近傍で覆われるから，N は最初に定義した意味で M の部分多様体である．$s = n-k$ のことを N の M における余次元(codimension)と呼ぶ．

今の定義の，s が i によらないことと，Jacobi 行列に関する条件をはずせば，M の解析的部分集合の定義が得られる．すなわち，M の閉集合 N が M の解析的部分集合(analytic subset)であるとは M の開被覆 $\{U_i\}$ と U_i 上の正則関数 $f_i^1, f_i^2, \cdots, f_i^s$ を適当に選んで

$$N \cap U_i = \{z \in U_i \mid f_i^1(z) = f_i^2(z) = \cdots = f_i^s(z) = 0\}$$

とあらわされることである．ここで s は i によって変わってもよい[1)]．

特に，すべての i に対して $s=1$ とできる場合，すなわち，U_i 上恒等的に 0 でない正則関数 f_i を用いて

$$N \cap U_i = \{z \in U_i \mid f_i(z) = 0\}$$

と書けるとき N は M の超曲面(hypersurface)と呼ばれる．

解析的部分集合 N の点 p において，p の近傍 U を十分小さくとれば $N \cap U$ が U の部分多様体であるとき，p を N の非特異点(non-singular point)，また

1)　$N \cap U_i = \phi$ の場合には $f_i^1 = 1$ とすればよいので特に断わらなかった．

は正則点(regular point)と呼ぶ．あるいは，N は点 p で非特異(non-singular at p)であるともいう．非特異でない N の点 p を N の特異点(singular point)と呼ぶ．

§3.2 有理型関数

後の章では主としてコンパクトな複素多様体を対象とする．また，徐々に明らかになるように，複素多様体の研究はその上の関数を研究することと表裏一体である．しかし，コンパクトな複素多様体 M 全体で定義された正則関数 f は定数以外に存在しない．何故ならば，M はコンパクトであるから M の点 p に絶対値 $|f(p)|$ を対応させる連続関数はある点 p_0 で最大値をとるが，このとき最大値の原理(§2.1)によって f は p_0 の近傍で定数である．したがって $M_0=\{p\in M\mid f(p)=f(p_0)\}$ は M の開集合でかつ閉集合である．ゆえに M の連結性によって $M=M_0$ となり，f は定数でなければならない．

正則関数の次のクラスとして以下に定義する有理型関数が重要である．直観的にいえば，有理型関数とは局所的に2つの正則関数の比としてあらわされる関数のことである．しかし，正確にいえば任意の M の点 p に対してその値が一意的に定まるという意味での関数ではない．たとえば $\boldsymbol{C}^2$ の座標を (z_1, z_2) として，$f=z_1/z_2$ を考える．仮に ∞ という値を許したとしても，自然な意味で $(z_1, z_2)=(0,0)$ における f の値を定めることはできない．このような点を f の不定点と呼ぶ．これは2変数以上の有理型関数に見られる顕著な現象である．

さて，有理型関数を正確に定義するために，しばらく関数を離れて代数的なアプローチをとることにする[1)]．

M を複素多様体とする．M の開被覆 $\{U_i\}_{i\in I}$ と，各 i に対して2つの U_i 上の正則関数の順序づけられた組 (α_i, β_i) で，β_i は U_i のどの連結成分でも恒等的に0でないものが与えられたとする．さらに $U_i\cap U_j\neq\phi$ のとき

$$\alpha_i\beta_j=\alpha_j\beta_i \tag{3.1}$$

が $U_i\cap U_j$ で成り立つと仮定する．これらの条件をみたす系 $\{U_i, (\alpha_i, \beta_i)\}_{i\in I}$ をここでは有理型関数の表現と呼ぶことにする[2)]．

---

1) 以下は整数から有理数を構成する場合と同様の構成法である．

2) このような言葉が一般的に用いられている訳ではない．

次に M 上の有理型関数の表現全体に同値関係を定義する．$\{U_i, (\alpha_i, \beta_i)\}_{i\in I}$, $\{V_\lambda, (\gamma_\lambda, \delta_\lambda)\}_{\lambda\in\Lambda}$ が2つの有理型関数の表現とするとき，それらが同値であるのは $U_i\cap V_\lambda\neq\phi$ なる任意の $i\in I$ と $\lambda\in\Lambda$ に対して $U_i\cap V_\lambda$ 上で $\alpha_i\delta_\lambda=\gamma_\lambda\beta_i$ が成り立つことであると定義する．β_i, δ_λ に関する仮定を用いれば，簡単な計算によって，これが同値関係を定義することがわかる．この同値関係による同値類のことを M 上の有理型関数(meromorphic function)と呼ぶ．

ここでは正確さのために直観的なわかり易さが犠牲にされている．何故，上の同値類が「関数」と呼ばれるかを以下に説明する．$\{U_i, (\alpha_i, \beta_i)\}_{i\in I}$ を1つの有理型関数の表現として，それの定める同値類(すなわち有理型関数)を φ であらわす．各 U_i 上 $f_i=\alpha_i/\beta_i$ で定義される関数を考える．正確には f_i は U_i 上 $\beta_i\neq0$ によって定義される開集合の上で定義された関数である．(α_i, β_i) に対する要請(3.1)は $U_i\cap U_j$ 上，$\beta_i\beta_j\neq0$ なる範囲で $f_i=f_j$ が成り立つことを意味している．同じ同値類 φ に属する有理型関数の表現を $\{V_\lambda, (\gamma_\lambda, \delta_\lambda)\}_{\lambda\in\Lambda}$ とすれば対応する関数は V_λ 上 $g_\lambda=\gamma_\lambda/\delta_\lambda$ で与えられる．上の同値関係の定義によれば $f_i=g_\lambda$ が $U_i\cap V_\lambda$ 上 $\beta_i\delta_\lambda\neq0$ なる範囲で成り立つ．したがって $\{f_i\}$ の定める関数と $\{g_\lambda\}$ の定める関数は両方の分母が0にならない範囲で一致している．

U_i の点 p において $\beta_i(p)\neq0$ ならば f_i は p の近傍で正則な関数である．このとき p は φ の正則点(regular point)と呼ばれる．$\beta_i(p)=0$ で $\alpha_i(p)\neq0$ ならば p は φ の極(pole)と呼ばれる．問題は $\alpha_i(p)=\beta_i(p)=0$ の場合である．このとき2つの場合が考えられる．1つは適当な φ の表現をとれば $\beta_i(p)\neq0$，または，$\beta_i(p)=0$ かつ $\alpha_i(p)\neq0$ とできる場合である．このとき p はそれぞれ φ の正則点，または極であるという．第2は φ のどのような表現をとっても $\alpha_i(p)=\beta_i(p)=0$ となる場合で，p は φ の不定点(point of indeterminacy)と呼ばれる．さらに，φ の適当な表現に対して $\alpha_i(p)=0$, $\beta_i(p)\neq0$ となるとき p を φ の零点(zero point)と呼ぶ．

以上によって有理型関数 φ は極と不定点という特異性を持った関数と考えることができる．2つの有理型関数 φ, ψ の和，差，積を自然に定義することができる[1)]．また φ が恒等的に0でない有理型関数のとき ψ/φ も有理型関数であ

1) つまり有理数の場合と同じ式によって．

る.

有理型関数を調べるために収束巾級数環 $\boldsymbol{C}\{z_1, z_2, \cdots, z_n\}$ が素元分解整域であるという事実(定理 2.8)を用いる. M が $\boldsymbol{C}^n$ の場合と同様にして, 複素多様体 M の点 p における局所環 $\mathcal{O}_{M,p}$ を定義することができる(§2.5). 定理 2.7 によって $\mathcal{O}_{M,p}$ は収束巾級数環と同型であるから $\mathcal{O}_{M,p}$ は素元分解整域である.

定理 3.1 M を複素多様体, φ をその上の有理型関数とする. このとき φ の表現 $\{U_i, (\alpha_i, \beta_i)\}_{i\in I}$ を, U_i の任意の点 p において α_i, β_i の germ $(\alpha_i)_p$, $(\beta_i)_p$ が互いに素であるように選ぶことができる.

証明 $\varphi=0$ の場合は明らかであるから $\varphi\neq0$ として $\{U_i, (\alpha_i, \beta_i)\}_{i\in I}$ を勝手な φ の表現とする. M の点 p に対して $p\in U_i$ なる i をとって germ $(\alpha_i)_p$, $(\beta_i)_p$ を考える. $(\alpha_i)_p, (\beta_i)_p$ を素元の積に分解して最大公約元を ε_p とすれば $(\alpha_i)_p=\gamma_p\varepsilon_p$, $(\beta_i)_p=\delta_p\varepsilon_p$, $\gamma_p, \delta_p, \varepsilon_p\in\mathcal{O}_{M,p}$ で γ_p と δ_p は互いに素である. p の近傍 V_p を十分小さくとって, $\gamma_p, \delta_p, \varepsilon_p$ は V_p 上定義された正則関数 $\gamma, \delta, \varepsilon$ の germ であるとしてよい. V_p を十分小さくとっておけば定理 2.9 によって V_p の各点 q において γ_q と δ_q は互いに素である. M は V_p のような開集合で覆われるから, 定理の条件をみたす φ の表現が存在する. (証明終り)

有理型関数 φ の表現を定理 3.1 のように選べば, $p\in U_i$ が φ の正則点であるためには $\beta_i(p)\neq0$ であることが必要かつ十分である. 同様に p が極または不定点であるためにはそれぞれ $\beta_i(p)=0$, $\alpha_i(p)\neq0$ または $\alpha_i(p)=\beta_i(p)=0$ が成り立つことが必要かつ十分である. 正則点 p における関数 φ の値を $\varphi(p)=\alpha_i(p)/\beta_i(p)$ によって定義する. 2つの有理型関数 φ, ψ が等しいためには, M の稠密な部分開集合 M_0 が存在して, M_0 の各点 p で $\varphi(p)=\psi(p)$ が成り立つことが必要かつ十分である. さらに一致の定理によれば, 空でない開集合 U で $\varphi(p)=\psi(p)$, $p\in U$ が成り立てば $\varphi=\psi$ である.

M 上の有理型関数 φ が与えられたとき, M 上の正則関数 α, β で $\varphi=\alpha/\beta$ となるものが存在するとは限らないことに注意する.

§3.3 因子と直線バンドル

次に因子(divisor)を定義する. 因子は有理型関数の零点と極の集合を記述するために用いられるが, それ自身でも非常に重要な概念である. 因子の定義は形式的には有理型関数の場合と類似していて，局所的なものをつなぎ合わせて定義される．幾何的な意味については次節で述べる．

M を複素多様体とする．M の開被覆 $\{U_i\}_{i\in I}$ と，各 U_i 上に与えられた 0 でない有理型関数 ψ_i を考える．さらに $U_i \cap U_j \neq \phi$ のとき，$U_i \cap U_j$ 上で

$$\psi_i = g_{ij}\psi_j \tag{3.2}$$

となる $U_i \cap U_j$ 上の正則関数 g_{ij} で $U_i \cap U_j$ のどの点でも 0 にならないものが存在すると仮定する(このことを簡単に $g_{ij}=\psi_i/\psi_j$ は $U_i \cap U_j$ 上 0 にならない正則関数であるという)．これらの条件をみたす系 $\{(U_i, \psi_i)\}_{i\in I}$ を因子の局所方程式系と呼ぶことにする．

2 つの因子の局所方程式系 $\{(U_i, \psi_i)\}_{i\in I}$ と $\{(V_\lambda, \eta_\lambda)\}_{\lambda\in\Lambda}$ が与えられたとする．$U_i \cap V_\lambda \neq \phi$ なる任意の $i\in I$, $\lambda\in\Lambda$ に対して ψ_i/η_λ が $U_i \cap V_\lambda$ 上 0 にならない正則関数であるとき，これら 2 つの局所方程式系は同値であると定義する．これは同値関係であることは明らかである．この同値関係による同値類のことを M の因子(divisor)と定義する．局所方程式系 $\{(U_i, \psi_i)\}_{i\in I}$ で ψ_i が U_i 上正則なものがとれるときその因子は正因子(effective divisor)と呼ばれる．すべての $\psi_i=1$ の局所方程式系で代表される因子は零因子という[1]．

D_1, D_2 を 2 つの因子，$\{(U_i, \psi_i)\}_{i\in I}$, $\{(V_\lambda, \eta_\lambda)\}_{\lambda\in\Lambda}$ をそれぞれ D_1, D_2 を代表する局所方程式系とする．このとき $\{(U_i \cap V_\lambda, \psi_i\eta_\lambda)\}_{i\in I, \lambda\in\Lambda}$ はやはり因子の局所方程式系となる．それの定める因子を D_1+D_2 であらわす．この算法によって M 上の因子の全体は加法群をなす．D_1 が上に述べた局所方程式系を持てば，$-D_1$ は $\{(U_i, 1/\psi_i)\}_{i\in I}$ で代表される．D_1-D_2 が正因子のとき $D_1 \geqq D_2$ と書く．

φ を M 上の 0 でない有理型関数として $\{(U_i, (\alpha_i, \beta_i)\}_{i\in I}$ を φ の表現とする．$\varphi_i=\alpha_i/\beta_i$ は U_i 上の有理型関数で $\varphi_i/\varphi_j=1$ であるから $\{(U_i, \varphi_i)\}$ は因子の局所方程式系である．φ の別の表現をとれば同値な局所方程式系が得られるから，有理型関数 φ は因子を定める．この因子を $\mathrm{div}(\varphi)$ または単に (φ) であらわして，φ の因子と呼ぶ．有理型関数の因子となる因子は 0 に線形同値(linearly equivalent to 0)であるといわれる．D_1-D_2 が 0 に線形同値のとき，D_1 と D_2 は互いに線形同値であるという．

1)　便宜上零因子も正因子に含めることにする．

次の定理は有理型関数の因子は分子に相当する部分と分母に相当する部分に分解できることを意味している．

定理 3.2　φ を M 上の 0 でない有理型関数とすれば

$$\operatorname{div}(\varphi) = (\varphi)_0 - (\varphi)_\infty$$

となる正因子 $(\varphi)_0, (\varphi)_\infty$ が存在する[1]．

証明　φ の表現 $\{(U_i, (\alpha_i, \beta_i))\}_{i\in I}$ を定理 3.1 の条件をみたすように選ぶ．すなわち，U_i の各点 p で α_i, β_i の germ $(\alpha_i)_p, (\beta_i)_p$ は互いに素であるとする．$p\in U_i\cap U_j$ とすれば $(\alpha_i)_p(\beta_j)_p=(\alpha_j)_p(\beta_i)_p$ である．ここで $(\alpha_i)_p$ と $(\beta_i)_p$ は互いに素であるから，$(\alpha_i)_p$ は $(\alpha_j)_p$ の約元である．同様に $(\alpha_j)_p$ は $(\alpha_i)_p$ の約元であるから，α_i/α_j は p の近傍で 0 にならない正則関数である．ここで p は $U_i\cap U_j$ の任意の点であったから α_i/α_j は $U_i\cap U_j$ 上正則で 0 にならない．したがって $\{(U_i, \alpha_i)\}$ は因子の局所方程式系である．これによって定まる因子を $(\varphi)_0$ とする．同様に $\{(U_i, \beta_i)\}$ の定める因子を $(\varphi)_\infty$ とすればよい．（証明終り）

$\{(U_i, \psi_i)\}$ を 1 つの局所方程式系とするとき，$g_{ij}=\psi_i/\psi_j$ の集まり $\{g_{ij}\}$ を局所方程式系に付随した変換関数系(system of transition functions)と呼ぶ．定理 3.2 の証明で $\{(U_i, \alpha_i)\}, \{(U_i, \beta_i)\}$ は同じ変換関数系を持つ局所方程式系である．逆に，同じ変換関数系を持つ 2 つの局所方程式系 $\{(U_i, \alpha_i)\}, \{(U_i, \beta_i)\}$ があればその比 α_i/β_i は M 上の有理型関数を定める．

次に因子を離れて変換関数系を独立した対象として扱う．$\{U_i\}_{i\in I}$ を M の開被覆として，$U_i\cap U_j\neq\phi$ なる $i, j\in I$ に対して $U_i\cap U_j$ 上 0 にならない正則関数 g_{ij} が与えられているとする．g_{ij} が

$$g_{ii} = 1, \qquad (3.3)$$
$$U_i\cap U_j\cap U_k \text{ 上} \qquad g_{ik} = g_{ij}g_{jk}$$

をみたすとき $\{g_{ij}\}$ を開被覆 $\{U_i\}$ に属する変換関数系と呼ぶ．

同じ開被覆 $\{U_i\}$ に属する変換関数系 $\{g_{ij}\}, \{h_{ij}\}$ が与えられたとき，これらが同値であるのは各 U_i 上 0 にならない正則関数 u_i が存在して $U_i\cap U_j$ 上

$$g_{ij} = u_i^{-1}h_{ij}u_j$$

1)　$(\varphi)_0, (\varphi)_\infty$ は互いに線形同値である．

をみたすことであると定義する．別の開被覆 $\{V_\lambda\}_{\lambda\in\Lambda}$ に属する $\{h_{\lambda\mu}\}$ に対して同値性を定義するには少し準備が必要である．

M の2つの開被覆 $\{U_i\}_{i\in I}, \{W_\alpha\}_{\alpha\in A}$ があるとき $\{W_\alpha\}_{\alpha\in A}$ が $\{U_i\}_{i\in I}$ の細分(refinement)であるというのは，任意の添え字 $\alpha\in A$ に対して，I の元 i で $W_\alpha\subset U_i$ となるものが存在することをいう．$\alpha\in A$ に対して $W_\alpha\subset U_i$ なる i を1つとって，それを $i(\alpha)$ と書くことにする．$\{g_{ij}\}$ が開被覆 $\{U_i\}$ に属する変換関数系ならば，$g_{\alpha\beta}'=g_{i(\alpha)i(\beta)}$ とおくことによって $\{W_\alpha\}$ に属する変換関数系 $\{g_{\alpha\beta}'\}$ が得られる．

さて $\{g_{ij}\}, \{h_{\lambda\mu}\}$ はそれぞれ開被覆 $\{U_i\}_{i\in I}, \{V_\lambda\}_{\lambda\in\Lambda}$ に属する変換関数系とする．$\{U_i\}_{i\in I}$ と $\{V_\lambda\}_{\lambda\in\Lambda}$ の共通の細分 $\{W_\alpha\}_{\alpha\in A}$ を適当にとれば上のように定めた $\{g_{\alpha\beta}'\}$ と $\{h_{\alpha\beta}'\}$ が先に定義した意味で同値になるとき，$\{g_{ij}\}$ と $\{h_{\lambda\mu}\}$ は同値であると定義する．実際に扱う場合は，最初から開被覆を十分細かくとっておけば必要な変換関数系は共通の開被覆に属しているとしてよい．

開被覆 $\{U_i\}_{i\in I}$ に属する変換関数系 $\{g_{ij}\}$ に対して，幾何的対象 $\pi: L\to M$ を対応させることができる．ここで，L は複素多様体で，$U_i\times \boldsymbol{C}$, $i\in I$ を貼り合わせてつくられる．貼り合わせは $U_i\times \boldsymbol{C}$ の点 (z_i, ζ_i) と $U_j\times \boldsymbol{C}$ の点 (z_j, ζ_j) は $z_i=z_j$ で[1)]

$$\zeta_i = g_{ij}(z_j)\zeta_j$$

が成り立つとき L の同じ点とみなすことによって行なう．π は $U_i\times \boldsymbol{C}$ の点 (z_i, ζ_i) に z_i を対応させる正則写像である．

注　正確には $\tilde{L}$ を $U_i\times \boldsymbol{C}$, $i\in I$ の互いに交わらない合併集合として，同値関係 $(z_i, \zeta_i)\sim(z_j, \zeta_j)$ を上のように定義する．これが同値関係になることは(3.3)によって保証される．この同値関係による同値類の全体の集合が L である．同値類を対応させる写像 $\tilde{L}\to L$ が局所双正則となるように L の複素構造を定める．

このように変換関数系を用いて $U_i\times \boldsymbol{C}$, $i\in I$ を貼り合わせて得られる複素多様体 L と正則写像 $\pi: L\to M$ の組を M 上の直線バンドル(line bundle)と呼ぶ．直線バンドルは M の各点 z に対して1次元ベクトル空間 $\pi^{-1}(z)$ を対応させたものと考えることができる．M 上の2つの直線バンドル $\pi: L\to M$ と

1)　したがって $z_i=z_j$ は $U_i\cap U_j$ の点である．

$\pi' : L' \to M$ に対して双正則写像 $\varphi : L \to L'$ で

（i） $\pi' \circ \varphi = \pi$,

（ii） (i)の条件により M の各点 z に対して φ によって惹き起こされる写像 $\pi^{-1}(z) \to \pi'^{-1}(z)$ はベクトル空間の同型

であるものが存在するとき，2つは同型な直線バンドルであるという．

同値な変換関数系は同型な直線バンドルを定める．それを示すために $\{g_{ij}\}$, $\{h_{ij}\}$ は共に開被覆 $\{U_i\}$ に属する変換関数系で互いに同値であるとする．したがって U_i 上 0 にならない正則関数 u_i で

$$g_{ij} = u_i^{-1} h_{ij} u_j$$

となるものが存在する．このとき双正則写像

$$\varphi_i : U_i \times \boldsymbol{C} \longrightarrow U_i \times \boldsymbol{C}$$
$$(z_i, \zeta_i) \longrightarrow (z_i, u_i(z)\zeta_i)$$

を考える．$\zeta_i = g_{ij}(z)\zeta_j$ のとき $u_i(z)\zeta_i = h_{ij}(z)(u_j(z)\zeta_j)$ であるから φ_i を貼り合わせて双正則写像 $\varphi : L \to L'$ が得られる．これが 2 つの直線バンドルの間の同型を与える．

逆に 2 つの変換関数系 $\{g_{ij}\}$, $\{h_{ij}\}$ の定める直線バンドルが互いに同型ならば $\{g_{ij}\}$ と $\{h_{ij}\}$ は互いに同値である．証明は上の証明を逆にたどればよい．

2 つの変換関数系が異なる開被覆に属する場合には共通の細分を考えれば上の場合に帰着される．したがって，変換関数系の同値類と直線バンドルの同型類はちょうど 1 対 1 に対応する．

§3.4 Weil 因子

複素多様体 M 上の因子 D を考えて，その局所方程式系 $\{(U_i, \psi_i)\}_{i \in I}$ をとる．必要ならば $\{U_i\}$ を細分して，各 ψ_i は U_i 上の正則関数 α_i, β_i の比 α_i/β_i と書けているとしてよい．必要ならばさらに $\{U_i\}$ を細分すれば，定理 2.9 によって，U_i の任意の点 p で germ $(\alpha_i)_p, (\beta_i)_p$ は互いに素であるとしてよい．このとき因子 D に対してそれぞれ $\alpha_i = 0$, $\beta_i = 0$ で定義される 2 つの解析的部分集合を対応させることによって因子を幾何的にとらえることができる．しかし，単に解析的部分集合を考えるだけでは不十分で，それらの整数係数の一次結合に相当するものを考える．このように因子を考えるときには特に Weil 因子

(Weil divisor)と呼び，前節のように考える場合にはCartier因子(Cartier divisor)と呼ぶ．以下に見るように，複素多様体の上では2つの因子の概念は同値である[1)]．

さて，因子 D の局所方程式系を上に述べたようにとったとする．さらに $g_{ij}=\psi_i/\psi_j$ を変換関数系とする．定義によって，$U_i\cap U_j$ 上

$$\alpha_i\beta_j = g_{ij}\alpha_j\beta_i$$

が成り立つ．定理3.2の証明と同様に，α_i/α_j は $U_i\cap U_j$ で0にならない正則関数である．これを h_{ij} とおけば $\beta_i/\beta_j=g_{ij}^{-1}h_{ij}$ も $U_i\cap U_j$ で0にならない正則関数である．

まず各 U_i に対して

$$S_i = \{p\in U_i \mid \alpha_i(p)\beta_i(p)=0\}$$

で定義される解析的部分集合を考える．$U_i\cap U_j$ 上では

$$\alpha_i\beta_i = g_{ij}^{-1}h_{ij}^2\alpha_j\beta_j$$

であるから，$S_i\cap U_i\cap U_j=S_j\cap U_i\cap U_j$ が成り立つ．したがって $|D|=\bigcup_{i\in I}S_i$ と定義すれば，$|D|$ は M の解析的部分集合で $|D|\cap U_i=S_i$ である．$|D|$ を因子 D の台(support)と呼ぶ．

次に $|D|$ を‘既約成分’の和集合に分解できることを示すために非特異点の概念を復習する．$p\in|D|$ に対して p の十分小さい近傍 U をとれば $|D|\cap U$ が U の部分多様体になるとき，p を $|D|$ の非特異点(non-singular point)と呼び，$|D|$ は p で非特異であるという．まず次の定理が基本的である．

定理3.3　$|D|$ の非特異点の全体 W は $|D|$ で稠密である．

証明　$|D|$ の点 p をとり，$p\in U_i$ として，U_i における D の局所方程式を $\psi_i=\alpha_i/\beta_i$ とする(ψ_i を p における D の局所方程式と呼ぶ)．簡単のために添え字 i を省略して $\psi=\alpha/\beta$ と書く．α の germ α_p の $\mathcal{O}_{M,p}$ における素元分解を

$$\alpha_p = \boldsymbol{u}\boldsymbol{f}_1^{m_1}\cdots\boldsymbol{f}_k^{m_k}$$

の形にあらわす．ここで $\boldsymbol{u}$ は単元，$\boldsymbol{f}_1,\cdots,\boldsymbol{f}_k$ はどの2つも同伴でない素元である．各 germ $\boldsymbol{u},\boldsymbol{f}_1,\cdots,\boldsymbol{f}_k$ は p の十分小さい近傍 U で定義された正則関数

1)　一般には特異点を持つ多様体を考えることができて，その上でWeil因子とCartier因子が定義されるが，その場合，2つの概念は同値ではない．ちなみにWeil, Cartierは共に数学者の名前である．

$u, f_1, \cdots, f_k$ の germ であって，U 上

(3.4) $$\alpha = uf_1^{m_1}\cdots f_k^{m_k}$$

が成り立つとしてよい．今後(3.4)を α の p における素元分解と呼ぶ．同様に

$$\beta = vg_1^{n_1}\cdots g_l^{n_l}$$

を β の p における素元分解とする．α_p, β_p が互いに素であるようにとっておけば $|D|$ は p の近傍で $f_1\cdots f_k g_1\cdots g_l=0$ で定義された解析的部分集合である．ここで次の補題を証明する．

補題 3.1 C^n の座標を $(z_1, z_2, \cdots, z_n)$ として，原点の近傍 U で定義された正則関数 f, g を考える．原点 p における germ f_p は素元，また g_p は f_p と互いに素であるとする．このとき p の十分小さい任意の近傍 V 内に

(3.5) $$f(q) = 0, \qquad g(q) \neq 0$$
$$\left(\frac{\partial f}{\partial z_1}(q), \frac{\partial f}{\partial z_2}(q), \cdots, \frac{\partial f}{\partial z_n}(q)\right) \neq (0, 0, \cdots, 0)$$

となる点 q が存在する[1]．

証明 座標 $(z_1, z_2, \cdots, z_n)$ を適当にとって，f, g は z_1 について正常であるとしてよい．f, g を単元倍しても仮定の条件は変わらないから，f, g は z_1 に関する W 多項式であるとしてよい．以下 $w=z_1$, $z=(z_2, \cdots, z_n)$ と書くことにする．

f と $(\partial f/\partial w)g$ を w の多項式と見てその終結式を ω とする．f は素元で $\partial f/\partial w$ は次数が f より小さいから，f と $\partial f/\partial w$ は互いに素である．また g は仮定により f と互いに素であるから，補題 2.2 によって ω は恒等的に 0 ではない．また補題 2.5 によって

(3.6) $$rf + s\left(\frac{\partial f}{\partial w}g\right) = \omega$$

となる p の近傍で定義された正則関数 r, s が存在する．

V を p の十分小さい近傍とすると，V は $|w|<\varepsilon$, $|z_j|<\varepsilon_j$ $(j=2, 3, \cdots, n)$ の形の多重円板を含んでいる．そこで $z=(z_2, \cdots, z_n)$ を $|z_j|<\varepsilon_j$ $(j=2, 3, \cdots, n)$ で $\omega(z)\neq 0$ となるようにとる．f は w については多項式であるから，この z に対して w の値を $f(w, z)=0$ となるように選ぶことができる[2]．しかも z を

1) (3.5)をみたす q でいくらでも p に近いものが存在するという意味である．
2) 代数学の基本定理を用いた．

原点に十分近くとれば $|w|<\varepsilon$ とすることができる(定理 1.19)．したがって V の点 $q=(w,z)$ を $f(w,z)=0$, $\omega(z)\neq 0$ となるように選ぶことができる．このとき(3.6)によって $\partial f/\partial w(q)\neq 0$, $g(q)\neq 0$ である．(補題 3.1 の証明終り)

定理 3.3 の証明を完結する．まず α_p が単元でない場合には $f=f_1$, $g=f_2\cdots f_k g_1\cdots g_l$ として補題 3.1 を適用すれば p の任意の近傍内に(3.5)をみたす点 q が存在することがわかる．このとき q の近傍では $|D|$ は $f_1=0$ で定義されていて，しかも非特異である．α_p が単元の場合には β_p が単元でないから同様である．(定理 3.3 の証明終り)

$|D|$ の非特異点の全体 W は $|D|$ の開集合である．W の連結成分を W_λ $(\lambda\in\Lambda)$ として，各 W_λ に対して重複度と呼ばれる整数を定義する．W_λ の点 p をとれば p は $|D|$ の非特異点であるから，p の座標近傍 U において局所座標 $(z_1, z_2, \cdots, z_n)$ を $|D|\cap U=\{q\in U\mid z_1(q)=0\}$ となるように選ぶことができる．一方 p における D の局所方程式を α/β とすれば α,β の少くとも一方は z_1 で割り切れる筈である．α,β を割り切る z_1 の最大巾をそれぞれ $\mu(p)$, $\nu(p)$ として[1]，$m_\lambda(p)=\mu(p)-\nu(p)$ と定義する．W_λ の点 q が p に十分近いとき，定理 2.9 によって $m_\lambda(q)=m_\lambda(p)$ である．しかも W_λ は連結であるから $m_\lambda(p)$ の値は p のとり方によらない．これを m_λ と定義する．

W_λ の M における閉包を D_λ とする．すぐ後で証明するように $|D|=\bigcup_{\lambda\in\Lambda}D_\lambda$ で，各 D_λ は M の解析的部分集合である[2]．D_λ の形式的な和 $\sum_{\lambda\in\Lambda}m_\lambda D_\lambda$ を Cartier 因子 D に対応する Weil 因子と呼ぶ．また D_λ を D の既約成分(irreducible component)，m_λ を D の D_λ における重複度(multiplicity)と呼ぶ．2つの Cartier 因子の和には Weil 因子の形式的な和が対応する．これらのことを正当化するために次の定理を証明する．

定理 3.4　(i)　D_λ は M の解析的部分集合で，$|D|=\bigcup_{\lambda\in\Lambda}D_\lambda$ である．

(ii)　和 $\sum m_\lambda D_\lambda$ は局所有限，すなわち M の任意の点 p に対して十分小さい近傍 V_p をとれば $D_\lambda\cap V_p\neq\phi$ なる D_λ は有限個である．

(iii)　各 D_λ はある Cartier 因子に対応する Weil 因子である．

(iv)　Cartier 因子 D は対応する Weil 因子によって一意的に定まる．——

---

1)　α_p, β_p が互いに素ならば $\mu(p)$, $\nu(p)$ のいずれかは 0 である．

2)　第4章で定義するように，D_λ は余次元 1 の既約な解析的部分集合である．

対応する Weil 因子の既約成分の個数が1個で，その重複度が1であるものを既約因子(prime divisor)と呼ぶ．定理3.4の結果を総合すれば，任意の因子は既約因子の整係数一次結合に一意的にあらわされることがわかる．

まず λ を1つ固定して，点 $p\in D_\lambda-W_\lambda$ の近傍の様子を調べる．ψ を p における D の局所方程式として

$$\psi = uf_1^{m_1}f_2^{m_2}\cdots f_k^{m_k},\qquad u(p)\neq 0$$

を p における ψ の素元分解とする[1)]．このとき次の命題を証明する．

命題 3.2 有限個の自然数 $i_1,\cdots,i_s$ $(1\leqq i_\nu\leqq k)$ が存在して，p の十分小さい近傍 U_p で

$$D_\lambda\cap U_p = \{q\in U_p \mid f_{i_1}(q)\cdots f_{i_s}(q)=0\}$$

が成り立つ．——

これを証明するためには点 p の近傍における $|D|$ の分解の様子を知ることが必要である．まず U_p を十分小さくとって，各点 q で $f_j,\ j=1,2,\cdots,k$ の germ はどの2つも互いに素であるとする(定理2.9)．U_p の解析的部分集合

$$Z_j = \{q\in U_p \mid f_j(q)=0\},\qquad j=1,2,\cdots,k$$

を考える．

補題 3.2 U_p の点 q が $|D|$ の非特異点であるための必要かつ十分な条件は，q が唯1つの Z_j に含まれ，その Z_j が q で非特異なことである．

証明 十分性は明らかであるから必要性を証明する．q が $|D|$ の非特異点であれば，q を中心とする局所座標 $(w_1,w_2,\cdots,w_n)$ を適当に選んで q の近傍 V で $|D|\cap V=\{q'\mid w_1(q')=0\}$ とすることができる．w_1 の q における germ は素元である[2)]．したがって補題3.1によって $f_1,\cdots,f_k$ の q における germ の素元分解は w_1 のある巾の単元倍でなければならない．ゆえに q は唯1つの Z_j に含まれる．このとき明らかに Z_j は q で非特異である．(補題3.2の証明終り)

一般に解析的部分集合 Z の非特異点全体のなす集合を $\operatorname{Reg} Z$ であらわすことにする．

$$(3.7)\qquad W_j' = \operatorname{Reg} Z_j-\Bigl(\bigcup_{i\neq j}Z_i\cap \operatorname{Reg} Z_j\Bigr),\qquad j=1,2,\cdots,k$$

---

1) 右辺では負巾を許すものとする．

2) 53ページ．

とすれば補題 3.2 によって $\mathrm{Reg}\,|D|\cap U_p=\bigcup_{j=1}^{k}W_j'$ である．W_j' が連結であることを示すために，まず $\mathrm{Reg}\,Z_j$ が連結であることを証明する．

補題 3.3　f は $\boldsymbol{C}^n$ の原点の近傍 U で定義された正則関数で，原点における f の germ は素元であるとする．$Z=\{z\in U\mid f(z)=0\}$ とする．このとき原点の十分小さい近傍 V に対して $\mathrm{Reg}\,Z\cap V$ は連結で，かつ $Z\cap V$ の中で稠密である．

証明　稠密であることは定理 3.3 で証明したから連結性を示せばよい．V を十分小さくとって

$$f=w^m+A_1(z)w^{m-1}+\cdots+A_m(z)$$

は W 多項式であるとしてよい．さらに

$$V=\{(w,z)\in\boldsymbol{C}^n\mid |w|<\varepsilon,\ |z_j|<\delta,\ j=2,3,\cdots,n\}$$

は多重円板であって

$$\Omega=\{z\in\boldsymbol{C}^{n-1}\mid |z_j|<\delta,\ j=2,3,\cdots,n\}$$

の任意の点 z に対して $f(w,z)=0$ の根はすべて $|w|<\varepsilon$ をみたすと仮定できる(定理 1.19)．

f の原点における germ は素元であるから補題 2.4 によってその終結式 ω は 0 ではない．

$$\Omega'=\{z\in\Omega\mid\omega(z)\neq0\}$$

とすれば定理 2.4 の系によって Ω' は連結である．

以後簡単のために $Z\cap V$ のことを Z と書くことにする．Z の点 $(w,z)=(w,z_2,\cdots,z_n)$ に対し Ω の点 $(z_2,\cdots,z_n)$ を対応させる写像を $\pi:Z\to\Omega$ とする．終結式の性質(補題 2.1)によって，$z\in\Omega'$ のとき w に関する方程式 $f(w,z)=0$ は重根をもたない．したがって $z\in\Omega'$ に対して逆像 $\pi^{-1}(z)$ は相異なる m 個の点からなる．また $Z'=\pi^{-1}(\Omega')$ の点では $\partial f/\partial w\neq0$ (補題 2.5)であるから Z' は非特異である．さらに逆関数の定理によって π は Z' の各点で局所双正則である．

さて $\mathrm{Reg}\,Z$ は連結でないと仮定して，2 つの交わらない開集合の和 $Y_1\cup Y_2$ であるとする．Z' は $\mathrm{Reg}\,Z$ の中で稠密であるから，$Y_i'=Z'\cap Y_i$ $(i=1,2)$ は空集合ではない．Ω' の点 z に対して，$\pi^{-1}(z)$ の m 個の点は Y_1' の点と Y_2' の点に分配される．$\pi^{-1}(z)$ の点の中で Y_1' に入るものの個数を $m_1(z)$，Y_2' のそ

れを $m_2(z)$ であらわすことにする．π を各 Y_i' に制限したものも局所双正則であるから，z' が z に十分近ければ $m_i(z') \geqq m_i(z)$ が成り立つ．一方

$$m_1(z')+m_2(z') = m_1(z)+m_2(z) = m$$

であるから $m_1(z'), m_2(z')$ は z の近傍で一定である．しかも Ω' は連結であるから $m_1(z), m_2(z)$ の値は $z \in \Omega'$ によらず一定である．それを m_1, m_2 と書くことにする．もし $m_1=0$ ならば Y_1' が空集合であることになるから $m_1>0$ である．同様に $m_2>0$ である．

Ω' の点 z に対して逆像 $\pi^{-1}(z)$ の点であって Y_1' に属するものの w 座標を $\xi_1(z), \xi_2(z), \cdots, \xi_{m_1}(z)$ とする．π は局所双正則であるから $\xi_j(z)$ は z の近傍で正則な関数であると考えられる[1)]．これらの基本対称式

$$S_1(z) = \xi_1(z)+\cdots+\xi_{m_1}(z)$$

$$S_2(z) = \sum_{i<j}\xi_i(z)\xi_j(z)$$

$$\cdots\cdots$$

$$S_{m_1}(z) = \xi_1(z)\cdots\xi_{m_1}(z)$$

を考える．これら S_j の値は z のみによって定まり $\xi_1(z), \cdots, \xi_{m_1}(z)$ の順序のつけ方によらない．しかも S_j は各点の近傍で正則であるから，結局 Ω' 全体で正則である．さらに各 $\xi_j(z)$ の絶対値は ε を越えないから S_j は Ω' 上有界である．したがって Riemann の拡張定理(定理 2.4)によって S_j は Ω 全体で定義された正則関数に拡張できる．それらを同じ S_j であらわすことにして

$$f_1 = w^{m_1}-S_1w^{m_1-1}+\cdots+(-1)^{m_1}S_{m_1}$$

と定義する．f_1 は V 上の正則関数である[2)]．また z が原点に近づくとき，各 $\xi_j(z)$ は 0 に収束する(定理 1.19)．したがって $S_1(0)=\cdots=S_{m_1}(0)=0$ である．

同様に Y_2' から V 上の正則関数 f_2 が構成される．構成の方法から $\omega(z)\neq 0$ なる V の点で $f=f_1f_2$ が成り立つ．したがって V 上 $f=f_1f_2$ である．m_1, m_2 は共に正で，f_1, f_2 は W 多項式であるから f_1, f_2 は単元ではない．これは f の原点における germ が素元であることに矛盾する．（補題 3.3 の証明終り）

1) $\xi_j(z)$ は Ω' 全体の関数ではない．$\pi^{-1}(z)$ のどの点を j 番目と見るかは，z について局所的にしか定めることができないからである．

2) これは典型的な関数のつくり方の1つである．

(3.7)で定義された W_j' の連結性を証明するには，さらに次の補題を示せばよい．

補題 3.4　M を複素多様体，D を M 上の因子とすれば $M-|D|$ は連結である．

証明　M が $\boldsymbol{C}^n$ の領域の場合には補題は定理 2.4 の系で証明されていることに注意する．$M-|D|$ が連結でないと仮定して 2 つの交わらない開集合の和 $V_1\cup V_2$ とあらわす．$M=\bar{V}_1\cup\bar{V}_2$ であるから $\bar{V}_1$ と $\bar{V}_2$ は共通点 z を持つ[1]．z の座標近傍 U をとれば

$$U-|D|\cap U = (V_1\cap U)\cup(V_2\cap U)$$

で，$V_1\cap U$, $V_2\cap U$ は空集合ではない．これは最初に注意したことに反する．(補題 3.4 の証明終り)

以上によって W_j' $(j=1,2,\cdots,k)$ は連結で，Z_j 内で稠密であることが証明された．そこで命題 3.2 の証明に戻ると，$W=\mathrm{Reg}\,|D|$ の連結成分 W_λ に対して，各 W_j' は W_λ に含まれるか，あるいは W_λ と交わらないかいずれかである．$W_j'\subset W_\lambda$ となる添え字 j の全体を $i_1,\cdots,i_s$ とすれば，$W_\lambda\cap U_p$ は W_{i_ν}', $\nu=1,2,\cdots,s$ の和集合である．したがって D_λ は Z_{i_ν} の和集合である．(命題 3.2 の証明終り)

定理 3.4 の証明　命題 3.2 の証明から $\{D_\lambda\}$ は局所有限であることがわかる．したがって $\{W_\lambda\}$ も局所有限である．これより $\bigcup_\lambda W_\lambda$ の閉包は $\bar{W}_\lambda$ の和集合であることがわかる[2]．したがって $|D|=\bigcup_\lambda D_\lambda$ であることが証明された．

最初に(iv)を証明する．D, D' は 2 つの Cartier 因子で対応する Weil 因子が等しいとする．上に述べたことによって $|D|=|D'|$ であるから，その非特異点の集合も一致している．$|D|$ の点 p における D の局所方程式 ψ の素元分解を

$$\psi = uf_1^{m_1}f_2^{m_2}\cdots f_k^{m_k} \qquad u(p)\neq 0$$

とし，同様に D' の局所方程式を

$$\eta = vg_1^{n_1}g_2^{n_2}\cdots g_l^{n_l} \qquad v(p)\neq 0$$

とする．たとえば g_1 を考える．もし $(g_1)_p\in\mathcal{O}_p$ がどの $(f_j)_p$ とも互いに素であれば，補題 3.1 によって $g_1(q)=0$, $f_j(q)\neq 0$ $(j=1,2,\cdots,k)$ をみたす点 q が

---

1)　$\bar{V}_i$ は V_i の閉包をあらわす．

2)　補説 A，補題 A.1 の証明参照．

存在する．したがって $(g_1)_p$ はどれかの $(f_j)_p$ と同伴でなければならない．このことから上の分解で $k=l$, $f_j=g_j$ $(j=1, 2, \cdots, k)$ であるとしてよいことがわかる．

次に巾指数 m_j, n_j が一致することを見るために再び補題 3.1 を用いて，$|D|$ の非特異点 q で $f_1(q)=0$ なるものをとる．q の属する W の連結成分を W_λ とすれば m_1, n_1 は $D_\lambda=\bar{W}_\lambda$ における D, D' の重複度に等しいから $m_1=n_1$ である．同様に $m_j=n_j$ $(j=2, 3, \cdots, k)$ である．

以上によって ψ/η は p の近傍で 0 にならない正則関数であることがわかった．これは Cartier 因子として $D=D'$ であることを意味している．

次に(i)と(iii)を証明する．λ を 1 つ固定して D_λ について考えればよい．目標は各点 p の近傍で局所方程式 $\varphi^{[p]}$ を与えて，それらの定める Cartier 因子が D_λ に対応するようにすることである．

まず $p\notin D_\lambda$ ならば局所方程式として 1 をとればよい．また $p\in W_\lambda$ ならば，p の十分小さい近傍 U_p で $|D|\cap U_p=W_\lambda\cap U_p=D_\lambda\cap U_p$ である．したがって局所座標 $(z_1, z_2, \cdots, z_n)$ を適当に選べば

$$|D|\cap U_p=\{q\in U_p \mid z_1(q)=0\}$$

とできる．このとき $\varphi^{[p]}=z_1$ ととる．

$p\in D_\lambda-W_\lambda$ の場合には命題 3.2 によって定まる $f_{i_1}, \cdots, f_{i_s}$ の積を $\varphi^{[p]}$ とする．

以上で，M の各点 p に対して近傍 U_p と局所方程式 $\varphi^{[p]}$ を

$$D_\lambda\cap U_p=\{z\in U_p \mid \varphi^{[p]}(z)=0\}$$

となるように選ぶことができた．しかも命題 3.2 と定理 2.9 によって $\varphi^{[p]}$ の各点 $q\in U_p$ における germ は重複因子を持たないとしてよい．そこで局所方程式 $\varphi^{[p]}$ が U_p 上定義する Cartier 因子を Θ_p とすると，$|\Theta_p|=D_\lambda\cap U_p$ で，補題 3.1, 3.3 によって各既約成分における重複度は 1 である．したがって既に証明された(iv)によって，$U_p\cap U_q\neq\phi$ のとき Θ_p を $U_p\cap U_q$ に制限して得られる因子と，Θ_q を制限して得られる因子は等しい[1]．これによって Θ_p の全体が M 上の Cartier 因子 Θ を定めることがわかる．構成の仕方から Θ に対応する Weil 因子は D_λ である．（定理 3.4 の証明終り）

1)　(iv)を $M=U_p\cap U_q$ と考えて適用した．

以上によって，Cartier 因子には Weil 因子が対応し，後者における既約成分への分解が Cartier 因子の分解を与えることがわかった．しかし，今のところ何が Weil 因子であるかは完全には明らかになっていない．これについては第4章で述べる．

§3.5　直線バンドルと有理型関数

M を複素多様体，$\pi: L\to M$ を M 上の直線バンドルとする．今後，直線バンドル L といって π を明確にいわないことが多い．定義によって，L は M のある開被覆 $\{U_i\}$ に属する変換関数系 $\{g_{ij}\}$ で定まるものである．M から L への正則写像 $s: M\to L$ が任意の $z\in M$ に対して $\pi\circ s(z)=z$ をみたすとき，s を L の正則切断(holomorphic section)，または単に L の切断と呼ぶ．

$\pi^{-1}(U_i)$ は $U_i\times \boldsymbol{C}$ と同一視されるから，s は各 U_i 上では正則関数 s_i を用いて

$$z \longrightarrow (z, \zeta_i) = (z, s_i(z)) \in U_i\times \boldsymbol{C}$$

とあらわされる．貼り合わせの条件から

$$s_i(z) = g_{ij}(z)s_j(z), \qquad z\in U_i\cap U_j \tag{3.8}$$

が成り立つ．逆に U_i 上の正則関数 s_i の組 $\{s_i\}$ が与えられて(3.8)をみたすとき $\{s_i\}$ は L の正則切断を定める．

L の正則切断の全体を $H^0(M, \mathcal{O}(L))$ であらわす．$s=\{s_i\}, t=\{t_i\}$ が L の正則切断ならば，$s+t=\{s_i+t_i\}$, $cs=\{cs_i\}$, $c\in \boldsymbol{C}$ も L の正則切断である．したがって $H^0(M, \mathcal{O}(L))$ は $\boldsymbol{C}$ 上のベクトル空間である．

U_i 上の有理型関数 s_i の組 $\{s_i\}$ が(3.8)の条件をみたすとき，$s=\{s_i\}$ を L の有理型切断(meromorphic section)と呼ぶ．$s=\{s_i\}$ が 0 でない L の有理型切断ならば，$\{(U_i, s_i)\}$ は§3.3の意味で因子の局所方程式系である．これによって定まる因子を $\mathrm{div}(s)$ であらわす．

逆に D を M 上の因子として，$\{(U_i, \psi_i)\}_{i\in I}$ を D の局所方程式系とする．$g_{ij}=\psi_i/\psi_j$ によって定まる変換関数系 $\{g_{ij}\}$ の定める直線バンドルを $[D]$ であらわし，因子 D に付随した直線バンドルと呼ぶ．定義によって，$\{\psi_i\}$ は $[D]$ の有理型切断を定める．以上をまとめて次の命題が得られる．

命題 3.3　(i)　D を M 上の因子とすれば，M 上の直線バンドル L と L

の有理型切断 ψ で $\mathrm{div}(\psi)=D$ となるものが存在する．また，このとき ψ が正則切断であるためには D が正因子であることが必要かつ十分である．

(ii) M 上の直線バンドル L の 0 でない有理型切断 ψ が存在すると仮定して $D=\mathrm{div}(\psi)$ とおく．このとき L は $[D]$ と同型である．——

直線バンドルと有理型関数の関係を述べるために次の基本的な命題から始める．

命題 3.4 L を M 上の直線バンドル，φ, ψ を L の正則切断で $\boldsymbol{C}$ 上一次独立であるとする．このとき φ と ψ の比 $f=\varphi/\psi$ は M 上の定数でない有理型関数を定める．逆に M 上の任意の定数でない有理型関数は適当な直線バンドル L を用いて上の形にあらわされる．

証明 上に述べたように $\varphi=\{\varphi_i\}$, $\psi=\{\psi_i\}$ と正則切断をあらわす．$\psi\neq 0$ であるから ψ_i は恒等的に 0 ではない．さらに $U_i\cap U_j$ では $\varphi_i/\psi_i=\varphi_j/\psi_j$ が成り立つ．したがって U_i 上では $f=\varphi_i/\psi_i$ と定義すれば f は M 上の有理型関数である．もし f が定数 c ならば $\varphi=c\psi$ となって，φ, ψ が一次独立であることに反する．

逆に f を M 上の 0 でない有理型関数とすると定理 3.2 によって $\mathrm{div}(f)=(f)_0-(f)_\infty$ となる正因子 $(f)_0$, $(f)_\infty$ が存在する．f の表現 $\{U_i, (\alpha_i, \beta_i)\}$ を定理 3.2 の証明中のようにとると，$[(f)_0]$, $[(f)_\infty]$ は共に $g_{ij}=\alpha_i/\alpha_j=\beta_i/\beta_j$ によって定まる直線バンドルである．この直線バンドルを L とすれば $\{\alpha_i\}$, $\{\beta_i\}$ は L の正則切断 φ, ψ を定める．このとき $f=\varphi/\psi$ となることは作り方から明らかである．(証明終り)

L_1, L_2 は M 上の 2 つの直線バンドルで，同じ開被覆 $\{U_i\}$ に属する変換関数系 $\{g_{ij}\}$, $\{h_{ij}\}$ でそれぞれ定義されていると仮定する．このとき積の変換関数系 $\{g_{ij}h_{ij}\}$ によって定義される直線バンドルを $L_1\otimes L_2$，または L_1+L_2 であらわす．この本では後者の加法的な記号を用いることにする．したがって m が正整数のとき $\{g_{ij}{}^m\}$ の定める直線バンドルを mL_1 であらわす．同様に $\{g_{ij}{}^{-1}\}$ の定める直線バンドルを $-L_1$ であらわす．L_1, L_2 が異なる開被覆に対して定義されている場合には開被覆の細分をとって上の場合に帰着される．変換関数系を定数 1 でとれる場合，言い換えれば $L=M\times\boldsymbol{C}$ で $\pi: L\to M$ は M の上への射影であるとき，L は自明な直線バンドルと呼ばれる．直線バンドルの同型類の全体は上の算法によって可換群となり，自明な直線バンドルが単位元となる．

$\varphi=\{\varphi_i\}$, $\psi=\{\psi_i\}$ がそれぞれ L_1, L_2 の切断であるとき $\varphi\psi=\{\varphi_i\psi_i\}$ は直線バンドル L_1+L_2 の切断である．φ, ψ が 0 でなければ $\varphi\psi\neq 0$（一致の定理）で，

$$\text{(3.9)} \qquad \operatorname{div}(\varphi\psi) = \operatorname{div}(\varphi)+\operatorname{div}(\psi)$$

が成り立つ．命題 3.4 の後半の証明では $L=[(f)_\infty]$ としたが，必ずしもそうである必要はない．F を M 上の直線バンドル，ξ を 0 でない F の正則切断とすれば $f=\varphi\xi/\psi\xi$ である．このあらわし方は分母，分子に余分な因子を持つが，複数個の有理型関数を扱う場合に便利である．

命題 3.5 $f_1, f_2, \cdots, f_m$ を M 上の有理型関数とする．このとき，M 上の直線バンドル L と，L の正則切断 $\psi, \varphi_1, \varphi_2, \cdots, \varphi_m$ を適当に選べば $f_j=\varphi_j/\psi$, $j=1, 2, \cdots, m$, とあらわすことができる．——

以上が有理型関数，直線バンドル，因子を結びつける基本的な命題であるが，以下に少し形を変えて述べておくことにする．

命題 3.6 D を M 上の因子，$L=[D]$ とする．このとき

$$H^0(M, \mathcal{O}(L)) \cong \{f \mid f \text{ は } M \text{ 上の有理型関数}, \operatorname{div}(f) \geqq -D\} \cup \{0\}$$

証明 命題 3.3 によって L の有理型切断 ψ で $\operatorname{div}(\psi)=D$ なるものが存在する．求める同型対応は $\varphi\in H^0(M, \mathcal{O}(L))$ に対して有理型関数 $f=\varphi/\psi$ を対応させて得られる．逆対応は $f\to f\psi$ である．（証明終り）

命題 3.7 (i) D を M 上の因子として，$L=[D]$ とする．φ が 0 でない $H^0(M, \mathcal{O}(L))$ の元を動くとき $\operatorname{div}(\varphi)$ の全体は D と線形同値な[1]正因子の全体と一致する．また $\operatorname{div}(\varphi_1)=\operatorname{div}(\varphi_2)$ となるために必要かつ十分な条件は $\varphi_1=\lambda\varphi_2$ なる M 上 0 にならない正則関数 λ が存在することである．

(ii) M 上の因子 D_1, D_2 が線形同値であるための必要かつ十分な条件は $[D_1], [D_2]$ が同型なことである．

証明 (i)は命題 3.3, 3.4 からしたがう．(ii)も

$$[D_1]-[D_2] = [D_1-D_2]$$

1) 68 ページ．

に注意すれば命題 3.3 からしたがう．

§3.6　有理型関数体の超越次数

M がコンパクトな複素多様体のとき，M 上にどの程度有理型関数が存在するかということは第1の重要な問題である．この節では次の定理を証明する．

定理 3.5　M を n 次元のコンパクトな複素多様体として $\mathfrak{M}(M)$ を M 上の有理型関数全体のなす体とする．このとき $\mathfrak{M}(M)$ の $\boldsymbol{C}$ 上の超越次数[1)]は n を越えない．すなわち，$(n+1)$ 個の有理型関数 $f_0, f_1, \cdots, f_n$ をとれば，$(n+1)$ 変数の 0 でない多項式 Φ で $\Phi(f_0, f_1, \cdots, f_n)=0$ となるものが存在する．——

以下に述べる証明は C. L. Siegel によるものである．

まず次の補題を証明する．

補題 3.5　L を M 上の直線バンドルとする．このとき任意の正整数 m に対して

$$\dim H^0(M, \mathcal{O}(mL)) \leqq A(m+1)^n \tag{3.10}$$

となる m によらない定数 A が存在する．特に $H^0(M, \mathcal{O}(mL))$ は有限次元である．

証明　M の各点 p の座標近傍 U_p をとり，U_p は局所座標 $(z_p{}^1, z_p{}^2, \cdots, z_p{}^n)$ によって多重円板

$$\{(z^1, z^2, \cdots, z^n) \in \boldsymbol{C}^n \mid |z^\lambda|<1,\ \lambda=1, 2, \cdots, n\}$$

と同一視できるとしてよい．M はコンパクトであるからこれらの U_p のうちの有限個で覆われる．それらの U_p を $\{U_i\}_{i=1,2,\cdots,N}$ として，各 U_i 上の局所座標を $z_i=(z_i{}^1, z_i{}^2, \cdots, z_i{}^n)$ であらわすことにする．以後

$$|z_i| = \max(|z_i{}^1|, |z_i{}^2|, \cdots, |z_i{}^n|)$$

という記号を用いる．

最初に U_p を十分小さくとっておけば直線バンドル L は開被覆 $\{U_i\}$ に属する変換関数系 $\{g_{ij}\}$ で定義されていると仮定してよい．したがって mL の正則切断 φ は U_i 上の正則関数の組 $\{\varphi_i\}$ であらわされ，$U_i \cap U_j$ で $\varphi_i = g_{ij}{}^m \varphi_j$ が成り立つ．

1)　"体と Galois 理論" §4.1，"可換体論" §3.1.

座標近傍 U_i を少し縮めて，$0<r<1$ なる実数 r に対して

$$U_i^r = \{z_i \in U_i \mid |z_i|<r\}$$

とおく．十分1に近い r に対しては $M=\bigcup_{i=1}^{N} U_i^r$ が成り立つ[1]．そこで2つの正数 a, b を $0<a<b<1$ で $M=\bigcup_{i=1}^{N} U_i^a=\bigcup_{i=1}^{N} U_i^b$ となるように選んで固定する．

先に述べたようにあらわされた mL の切断 $\varphi=\{\varphi_i\}$ に対して，そのノルムを

$$\|\varphi\|_a = \max_i \sup_{z\in U_i^a}|\varphi_i(z)|$$

によって定義する．ここで sup は z が U_i^a を動くときの上限をあらわし，max は $i=1,2,\cdots,N$ のときの最大値を意味する．同様に $z\in U_i^a$ を $z\in U_i^b$ で置き換えてノルム $\|\varphi\|_b$ を定義する．$U_i^a\subset U_i^b$ であるから，$\|\varphi\|_a\leqq\|\varphi\|_b$ が成り立つ．

次に

$$K = \max_{i,j} \sup_{z\in U_i^b\cap U_j^b}|g_{ij}(z)|$$

とおく．$U_i^b\cap U_j^b$ の閉包はコンパクトであるから，K は有限の定数である．この定数 K によって

$$\|\varphi\|_b \leqq K^m\|\varphi\|_a \tag{3.11}$$

が成り立つ．［証明］ z を U_i^b の点とすれば，z を含む U_j^a が少くとも1つ存在するから

$$|\varphi_i(z)| = |g_{ij}(z)|^m|\varphi_j(z)| \leqq K^m\|\varphi\|_a$$

である．z は U_i^b の任意の点であったから(3.11)が成り立つ．

μ を正の整数として mL の切断 $\varphi=\{\varphi_i\}$ で，各 U_i 上原点 $z_i=0$ における位数が少くとも μ のものの全体を $\mathscr{L}^\mu$ とする．すなわち

$$\varphi_i = \sum \varphi_{i\alpha_1\alpha_2\cdots\alpha_n}(z_i^1)^{\alpha_1}(z_i^2)^{\alpha_2}\cdots(z_i^n)^{\alpha_n}$$

を φ_i の原点における巾級数展開とすれば

$$\mathscr{L}^\mu = \{\varphi \mid \alpha_1+\alpha_2+\cdots+\alpha_n<\mu \text{ のとき } \varphi_{i\alpha_1\alpha_2\cdots\alpha_n}=0,\ i=1,2,\cdots,N\}$$

である．このとき

$$\dim H^0(M, \mathcal{O}(mL)) \leqq \dim \mathscr{L}^\mu+N\mu^n \tag{3.12}$$

が成り立つ．［証明］ U_i 上の正則関数の全体を $\mathcal{O}(U_i)$ であらわし，各 i に対

1) i が $1,2,\cdots,N$ を動き，s が $0<s<1$ なる実数全体を動くとき U_i^s の全体は M の開被覆であるから，M は有限個の U_i^s で覆われる．そこに現われる s の最大値よりも大きい r をとればよい．

して

$$\mathcal{L}_i^{\mu} = \{\varphi_i \in \mathcal{O}(U_i) \mid \alpha_1+\alpha_2+\cdots+\alpha_n<\mu \text{ のとき } \varphi_{i\alpha_1\alpha_2\cdots\alpha_n}=0\}$$

と定義する．ベクトル空間としての商空間 $\mathcal{O}(U_i)/\mathcal{L}_i^{\mu}$ は単項式

$$(z_i^1)^{\alpha_1}(z_i^2)^{\alpha_2}\cdots(z_i^n)^{\alpha_n}, \qquad \alpha_1+\alpha_2+\cdots+\alpha_n<\mu$$

の剰余類を基底にもつ．したがってこの商空間の次元 c は次数が $(\mu-1)$ 次以下の $z^1, z^2, \cdots, z^n$ の単項式の個数に等しい．これは $z^0, z^1, \cdots, z^n$ の $(\mu-1)$次単項式の個数と同じであるから

$$c = \binom{n+\mu-1}{n}$$

である[1]．ところが

$$c = \frac{\mu(\mu+1)\cdots(\mu+n-1)}{1\cdot2\cdot\cdots\cdot n}$$
$$= \prod_{k=1}^{n}\left(\frac{\mu+k-1}{k}\right) = \prod_{k=1}^{n}\left(1+\frac{\mu-1}{k}\right)$$

で最後の積の各因子は μ 以下であるから $c \leqq \mu^n$ が成り立つ．これから不等式(3.12)が得られることは明らかであろう．

一方 μ を十分大きくとれば，実は $\mathcal{L}^{\mu}=0$ であることを示す．より詳しく：

（＊） $\kappa = \log K/\log\left(\dfrac{b}{a}\right)$ とおくとき $\mu > \kappa m$ ならば $\mathcal{L}^{\mu}=0.$

［証明］ $z_i \in U_i$ を固定して，1変数複素数の関数

$$h(t) = \varphi_i(tz_i)$$

を考える．h は $|t|<1/|z_i|$ で正則で，$\varphi \in \mathcal{L}^{\mu}$ ならば h は $t=0$ で少くとも μ 位の零点をもつ．したがって関数 $t \to h(t)/t^{\mu}$ は閉円板 $|t| \leqq 1$ の近傍で，$t=0$ も含めて正則な関数と考えることができる(定理1.8)．この関数に最大値の原理(定理1.11の系)を適用すれば

$$|h(t)/t^{\mu}| \leqq |h(t_0)|, \qquad 0<|t|<1$$

をみたす絶対値1の複素数 t_0 が存在することがわかる．$z_i \in U_i^b$, $t=a/b$ とすれば

$$\left|\left(\frac{b}{a}\right)^{\mu}\varphi_i\left(\frac{az_i}{b}\right)\right| \leqq |\varphi_i(t_0z_i)| \leqq \|\varphi\|_b$$

1) 重複組合せの数 ${}_{n+1}\mathrm{H}_{\mu-1} = {}_{n+\mu-1}\mathrm{C}_{\mu-1}$ である．

が得られる．これを書き直せば

$$\left|\varphi_i\left(\frac{az_i}{b}\right)\right| \leqq \left(\frac{a}{b}\right)^{\mu}\|\varphi\|_b \tag{3.13}$$

である．

(3.13)は U_i^b の任意の点 z_i に対して成り立つ．z_i が U_i^b 全体を動くとき，(az_i/b) は U_i^a 全体を動くから，結局

$$\|\varphi\|_a \leqq \left(\frac{a}{b}\right)^{\mu}\|\varphi\|_b$$

が成り立つ．これを(3.11)と合わせれば

$$\|\varphi\|_a \leqq \left(\frac{a}{b}\right)^{\mu}K^m\|\varphi\|_a$$

を得る．$\mu>\kappa m$ ならば $(a/b)^{\mu}K^m<1$ であるから $\varphi=0$ でなければならない．これで(＊)が証明された．

最後に $\mu=\kappa m+1$ として(3.12)を用いれば

$$\dim H^0(M,\ \mathcal{O}(mL)) \leqq N(\kappa m+1)^n = N\kappa^n\left(m+\frac{1}{\kappa}\right)^n$$

を得る．$\kappa\geqq 1$ のときは，$m+(1/\kappa)\leqq m+1$，また $\kappa<1$ のときは $\kappa m+1\leqq m+1$ であることに注意すれば，$A=\max(N, N\kappa^n)$ が不等式(3.10)をみたすことがわかる．（補題 3.5 の証明終り）

これで本質的な部分の準備が終了した．

定理 3.5 の証明　$f_0, f_1, \cdots, f_n$ を $(n+1)$ 個の有理型関数とする．命題 3.5 によって，適当な直線バンドル L をとれば

$$f_\lambda = \varphi_\lambda/\psi, \qquad \varphi_\lambda, \psi \in H^0(M,\ \mathcal{O}(L)), \qquad \lambda = 0, 1, \cdots, n$$

とあらわすことができる．

m を正整数，$\alpha_0, \alpha_1, \cdots, \alpha_n$ を $0\leqq\alpha_\lambda\leqq m$ なる整数として

$$\psi^{(n+1)m}f_0{}^{\alpha_0}f_1{}^{\alpha_1}\cdots f_n{}^{\alpha_n} = \psi^{(n+1)m-\alpha_0-\cdots-\alpha_n}\varphi_0{}^{\alpha_0}\varphi_1{}^{\alpha_1}\cdots\varphi_n{}^{\alpha_n}$$

を考える．これらは $H^0(M,\ \mathcal{O}((n+1)mL))$ の元をあらわしている．もし $f_0, f_1, \cdots, f_n$ が $\boldsymbol{C}$ 上代数的に独立ならばこれら $(m+1)^{n+1}$ 個の元は $\boldsymbol{C}$ 上一次独立である．一方，補題 3.5 を $(n+1)L$ に適用すれば

$$\dim H^0(M,\ \mathcal{O}((n+1)mL)) \leqq A(m+1)^n$$

なる定数 A が存在する．したがって $(m+1)^{n+1}\leqq A(m+1)^n$ でなければなら

ないが，m が十分大きいときこれは矛盾である．以上で $f_0, f_1, \cdots, f_n$ は $\boldsymbol{C}$ 上代数的に独立でないことが証明された．（定理 3.5 の証明終り）

定理 3.5 と同様の証明方法で次の定理が証明される．

定理 3.6　M をコンパクトな n 次元複素多様体として，M の有理型関数体 $\mathfrak{M}(M)$ の $\boldsymbol{C}$ 上の超越次数は n であると仮定する．このとき $\mathfrak{M}(M)$ は $\boldsymbol{C}$ 上有限生成の拡大体である．

証明　仮定によって n 個の有理型関数 $f_1, f_2, \cdots, f_n$ で $\boldsymbol{C}$ 上代数的に独立なものがとれる．$\mathfrak{M}(M)$ の任意の元 h は体 $F = \boldsymbol{C}(f_1, f_2, \cdots, f_n)$ 上代数的であるから

$$(3.14) \qquad h^{\nu} + a_1 h^{\nu-1} + \cdots + a_{\nu} = 0, \qquad a_j \in F$$

の形の関係式をみたす．このような関係式の中で既約なものをとり，その次数を $\nu(h)$ とする．

補題 3.6　$\nu(h) \leqq C$ となる h によらない定数 C が存在する．

まずこの補題から定理 3.6 がしたがうことを示す．代数拡大の基本的な結果によって $\nu(h)$ は体の拡大次数 $[F(h) : F]$ に等しい[1]．補題によって $\nu(h)$ は有界であるから，$\nu(h)$ が最大となるような h をとることができる．このとき

$$(3.15) \qquad \mathfrak{M}(M) = F(h)$$

が成り立つ．何故ならば，もし(3.15)が成り立たないとすれば $F(h)$ に属さない $\mathfrak{M}(M)$ の元 g が存在して

$$[F(g, h) : F] > \nu(h)$$

である．ここで有限次分離代数拡大に対する原始元の存在定理[2]を用いると

$$F(g, h) = F(h')$$

となる $F(g, h)$ の元 h' が存在することがわかる．$\nu(h') > \nu(h)$ であるからこれは h の選び方に反する．

(3.15)によって $\mathfrak{M}(M)$ は F 上有限次代数拡大であるから，$\mathfrak{M}(M)$ は $\boldsymbol{C}$ 上有限生成の拡大体である．

補題 3.6 の証明　定理 3.5 の証明と同様に，直線バンドル L をとって

$$f_{\lambda} = \varphi_{\lambda}/\psi, \qquad \varphi_{\lambda}, \psi \in H^0(M, \mathcal{O}(L)), \qquad \lambda = 1, 2, \cdots, n$$

---

1)　$F(h)$ は F 上 h によって生成される体をあらわす．

2)　“体と Galois 理論” 定理 2.57，“可換体論” 定理 2.5.1.

とあらわす．一方 h の満足する関係式(3.14)の係数の分母を払って

$$A_0h^\nu+A_1h^{\nu-1}+\cdots+A_\nu=0, \qquad A_j\in \boldsymbol{C}[f_1, f_2, \cdots, f_n]$$

とする．多項式 A_j, $j=1, 2, \cdots, n$ の次数の最大値を q として，$B_j=\psi^q A_j$ とすれば，B_j は qL の正則切断であって

$$B_0h^\nu+B_1h^{\nu-1}+\cdots+B_\nu=0 \tag{3.16}$$

が成り立つ．これは直線バンドル qL の有理型切断の間の一次関係式と考える．ここで $\eta=B_0h$ とおけば(3.16)から

$$\eta^\nu+B_1\eta^{\nu-1}+B_2B_0\eta^{\nu-2}+\cdots+B_\nu {B_0}^{\nu-1}=0 \tag{3.17}$$

である．

このとき，実は η は qL の正則切断である．これを見るために L は開被覆 $\{U_i\}$ に属する変換関数系で定義されていて，$\eta=\{\eta_i\}, B_k=\{B_{ki}\}$ とあらわされているとする．ここで η_i は U_i 上の有理型関数，B_{ki} は U_i 上の正則関数である．(3.17)は各 i に対して

$$\eta_i{}^\nu+B_{1i}\eta_i{}^{\nu-1}+\cdots+B_{\nu i}B_{0i}{}^{\nu-1}=0 \tag{3.18}$$

が成り立つことを意味している．$z\in U_i$ が η_i の極であって不定点でないとする[1]．このとき，η_i の正則点からなる点列 $\{z_m\}$ を $z_m\to z$ $(m\to\infty)$ となるようにとれば，$B_{ki}(z_m)\to B_{ki}(z)$ $(m\to\infty)$ であるから $\eta_i(z_m)$ もある有限の値に収束しなければならない[2]．これは z が η_i の極であることに反する．したがって η_i は正則である．

(3.14)は既約であると仮定したから

$$1,\ h,\ h^2,\ \cdots,\ h^{\nu-1}$$

は体 F 上一次独立である．したがって

$$f_1{}^{\alpha_1}f_2{}^{\alpha_2}\cdots f_n{}^{\alpha_n}h^m, \qquad \begin{array}{l}\alpha_\lambda=0, 1, 2, \cdots\\ m=0, 1, \cdots, \nu-1\end{array}$$

は $\boldsymbol{C}$ 上一次独立である．正整数 l を1つ固定して $\alpha_\lambda\leqq l$ をみたすものを考えると

$$\psi^{nl}B_0{}^m f_1{}^{\alpha_1}f_2{}^{\alpha_2}\cdots f_n{}^{\alpha_n}h^m, \qquad \begin{array}{l}\alpha_\lambda=0, 1, 2, \cdots, l\\ m=0, 1, \cdots, \nu-1\end{array}$$

---

1) η_i が正則でなければこのような z が存在することは補題 3.1 によってわかる．

2) 定理 1.19 のあとの注意．

は $(nl+mq)L$ の正則切断で $\boldsymbol{C}$ 上一次独立である．これより不等式

$$\dim H^0(M,\ \mathcal{O}((nl+mq)L)) \geqq (l+1)^n\nu$$

を得る．補題 3.5 を適用すると

$$A(nl+mq+1)^n \geqq (l+1)^n\nu$$

なる定数 A が存在する．ここで $l\to\infty$ とすれば

$$\nu \leqq \lim_{l\to\infty}\frac{A(nl+mq+1)^n}{(l+1)^n} = An^n$$

を得る．これで補題 3.6 が証明された．(定理 3.6 の証明終り)

定理 3.6 は $\mathfrak{M}(M)$ の超越次数に関する仮定なしでも成り立つことが知られている．すなわち，コンパクトな複素多様体 M に対して $\mathfrak{M}(M)$ は $\boldsymbol{C}$ 上有限生成な拡大体である．しかし，ここに述べたような初等的方法による証明は知られていないようである．

第4章　解析的部分集合と代数的部分集合

§4.1　解析的部分集合の次元

M を複素多様体，N を M の解析的部分集合とする．N が連結な部分多様体である場合には複素多様体としての N の次元が定義されている．この節では N が一般の解析的部分集合，すなわち特異点を持つ場合に次元の定義を拡張する．次の定理は解析的部分集合を調べるための基礎となるもので，因子の場合の定理3.3に対応する．

定理4.1　N の非特異点の集合 $\mathrm{Reg}\,N$ は N の中で稠密である．——

証明の前に重要な概念を1つ導入する．p を N の点，$\mathcal{O}_p$ を p における M の局所環とする．p の近傍で定義された正則関数 f で定義域内の N の各点で0になるものの p における germ の全体を $\mathcal{I}_{N,p}$ または $\mathcal{I}_p$ であらわす．$\mathcal{I}_{N,p}$ を p における N の定義イデアル(defining ideal of N)，または単に N のイデアルと呼ぶ．その名の示す通り $\mathcal{I}_{N,p}$ は $\mathcal{O}_p$ のイデアルである．$p\notin N$ のときには $\mathcal{I}_{N,p}=\mathcal{O}_p$ とする[1]．

定理4.1の証明　M の次元 n に関する数学的帰納法を用いる．まず $n=1$ の場合，N は M 全体に一致するか，あるいは孤立した点からなる集合である(定理1.8)．したがって N は任意の点で非特異である[2]．そこで $n-1$ 次元の複素多様体の解析的部分集合に対しては定理が成り立つと仮定して証明すればよい．

N の点 p をとり，V を p の M 内の近傍とする．V に N の非特異点があることを示せばよい訳であるから V は十分小さいとしてよい．以下では V 内の解析的超曲面 Z を見出して Z の非特異点に帰納法の仮定を適用する．

定理2.10によって $\mathcal{I}_p$ は Noether 環であるから，N のイデアルの生成元 $\boldsymbol{g}_1, \boldsymbol{g}_2, \cdots, \boldsymbol{g}_l$ をとることができる．V を十分小さくとって各 $\boldsymbol{g}_i$ は V 上定義され

1)　$\mathcal{I}_{N,p}$, $p\in M$ の全体は層になる(第5章)．

2)　孤立した点は0次元の部分多様体である．

た正則関数 g_i の germ であるとしてよい．さらに p を中心とする局所座標 $(w, z_2, \cdots, z_n)$ を適当に選んで，Weierstrass の予備定理を用いれば，各 g_i は w に関する W 多項式と仮定することができる．

このとき少くとも1つの i に対して $\partial g_i/\partial w$ は $N\cap V$ 上恒等的に0ではないことを証明する．このような i が存在しないとすれば，各 i に対して $\partial g_i/\partial w$ の p における germ は $\sum_j \boldsymbol{h}_{ij}\boldsymbol{g}_j$, $\boldsymbol{h}_{ij}\in\mathcal{O}_p$ の形に書ける．$\boldsymbol{h}_{ij}$ を代表する正則関数を h_{ij} とすれば，p の近傍で

$$\frac{\partial g_i}{\partial w}=\sum_j h_{ij}g_j$$

である．両辺を w について偏微分すれば

$$\frac{\partial^2 g_i}{\partial w^2}=\sum_k\left(\frac{\partial h_{ik}}{\partial w}+\sum_j h_{ij}h_{jk}\right)g_k$$

を得る．これを繰り返せば，任意の i と，任意の自然数 α に対して $\partial^\alpha g_i/\partial w^\alpha$ の p における germ はイデアル $\mathcal{I}_p$ に属することが導かれる．ところが各 g_i は W 多項式であるから，その次数を m_i とすれば $\partial^{m_i}g_i/\partial w^{m_i}=m_i!$ である．したがって $\mathcal{I}_p$ は単元を含むことになり矛盾である．

必要ならば順序をつけ変えて，$\partial g_1/\partial w$ は $N\cap V$ 上恒等的に0ではないとしてよい．V の解析的超曲面 Z を

$$Z=\{x\in V\mid g_1(x)=0\}$$

と定義すれば，$N\cap V$ の点 q で Z の非特異点であるものが存在する．q の近傍 V' を十分小さくとれば $Z\cap V'$ は $n-1$ 次元の複素多様体で，$N\cap V'$ はその解析的部分集合である．したがって V' 内に N の非特異点が存在する．（証明終り）

Reg N の連結成分を W_λ $(\lambda\in\Lambda)$ とすると各 W_λ の次元 dim W_λ が確定する．そこで dim W_λ の最大値をもって N の次元，dim N と定義する．一般には各連結成分の次元は一致するとは限らない．それらがすべて一致して k 次元のとき N は純 k 次元(purely k-dimensional)であるという．dim $M-$dim N を N の余次元(codimension)と呼ぶ．M が n 次元で N が純 $(n-1)$ 次元のとき，N は純余次元1 (purely codimension one)であるという．

複素多様体 M の解析的部分集合 N に対しては明らかに dim $N\leqq$dim M が

成り立つ．ここで等号が成り立てば $N=M$ である．［証明］ N のある非特異点 p の近傍 U で N が n 次元ならば $N\cap U=U$ である．一方 M の点 p で適当な近傍 U をとれば $N\cap U=U$ となるものの全体を M_1，そうでない点 p の全体を M_2 とすると，M_1, M_2 は共に開集合で $M=M_1\cup M_2$ である．したがって M の連結性によって $M=M_1$ でなければならない．

M の解析的部分集合 N に対して $\mathrm{Reg}\,N$ が連結のとき N は既約(irreducible)であるという[1]．そうでないとき，$\mathrm{Reg}\,N$ の各連結成分 W_λ の閉包 $\bar{W}_\lambda$ を N の既約成分(irreducible component)と呼ぶ．次節で証明するように $\bar{W}_\lambda$ は M の解析的部分集合で $N=\bigcup_\lambda \bar{W}_\lambda$ である．これを N の既約分解と呼ぶ．既約な N の近傍で定義された正則関数 f, g があって N 上恒等的に $fg=0$ ならば，一致の定理によって f, g の少くとも一方は N 上恒等的に 0 である．

$\dim W_\lambda$ のことを既約成分 $\bar{W}_\lambda$ の次元と呼び，$\dim M$ との差を $\bar{W}_\lambda$ の余次元と呼ぶ．

以下この節では純余次元1の場合を考察し，§3.4 の Weil 因子との関係を明らかにする．

定理 4.2　M を複素多様体，N を M の解析的部分集合とする．N が純余次元1であることと N が M の解析的超曲面であることは同値である．——

定理3.3の証明からわかるように，解析的超曲面では余次元1の非特異点が稠密に存在する．したがって，すべての既約成分は余次元1である．逆の主張を証明するために少し補題を用意する．

補題 4.1　$Z=\{z\in U\mid f(z)=0\}$ を $\boldsymbol{C}^n$ の領域 U の解析的超曲面とする．p を Z の点とし，f の p における germ f_p は素元であるとする．このとき g が U 上の正則関数で Z 上 0 ならば g_p は f_p の倍元である．

証明　$g_p=u\varphi_1{}^{m_1}\varphi_2{}^{m_2}\cdots\varphi_l{}^{m_l}$ を g_p の素元分解とする．素因子 φ_λ がどれも f_p と同伴でないとすれば，g_p は f_p と互いに素である．したがって補題3.1によって $f(z)=0$，$g(z)\neq 0$ なる点 $z\in U$ が存在する．これは仮定に反する．（証明終り）

補題 4.2　N は $\boldsymbol{C}^n$ の領域 U の解析的部分集合で，正則関数 $f_1, f_2, \cdots, f_s$ に

1)　次節で定義する解析的部分集合の点 p における germ の既約性の概念と区別するために“大域的に既約”と呼ぶべきかもしれない．

よって

$$N=\{z\in U \mid f_1(z)=f_2(z)=\cdots=f_s(z)=0\}$$

とあらわされているとする．N は点 p を通る余次元 1 の既約成分を持つと仮定する．このとき f_λ の germ $(f_\lambda)_p$, $\lambda=1,2,\cdots,s$ は単元以外の公約元を持つ．

証明　f_1 の germ $(f_1)_p$ の素元分解を $u\varphi_1^{m_1}\varphi_2^{m_2}\cdots\varphi_l^{m_l}$ とする．U を十分小さくとり直して，$\varphi_1,\varphi_2,\cdots,\varphi_l$ は U 上定義された正則関数であると考えることにする．W_1 を Reg N の余次元 1 の連結成分で $p\in\overline{W}_1$ なるものとする．このとき，定理 4.2 を述べる前に注意したように $\varphi_1,\varphi_2,\cdots,\varphi_l$ のうち少くとも 1 つは $\overline{W}_1$ 上恒等的に 0 である．その 1 つを勝手に選んで φ とする．

$$Z=\{q\in U \mid \varphi(q)=0\}$$

とすれば，Z は $\overline{W}_1$ を含む解析的超曲面である．q を W_1 の点とすれば適当な座標 $(w,z_2,\cdots,z_n)$ をとって，W_1 は q の近傍では $w=0$ で定義されているとしてよい．w の q における germ w_q は素元である[1]から補題 4.1 によって，φ の q における germ φ_q は w_q の倍元でなければならない．そこで φ_q を

$$\varphi_q=w_q{}^k h_q,\qquad h_q\in\mathcal{O}_q,\ k\text{ は正整数}$$

の形にあらわす．ここで h_q と w_q は互いに素であるとしてよい．h_q は q の近傍で定義された正則関数 h の germ とすれば補題 3.1 によって $w(q')=0$ であって $h(q')\neq0$ なる，q にいくらでも近い点 q' が存在する．このような q' の十分小さい近傍において Z と W_1 は一致している．

必要ならば U を十分小さくとり直せば，上と同様に $(f_2)_p$ の素因子 ψ_p で $\overline{W}_1$ 上恒等的に 0 になるものが存在する．したがって上のような q' をとれば ψ は q' の近傍で Z 上恒等的に 0 である．ここで補題 3.3 によって Reg Z は連結としてよいから，一致の定理により ψ は Z 上恒等的に 0 であることがわかる．したがって補題 4.1 によって ψ_p は φ_p と同伴である．以下同様に $(f_\lambda)_p$ は φ_p の倍元である．（証明終り）

定理 4.2 の証明　N を純余次元 1 の解析的部分集合，$p\in N$ として，p の近傍 U で

$$N\cap U=\{z\in U \mid f_1(z)=f_2(z)=\cdots=f_s(z)=0\}$$

---

1)　53 ページを見よ．

であるとする．補題4.2によって $(f_\lambda)_p$, $\lambda=1, 2, \cdots, s$ は共通の素因子を持つから，共通因子をすべてくくり出して

$$f_\lambda = hg_\lambda, \qquad \lambda = 1, 2, \cdots, s$$

で $(g_\lambda)_p$ は共通の因子を持たないとする．必要ならば U を小さくとり直して，h, g_λ は U 上の正則関数とすることができる．そこで

$$H = \{z \in U \mid h(z)=0\}$$
$$\Sigma = \{z \in U \mid g_1(z)=g_2(z)=\cdots=g_s(z)=0\}$$

とおく．$\Sigma \subset H$ ならば N は H と一致するから解析的超曲面である．もし Σ が H に含まれないならば，Σ の非特異点 q で H に含まれないものが存在する(定理4.1)．仮定によって Σ は q の近傍で余次元1である．このような q はいくらでも p に近くとれるから Σ は補題4.2の仮定をみたす．これは $(g_\lambda)_p$ が共通の因子を持たないことに矛盾する．(証明終り)

定理4.2はさらに次のように強めることができる．

定理4.3　N は複素多様体 M の純余次元1の解析的部分集合とする．このとき $p \in M$ において N のイデアル $\mathscr{I}_p$ は単項イデアルである．

証明　$p \notin N$ のときは $\mathscr{I}_p = \mathscr{O}_p$ であるから問題ない．$p \in N$ のとき，p の近傍 U で

$$N \cap U = \{z \in U \mid f(z)=0\} \tag{4.1}$$

とあらわす．f の p における germ を素元分解して

$$f = u\varphi_1{}^{m_1}\varphi_2{}^{m_2}\cdots\varphi_l{}^{m_l}, \qquad u(p) \neq 0 \tag{4.2}$$

で $(\varphi_\lambda)_p$ と $(\varphi_\mu)_p$ $(\lambda \neq \mu)$ は互いに同伴でないとする．このとき

$$g = \varphi_1\varphi_2\cdots\varphi_l$$

として，$\mathscr{I}_p$ が g_p で生成されることを示す．実際 $Z_\lambda=\{z \in U \mid \varphi_\lambda(z)=0\}$, $\lambda=1, 2, \cdots, l$ とすれば，$\mathscr{I}_p$ の元 ψ は Z_λ 上恒等的に0である．補題4.1によって ψ は $(\varphi_\lambda)_p$ の倍元であるから，素元分解の一意性によって ψ は g_p の倍元である．(証明終り)

定理4.3におけるように N のイデアル $\mathscr{I}_p$ の生成元となる正則関数を f とするとき $f=0$ を p における N の最小方程式(minimal equation)と呼ぶ．$f=0$ が p における最小方程式ならば p の近傍で(4.1)が成り立つ．逆に(4.1)が成り立つとき，$f=0$ が最小方程式となるための必要かつ十分な条件は f の p に

おける germ が重複因子を持たないことである．

補題 4.3　$f(z)=f(z_1, z_2, \cdots, z_n)$ を $\boldsymbol{C}^n$ の原点 p の近傍で定義された正則関数とする．f が p において重複因子をもたないためには，f と少くとも 1 つの偏導関数 $\partial f/\partial z_k$ が p において互いに素であることが十分である．

証明　f が重複因子 φ を持てば $f=\varphi^2 h$ なる $h\in\mathcal{O}_p$ が存在する．このとき

$$\frac{\partial f}{\partial z_k}=2\varphi h\frac{\partial\varphi}{\partial z_k}+\varphi^2\frac{\partial h}{\partial z_k}$$

であるから f と $\partial f/\partial z_k$ は共通の因子 φ を持つ．（証明終り）

定理 4.4　N を複素多様体 M の純余次元 1 の解析的部分集合，$f=0$ を p における N の最小方程式とする．このとき p の十分小さい近傍 U の任意の点において $f=0$ は N の最小方程式である．

証明　p を中心とする局所座標 $(w, z_2, \cdots, z_n)$ を f が w について正常となるようにとり，Weierstrass の予備定理によって f は W 多項式

$$f = w^m+A_1(z)w^{m-1}+\cdots+A_m(z)$$

であるとしてよい．このとき f と $\partial f/\partial w$ は互いに素である．[証明]　$\mathcal{O}_p$ における f の素元分解を $f=P_1P_2\cdots P_l$ とする．定理 2.8 の証明からわかるように各 P_j は w について多項式であるとしてよい．また仮定によって P_j と P_k $(j\neq k)$ は互いに同伴でない．

$$\frac{\partial f}{\partial w}=\sum_{j=1}^{l}\frac{\partial P_j}{\partial w}\prod_{k\neq j}P_k$$

である．右辺の和の各項は $j=i$ を除けば P_i の倍元で，$j=i$ の項は P_i と互いに素である．したがって $\partial f/\partial w$ は f と互いに素である．

ここで定理 2.9 を適用すると，f と $\partial f/\partial w$ は p の近傍 U の各点で互いに素である．したがって補題 4.3 とその前の注意によって f は U の各点において N の最小方程式を与える．（証明終り）

f が U の各点で N の最小方程式であるとき f を U における N の最小方程式という．f, g が共にそうならば，f/g は U 上 0 にならない正則関数である．

因子の言葉を用いて以上をまとめると次の定理が得られる．

定理 4.5　N を複素多様体 M の純余次元 1 の解析的部分集合とする．このとき N は M 上の Cartier 因子 D で，その台が N で，すべての既約成分の重

複度が1であるものを定める．すなわち，$N=\bigcup_{\lambda} N_{\lambda}$ を N の既約分解とすれば D に対応する Weil 因子は $\sum_{\lambda} N_{\lambda}$ である．——

結局，§3.4で述べた Weil 因子とは，既約な余次元1の解析的部分集合 N_{λ} の局所有限な[1]形式和 $\sum m_{\lambda} N_{\lambda}$ のことであることが示された．

§4.2　解析的部分集合の局所理論と既約分解

この節では解析的部分集合の局所的な構造を調べて，前節に定義した各既約成分が解析的部分集合であることを示す．因子の場合には対応する事実を定理3.4で証明した．その場合局所理論にあたるものは局所環における素元分解であった．

a)　解析的部分集合の局所理論

まず1点における解析的部分集合の germ の概念を定義する．M を複素多様体，p を M の点とする．M の解析的部分集合 N_1, N_2 を考える．p の近傍 U を十分小さくとれば $N_1 \cap U = N_2 \cap U$ であるとき N_1 と N_2 は同値であると定義する．この同値関係による同値類を点 p における解析的部分集合の germ と呼ぶ．N の属する同値類を $\boldsymbol{N}$ であらわして，p における N の germ と呼ぶ．有限個の germ の和集合，交わりが定義できることは明らかであろう．また p の近傍 U を十分小さくとれば $N_1 \cap U \subset N_2 \cap U$ なるとき $\boldsymbol{N}_1 \subset \boldsymbol{N}_2$ と定義する．もし $p \notin N$ ならば，p における N の germ は空集合の germ に等しい．

前節で解析的部分集合 N の p におけるイデアル $\mathscr{I}_{N,p}$ を定義したが，N_1 と N_2 が上の意味で同値ならばそれらのイデアルは一致する．すなわち $\mathscr{I}_{N,p}$ は p における N の germ $\boldsymbol{N}$ によって定まる．したがってこのイデアルを $\boldsymbol{N}$ のイデアルと呼ぶことができる．この節では $\boldsymbol{N}$ のイデアルを $I(\boldsymbol{N})$ であらわすことにする．

解析的部分集合の germ $\boldsymbol{N}$ が2つの解析的部分集合の germ $\boldsymbol{N}_1, \boldsymbol{N}_2$ を用いて $\boldsymbol{N}=\boldsymbol{N}_1 \cup \boldsymbol{N}_2$, $\boldsymbol{N}_1 \neq \boldsymbol{N}$, $\boldsymbol{N}_2 \neq \boldsymbol{N}$ とあらわされるとき $\boldsymbol{N}$ は可約(reducible)であるという．$\boldsymbol{N}$ が可約でないとき既約(irreducible)であるという．N の p における germ $\boldsymbol{N}$ が既約のとき N は p において既約であるという．

---

1)　無限和でもよいが，点 $p \in M$ を1つ取ったとき，p の十分小さい近傍と交わる N_{λ} は有限個しかない．

定理 4.6 解析的部分集合の germ N は有限個の既約な germ $N_1, N_2, \cdots, N_m$ の和集合 $N_1 \cup N_2 \cup \cdots \cup N_m$ とあらわされる．どの N_i と N_j $(i \neq j)$ の間にも包含関係がないとすればこのようなあらわし方は N_i の順序を除けば一意的に定まる．

証明 まず $N_1 \subset N_2$ ならば $I(N_1) \supset I(N_2)$，$N_1 \neq N_2$ ならば $I(N_1) \neq I(N_2)$ であることに注意しておく．

N は有限個の既約な germ の和でないと仮定する．特に N は既約でないから，$N = N_1 \cup N_2$, $N_i \neq N$ $(i=1,2)$ なる分解が存在する．このとき N_1, N_2 のいずれかは有限個の既約な germ の和にはあらわされない．したがって，たとえば $N_1 = N_{11} \cup N_{12}$, $N_{1i} \neq N_1$ $(i=1,2)$ と分解できる．この考察を続ければ無限列

$$N \supsetneqq N^{(1)} \supsetneqq N^{(2)} \supsetneqq \cdots \supsetneqq N^{(k)} \supsetneqq \cdots$$

が得られる．対応するイデアルは

$$I(N) \subsetneqq I(N^{(1)}) \subsetneqq I(N^{(2)}) \subsetneqq \cdots \subsetneqq I(N^{(k)}) \subsetneqq \cdots$$

となる．これは $\mathcal{O}_p$ が Noether 環であること(定理 2.10)に反する．

一意性を証明するために

$$N = N_1 \cup \cdots \cup N_m = N'_1 \cup \cdots \cup N'_l$$

を 2 つの分解とする．このとき

$$N_i = (N_i \cap N'_1) \cup \cdots \cup (N_i \cap N'_l)$$

である．N_i は既約であるから適当な $j(i)$ に対して $N_i = N_i \cap N'_{j(i)}$，すなわち $N_i \subset N'_{j(i)}$ である．同様に N'_j はある $N_{k(j)}$ に含まれる．$N_i \subset N'_{j(i)} \subset N_{k(j(i))}$ であるから仮定によって $i = k(j(i))$ で $N_i = N'_{j(i)}$ であることがわかる．これより $i \to j(i)$ によって N_i と $N'_{j(i)}$ はちょうど 1 対 1 に対応することがわかる．

定理 4.7 解析的部分集合の germ N が既約であるためにはそのイデアル $I(N)$ が素イデアルであることが必要かつ十分である．

証明 N が可約ならば $N = N_1 \cup N_2$, $N_i \neq N$ $(i=1,2)$ とあらわされる．したがって N_1 上 0 で N_2 上恒等的に 0 ではない正則関数の germ φ が存在する．同様に N_2 上 0 で N_1 上恒等的に 0 ではない germ ψ が存在する．φ, ψ はイデアル $I(N)$ に属さないが積 $\varphi\psi$ は $I(N)$ に属する．したがって $I(N)$ は素イデアルではない．

逆に $I(N)$ が素イデアルでなければ，$\varphi\psi \in I(N)$, $\varphi \notin I(N)$, $\psi \notin I(N)$ なる

正則関数の germ が存在する．$\boldsymbol{N}$ は p の近傍 U の解析的部分集合 N の germ で，φ, ψ は U 上の正則関数としてよい．このとき

$$N_1 = \{z \in U \mid \varphi(z)=0\} \cap N$$

$$N_2 = \{z \in U \mid \psi(z)=0\} \cap N$$

とすれば $N=N_1 \cup N_2$ で $N_i \neq N$ $(i=1, 2)$ である．すなわち $\boldsymbol{N}$ は可約である．(証明終り)

次の系は定理4.7と一致の定理よりしたがう．

系　N が p で非特異ならば N の p における germ は既約である．

b)　局 所 射 影

解析的超曲面を調べるために補題3.3では $\pi(w, z_2, \cdots, z_n)=(z_2, \cdots, z_n)$ という射影 $\boldsymbol{C}^n \to \boldsymbol{C}^{n-1}$ を用いた．k 次元の解析的部分集合を調べるには $\boldsymbol{C}^n \to \boldsymbol{C}^k$ または $\boldsymbol{C}^n \to \boldsymbol{C}^{k+1}$ の射影を用いる．

N を $\boldsymbol{C}^n$ の原点の近傍 U の解析的部分集合，$\pi: U \to \boldsymbol{C}^m$ を正則写像とする．π が次の2つの条件：

(i)　任意の $w \in \boldsymbol{C}^m$ に対して $\pi^{-1}(w) \cap N$ は有限個の点からなる．

(ii)　U 上の局所座標 $(z_1, z_2, \cdots, z_n)$ を適当にとれば $\pi(z_1, z_2, \cdots, z_n)=(z_1, z_2, \cdots, z_m)$ である．

をみたすとき，π を N に対する局所射影(local projection)と呼ぶことにする．$\pi: U \to \boldsymbol{C}^m$ が N に対する局所射影ならば $\pi_1(z_1, \cdots, z_n)=(z_1, \cdots, z_{n-1})$ によって定義される $\pi_1: U \to \boldsymbol{C}^{n-1}$ も N に対する局所射影である．以後必要ならば近傍 U は十分小さい近傍ととりかえることにしてそのことを断わらないことがある．

$f_1, f_2, \cdots, f_s$ を U 上の正則関数として，

$$N = \{z \in U \mid f_1(z)=f_2(z)=\cdots=f_s(z)=0\}$$

を与えられた解析的部分集合とする．

補題4.4　$\pi: U \to \boldsymbol{C}^m$ を N に対する局所射影とする．このとき $\boldsymbol{C}^m$ の原点の近傍 V を十分小さくとれば $\pi(N) \cap V$ は V の解析的部分集合である．

証明　次々に射影をとればよいから $m=n-1$ の場合に証明すれば十分である．$z'=(z_1, z_2, \cdots, z_{n-1})$ として $\boldsymbol{C}^n$ の座標を (z', z_n) とあらわす．局所射影の条件(i)から，$f_1(0, z_n), f_2(0, z_n), \cdots, f_s(0, z_n)$ の中に恒等的に0でないものが存

在する．たとえば $f_1(0, z_n) \neq 0$ であるとして，もし $f_i(0, z_n)=0$ ならば f_i を f_i+f_1 で置き換えることにする．そうすればすべての f_i は z_n について正常であるから，Weierstrass の予備定理によって各 f_i は z_n に関する W 多項式であるとしてよい．f_i にあらわれる係数は

$$V = \{z' \in \boldsymbol{C}^{n-1} \mid |z'| < \delta\}^{1)}$$

で定義されていて，$|z'|<\delta$ のとき $f_i(z', z_n)=0$ の根はすべて $|z_n|<\varepsilon$ をみたすとする(定理 1.19)．このとき ε, δ を十分小さくとって $\{(z', z_n) \in \boldsymbol{C}^n \mid |z'|<\delta, |z_n|<\varepsilon\}$ は U に含まれるとしてよい．

次に $t_2, \cdots, t_s$ を勝手な複素数として f_1 と $t_2f_2+\cdots+t_sf_s$ の終結式を $\omega(z', t)$ とする．これは $t_2, \cdots, t_s$ の多項式であるから

$$\omega(z', t) = \sum \omega_{\alpha_2\cdots\alpha_s}(z')\, t_2^{\alpha_2}\cdots t_s^{\alpha_s}$$

とあらわす．$z' \in V$ を固定するとき $f_1(z', z_n)=f_2(z', z_n)=\cdots=f_s(z', z_n)=0$ が共通根を持つための必要かつ十分な条件は係数 $\omega_{\alpha_2\cdots\alpha_s}(z')$ がすべて 0 となることである．

［証明］　必要性は補題 2.1 から明らかである．十分性を示すために，すべての $f_1, f_2, \cdots, f_s$ に共通な根が存在しなければ $\omega(z', t)$ は t の関数として恒等的に 0 ではないことを証明する．そのために $f_1=0$ の根を α_λ $(\lambda=1, 2, \cdots, \mu)$ とすると次の各方程式

$$t_2f_2(\alpha_\lambda)+\cdots+t_sf_s(\alpha_\lambda) = 0, \qquad \lambda = 1, 2, \cdots, \mu$$

は $(t_2, \cdots, t_s)$ の空間 $\boldsymbol{C}^{s-1}$ 内の平面を定める[2]．したがって $t \in \boldsymbol{C}^{s-1}$ をこれら有限個の平面の外にとれば $\omega(z', t) \neq 0$ である．

上に注意した ε, δ の選び方によって $\pi(N) \cap V$ は $\omega_{\alpha_2\cdots\alpha_s}(z')=0$ で定義される解析的部分集合である．(証明終り)

以後 $\pi(N) \cap V$ の代わりに単に $\pi(N)$ と書く．

$\boldsymbol{C}^m$ の原点の近傍で定義された正則関数 h に対して，$h \circ \pi$ を対応させることによって局所環の準同型 $\pi^* : \boldsymbol{C}\{z_1, z_2, \cdots, z_m\} \to \boldsymbol{C}\{z_1, z_2, \cdots, z_n\}$ が定義される．今の場合 π^* は自然な埋め込みに他ならない．このことから次の補題と系は明らかであろう．

---

1)　$|z'|=\max(|z_1|, |z_2|, \cdots, |z_{n-1}|)$ である．

2)　仮定により方程式は自明でない．

補題 4.5　原点における N のイデアルを $I(N)$ とすれば $\boldsymbol{C}^m$ の原点における $\pi(N)$ のイデアルは $I(N)\cap\boldsymbol{C}\{z_1, z_2, \cdots, z_m\}$ である．

系　N が原点において既約ならば，$\pi(N)$ も原点において既約である．——

以後 N は原点において既約であると仮定する． $\boldsymbol{C}^n$ の座標 $z=(z_1, z_2, \cdots, z_n)$ を $f_1, f_2, \cdots, f_s$ が z_n について正常となるように選んで各 f_i は z_n に関する W 多項式としてよい．このとき $\pi_1(z)=(z_1, z_2, \cdots, z_{n-1})$ とすれば π_1 は N に対する局所射影である．$N_1=\pi_1(N)$ が原点の近傍を含んでいないときには座標 $(z_1, z_2, \cdots, z_{n-1})$ をとり直して N_1 に対する局所射影 $\boldsymbol{C}^{n-1}\to\boldsymbol{C}^{n-2}$ が得られる．これを繰り返せば適当な k に対して，N に対する局所射影 $\pi: U\to\boldsymbol{C}^k$ で $\pi(N)$ は原点の近傍を含むものがとれる．各射影の像を $N=N_0, N_1, \cdots, N_{n-k}$ として，対応する環を

$$A_\nu = \boldsymbol{C}\{z_1, z_2, \cdots, z_\nu\}/I(N_{n-\nu}), \qquad \nu = k, k+1, \cdots, n$$

とする．自然な準同型 $A_\nu\to A_{\nu+1}$ によって A_ν は $A_{\nu+1}$ の部分環と考えることができる(補題 4.5)．z_j の剰余類を ζ_j であらわして，すべての A_ν $(\nu\geqq j)$ に対して共通に用いることにする．

まず k のとり方から $I(N_{n-k})=0$, $A_k=\boldsymbol{C}\{z_1, z_2, \cdots, z_k\}$ である．また射影の作り方から $\zeta_{\nu+1}$ は A_ν 上整(integral)[1] である．しかも Weierstrass の割り算定理によって $A_{\nu+1}=A_\nu[\zeta_{\nu+1}]$ である．A_ν の商体を F_ν であらわせば，$F_{\nu+1}$ は F_ν 上 $\zeta_{\nu+1}$ で生成される代数拡大体である．

$$F_n = F_k(\zeta_{k+1}, \zeta_{k+2}, \cdots, \zeta_n)$$

であるから，原始元の存在定理によって $\zeta'=\sum_{j=k+1}^{n} c_j\zeta_j$ $(c_j\in\boldsymbol{C})$ の形の元で $F_n=F_k(\zeta')$ となるものが存在する[2]．座標 $(z_1, \cdots, z_k, z'_{k+1}, \cdots, z'_n)$ を $z'_{k+1}=\sum_{j=k+1}^{n} c_jz_j$ となるようにとりかえて

$$F_n = F_{n-1} = \cdots = F_{k+1} = F_k(\zeta_{k+1})$$

が成り立つと仮定することができる．

補題 4.6　N は原点で既約とする．このとき $\boldsymbol{C}^n$ の座標 $z=(z_1, z_2, \cdots, z_n)$ を適当に選んで局所射影 $\pi: U\to\boldsymbol{C}^k$, $\pi(z)=(z_1, z_2, \cdots, z_k)$ および $\tilde{\pi}: U\to\boldsymbol{C}^{k+1}$, $\tilde{\pi}(z)=(z_1, z_2, \cdots, z_{k+1})$ をとれば次の条件が成り立つ．

---

1)　“体と Galois 理論” § 4.4 又は “可換体論” § 3.7.

2)　“体と Galois 理論” 定理 2.57 又は “可換体論” 定理 2.5.1.

（i） $\pi(N)$ は $\boldsymbol{C}^k$ の原点の近傍を含む．

（ii） $\tilde{\pi}$ によって惹き起こされる環の準同型

$$\boldsymbol{C}\{z_1, z_2, \cdots, z_{k+1}\}/I(\tilde{\pi}(N)) \longrightarrow \boldsymbol{C}\{z_1, z_2, \cdots, z_n\}/I(N)$$

は商体の間の同型を惹き起こす．

（iii） 任意の $\varepsilon>0$ に対して，$(z_1, \cdots, z_k, z_{k+1}, \cdots, z_n) \in N$, $|z_1|, \cdots, |z_k|<\delta$ ならば $|z_{k+1}|, \cdots, |z_n|<\varepsilon$ となるような正数 δ が存在する．

（iv） さらに N の点 ξ を1つ固定すれば $\tilde{\pi}^{-1}\tilde{\pi}(\xi)\cap N=\{\xi\}$ となるように $\tilde{\pi}$ を選ぶことができる．

証明 (i)(ii)は既に証明した．

（iii） 局所射影の作り方と定理1.19から，$(z_1, z_2, \cdots, z_n) \in N$ に対して

$$|z_1|, \cdots, |z_{n-1}| < \delta_1 \quad ならば \quad |z_n| < \varepsilon$$

となる $\delta_1>0$ が存在する．同様に $(z_1, z_2, \cdots, z_{n-1}) \in N_1$ に対して

$$|z_1|, \cdots, |z_{n-2}| < \delta_2 \quad ならば \quad |z_{n-1}| < \min(\delta_1, \varepsilon)$$

なる $\delta_2>0$ が存在する．これを繰り返せば求める δ の存在が証明される．

（iv） 明らかに $n\geqq k+2$ としてよい．$\pi, \tilde{\pi}$ は(i)(ii)(iii)をみたすように選ばれたとして

$$\pi^{-1}\pi(\xi)\cap N = \{\xi_1, \xi_2, \cdots, \xi_t\}, \qquad \xi_1 = \xi$$

とする．$z_j\ (j\geqq k+1)$ の1次式

$$h = \sum_{j=k+1}^{n} a_j z_j \qquad (a_j \in \boldsymbol{C})$$

を適当にとれば $\lambda\neq\mu$ のとき $h(\xi_\lambda)\neq h(\xi_\mu)$ であるようにできる．[証明] 異なる ξ_λ, ξ_μ に対して少くとも1つ $z_j(\xi_\lambda)\neq z_j(\xi_\mu)$ なる $j\ (\geqq k+1)$ が存在する．したがって等式 $h(\xi_\lambda)=h(\xi_\mu)$ は係数 a_j の間の自明でない1次関係式を定める．これらの関係式のいずれをもみたさない (a_j) をとればよい．

次に c を複素数として $z'_{k+1}=z_{k+1}+ch$ を考える．原始元の存在定理の証明にあるように，有限個の c を除けば z'_{k+1} は(ii)をみたす．また h のとり方から，有限個の c を除けば $z'_{k+1}(\xi_\lambda)\neq z'_{k+1}(\xi_\mu)\ (\lambda\neq\mu)$ である．したがって z'_{k+1} が(ii)(iv)をみたすように c を選ぶことができる．(iii)の条件が保たれることは明らかである．（証明終り）

補題4.7 補題4.6の(i)(ii)(iii)をみたす $\pi, \tilde{\pi}$ をとり，$Z=\tilde{\pi}(N)$ とする．

このとき Z は $\boldsymbol{C}^{k+1}$ の原点の近傍で定義された解析的超曲面である．さらに次の条件をみたす $\boldsymbol{C}^k$ の原点の近傍で定義された0でない正則関数 ω が存在する．

(a)　N', Z' をそれぞれ N, Z 上 $\omega \neq 0$ で定義される開集合とすれば，N', Z' は非特異である．

(b)　$\tilde{\pi}: N' \to Z'$ は双正則である．

(c)　$\varphi(z_1, \cdots, z_{k+1}) = (z_1, \cdots, z_k)$ と定義すれば $\varphi: Z' \to \boldsymbol{C}^k$ は局所双正則である．

証明　これまでの記号を引き続き用いる．まず ζ_{k+1} の F_k 上みたす既約方程式を

$$\Phi(X) = a_0 X^{\mu} + a_1 X^{\mu-1} + \cdots + a_{\mu} = 0$$

とする．$\Phi(X) \in A_k[X]$ でかつ原始的であるとしてよい．

$$g = \Phi(z_{k+1}) \in \boldsymbol{C}\{z_1, z_2, \cdots, z_{k+1}\}$$

とすると，$\Phi(\zeta_{k+1}) = 0$ であるから g は $I(Z)$ の元である．補題4.4の証明の最初の部分と同様にして，$I(Z)$ の生成元 $h_1, h_2, \cdots, h_r$ で z_{k+1} に関する W 多項式であるものをとることができる．対応する多項式を $\Psi_i(X) \in A_k[X]$ とすれば，$h_i = \Psi_i(z_{k+1})$ である．$I(Z)$ を法とする剰余類を考えれば $\Psi_i(\zeta_{k+1}) = 0$ であるから，$F_k[X]$ 内で $\Psi_i(X)$ は $\Phi(X)$ で割り切れる．さらにGaussの補題[1)]によって，$A_k[X]$ 内で $\Psi_i(X)$ は $\Phi(X)$ で割り切れる．$X = z_{k+1}$ とすれば h_i が g の倍元であることがわかる．したがって $I(Z)$ は g で生成され，Z は解析的超曲面である．

上の注意によって g は z_{k+1} に関する W 多項式としてよい．また補題4.5の系と定理4.7によって g は素元である．したがって g の z_{k+1} に関する判別式は0ではない(補題2.4)．

$F_n = F_k(\zeta_{k+1})$ であるから，F_n は F_k 上のベクトル空間として $1, \zeta_{k+1}, \cdots, \zeta_{k+1}^{\mu-1}$ を基底に持つ．したがって $\zeta_{k+2}, \cdots, \zeta_n$ は F_k 係数の ζ_{k+1} の多項式としてあらわされる．分母をまとめて

1)　50ページ．

$$(4.3) \qquad \zeta_j = \frac{P_j(\zeta_{k+1})}{\omega}, \qquad P_j(X) \in A_k[X], \quad \omega \in A_k$$

とする．さらに ω は g の判別式の倍元であると仮定する[1]．

N の点は方程式系

$$(4.4) \qquad \begin{aligned} & g(z_1, z_2, \cdots, z_{k+1}) = 0, \\ & \omega z_j = P_j(z_{k+1}), \qquad j = k+2, \cdots, n \end{aligned}$$

をみたす．

$(z_1, z_2, \cdots, z_{k+1})$ を Z' の点とすれば $\omega(z_1, \cdots, z_k) \neq 0$, $g(z_1, \cdots, z_{k+1}) = 0$ であるから判別式の性質によって

$$(4.5) \qquad \frac{\partial g}{\partial z_{k+1}}(z_1, z_2, \cdots, z_{k+1}) \neq 0$$

である．したがって Z' は非特異で(c)が成り立つ．また Z' の点に対して C^n の点

$$(4.6) \qquad \left(z_1, \cdots, z_{k+1}, \frac{P_{k+2}(z_{k+1})}{\omega}, \cdots, \frac{P_n(z_{k+1})}{\omega}\right)$$

を対応させる写像を ψ とする．$(z_1, z_2, \cdots, z_{k+1}) \in Z'$ の上にある C^n の点であって (4.4) をみたすものは (4.6) のみである．ところが $\tilde{\pi}: N \to Z$ は上への写像であるから，(4.6) は N の点でなければならない．したがって (4.4) と $\omega \neq 0$ をみたす点は N' の点である．(4.4) の方程式の形と (4.5) から N' は非特異であることが容易に確かめられる．$\tilde{\pi}: N' \to Z'$, $\psi: Z' \to N'$ は正則で互いに逆写像であるから $\tilde{\pi}: N' \to Z'$ は双正則である．(証明終り)

補題 4.8 （ i ） N' は連結，N の中で稠密である．

（ ii ） $\mathrm{Reg}\, N$ は連結である．

（iii） $\dim N = k$ である．

証明 補題 3.3 によって $\mathrm{Reg}\, Z$ は連結であるとしてよい．Z' は $\mathrm{Reg}\, Z$ から $\omega = 0$ の集合を除いた部分であるから連結である（定理 2.4 の系）．したがって補題 4.7(b) によって N' も連結である．

ξ を N の点とする．補題 4.6(iv) によって z_{k+1} をとりかえて $\tilde{\pi}^{-1}\tilde{\pi}(\xi) \cap N = \{\xi\}$ とすることができる．Z' は Z の中で稠密であったから Z' の点列 $\{\eta_\nu\}$

---

[1] g の判別式 ω を用いれば ζ_j は (4.3) のようにあらわされることが知られている．

で $\tilde{\pi}(\xi)$ に収束するものがとれる．$\tilde{\pi}^{-1}(\eta_\nu)\cap N$ の点 ξ_ν をとる．補題 4.6 (iii) によって $\{\xi_\nu\}$ は有界点列である．したがって適当な部分列をとって $\{\xi_\nu\}$ はある点 ξ' に収束するとしてよい．ξ' は N の点で $\tilde{\pi}(\xi')=\tilde{\pi}(\xi)$ であるから $\xi'=\xi$ である．以上で(i)が証明された．

(ii)は $N'\subset \mathrm{Reg}\, N$ と(i)からしたがう．(iii)は(ii)と補題 4.7 から明らかである．（証明終り）

系　$\pi: U\to \boldsymbol{C}^m$ を N に対する局所射影とするとき $\dim \pi(N)$ は $\dim N$ に等しい．

c)　既 約 分 解

以上の結果を用いて大域的な既約分解の定理を述べる．

定理 4.8　N を複素多様体 M の解析的部分集合とする．このとき N の既約成分 $\overline{W}_\lambda$ は解析的部分集合で，$\{\overline{W}_\lambda\}$ は局所有限である．したがって N は既約な解析的部分集合の局所有限な和集合としてあらわされる．

証明　(因子の場合の定理 3.4 と同様である)　W_1 を $\mathrm{Reg}\, N$ の 1 つの連結成分，$\overline{W}_1$ をその閉包とする．$p\in N$ に対して p における N の germ $\boldsymbol{N}$ の既約分解を $\boldsymbol{N}=\boldsymbol{N}_1\cup \boldsymbol{N}_2\cup\cdots\cup \boldsymbol{N}_l$ とする．p の近傍 U をとって $\boldsymbol{N}_i$ は U の解析的部分集合 N_i の germ であるとする．また補題 4.8 によって $\mathrm{Reg}\, N_i$ は連結であるとしてよい．$\mathrm{Reg}\, N_i\subset W_1$ であるような i を $i_1, i_2, \cdots, i_k$ とすれば

$$\overline{W}_1\cap U = N_{i_1}\cup N_{i_2}\cup\cdots\cup N_{i_k}$$

である．したがって $\overline{W}_1$ は解析的部分集合である．$\{\overline{W}_\lambda\}$ が局所有限であることは明らかであろう．（証明終り）

定理 4.9　N を M の解析的部分集合とする．N が既約であるための必要かつ十分な条件は

$$(4.7)\qquad N = N_1\cup N_2,\qquad N_1 \neq N,\quad N_2 \neq N$$

となる解析的部分集合 N_1, N_2 が存在しないことである[1)]．

証明　N が既約でなければ(4.7)のような分解が存在することは定理 4.8 からわかる．次に N は既約であってしかも(4.7)のように書けていると仮定して矛盾を導く．p を N の非特異点とすると p における N の germ は既約である

1)　この定理の条件を既約性の定義として採用してもよいのであるが，そうすると既約成分への分解(定理 4.8)の証明が難しい．

(定理 4.7 の系)から，それは N_1 または N_2 の germ に含まれる．前者であるとすれば p の近傍 U で $N\cap U\subset N_1\cap U$ なるものが存在する．Reg N の点 p でこのような U が存在するものの全体を W_1，そうでない点の全体を W_2 とする．W_1 は明らかな理由により，W_2 は一致の定理によって共に開集合である．仮定により Reg N は連結であるから Reg $N=W_1$，すなわち $N\subset N_1$ でなければならない．(証明終り)

§4.3　射影空間の射影と blowing up

この節では m 次元の射影空間 $\boldsymbol{P}^m$ を考え，同次座標を $(\zeta_0, \zeta_1, \cdots, \zeta_m)$ とする．$F(\zeta_0, \zeta_1, \cdots, \zeta_m)$ を $(\zeta_0, \zeta_1, \cdots, \zeta_m)$ の次数 μ の同次多項式とする．任意の複素数 t に対して

$$F(t\zeta_0, t\zeta_1, \cdots, t\zeta_m) = t^\mu F(\zeta_0, \zeta_1, \cdots, \zeta_m)$$

であるから，$\boldsymbol{P}^m$ の点 P で F が 0 であるか否かは P の同次座標のとり方によらない意味を持つ．$\boldsymbol{P}^m$ の複素構造の定義から容易にわかるように

$$M = \{(\zeta_0, \zeta_1, \cdots, \zeta_m) \in \boldsymbol{P}^m \mid F(\zeta_0, \zeta_1, \cdots, \zeta_m)=0\}$$

は $\boldsymbol{P}^m$ の解析的部分集合である．F が重複因子をもたないとき，M を μ 次の超曲面(hypersurface of degree μ)と呼ぶ．一般に $F_1, F_2, \cdots, F_s$ を有限個の同次多項式とすると

$$M = \{(\zeta_0, \zeta_1, \cdots, \zeta_m) \in \boldsymbol{P}^m \mid F_j(\zeta_0, \zeta_1, \cdots, \zeta_m)=0,\ j=1, 2, \cdots, s\}$$

は $\boldsymbol{P}^m$ の解析的部分集合であるが，このような M は $\boldsymbol{P}^m$ の代数的部分集合(algebraic subset)と呼ばれる．この章の残された節で，$\boldsymbol{P}^m$ の解析的部分集合は実は代数的部分集合であるという定理を証明する．これは Chow の定理と呼ばれる定理である．

以下では $\boldsymbol{P}^m$ から $\boldsymbol{P}^{m-1}$ への射影と，それに関連して $\boldsymbol{P}^m$ の blowing up を定義する．

$\boldsymbol{P}^m$ の点で同次座標が $(1, 0, \cdots, 0)$ の点を P とし，$\boldsymbol{P}^m$ の点 $(\zeta_0, \zeta_1, \cdots, \zeta_m)$ に対して $\boldsymbol{P}^{m-1}$ の点 $(\zeta_1, \zeta_2, \cdots, \zeta_m)$ を対応させる写像を π とする．ただし P に対応する点は同次座標が $(0, 0, \cdots, 0)$ となるので $\pi(P)$ は定義されない．π を点 P からの射影(projection from P)と呼ぶ．P が $\boldsymbol{P}^m$ の勝手な点の場合には 1 次式

$$f = c_0\zeta_0 + c_1\zeta_1 + \cdots + c_m\zeta_m$$

で $f(P)=0$ となるものの全体を考える．これらは $\boldsymbol{C}$ 上 m 次元のベクトル空間であるから，その基底を $\{f_1, f_2, \cdots, f_m\}$ とする．もし $Q \neq P$ ならば少くとも1つ $f_i(Q) \neq 0$ なる i が存在する．したがって

$$Q \longrightarrow (f_1(Q), f_2(Q), \cdots, f_m(Q)) \in \boldsymbol{P}^{m-1}$$

によって写像 π が定義される．これが P からの射影である．ベクトル空間の基底のとりかえ

$$f_i' = \sum_{j=1}^{m} a_{ij} f_j \qquad \det(a_{ij}) \neq 0$$

に対して $\boldsymbol{P}^{m-1}$ の変換 $g: (\zeta_1, \cdots, \zeta_m) \to (\zeta_1', \cdots, \zeta_m')$,

$$\zeta_i' = \sum_{j=1}^{m} a_{ij}\zeta_j, \qquad i = 1, 2, \cdots, m$$

が定義されて[1]，π は $g\circ\pi$ で置き換えられる．したがって π は P によって本質的には一意的に定まる．P が $(1, 0, \cdots, 0)$ となるように同次座標をとりかえれば先の場合に帰着される訳である．

π は $\boldsymbol{P}^m - \{P\}$ から $\boldsymbol{P}^{m-1}$ への正則写像であるが，これを P まで連続に拡張することはできない．$P=(1, 0, \cdots, 0)$ として，同次座標 $(1, t\eta_1, \cdots, t\eta_m)$, $t \neq 0$, で定まる点を Q_t とする．このとき t の値の如何によらず

$$\pi(Q_t) = (\eta_1, \eta_2, \cdots, \eta_m)$$

であるから，$t \to 0$ の極限をとって $\pi(P) = (\eta_1, \eta_2, \cdots, \eta_m)$ でなければならない．言い換えれば $\boldsymbol{P}^m$ の点 Q_t が P に限りなく近づくとき，その近づき方によって極限 $\lim \pi(Q_t)$ は $\boldsymbol{P}^{m-1}$ のあらゆる点をとることができる．このことを幾何的に表現するために写像のグラフを考えるのが便利である．

一般に M, N を複素多様体，$h: M \to N$ を正則写像とする．直積 $M \times N$ の部分集合

$$\Gamma = \{(x, y) \in M \times N \mid h(x) = y\}$$

を h のグラフ(graph)と呼ぶ．M の局所座標系を $\{(U_i, (z_i^1, z_i^2, \cdots, z_i^n))\}_{i \in I}$, N のそれを $\{(V_\lambda, (w_\lambda^1, w_\lambda^2, \cdots, w_\lambda^k))\}_{\lambda \in \Lambda}$ とすれば，$M \times N$ は

$$(U_i \times V_\lambda, (z_i^1, \cdots, z_i^n, w_\lambda^1, \cdots, w_\lambda^k)), \qquad i \in I, \ \lambda \in \Lambda$$

---

1)　g は $\boldsymbol{P}^{m-1}$ の射影変換(projective transformation)と呼ばれる．

を局所座標系とする複素多様体であると考えられる．このとき各成分への射影 $p_1: M\times N\to M$, $p_2: M\times N\to N$ は正則写像である．p_1 の Γ への制限を同じ p_1 であらわす．

命題 4.1 Γ は $M\times N$ の部分多様体で，$p_1: \Gamma\to M$ は双正則写像である．

証明 M の点 x の座標近傍 U と，$y=h(x)$ の座標近傍 V を $h(U)\subset V$ となるようにとる．それぞれの局所座標を $(z^1, z^2, \cdots, z^n)$, $(w^1, w^2, \cdots, w^k)$ として，h は

$$w^\alpha = h_\alpha(z^1, z^2, \cdots, z^n), \qquad \alpha = 1, 2, \cdots, k$$

で定義されているとする．このとき

$$\Gamma\cap(U\times V) = \{(z, w)\in U\times V \mid w^\alpha - h_\alpha(z^1, z^2, \cdots, z^n)=0,\ \alpha=1, 2, \cdots, k\}$$

である．これより Γ は $M\times N$ の部分多様体であることがわかる．

次に $s: M\to\Gamma$ を $s(x)=(x, h(x))$ によって定義すれば s は正則写像で $p_1: \Gamma\to M$ の逆写像を与える．（証明終り）

以上のことを $M=\boldsymbol{P}^m-\{P\}$, $N=\boldsymbol{P}^{m-1}$, $h=\pi$ に適用すると，

$$\Gamma = \{(x, y)\in(\boldsymbol{P}^m-\{P\})\times\boldsymbol{P}^{m-1} \mid \pi(x)=y\}$$

である．Γ を $\boldsymbol{P}^m\times\boldsymbol{P}^{m-1}$ の部分集合と考えてその閉包を Γ^* とする．$\boldsymbol{P}^m$ の同次座標を $(\zeta_0, \zeta_1, \cdots, \zeta_m)$，$\boldsymbol{P}^{m-1}$ の同次座標を $(\eta_1, \eta_2, \cdots, \eta_m)$ とすれば，Γ の任意の点は次の方程式

$$(4.8) \qquad \zeta_k\eta_l - \zeta_l\eta_k = 0, \qquad k, l = 1, 2, \cdots, m$$

をみたす[1]．したがって Γ^* の任意の点は(4.8)をみたす．逆に $\boldsymbol{P}^m\times\boldsymbol{P}^{m-1}$ 上の点 (ζ, η) で(4.8)をみたすものを考える．もし $(\zeta_1, \zeta_2, \cdots, \zeta_m)\neq(0, 0, \cdots, 0)$ ならば $\zeta_i\neq 0$ なる i を用いて

$$\eta_j = (\eta_i/\zeta_i)\zeta_j, \qquad j = 1, 2, \cdots, m$$

と書ける．したがって $\eta_i\neq 0$ で[2]，$(\zeta_1, \cdots, \zeta_m)$ と $(\eta_1, \cdots, \eta_m)$ は $\boldsymbol{P}^{m-1}$ の同一の点である．すなわち (ζ, η) は Γ の点である．もし $(\zeta_1, \zeta_2, \cdots, \zeta_m)=(0, 0, \cdots, 0)$ ならば(4.8)は任意の $\eta\in\boldsymbol{P}^{m-1}$ に対して成り立つ．この点は

$$((1, 0, \cdots, 0), (\eta_1, \eta_2, \cdots, \eta_m))\in\boldsymbol{P}^m\times\boldsymbol{P}^{m-1}$$

---

1) これらの方程式は ζ, η のそれぞれについて同次であるから $\boldsymbol{P}^m\times\boldsymbol{P}^{m-1}$ 上で意味を持つ．

2) もし $\eta_i=0$ ならば $\eta_j=0$ $(j=1, 2, \cdots, m)$ となってしまう．

である．これは上に見たように

$$((1, t\eta_1, \cdots, t\eta_m), (\eta_1, \eta_2, \cdots, \eta_m)) \in \Gamma$$

の $t \to 0$ のときの極限である．したがって Γ^* に属する．

命題 4.2　Γ^* は方程式(4.8)で定義される $\boldsymbol{P}^m \times \boldsymbol{P}^{m-1}$ の解析的部分集合である．さらに Γ^* は m 次元の部分多様体である．

証明　後半を証明するために座標近傍を

$$(4.9)\quad \begin{aligned} V_i &= \{(\zeta_0, \zeta_1, \cdots, \zeta_m) \in \boldsymbol{P}^m \mid \zeta_i \neq 0\}, \qquad i = 0, 1, \cdots, m, \\ W_j &= \{(\eta_1, \eta_2, \cdots, \eta_m) \in \boldsymbol{P}^{m-1} \mid \eta_j \neq 0\}, \qquad j = 1, 2, \cdots, m \end{aligned}$$

とする．V_i 上の座標は

$$(z_i^0, z_i^1, \cdots, z_i^{i-1}, z_i^{i+1}, \cdots, z_i^m), \qquad z_i^k = \zeta_k/\zeta_i,$$

W_j 上の座標は

$$(w_j^1, w_j^2, \cdots, w_j^{j-1}, w_j^{j+1}, \cdots, w_j^m), \qquad w_j^k = \eta_k/\eta_j$$

で与えられる．

$(x, y) \in \boldsymbol{P}^m \times \boldsymbol{P}^{m-1}$ を Γ^* の点とする．$x \in V_i$, $i \neq 0$ ならば命題 4.1 によって Γ^* は (x, y) で非特異で m 次元である．$(x, y) \in V_0 \times W_j$ のとき(4.8)は

$$\begin{cases} z_0^k - z_0^j w_j^k = 0, & k = 1, 2, \cdots, \hat{j}, \cdots, m, \\ z_0^k w_j^l - z_0^l w_j^k = 0, & k, l = 1, 2, \cdots, \hat{j}, \cdots, m \end{cases}$$

と同値である[1)]．第2の方程式は第1の方程式からしたがうから z_0^j, $w_j^1, \cdots, w_j^{j-1}, w_j^{j+1}, \cdots, w_j^m$ を任意に定めれば他の z_0^k は一意的に定まる．すなわち Γ^* の局所座標として

$$(w_j^1, \cdots, w_j^{j-1}, z_0^j, w_j^{j+1}, \cdots, w_j^m)$$

をとることができる．(証明終り)

Γ^* の点 (x, y) に対して $\boldsymbol{P}^m$ の点 x を対応させる正則写像を σ とする．$\boldsymbol{P}^m$ の点 x に対して

$$\sigma^{-1}(x) = \begin{cases} (x, \pi(x)), & x \neq P, \\ \{x\} \times \boldsymbol{P}^{m-1}, & x = P \end{cases}$$

である．また命題 4.1 によって σ は双正則写像

$$\Gamma^* - \sigma^{-1}(P) \longrightarrow \boldsymbol{P}^m - \{P\}$$

1)　$\hat{j}$ は番号 j を除くことを意味する．

を惹き起こす．$\sigma: \Gamma^* \to \boldsymbol{P}^m$ を $\boldsymbol{P}^m$ の点 P における blowing up または 2 次変換 (quadratic transformation) と呼び，$\sigma^{-1}(P)$ を例外因子 (exceptional divisor) と呼ぶ．

Γ^* の点 (x, y) に対して $y \in \boldsymbol{P}^{m-1}$ を対応させる写像も正則である．これを f とすれば，次の図式 (diagram)

(4.10)
$$\begin{array}{ccc} & \Gamma^* & \\ {\scriptstyle\sigma}\swarrow & & \searrow{\scriptstyle f} \\ \boldsymbol{P}^m & \overset{}{\underset{\pi}{\dashrightarrow}} & \boldsymbol{P}^{m-1} \end{array}$$

が得られる．π を破線であらわしたのは，π が P で定義されていないからである．$\Gamma^* - \sigma^{-1}(P)$ 上で $f = \pi \circ \sigma$ であることを，図式 (4.10) は可換であるといってあらわす．

(4.8) で $(\eta_1, \eta_2, \cdots, \eta_m) = (1, 0, \cdots, 0)$ とすれば，方程式は $\zeta_2 = \zeta_3 = \cdots = \zeta_m = 0$ となる．したがって，$y = (1, 0, \cdots, 0) \in \boldsymbol{P}^{m-1}$ に対して $f^{-1}(y) = \boldsymbol{P}^1$ である．明らかにこれは任意の $y \in \boldsymbol{P}^{m-1}$ に対して成り立つ．さらに強く，W_j を $\eta_j \neq 0$ で定義される座標近傍とすれば $f^{-1}(W_j)$ は $W_j \times \boldsymbol{P}^1$ と双正則同値で次の図式

$$\begin{array}{ccc} f^{-1}(W_j) & \xrightarrow{h_j} & W_j \times \boldsymbol{P}^1 \\ & {\scriptstyle f}\searrow \quad \swarrow{\scriptstyle \mathrm{pr}_1} & \\ & W_j & \end{array}$$

が可換となる双正則写像 h_j が存在することがわかる[1]．

さて M を $\boldsymbol{P}^m$ の解析的部分集合で，$M \neq \boldsymbol{P}^m$ とする．$\boldsymbol{P}^m$ の点 P を M の外にとって，P からの射影 $\pi: \boldsymbol{P}^m - \{P\} \to \boldsymbol{P}^{m-1}$ を考える．

命題 4.3　$\pi(M)$ は $\boldsymbol{P}^{m-1}$ の解析的部分集合である．

証明　$\sigma: \Gamma^* \to \boldsymbol{P}^m$ を P における blowing up とする．$\sigma^{-1}(M)$ は Γ^* の解析的部分集合であるが，それを同じ M であらわす．$f: \Gamma^* \to \boldsymbol{P}^{m-1}$ を (4.10) のように π によって惹き起こされた正則写像とする．

$f(M)$ の 1 点 y をとると，$f^{-1}(y) = \boldsymbol{P}^1$ であるから，$M \cap f^{-1}(y)$ は $\boldsymbol{P}^1$ の解析的部分集合である．しかも M は $\sigma^{-1}(P)$ の点を含まないから $M \cap f^{-1}(y)$ は有限個の点からなる集合である (定理 1.8)．それを $\{x_1, x_2, \cdots, x_l\}$ とする．

---

1)　pr_1 は第 1 成分への射影をあらわす．

補題 4.9　y の十分小さい近傍 W をとれば $M\cap f^{-1}(W)$ は l 個の互いに交わらない部分集合 $X_1, X_2, \cdots, X_l$ に分解する.

証明　各 x_α の Γ^* における近傍 U_α を互いに交わらないようにとる. このとき, y の近傍 W を十分小さくとれば $M\cap f^{-1}(W)$ の点は U_α のどれかに含まれることをいえばよい. このような W が存在しないとすれば, y の近傍の減少列

$$W^{(1)}\supset W^{(2)}\supset\cdots\supset W^{(\nu)}\supset\cdots$$

で, 各 ν に対してどの U_α にも属さない $M\cap f^{-1}(W^{(\nu)})$ の点 z_ν の存在するものがとれる. M はコンパクトであるから, $\{z_\nu\}_{\nu=1,2,\cdots}$ は集積点を持つので, 適当な部分列にとり直して $\{z_\nu\}$ は M の点 z_0 に収束するとしてよい. このとき $f(z_0)=y$ であるが z_0 はどの U_α にも含まれない. これは矛盾である. (補題 4.9 の証明終り)

x_α は M の点であるから, ある同次座標 ζ_i, $i\neq0$ で 0 でないものが存在する. したがって標準的な座標を用いれば f は x_α の近傍で

$$({z_i}^0, \cdots, {z_i}^{i-1}, {z_i}^{i+1}, \cdots, {z_i}^m)\longrightarrow({z_i}^1, \cdots, {z_i}^{i-1}, {z_i}^{i+1}, \cdots, {z_i}^m)$$

によって与えられる. 補題 4.9 の前の注意と合わせて, f は各 x_α の近傍で M に対する局所射影(§4.2)であることがわかる. したがって, 補題 4.4 によって, $f(X_\alpha)$ は W の解析的部分集合であるとしてよい. 有限個の解析的部分集合の和集合はまた解析的部分集合であるから, $f(M)\cap W$ もそうである. これで $f(M)$ が $\boldsymbol{P}^{m-1}$ の解析的部分集合であることが証明された. (命題 4.3 の証明終り)

命題 4.4　M が既約ならば $\pi(M)$ も既約, M が純 n 次元ならば $\pi(M)$ も純 n 次元である.

証明　$\pi(M)$ が既約でなければ

$$\pi(M)=N_1\cup N_2,\qquad N_i\neq\pi(M)\quad(i=1,2)$$

なる分解が存在する(定理 4.9). このとき

$$M=(M\cap\pi^{-1}(N_1))\cup(M\cap\pi^{-1}(N_2)),\qquad M\cap\pi^{-1}(N_i)\neq M\quad(i=1,2)$$

であるから, M が既約であることに反する(同上). 後半の主張は補題 4.8 の系を局所的な既約成分に適用すれば得られる.

§4.4　Chowの定理

a)　余次元1の場合

この節では，まず余次元1の場合にChowの定理を証明し，それを用いて$\boldsymbol{P}^m$上の有理型関数は同次座標の有理型関数であることを示す．

最初に同次多項式と$\boldsymbol{P}^m$上の直線バンドルの関係を述べる．$F(\zeta_0, \zeta_1, \cdots, \zeta_m)$を$\mu$次の同次多項式，$V_i=\{\zeta\in\boldsymbol{P}^m \mid \zeta_i\neq 0\}$とすれば

$$\psi_i = \frac{F(\zeta_0, \zeta_1, \cdots, \zeta_m)}{\zeta_i^{\mu}} \tag{4.11}$$

はV_i上の正則関数であって，$V_i\cap V_j$上では

$$\psi_i = \left(\frac{\zeta_j}{\zeta_i}\right)^{\mu}\psi_j \tag{4.12}$$

が成り立つ．ζ_j/ζ_iは$V_i\cap V_j$上0にならないから変換関数系

$$g_{ij} = (\zeta_j/\zeta_i)^{\mu} \tag{4.13}$$

は$\boldsymbol{P}^m$上の直線バンドルを定め，$\{\psi_i\}$はその正則切断である．この直線バンドルをL_μであらわすことにする．明らかに$L_\mu=\mu L_1$である．

R_μで$(\zeta_0, \zeta_1, \cdots, \zeta_m)$の$\mu$次同次式の全体[1]のなすベクトル空間をあらわし，以前と同じく$H^0(\boldsymbol{P}^m, \mathcal{O}(L_\mu))$で$L_\mu$の正則切断全体のなすベクトル空間をあらわす．

命題4.5　上の対応$F\to\{\psi_i\}$は同型

$$\rho: R_\mu \longrightarrow H^0(\boldsymbol{P}^m, \mathcal{O}(L_\mu))$$

を与える．

証明　ρが1対1写像であることは明らかであるから，上への写像であることを示せばよい．そのためにm, μに関する二重数学的帰納法を用いる．まず$m=0$の場合は明らかである[2]．また$\mu=0$の場合，$\{\psi_i\}$はM上の正則関数であるから，最大値の原理によって定数である．したがってρは$\mu=0$で同型である．

そこで$\boldsymbol{P}^{m-1}$に対してはすべての次数に対して，また$\boldsymbol{P}^m$ではμより小さい次数に対して命題が証明されたと仮定して，$\boldsymbol{P}^m$上で次数μの場合に証明すれ

---

1)　0を含むと約束する．

2)　$\boldsymbol{P}^0$は1点から成る複素多様体である．

ばよい．

$H=\{\zeta\in \boldsymbol{P}^m \mid \zeta_0=0\}$ なる $\boldsymbol{P}^m$ の超平面(hyperplane)[1] を考える．H は射影空間 $\boldsymbol{P}^{m-1}$ と同一視できて，$(\zeta_1, \zeta_2, \cdots, \zeta_m)$ を同次座標にとれる．$\psi=\{\psi_i\}$ が(4.12)をみたすとして，ψ_i を H に制限したものを $\bar{\psi}_i$ とする．$\{\bar{\psi}_i\}$ に帰納法の仮定を用いれば

$$\bar{\psi}_i = \frac{\Psi(\zeta_1, \zeta_2, \cdots, \zeta_m)}{\zeta_i^{\mu}}, \qquad i = 1, 2, \cdots, m$$

なる μ 次同次式 Ψ の存在がわかる．Ψ を $(\zeta_0, \zeta_1, \cdots, \zeta_m)$ の同次式と考えて

$$\eta_i = \frac{\Psi(\zeta_1, \zeta_2, \cdots, \zeta_m)}{\zeta_i^{\mu}}, \qquad i = 0, 1, \cdots, m$$

と定義する．$\psi_i-\eta_i$ は $H\cap V_i$ 上恒等的に 0 である．一方 $(\zeta_0/\zeta_i)=0$ は V_i における H の最小方程式である(94 ページ)から $\psi_i-\eta_i=(\zeta_0/\zeta_i)\varphi_i$ なる V_i 上の正則関数 φ_i が存在する．このとき $V_i\cap V_j$ では $\varphi_i=(\zeta_j/\zeta_i)^{\mu-1}\varphi_j$ である．したがって帰納法の仮定によって

$$\varphi_i = \frac{\Phi(\zeta_0, \zeta_1, \cdots, \zeta_m)}{\zeta_i^{\mu-1}}, \qquad i = 0, 1, \cdots, m$$

となる $\mu-1$ 次同次多項式 Φ が存在する．

$$F(\zeta_0, \zeta_1, \cdots, \zeta_m) = \Psi(\zeta_1, \cdots, \zeta_m)+\zeta_0\Phi(\zeta_0, \zeta_1, \cdots, \zeta_m)$$

とすれば $\rho(F)=\psi$ である．(証明終り)

以上で準備を終って次の定理を証明する．

定理 4.10　M を $\boldsymbol{P}^m$ の解析的部分集合で純余次元 1 であるとする．このとき $\boldsymbol{P}^m$ の同次座標 $(\zeta_0, \zeta_1, \cdots, \zeta_m)$ の同次多項式 F で

$$M = \{(\zeta_0, \zeta_1, \cdots, \zeta_m)\in \boldsymbol{P}^m \mid F(\zeta_0, \zeta_1, \cdots, \zeta_m)=0\}$$

となるものが存在する．

証明　M の外の点 P をとり，射影 $\pi: \boldsymbol{P}^m-\{P\}\to \boldsymbol{P}^{m-1}$ をとる．命題 4.3 によって $\pi(M)$ は $\boldsymbol{P}^{m-1}$ の解析的部分集合で，また命題 4.4 によって $\dim \pi(M)=m-1$ である．したがって $\pi(M)$ は $\boldsymbol{P}^{m-1}$ 全体である．

前節の記号を引き続き用いることにして

$$W_i = \{(\eta_1, \eta_2, \cdots, \eta_m)\in \boldsymbol{P}^{m-1} \mid \eta_i\neq 0\}$$

1)　1 次の超曲面をこのように呼ぶ．

の点 y を考える．$M\cap\pi^{-1}(y)=\{x_1, x_2, \cdots, x_l\}$ とすると各 x_α の近傍で

$$(z_i^0, \cdots, z_i^{i-1}, z_i^{i+1}, \cdots, z_i^m), \qquad z_i^k=\zeta_k/\zeta_i$$

を局所座標として用いることができる．この中で z_i^0 は直線 $\pi^{-1}(y)$ の座標でもある．各 x_α において z_i^0 のとる値を $z_i^0(x_\alpha)$ と書く．x_α の近傍 U_α における M の最小方程式を $\varphi_\alpha=0$ とする．補題 4.4 の証明と同様に φ_α は $z_i^0-z_i^0(x_\alpha)$ の W 多項式にとることができる．それを

$$\varphi_\alpha=(z_i^0-z_i^0(x_\alpha))^{n_\alpha}+A_{\alpha 1}(z_i^0-z_i^0(x_\alpha))^{n_\alpha-1}+\cdots+A_{\alpha n_\alpha}$$

とする．ここで $A_{\alpha 1}, \cdots, A_{\alpha n_\alpha}$ は y のある近傍 $W^{(\alpha)}$ で定義された正則関数である．$W^{(\alpha)}$ を α について共通にとることができるから，以下，単に W と書く．

φ_α は U_α で定義された正則関数であったが，z_i^0 については多項式であるから φ_α は $\pi^{-1}(W)$ 上の正則関数であると考えることができる．さらに W を十分小さくとれば，$\pi^{-1}(W)$ 上の φ_α の零点はすべて U_α に含まれるとしてよい(定理 1.19)．したがって $M\cap\pi^{-1}(W)$ は方程式 $\varphi_1\varphi_2\cdots\varphi_l=0$ で定義される．この積を $\psi_{W,i}$ とする．z_i^0 のかわりに ζ_0/ζ_i と書くことにして

$$\psi_{W,i}=\left(\frac{\zeta_0}{\zeta_i}\right)^N+B_1\left(\frac{\zeta_0}{\zeta_i}\right)^{N-1}+\cdots+B_N$$

とする．ここで $B_1, \cdots, B_N$ は W 上の正則関数，$N=n_1+n_2+\cdots+n_l$ である．

W_j の点 y' から出発して，y' の十分小さい近傍 W' をとれば，$\pi^{-1}(W')$ における M の定義方程式

$$\psi_{W',j}=\left(\frac{\zeta_0}{\zeta_j}\right)^{N'}+B'_1\left(\frac{\zeta_0}{\zeta_j}\right)^{N'-1}+\cdots+B'_{N'}=0$$

が上と同様にして得られる．

補題 4.10 $W\cap W'\neq\phi$ ならば $N=N'$ である．したがって $\psi_{W,i}$ の次数は W, i によらず一定である．

証明 φ_α は重複因子を持たないから，その z_i^0 に関する判別式 ω_α は恒等的に 0 ではない(補題 2.4)．$\eta\in W$ において $\omega_\alpha\neq 0$ ならば，$\pi^{-1}(\eta)\cap M\cap U_\alpha$ は相異なる n_α 個の点からなる．したがって，η において $\omega_1\cdots\omega_l\neq 0$ ならば逆像 $\pi^{-1}(\eta)\cap M$ はちょうど N 個の点からなる．一方 η が W' の点で同様の条件をみたせば $\pi^{-1}(\eta)\cap M$ は N' 個の点からなる．$W\cap W'\neq\phi$ ならば，このような η を共通にとることができるから $N=N'$ を得る．後半は $\boldsymbol{P}^{m-1}$ の連結性よ

りしたがう．(補題 4.10 の証明終り)

W の点 η をとって，$\pi^{-1}(\eta)\cap M=\{\xi_1, \xi_2, \cdots, \xi_N\}$ は N 個の点からなるとする．$\psi_{W,i}$ の係数 B_k を，η における B_k の値で置き換えて得られる ζ_0/ζ_i の多項式を $\psi_{W,i}(\eta)$ とすれば，$\psi_{W,i}(\eta)$ は1次式

$$\left(\frac{\zeta_0}{\zeta_i}\right)-\left(\frac{\zeta_0}{\zeta_i}\right)(\xi_\alpha), \qquad \alpha=1,2,\cdots,N$$

の積と一致する．$\eta\in W'$ ならば同様に $\psi_{W',j}(\eta)$ は

$$\left(\frac{\zeta_0}{\zeta_j}\right)-\left(\frac{\zeta_0}{\zeta_j}\right)(\xi_\alpha), \qquad \alpha=1,2,\cdots,N$$

の積である．ここで，$i, j\geqq 1$ に対して ζ_j/ζ_i は $\pi^{-1}(\eta)$ 上一定であることに注意して，$\pi^{-1}(\eta)$ 上

$$\psi_{W,i}=\left(\frac{\zeta_j}{\zeta_i}\right)^N\psi_{W',j} \tag{4.14}$$

が成り立つことがわかる．η は $W\cap W'$ の稠密な部分集合を動くことができるから，結局(4.14)は $\pi^{-1}(W\cap W')$ で成り立つ．

特に $i=j$ の場合には，$\pi^{-1}(W\cap W')$ で $\psi_{W,i}=\psi_{W',i}$ である．したがってこれらは $\pi^{-1}(W_i)$ 上の正則関数

$$\psi_i=\left(\frac{\zeta_0}{\zeta_i}\right)^N+B_{i1}\left(\frac{\zeta_0}{\zeta_i}\right)^{N-1}+\cdots+B_{iN}$$

を定める．ここで $B_{i1}, \cdots, B_{iN}$ は W_i 上の正則関数である．さらに(4.14)によって $W_i\cap W_j$ 上

$$B_{ik}=\left(\frac{\zeta_j}{\zeta_i}\right)^k B_{jk}, \qquad k=1,2,\cdots,N$$

である．命題 4.5 によって

$$B_{ik}=\frac{G_k(\zeta_1, \zeta_2, \cdots, \zeta_m)}{\zeta_i{}^k}, \qquad i=1,2,\cdots,m,\ \ k=1,2,\cdots,N$$

をみたす k 次の同次多項式 G_k が存在する．そこで

$$F=\zeta_0{}^N+G_1\zeta_0{}^{N-1}+\cdots+G_N \tag{4.15}$$

と定義すると，F は $(\zeta_0, \zeta_1, \cdots, \zeta_m)$ の N 次同次式で，$i\geqq 1$ に対しては

$$\psi_i=\frac{F(\zeta_0, \zeta_1, \cdots, \zeta_m)}{\zeta_i{}^N}, \qquad i=1,2,\cdots,m$$

である．したがって $V_i=\{\zeta\in \boldsymbol{P}^m \mid \zeta_i\neq 0\}$, $i\geqq 1$ では

$$M\cap V_i=\{\zeta\in V_i\mid F(\zeta_0,\zeta_1,\cdots,\zeta_m)=0\}$$

が成り立つ．$\boldsymbol{P}^m$ の点で $V_1, V_2, \cdots, V_m$ のいずれにも属さない点は P のみであるが，P はその選び方によって M に含まれない．他方(4.15)の形から $F(P)\neq 0$ である．以上で，$M=\{\zeta\in\boldsymbol{P}^m\mid F(\zeta_0,\zeta_1,\cdots,\zeta_m)=0\}$ であることが証明された．(定理4.10の証明終り)

定理4.10をみたす F としては重複因子を持たないものをとることができる[1)]．このとき $F=0$ を M の定義方程式と呼ぶ．$F=F_1F_2\cdots F_l$ を多項式環 $\boldsymbol{C}[\zeta_0,\zeta_1,\cdots,\zeta_m]$ における素元分解とすれば，各 F_λ は同次多項式で，どの2つも互いに同伴ではない．M の定義方程式は定数倍を除いて一意的に定まる．

［証明］ G を別の定義方程式とする．$(1,0,\cdots,0)$ は M に属さないように同次座標 $(\zeta_0,\zeta_1,\cdots,\zeta_m)$ をとれば F, G の素因子は

$$\zeta_0{}^k+A_1(\zeta_1,\cdots,\zeta_m)\zeta_0{}^{k-1}+\cdots+A_k(\zeta_1,\cdots,\zeta_m)$$

の形であるとすることができる．もし G のある素因子 G_μ がどの F_λ とも同伴でなければ，$F(\zeta)=0$, $G_\mu(\zeta)\neq 0$ をみたす点が存在する[2)]．したがって G_μ はある F_λ と同伴である．これより F と G は定数倍しか違わないことがわかる．

命題4.6 M の定義方程式を $F=0$ とする．このとき M が既約であるために必要かつ十分な条件は F が多項式として既約なことである．

証明 F の素元分解を $F=F_1F_2\cdots F_l$ とする．各 λ に対して

$$M_\lambda=\{\zeta\in\boldsymbol{P}^m\mid F_\lambda(\zeta)=0\}$$

とすれば $M=\bigcup_\lambda M_\lambda$ である．$l\geqq 2$ ならば上と同様に M_λ に属し他の M_μ $(\mu\neq\lambda)$ に含まれない点が存在する．したがって M は既約ではない．

逆に M は既約でないと仮定して $M=\bigcup_\lambda M_\lambda$ を既約分解とする．このとき既約成分の個数は有限である．［証明］ 既約成分が無限個あるとして相異なるもの $M_1, M_2, \cdots, M_j, \cdots$ を選ぶ．各 j に対して $x_j\in M_j$ で他の既約成分に含まれないものをとれば，M はコンパクトであるから $\{x_j\}_{j=1,2,\cdots}$ は集積点を持つ[3)]．その1つを $x\in M$ とすれば M は x の近傍で無限個の既約成分を持つことになり $\{M_\lambda\}$ が局所有限であることに反する．

---

1) 実際，上の証明で構成した F は重複因子をもたない．

2) 証明は補題3.1と同様である．また G_μ は同次多項式であるから $G_\mu(\zeta)\neq 0$ より $\zeta\neq(0,\cdots,0)$ が出る．

3) 第1可算公理をみたすコンパクト集合は点列コンパクトである．

さて M_λ の定義方程式を F_λ とすれば $\prod_\lambda F_\lambda$ は M の定義方程式であるから，F はその定数倍である．したがって F は既約でない．（証明終り）

一般の場合の Chow の定理を証明する前に，定理 4.10 の系として得られる結果を述べておく．D を $\boldsymbol{P}^m$ 上の正因子として，$D=\sum_\alpha n_\alpha D_\alpha$ を対応する Weil 因子の既約分解とする．上の証明中で注意したように右辺の和は有限和である．各 D_α の定義方程式を F_α，その次数を μ_α とするとき，D の次数 $\deg D$ を

$$\deg D = \sum_\alpha n_\alpha \mu_\alpha$$

によって定義する．D に対して，D と同じ次数を持つ同次多項式

(4.16)
$$F = \prod_\alpha F_\alpha{}^{n_\alpha}$$

が定数倍を除いて一意的に定まる．逆に μ 次の同次多項式 F をとってその素元分解を(4.16)とすれば F に対して Weil 因子

$$\sum_\alpha n_\alpha D_\alpha, \qquad D_\alpha = \{\zeta \in \boldsymbol{P}^m \mid F_\alpha(\zeta)=0\}$$

を対応させることができる．この因子を $\mathrm{div}(F)$ と書くことにする．

定理 4.11　D を $\boldsymbol{P}^m$ 上の次数 μ の正因子とする．このとき次数 μ の 0 でない同次多項式 F で $\mathrm{div}(F)=D$ なるものが存在する．さらに，このような F は定数倍を除いて一意的である．——

因子を考える1つの理由は有理型関数を調べるためであった．このことは射影空間の場合，次の定理に結実する．

定理 4.12　f を $\boldsymbol{P}^m$ 上の有理型関数とすれば，同じ次数の同次多項式 F, G が存在して

$$f = \frac{F(\zeta_0, \zeta_1, \cdots, \zeta_m)}{G(\zeta_0, \zeta_1, \cdots, \zeta_m)}$$

とあらわされる．

証明　定理 3.2 によって $\mathrm{div}(f)=(f)_0-(f)_\infty$ なる正因子 $(f)_0, (f)_\infty$ が存在する．$(f)_\infty$ の次数を μ として，μ 次の同次多項式によって定まる直線バンドルを L_μ とする(111 ページ)．このとき L_μ の正則切断 ψ で $\mathrm{div}(\psi)=(f)_\infty$ なるものが存在する．次に $f\psi$ は L_μ の有理型切断であるが，$\mathrm{div}(f\psi)=(f)_0$ は正因子であるから $f\psi$ は正則切断である．命題 4.5 によって $\psi, f\psi$ に対応する同

次多項式をそれぞれ G, F とすれば $f=f\psi/\psi=F/G$ である.(証明終り)

b) 一般の場合

§4.3 の結果と定理 4.10 を用いれば次の定理を証明するのは難しくない.

定理 4.13(Chow の定理) 射影空間 $\boldsymbol{P}^m$ の解析的部分集合 M は代数的部分集合である.

証明 有限個の代数的部分集合の和集合は代数的部分集合であるから M は既約であると仮定してよい.また $M=\boldsymbol{P}^m$ のときは何も証明する必要はないので $M\neq\boldsymbol{P}^m$ とする.

補題 4.11 M の外の $\boldsymbol{P}^m$ の点 Q に対して,同次多項式 $F(\zeta_0, \zeta_1, \cdots, \zeta_m)$ で M 上恒等的に 0,かつ $F(Q)\neq 0$ なるものが存在する.——

まず補題 4.11 から定理がしたがうことを証明する.そのために多項式環 $\boldsymbol{C}[\zeta_0, \zeta_1, \cdots, \zeta_m]$ のイデアル

$$I(M) = \{G \in \boldsymbol{C}[\zeta_0, \zeta_1, \cdots, \zeta_m] \mid G \text{ の各同次成分は } M \text{ 上 } 0\}$$

を考える.$\boldsymbol{C}[\zeta_0, \zeta_1, \cdots, \zeta_m]$ は Noether 環であるから,$I(M)$ は有限個の元 $F_1, F_2, \cdots, F_l$ で生成される.しかも各 F_λ は同次多項式であるとしてよい.このとき,

$$M = \{\zeta \in \boldsymbol{P}^m \mid F_1(\zeta)=F_2(\zeta)=\cdots=F_l(\zeta)=0\} \tag{4.17}$$

を示せばよい.M が右辺に含まれることは明らかである.逆に Q が M の外にあれば補題 4.11 によって少くとも 1 つ $F_\lambda(Q)\neq 0$ なる λ が存在する.これで(4.17)が証明された.

補題 4.11 を証明するために,M に含まれない Q 以外の点 P をとって P からの射影 π_P を考える.

補題 4.12 $\dim M < m-1$ とする.そのとき,$\boldsymbol{P}^m$ の点 P を適当にとれば $\pi_P(Q)$ は $\pi_P(M)$ に含まれない.

証明 $P=(1, 0, \cdots, 0)$, $Q=(\alpha_0, \alpha_1, \cdots, \alpha_m)$, $P\neq Q$ として,P と Q を結ぶ直線[1] を $L(P, Q)$ とする.$\alpha_i\neq 0$ なる $i\geqq 1$ をとれば $L(P, Q)$ は

$$\alpha_i\zeta_j - \alpha_j\zeta_i = 0, \qquad j = 1, 2, \cdots, \hat{i}, \cdots, m$$

で定義される.特に $\zeta_0=0$ とすれば $\zeta_j=\alpha_j$, $j=1, 2, \cdots, m$ である.すなわち,

1) 同次座標 $(\zeta_0, \zeta_1, \cdots, \zeta_m)$ の 1 次方程式系 $\sum_j a_{ij}\zeta_j=0$, $i=1, 2, \cdots, k$ で定義される $\boldsymbol{P}^m$ の部分多様体を線形部分多様体(linear subvariety),その中で 1 次元のものを直線と呼ぶ.

直線 $L(P, Q)$ と超平面

$$H = \{\zeta \in \boldsymbol{P}^m \mid \zeta_0 = 0\}$$

の交点は $(0, \alpha_1, \cdots, \alpha_m)$ である．このことから次のことがわかる．

（i）　P を通る直線 L に対して，L と H の交点を対応させる写像は，これらの直線全体から H の上への1対1写像である．

（ii）　$H = \boldsymbol{P}^{m-1}$ と考えて，P を通る直線の全体を $\boldsymbol{P}^{m-1}$ と同一視することができる．

（iii）　射影 π_P は点 Q に対して上の同一視によって直線 $L(P, Q)$ を対応させる写像である．

これだけ準備をして，与えられた点 Q からの射影 π_Q を考える[1)]．命題4.4と仮定によって $\pi_Q(M) \neq \boldsymbol{P}^{m-1}$ である．したがって $\pi_Q{}^{-1}\pi_Q(M)$ は $\boldsymbol{P}^m - \{Q\}$ の解析的部分集合で $\boldsymbol{P}^m - \{Q\}$ 全体ではない．$S = \pi_Q{}^{-1}\pi_Q(M) \cup \{Q\}$ とする．$\boldsymbol{P}^m$ の点 P が $\pi_Q{}^{-1}\pi_Q(M)$ に属するために必要かつ十分な条件は $L(Q, P)$ が M と交わることである．したがって，P を S の外にとれば $L(P, Q) = L(Q, P)$ は M と交わらない．これは $\pi_P(Q)$ が $\pi_P(M)$ に含まれないことを意味している．（補題4.12の証明終り）

補題4.11の証明　$n = \dim M$ とする．$n = m-1$ のときは定理4.10によって証明されているから，$n < m-1$ と仮定する．補題4.12に述べたような P をとって射影を π_P とすると，$\boldsymbol{P}^{m-1}$ の解析的部分集合 $\pi_P(M)$ と，$\pi_P(M)$ に含まれない点 $\pi_P(Q)$ が得られる．命題4.4によって $\pi_P(M)$ は既約で n 次元である．もし $n < m-2$ ならば再び補題4.12を適用できる．これを繰り返せば，有限回の射影の後，$\boldsymbol{P}^{n+1}$ の超曲面とその超曲面に含まれない点が得られる．これらの射影の合成を π と書くことにする．同次座標 $(\zeta_0, \zeta_1, \cdots, \zeta_m)$ を適当にとれば

$$\pi(\zeta_0, \zeta_1, \cdots, \zeta_m) = (\zeta_0, \zeta_1, \cdots, \zeta_{n+1}) \in \boldsymbol{P}^{n+1}$$

とすることができる[2)]．さて $\pi(Q)$ は $\pi(M)$ に含まれないから，定理4.10によって $(\zeta_0, \zeta_1, \cdots, \zeta_{n+1})$ の同次多項式 F で，$\pi(M)$ 上恒等的に0，$F(\pi(Q)) \neq 0$ なるものが存在する．F をそのまま $(\zeta_0, \zeta_1, \cdots, \zeta_m)$ の多項式と考えればこれ

1)　π_P ではなく π_Q であることに注意．

2)　π は $\zeta_0 = \zeta_1 = \cdots = \zeta_{n+1} = 0$ なる点では定義されない．

が求めるものである．（補題4.11の証明終り）

以上で定理4.13の証明が完結した．

c) 射影的代数多様体

一般に射影空間 $\boldsymbol{P}^m$ の部分多様体 M のことを射影的代数多様体(projective algebraic manifold)と呼ぶ．

命題 4.7 射影的代数多様体 M の有理型関数体 $\mathfrak{M}(M)$ の $\boldsymbol{C}$ 上の超越次数は M の次元に等しい．

証明 $\dim M=n$ とすると，射影の合成 $\pi: M\to\boldsymbol{P}^n$ で $\pi(M)=\boldsymbol{P}^n$ なるものがとれる．π は

$$\pi(\zeta_0, \zeta_1, \cdots, \zeta_m) = (\zeta_0, \zeta_1, \cdots, \zeta_n)$$

で与えられるとしてよい．このとき $f_\lambda=\zeta_\lambda/\zeta_0$, $\lambda=1, 2, \cdots, n$ は M 上の有理型関数で，これらは $\boldsymbol{C}$ 上代数的に独立である．なぜならば，もし

$$F(f_1, f_2, \cdots, f_n) = 0$$

なる関係式があれば，F の次数を μ として

$$G(\zeta_0, \zeta_1, \cdots, \zeta_n) = \zeta_0{}^\mu F(\zeta_1/\zeta_0, \zeta_2/\zeta_0, \cdots, \zeta_n/\zeta_0)$$

とする．G は μ 次の同次多項式で，$\pi(M)$ は $G=0$ で定義される超曲面に含まれる．したがって G は恒等的に0である．

超越次元が n を越えないことは定理3.5で証明した．（証明終り）

M を n 次元のコンパクトな複素多様体とする．第6章で見るように，$n=1$ ならば M はすべて射影的代数多様体である．$n=2$ で $\mathfrak{M}(M)$ の超越次数が2ならば M はやはり射影的代数多様体であることが知られている(Chow-Kodaira)[1]．$n\geqq3$ ならば $\mathfrak{M}(M)$ の超越次数が n でも M は射影的代数多様体とは限らない(Hironaka)．しかし $n\geqq3$ の場合にも M は射影的代数多様体に非常に近いものであることが知られている(Moishezon, Artin の algebraic space の理論)．

---

1) W. -L. Chow and K. Kodaira "On analytic surfaces with two independent meromorphic functions" Proceedings of the National Academy of Science, U. S. A., vol. 38(1952), 319-325(全集[25])．

第5章　層とコホモロジー

§5.1　層の定義

M を複素多様体とするとき，M の各点 p に対して局所環 $\mathcal{O}_{M,p}$ を定義した(§2.5, §3.2)．$\mathcal{O}_{M,p}$ は p における正則関数の germ の全体のなす環である．たとえば Weierstrass の予備定理のような局所的な定理は結局正則関数の germ に関する定理であった．一方 Chow の定理のような大域的(global)な定理を証明するためには局所的な結果を集めて“貼り合わせ”なければならない．このような局所的なものと大域的なものの相互作用(interplay)は代数幾何の1つの底流をなすものである．この局所的-大域的の関係を記述するための“言葉”が層(sheaf)の理論であるということができる．

M の開集合 U 上の正則関数の全体を $\mathcal{O}_M(U)$ であらわすことにする．これは大域的なものと考えられる．対応する局所的なものは $\mathcal{O}_{M,p}$, $p\in U$ であるから，それらの直積集合

(5.1)
$$\prod_{p\in U}\mathcal{O}_{M,p}$$

を考える．上に述べた局所的-大域的関係の最も簡単なひな型は $\mathcal{O}_M(U)$ と(5.1)を比較することにある．既に述べたように $\mathcal{O}_M(U)$ の元 f を与えれば，U の点 p に対して f の p における germ を対応させる写像

(5.2)
$$U\ni p\longrightarrow f_p\in\mathcal{O}_{M,p}$$

が定まる．逆に直積集合 $\prod_{p\in U}\mathcal{O}_{M,p}$ の元 $(\alpha^{[p]})_{p\in U}$ が与えられたとき，それがいつ $\mathcal{O}_M(U)$ の元 f によって(5.2)のように書けるかという情報を盛り込まなければならない．そのために2つの方法が考えられる．1つは各開集合 U に対して $\mathcal{O}_M(U)$ を定義として与えてしまうことであり，他の1つは(5.2)の形の写像のみが連続になるような位相を $\mathcal{O}_{M,p}$, $p\in M$ の形式的な和集合[1]に入れる

1)　disjoint sum をこのように呼ぶことにする．すなわち，$\mathcal{O}_{M,p}\cap\mathcal{O}_{M,q}=\phi\ (p\neq q)$ と考えて和集合をとったものである．

ことである．

まず上に述べた第2の方法で層を定義するために少し言葉を用意する．X, Y が位相空間で $\pi: X \to Y$ が X から Y の上への連続写像のとき，(X, π) の組を Y 上の fibre 空間(fibre space)と呼び，Y の点 y に対して $\pi^{-1}(y)$ を y 上の fibre と呼ぶ．s が Y の開集合 U から X への連続写像で，$\pi \circ s$ が U の恒等写像のとき，s を (X, π) の U 上の切断(section)と呼ぶ．$s(U)$ に X から惹き起こされる位相を入れて考えれば，$s: U \to s(U)$ 及び $\pi|_{s(U)}: s(U) \to U$ はともに位相同型である．

定義 5.1 M を位相空間とするとき，M 上の層(sheaf) $\mathscr{F}$ とは M 上の fibre 空間 $\pi: \mathscr{F} \to M$ であって局所同相写像であるもの，すなわち次の条件をみたすものである：

(＊) $\mathscr{F}$ の任意の点 α に対して開近傍 V を十分小さくとれば $\pi(V)$ は M の開集合で π の制限 $V \to \pi(V)$ は同相写像である[1]．——

$\pi: \mathscr{F} \to M$ の fibre $\pi^{-1}(p)$ のことを $\mathscr{F}_p$ と書いて，$\mathscr{F}$ の p における stalk[2] と呼ぶ．上の定義に加えて，各 stalk $\mathscr{F}_p$ が Abel 群の構造を持ち，

(i) M の点 p に対して，単位元 $0_p \in \mathscr{F}_p$ を対応させる写像 $M \to \mathscr{F}$ は連続，

(ii) $p \to \alpha_p$, $p \to \beta_p$ が M の開集合 U 上の切断ならば $p \to \alpha_p \pm \beta_p$ も U 上の切断である

の2つの条件がみたされるとき，$\mathscr{F}$ は M 上の Abel 群の層(sheaf of Abelian groups)と呼ばれる．同様に各 $\mathscr{F}_p$ が環の構造を持ち和，積の作用が上の(ii)と同様の意味で連続であるとき $\mathscr{F}$ は M 上の環の層(sheaf of rings)と呼ばれる．

M を複素多様体として，$\mathcal{O}_{M,p}$, $p \in M$ の形式的な和集合を $\mathcal{O}_M$ と書く．写像 $\pi: \mathcal{O}_M \to M$ を，$\alpha \in \mathcal{O}_{M,p}$ のとき $\pi(\alpha) = p$ となるように定義する．さらに $\mathcal{O}_M$ の位相を次のように定義する．任意の $\alpha \in \mathcal{O}_M$ に対して $\alpha \in \mathcal{O}_{M,p}$ なる $p \in M$ があって，p の開近傍 U とその上の正則関数 f で $f_p = \alpha$ なるものをとることができる．このとき，U における p の開近傍 V に対し，$V' = \{f_q \mid q \in V\}$ とおき，V が U 内の p の開近傍全体を動くとき V' の全体を α の基本近傍系と定

1) (＊)は M の開集合 U と U 上の切断 s をすべて動かしたとき $s(U)$ の全体が $\mathscr{F}$ の開集合の基底となることと同値である．

2) 通常‘茎’と訳される．

める．したがって π は $U'=\{f_q \mid q\in U\}$ から U の上への同相写像を惹き起こす．この位相と germ の和，積によって $\mathcal{O}_M$ は M 上の環の層となる．$\mathcal{O}_M$ を M 上の正則関数の germ のなす層(sheaf of germs of holomorphic functions on M)と呼ぶ．

M の開集合 U に対して $\Gamma(U, \mathcal{O}_M)$ で U 上定義された $\mathcal{O}_M$ の切断[1]の全体をあらわす．このとき次の命題が成り立つ．

命題 5.1　$\Gamma(U, \mathcal{O}_M)$ は U 上の正則関数の全体 $\mathcal{O}_M(U)$ と自然な方法で同一視できる．

証明　U 上の正則関数 f に対して(5.2)によって $\Gamma(U, \mathcal{O}_M)$ の元が定まる．逆に $s: U\to \mathcal{O}_M$ を U 上の切断とする．各点 $p\in U$ に対して $s(p)\in \mathcal{O}_{M,p}$ は p の近傍 V_p で定義された正則関数 $f^{[p]}$ の p における germ である．U 上の関数 f を

$$p \longrightarrow f^{[p]}(p)$$

によって定義する．このとき f は U 上の正則関数であることを示そう．実際 s は仮定によって連続であるから，p の近傍 W_p を十分小さくとれば $s(W_p)$ は $s(p)$ の近傍 $V_p'=\{(f^{[p]})_q \mid q\in V_p\}$ に含まれる．したがって $q\in W_p$ ならば $s(q)=(f^{[p]})_q$ である．特に $f^{[q]}(q)=f^{[p]}(q)$ であるから，f は p の近傍で正則関数 $f^{[p]}$ と一致する．(証明終り)

上の命題における“自然な方法で”という言葉は最も説明し難い言葉の1つである．ここでの意味は，同一視の仕方が個々の複素多様体 M や開集合 U の特別な性質を用いない，という程度の意味に理解しておけばよい．この“自然さ”の帰結として次のことがいえる．

命題 5.2　命題5.1における同一視の仕方は切断及び正則関数の定義域の制限と可換である．すなわち，U, V が M の2つの開集合で $V\subset U$ のとき，次の図式

$$\begin{array}{ccc} \Gamma(U, \mathcal{O}_M) & \longrightarrow & \mathcal{O}_M(U) \\ \downarrow & & \downarrow \\ \Gamma(V, \mathcal{O}_M) & \longrightarrow & \mathcal{O}_M(V) \end{array}$$

1)　$(\mathcal{O}_M, \pi)$ の切断のことを $\mathcal{O}_M$ の切断と呼ぶことにする．

は可換である．ここで水平方向は命題 5.1 で定義された同型写像であり，垂直方向は定義域を制限することによって得られる写像である．——

§5.2　前　層

命題 5.1 は層 $\mathscr{O}_M$ から U 上の正則関数の全体 $\mathscr{O}_M(U)$ を構成できることを示している．あるいは，そのように $\mathscr{O}_M$ の位相を定めたと考えることもできる．この節では $\mathscr{O}_M(U)$ を定義として与える方法によって層を定義する．そのためにまず前層を定義する．

定義 5.2　M を位相空間とするとき，M 上の Abel 群の前層(presheaf) $\mathscr{F}$ とは，M の各開集合 U に対して Abel 群 $\mathscr{F}(U)$ を対応させ，さらに $U \supset V$ なる任意の 2 つの開集合 U, V に対して Abel 群の準同型

$$r_{VU} : \mathscr{F}(U) \longrightarrow \mathscr{F}(V)$$

を対応させる仕方を定めたもの[1]で次の 2 つの条件をみたすものである．

（i）　r_{UU} は恒等写像．

（ii）　$U \supset V \supset W$ が 3 つの開集合のとき $r_{WU} = r_{WV} \circ r_{VU}$．すなわち，図式

$$\begin{array}{ccc} \mathscr{F}(U) & \xrightarrow{r_{WU}} & \mathscr{F}(W) \\ & {\scriptstyle r_{VU}} \searrow \quad \swarrow {\scriptstyle r_{WV}} & \\ & \mathscr{F}(V) & \end{array}$$

は可換である．

各 U に対して $\mathscr{F}(U)$ が環で，r_{VU} が環の間の準同型であるとき，$\mathscr{F}$ は環の前層(presheaf of rings)と呼ばれる[2]．

この定義では，前の定義にあった germ にあたることが表にあらわれてこない．それは $\mathscr{F}(U)$ が与えられればそれらから構成できるからである．

定義 5.3　M の点 p に対して

$$\mathscr{F}_p = \lim_{\overrightarrow{U}} \mathrm{ind}\, \mathscr{F}(U)$$

と定義する．ここで $\lim_{\overrightarrow{U}} \mathrm{ind}$ は p の開近傍 U と r_{VU} の作る帰納系に関する帰

---

1)　U, V をこの順序に書くと(ii)の条件が見易い．

2)　以後環は単位元を持つ可換環のみを扱う．また環の間の準同型は単位元を単位元に写すもののみを考える．

納的極限(inductive limit)である．言い換えれば

$$\mathscr{F}_p=\Big(\bigcup_U \mathscr{F}(U)\Big)\Big/\sim$$

である．ここで和集合は p の開近傍 U 全体にわたる形式和で，同値関係 $\sim$ は，$\alpha\in\mathscr{F}(U)$, $\beta\in\mathscr{F}(V)$ に対して，$W\subset U\cap V$ なる p の開近傍 W で $r_{WU}(\alpha)=r_{WV}(\beta)$ となるものが存在するとき $\alpha\sim\beta$ と定めたものである[1]．

$\mathscr{F}_p$ は前層 $\mathscr{F}$ の p における stalk と呼ばれる．また p が開集合 U の点ならば $\mathscr{F}(U)$ の元 f に対して，それの属する同値類 $f_p\in\mathscr{F}_p$ が定まる．f_p をやはり f の p における germ と呼ぶ．

前節の定義の意味で Abel 群または環の層 $\mathscr{F}$ が与えられたとき，M の開集合 U 上の $\mathscr{F}$ の切断の全体を記号 $\Gamma(U,\mathscr{F})$ であらわすことにする．このとき $\mathscr{F}(U)=\Gamma(U,\mathscr{F})$ と定義して，r_{VU} を制限写像とすれば $\{\mathscr{F}(U), r_{VU}\}$ はこの節で定義した前層である．

逆に $\{\mathscr{F}(U), r_{VU}\}$ を前層として

$$\mathscr{F}_p=\lim_U\text{ind}\,\mathscr{F}(U),\qquad \tilde{\mathscr{F}}=\bigcup_p\mathscr{F}_p$$

とする．ただし $\tilde{\mathscr{F}}$ は $\mathscr{F}_p$ の形式和である．この $\tilde{\mathscr{F}}$ に $\mathcal{O}_M$ の場合と同様の位相を入れれば $\tilde{\mathscr{F}}$ は M 上の層となる．すなわち，$\alpha\in\mathscr{F}_p$ に対して p の近傍 V と，α を germ に持つ $f\in\mathscr{F}(V)$ をとり，V と $V'=\{f_q\mid q\in V\}$ が同相となるように $\tilde{\mathscr{F}}$ の位相を定めるのである．このようにして前層 $\mathscr{F}$ から構成される層 $\tilde{\mathscr{F}}$ を前層 $\mathscr{F}$ に付随した層と呼ぶ．

命題 5.3　(i)　上の記号のもとに，開集合 U に対して自然な準同型

$$\rho_U:\mathscr{F}(U)\longrightarrow\Gamma(U,\tilde{\mathscr{F}})$$

がある．

(ii)　開集合 U に対して ρ_U が単射であるために必要かつ十分な条件は次の条件(S I)が成り立つことである．

(S I)　U の勝手な開被覆 $\{W_i\}$ をとるとき，$\mathscr{F}(U)$ の元 f がすべての i に対して $r_{W_iU}(f)=0$ をみたせば $f=0$ である．

(iii)　すべての開集合 V に対して ρ_V は単射であると仮定する．このとき，

1)　補説 B を見よ．

開集合 U に対して ρ_U が全単射[1]であるために必要かつ十分な条件は次の条件(S II)が成り立つことである.

(S II)　U の勝手な開被覆 $\{W_i\}$ をとるとき，各 i に対して $\mathcal{F}(W_i)$ の元 f_i が与えられて，$W_i \cap W_j \neq \phi$ のとき

$$r_{W_i \cap W_j, W_i}(f_i) = r_{W_i \cap W_j, W_j}(f_j) \tag{5.3}$$

が成り立つならば，すべての i に対して $r_{W_i U}(f) = f_i$ となるような $f \in \mathcal{F}(U)$ が存在する.

(iv)　すべての開集合 U に対して ρ_U が全単射であるために必要かつ十分な条件は(S I)(S II)が成り立つことである. ——

直観的にいえば，(S I)は f が U の各点の近傍で 0 ならば U 全体で 0 ということである．また(S II)は U の各点の近傍で切断が与えられて，それらが consistent(5.3)ならば U 上の切断を定めるということである．$\mathcal{O}_M$ の場合のように，切断＝正則関数のときにはこれらの条件がみたされることは明らかである.

命題 5.3 の証明　(i)　$f \in \mathcal{F}(U)$ に対して，$p \to f_p$ なる写像は $\Gamma(U, \tilde{\mathcal{F}})$ の元を定める．この対応が ρ_U である.

(ii)　まず条件(S I)の十分性を示す．そのために $\mathcal{F}(U)$ の元 f が $\rho_U(f) = 0$ をみたすとする．これは U の任意の点 p に対して，f の germ $f_p \in \mathcal{F}_p$ が 0 であることを意味している．したがって，各 p に対して p の開近傍 W_p を十分小さくとれば $r_{W_p U}(f) = 0$ が成り立つ．$\{W_p\}_{p \in U}$ は U の開被覆であるから条件(S I)によって $f = 0$ である.

条件(S I)の必要性は以下のようにほとんど明らかである．実際(S I)が成り立たないとすれば U の開被覆 $\{W_i\}$ と，$f \in \mathcal{F}(U)$ で

$$f \neq 0, \qquad r_{W_i U}(f) = 0$$

となるものが存在する．このとき U の各点 p で $f_p = 0$ であるから $\rho_U(f) = 0$ となる．したがって ρ_U は単射でない.

(iii)　条件(S II)の十分性を示す．$\Gamma(U, \tilde{\mathcal{F}})$ の元 s は U の各点 p に対して

1)　1 対 1 の準同型を単射(monomorphism)，“上への”準同型を全射(epimorphism)と呼び，単射であってかつ全射であるものを全単射と呼ぶ．今後これらの言葉をしばしば用いる.

$s(p) \in \mathcal{F}_p$ を対応させる連続写像である．$s(p)$ は p のある開近傍 W_p を用いて $f^{[p]} \in \mathcal{F}(W_p)$ によって代表される germ とする．$\tilde{\mathcal{F}}$ の位相の入れ方と s の連続性から，p の開近傍 W_p を十分小さくとれば，任意の $z \in W_p$ に対して $s(z)$ は $f^{[p]}$ の z における germ と一致する．各 W_p をこのように選んでおけば，$W_p \cap W_q \neq \phi$ のとき

$$f_z^{[p]} = s(z) = f_z^{[q]}, \qquad z \in W_p \cap W_q$$

が成り立つ．仮定によって $\rho_{W_p \cap W_q}$ は単射であるから

$$r_{W_p \cap W_q, W_p}(f^{[p]}) = r_{W_p \cap W_q, W_q}(f^{[q]})$$

が成り立つ．したがって，(S II) によって，すべての p に対して $f^{[p]} = r_{W_p U}(f)$ となる $\mathcal{F}(U)$ の元 f が存在する．$\rho_U(f) = s$ となることは作り方から明らかであろう．必要性の証明は省略する．

(iv) は (ii) (iii) から明らかである．(証明終り)

命題 5.3 によれば層とは条件 (S I) (S II) をみたす前層のことである．

§5.3　層の例と完全列

1　§5.1 で複素多様体 M 上の正則関数の germ の層 $\mathcal{O}_M$ を定義した．全く同様の方法で，複素数値をとる M 上の C^∞ 関数の germ の層が定義される．これを $\mathcal{D}_M$ と書くことにする．M の開集合 U に対して

$$\Gamma(U, \mathcal{D}_M) = \{f \mid f \text{ は } U \text{ 上の複素数値 } C^\infty \text{ 関数}\}$$

である．

2　V が M の開集合で，$\mathcal{F}$ が M 上の層のとき，$\mathcal{F}$ の V への制限 $\mathcal{F}|_V$ が次のように定義される．§5.1 の fibre 空間の流儀でいえば，$\mathcal{F}|_V$ は $\pi : \mathcal{F} \to M$ を V に制限して得られる $\pi^{-1}(V) \to V$ のことである．§5.2 の前層の流儀で言えば，V の開集合 U に対して

$$\mathcal{F}|_V(U) = \mathcal{F}(U)$$

としたものである．

N が M の閉集合で，$\mathcal{G}$ が N 上の Abel 群の層のとき，N の外では 0 となるように $\mathcal{G}$ を M 上の層に拡張できる．すなわち，$p \in M$ に対して

$$\tilde{\mathcal{G}}_p = \begin{cases} \mathcal{G}_p, & p \in N \\ 0, & p \notin N \end{cases}$$

として $\tilde{\mathscr{G}}=\bigcup_{p\in M}\tilde{\mathscr{G}}_p$ と定義する．$p\notin N$ のとき $\tilde{\mathscr{G}}_p$ のゼロ元 0_p の開近傍として $\{0_q \mid q\in V\}$, V は p の開近傍，の形のもの全体をとれば $\tilde{\mathscr{G}}$ は M 上の層となる．このとき

$$\Gamma(U,\tilde{\mathscr{G}})=\begin{cases}\Gamma(U\cap N,\mathscr{G}), & U\cap N\neq\phi \text{ のとき}\\ 0, & U\cap N=\phi \text{ のとき}\end{cases}$$

である．今後，閉集合 N 上の Abel 群の層は上の操作によって M 上の層とも考えることにする．

3　$R=\boldsymbol{Z},\boldsymbol{R}$ または $\boldsymbol{C}$ として，M の任意の開集合 U に対して $\mathscr{F}(U)=R$ を対応させ，$V\subset U$ のとき r_{VU} が恒等写像で与えられるような前層 $\mathscr{F}$ を考える．§5.2 の方法で $\mathscr{F}$ に付随した層 $\tilde{\mathscr{F}}$ を構成することができる．この場合 $\mathscr{F}$ は条件(S I)をみたすが(S II)はみたさない．たとえば開集合 U は連結でないとして，その連結成分を U_λ $(\lambda\in\Lambda)$ とすると，

$$\mathscr{F}(U)=R$$
$$\Gamma(U,\tilde{\mathscr{F}})=\{(a_\lambda)_{\lambda\in\Lambda}\mid a_\lambda\in R\}$$

である．あるいは $\Gamma(U,\tilde{\mathscr{F}})$ は U 上定義された，R に値をとる局所的に定値な関数の全体と言ってもよい．このような $\tilde{\mathscr{F}}$ を定数層(constant sheaf)と呼んで，そのまま $\boldsymbol{Z},\boldsymbol{R},\boldsymbol{C}$ であらわす．

4　N が M の解析的部分集合のとき，M 上の層 $\mathscr{I}_N$ を次のように定義する．まず前層 $\mathscr{I}_N$ を，開集合 U に対して

$$\mathscr{I}_N(U)=\{f\in\Gamma(U,\mathscr{O}_M)\mid f|_{N\cap U}=0\},$$

開集合 $V\subset U$ に対して r_{VU} を制限写像と定義する．この前層は命題 5.3 の条件(S I)(S II)をみたすから $\mathscr{I}_N$ 自身を層と考えることができる．点 p における stalk $\mathscr{I}_{N,p}$ は N 上 0 になる正則関数の germ の全体で $\mathscr{O}_{M,p}$ のイデアルをなす．このことから $\mathscr{I}_N$ は解析的部分集合 N のイデアル層(sheaf of ideals of N)と呼ばれる．§5.1 の fibre 空間としての層を考えると，自然な埋め込みの写像 $\mathscr{I}_N\to\mathscr{O}_M$ は 1 対 1 の連続写像で，$\mathscr{I}_N$ の像は $\mathscr{O}_M$ の開集合である．このようなとき，$\mathscr{I}_N$ は $\mathscr{O}_M$ の部分層であるという．一般には次のように定義する．

定義 5.4　$\pi_1:\mathscr{F}\to M$, $\pi_2:\mathscr{G}\to M$ を §5.1 の意味での M 上の Abel 群の層とする．$\mathscr{G}$ が $\mathscr{F}$ の開部分集合で，π_2 が π_1 から惹き起こされた写像であり，しかも各 $p\in M$ に対して $\mathscr{G}_p$ が $\mathscr{F}_p$ の部分群であるとき，$\mathscr{G}$ は $\mathscr{F}$ の部分層(subsheaf)と呼ばれる．

このとき開集合 U に対して単射準同型 $j_U:\Gamma(U,\mathcal{G})\to\Gamma(U,\mathcal{F})$ が自然な方法で定まる[1]．そして2つの開集合 $V\subset U$ に対して図式

$$\begin{array}{ccc} \Gamma(U,\mathcal{G}) & \xrightarrow{j_U} & \Gamma(U,\mathcal{F}) \\ {\scriptstyle r_{VU}}\downarrow & & \downarrow{\scriptstyle r_{VU}} \\ \Gamma(V,\mathcal{G}) & \xrightarrow[j_V]{} & \Gamma(V,\mathcal{F}) \end{array} \tag{5.4}$$

が可換となる．逆に，M の勝手な開集合 U に対して単射準同型

$$j_U:\Gamma(U,\mathcal{G})\longrightarrow\Gamma(U,\mathcal{F})$$

が与えられて，(5.4)を可換にすると仮定する．このとき帰納的極限の性質によって[2]準同型 $\mathcal{G}_p\to\mathcal{F}_p$ が惹き起こされる．これによって $\mathcal{G}=\bigcup_{p\in M}\mathcal{G}_p$ は $\mathcal{F}=\bigcup_{p\in M}\mathcal{F}_p$ の部分層と見做されるのである．

5　$\mathcal{F},\mathcal{G}$ を M 上の2つのAbel群の層とし，M の各開集合 U に対して準同型

$$j_U:\Gamma(U,\mathcal{G})\longrightarrow\Gamma(U,\mathcal{F})$$

が与えられて，$V\subset U$ のとき(5.4)を可換にするとする．このとき j_U の集まりを $\mathcal{G}$ から $\mathcal{F}$ へのAbel群の層の準同型と呼ぶ．§5.1の意味でfibre空間と考えたとき，上と同様に連続写像 $j:\mathcal{G}\to\mathcal{F}$ が定まる．$\mathcal{G},\mathcal{F}$ が環の層で各 j_U が環の準同型のとき j は環の層の準同型と呼ばれる．

Abel群の層の準同型 $j:\mathcal{G}\to\mathcal{F}$ が与えられたとき，j の核(kernel) $\mathrm{Ker}\,j$，j の像(image) $\mathrm{Im}\,j$，j の余核(cokernel) $\mathrm{Coker}\,j$ を次のように定義する．

まず j がstalkに惹き起こす準同型 $j_p:\mathcal{G}_p\to\mathcal{F}_p$ を考え，j_p の核 $\mathrm{Ker}\,j_p$ の形式和を $\mathcal{K}=\bigcup_{p\in M}\mathrm{Ker}\,j_p$ とする，$\mathcal{K}$ を $\mathcal{G}$ の部分集合と考えれば $\mathcal{K}$ は§5.1の意味で層になる．容易にわかるように $\Gamma(U,\mathcal{K})=\mathrm{Ker}\,j_U$ が成り立つ．$\mathcal{K}$ のことを $\mathrm{Ker}\,j$ であらわす．同様に $\bigcup_{p\in M}\mathrm{Im}\,j_p$ は $\mathcal{F}$ の部分層となるが，これを $\mathrm{Im}\,j$ であらわす．

余核を定義するために，やはり形式和 $\mathcal{L}=\bigcup_{p\in M}\mathrm{Coker}\,j_p$ を考える．しかしこの場合には新たに $\mathcal{L}$ の位相を定義しなければならない．$\mathrm{Coker}\,j_p$ の元 γ をと

---

1)　$\mathcal{G}$ の切断を $\mathcal{F}$ の切断と見做す写像である．

2)　補説B.

れば γ はある元 $\alpha \in \mathcal{F}_p$ の剰余類である．さらに α は p のある近傍 V で切断 $f \in \Gamma(V, \mathcal{F})$ によって代表される．このとき $q \in V$ に対して $f_q \in \mathcal{F}_q$ の定める剰余類を $h_q \in \mathrm{Coker}\, j_q$ とする．そして

$$V' = \{h_q \in \mathcal{L} \mid q \in V\}$$

の形の集合を γ の基本近傍系と定義することによって $\mathcal{L}$ の位相を定める．これは言い換えれば次のようになる．まず，$\mu : \mathcal{F} \to \mathcal{L}$ を $\alpha \in \mathcal{F}_p$ に対してその剰余類を対応させる写像とする．開集合 U で定義された写像

$$s : U \longrightarrow \mathcal{L}, \qquad p \longrightarrow s(p) \in \mathrm{Coker}\, j_p$$

が連続であるために必要かつ十分条件は，各点 $p \in U$ に対して，開近傍 V_p と $f^{[p]} \in \Gamma(V_p, \mathcal{F})$ が存在して

$$s(q) = \mu((f^{[p]})_q), \qquad q \in V_p$$

となることである．この位相によって $\mathcal{L}$ は層となり，$\mathcal{L}_p = \mathrm{Coker}\, j_p$ である．$\mathcal{L} = \mathrm{Coker}\, j$ と書く．この場合

$$\Gamma(U, \mathrm{Coker}\, j) \neq \mathrm{Coker}\, j_U$$

となり得ることを注意しておく．後に見るように，この2つの群の違いに関する情報を与えるのがコホモロジー群である．

すべての stalk が 0 であるような層を 0 であらわす．$\mathrm{Ker}\, j = 0$ のとき j は単射(monomorphism)，$\mathrm{Coker}\, j = 0$ のとき j は全射(epimorphism)であるという．また単射であって全射であるものを同型(isomorphism)と呼ぶ．2つの層 $\mathcal{F}, \mathcal{G}$ の間に同型 $\mathcal{F} \to \mathcal{G}$ が存在するとき $\mathcal{F}$ と $\mathcal{G}$ は互いに同型であるといって $\mathcal{F} \cong \mathcal{G}$ とあらわす．

6 層の完全列について述べる前に加群の完全列について復習する．A を可換環とし，L, M, N を A 加群，$\varphi : M \to L$, $\psi : L \to N$ を A 加群の準同型とする．L の部分加群として $\mathrm{Ker}\, \psi = \mathrm{Im}\, \varphi$ が成り立つとき

(5.5) $$M \xrightarrow{\varphi} L \xrightarrow{\psi} N$$

は完全(exact)であるという．あるいは(5.5)は完全列(exact sequence)であるという．φ が単射であるとき $0 \to M \xrightarrow{\varphi} L$ は完全であるという．また ψ が全射であるとき $L \xrightarrow{\psi} N \to 0$ は完全であるという．したがって

$$0 \longrightarrow M \xrightarrow{\varphi} L \xrightarrow{\psi} N \longrightarrow 0$$

が完全であるとは，(5.5)が完全で，φ が単射かつ ψ は全射ということである．

一般に A 加群の間の準同型の列

$$L_1 \xrightarrow{\varphi_1} L_2 \xrightarrow{\varphi_2} \cdots \longrightarrow L_m \xrightarrow{\varphi_m} L_{m+1} \tag{5.6}$$

において $\mathrm{Ker}\,\varphi_{j+1}=\mathrm{Im}\,\varphi_j$, $j=1, 2, \cdots, m-1$ が成り立つとき(5.6)は完全であるという．

層の間の準同型についても同様に完全列を定義する．すなわち

$$\mathscr{G} \xrightarrow{\varphi} \mathscr{F} \xrightarrow{\psi} \mathscr{H}$$

が完全であるとは $\mathrm{Ker}\,\psi=\mathrm{Im}\,\varphi$ が成り立つことであり，

$$0 \longrightarrow \mathscr{G} \xrightarrow{\varphi} \mathscr{F} \xrightarrow{\psi} \mathscr{H} \longrightarrow 0$$

が完全であるとは，さらに φ が単射，ψ が全射であることである．この形の完全列は今後非常に重要である．

命題 5.4　次の列

$$\mathscr{G} \xrightarrow{\varphi} \mathscr{F} \xrightarrow{\psi} \mathscr{H} \longrightarrow 0 \tag{5.7}$$

が完全ならば $\mathscr{H}$ は $\mathrm{Coker}\,\varphi$ と同型である．

証明　$\mathscr{L}=\mathrm{Coker}\,\varphi$ として，同型 $j:\mathscr{L}\to\mathscr{H}$ を構成する．まず $\mu:\mathscr{F}\to\mathscr{L}$ で剰余類をとる準同型をあらわす．U を M の開集合，$s\in\Gamma(U, \mathscr{L})$ とすると，余核の定義によって U の開被覆 $\{U_i\}$ と $f_i\in\Gamma(U_i, \mathscr{F})$ があって

$$r_{U_iU}(s) = \mu_{U_i}(f_i)$$

が成り立つ．$U_i\cap U_j\neq\phi$ ならば

$$r_{U_i\cap U_j, U_i}(\mu_{U_i}(f_i)) = r_{U_i\cap U_j, U_j}(\mu_{U_j}(f_j))$$

であるから

$$r_{U_i\cap U_j, U_i}(f_i) - r_{U_i\cap U_j, U_j}(f_j) \in \Gamma(U_i\cap U_j, \mathrm{Im}\,\varphi)$$

である[1]．したがって，(5.7)の完全性より

$$r_{U_i\cap U_j, U_i}(\psi_{U_i}(f_i)) = r_{U_i\cap U_j, U_j}(\psi_{U_j}(f_j))$$

が得られる．ゆえに $\Gamma(U, \mathscr{H})$ の元 h で，すべての i に対して

$$r_{U_iU}(h) = \psi_{U_i}(f_i)$$

をみたすものが存在する[2]．この h は途中に用いた $\{U_i\}$ や $\{f_i\}$ の選び方によらずに定まる[3]．そこで $j_U:\Gamma(U, \mathscr{L})\to\Gamma(U, \mathscr{H})$ を $j_U(f)=h$ によって定義

1)　$\mathscr{L}$ における制限写像も $\mathscr{F}$ における制限写像も同じ記号であらわす．$\mathscr{H}$ についても同様である．

2)　命題 5.3 の条件(S II)である．

する．これらの j_U の集まり $\{j_U\}$ が層の準同型を定めることは容易に確かめられる．

j が同型であることを証明するには，任意の点 $p\in M$ に対して $j_p:\mathcal{L}_p\to\mathcal{H}_p$ が同型であることを示せばよい．上に述べた作り方によれば，$\gamma\in\mathcal{L}_p$ に対して $\mu(\alpha)=\gamma$ なる $\alpha\in\mathcal{F}_p$ を選べば $j_p(\gamma)=\psi(\alpha)$ である．一方，完全列(5.7)から Abel 群の完全列

$$\mathcal{G}_p \xrightarrow{\varphi_p} \mathcal{F}_p \xrightarrow{\psi_p} \mathcal{H}_p \longrightarrow 0$$

が得られる．$\mathcal{L}_p=\mathrm{Coker}\,\varphi_p$ であるから加群の同型定理によって $\mathcal{L}_p$ から $\mathcal{H}_p$ への自然な同型が存在する．j_p はこの同型にほかならない．

7　N を複素多様体 M の部分多様体とする．N 上の正則関数の germ の層 $\mathcal{O}_N$ を N の外まで 0 で拡張して M 上の層と考える．$\mathcal{I}_N$ を N のイデアル層とすれば

$$0 \longrightarrow \mathcal{I}_N \xrightarrow{j} \mathcal{O}_M \longrightarrow \mathcal{O}_N \longrightarrow 0 \tag{5.8}$$

なる完全列がある．ここで j は自然な埋め込みの写像で，$\mathcal{O}_M\to\mathcal{O}_N$ は M 上の正則関数を N に制限する写像である．(5.8)が完全列であることは明らかであろう．

N が部分多様体でなく M の解析的部分集合の場合には，完全列(5.8)によって $\mathcal{O}_N$ を定義するのである．すなわち $\mathcal{O}_N=\mathrm{Coker}\,j$ と定義する．これは M 上の層であるが，N の外の点 p に対しては $\mathcal{I}_{N,p}=\mathcal{O}_{M,p}$ であるから $\mathcal{O}_{N,p}=0$ である．したがって，$\mathcal{O}_N$ は N 上の層を 0 で拡張した層と考えられるので，$\mathcal{O}_N$ 自身を N 上の層と見做すのである．N の開集合 V に対して $\Gamma(V,\mathcal{O}_N)$ の元は V 上定義された N の正則関数と呼ばれる．このようにして解析的部分集合が特異点を持つ場合にもその上の正則関数を考えることができる．

8　M の各点 p に対して局所環 $\mathcal{O}_{M,p}$ は整域であるからその商体を $\mathfrak{M}_{M,p}$ であらわす．$\mathfrak{M}_M=\bigcup_{p\in M}\mathfrak{M}_{M,p}$ とおき，$\mathfrak{M}_M$ の位相を以下のように定める．$\mathfrak{M}_{M,p}$ の元 γ は

$$\gamma=\alpha/\beta,\qquad \alpha,\beta\in\mathcal{O}_{M,p},\quad \beta\neq 0$$

とあらわされる．p の適当な連結開近傍 V をとって，α,β はそれぞれ $\varphi,\psi\in$

---

3) (前頁注)　h は well defined であるという．読者は確かめられたい．全部書くと長くなるが慣れれば難しくはない．

$\Gamma(V,\mathcal{O}_M)$ の p における germ であるとする．一致の定理によって，V の各点 q で $\psi_q \neq 0$ である[1]．このとき

$$V' = \{\varphi_q/\psi_q \mid q \in V\}$$

の形の集合を γ の基本近傍系と定めるのである．この位相によって $\mathfrak{M}_M$ は M 上の層となり，M 上の有理型関数の germ の層と呼ばれる．M の開集合 U に対して $\Gamma(U,\mathfrak{M}_M)$ は U 上の有理型関数の全体にほかならない．

一方 M の開集合 U の連結成分を $U_\lambda\ (\lambda\in\Lambda)$ とすると，一致の定理によって，$\Gamma(U_\lambda,\mathcal{O}_M)$ は整域である．その商体を $\mathfrak{M}(U_\lambda)$ として $\mathfrak{M}(U)=\prod_\lambda \mathfrak{M}(U_\lambda)$ と定義する．$U\to\mathfrak{M}(U)$ は通常の制限写像によって前層となる．この前層は命題5.3の条件(S I)をみたすが，一般には条件(S II)をみたさない．そこで§5.2の方法でこの前層に付随した層を作ったものが $\mathfrak{M}_M$ である．§3.2ではこの構成を直接に書き出して有理型関数を定義したのであった．

9　$\mathcal{O}_{M,p}^*$ で $\mathcal{O}_{M,p}$ の可逆元全体のなす乗法群をあらわし，$\mathcal{O}_M^*=\bigcup_{p\in M}\mathcal{O}_{M,p}^*$ とする．$\mathcal{O}_M^*$ は $\mathcal{O}_M$ の開集合で，乗法に関して M 上の Abel 群の層となる[2]．同様に $\mathfrak{M}_{M,p}^*=\mathfrak{M}_{M,p}-\{0\}$, $\mathfrak{M}_M^*=\bigcup_{p\in M}\mathfrak{M}_{M,p}^*$ とすれば，$\mathfrak{M}_M^*$ も乗法に関して M 上の Abel 群の層である．しかも $\mathcal{O}_M^*$ は $\mathfrak{M}_M^*$ の部分層である．自然な埋め込み写像 $\mathcal{O}_M^*\to\mathfrak{M}_M^*$ の余核を $\mathcal{D}iv_M$ と書く．したがって

$$0 \longrightarrow \mathcal{O}_M^* \longrightarrow \mathfrak{M}_M^* \longrightarrow \mathcal{D}iv_M \longrightarrow 0$$

が完全列となる[3]．§3.3の定義と，余核の定義を思い出せば

$$\Gamma(M,\mathcal{D}iv_M) = \{D \mid D\ \text{は}\ M\ \text{上の Cartier 因子}\}$$

であることがわかる．同様に，M の開集合 U に対して $\Gamma(U,\mathcal{D}iv_M)$ は U 上の Cartier 因子の全体と一致する．$\mathcal{D}iv_M$ は M 上の Cartier 因子の germ の層と呼ばれる[4]．

10　M 上の直線バンドル L を考える(§3.3)．M の各開集合 U に対して $\mathcal{L}(U)$ は U 上定義された L の正則切断の全体とする．また $V\subset U$ なる開集合 V,U に対して r_{VU} は正則切断の定義域を制限する写像とする．このようにし

1)　勿論 $\psi(q)\neq 0$ (ψ の q における値が0でない)ということではない．

2)　群構造が異なるので $\mathcal{O}_M^*$ は $\mathcal{O}_M$ の部分層ではない．

3)　$\mathcal{O}_M^*$ は乗法群の層であるから左端の0は1とする流儀もある．

4)　まず最初に層 $\mathcal{D}iv_M$ を定義して，その切断として Cartier 因子を定義すればより透明な定義となる．これは有理型関数についても同様の事情であった．

て $\{\mathcal{L}(U), r_{VU}\}$ は前層となり，命題 5.3 の条件(S I)(S II)をみたす．したがって $\mathcal{L}$ は M 上の層で，これは L の正則切断の germ の層と呼ばれ，$\mathcal{O}(L)$ または $\mathcal{O}_M(L)$ であらわされる．第 3 章の記号を用いれば

$$\Gamma(M, \mathcal{O}(L)) = H^0(M, \mathcal{O}(L))$$

である．この意味は §5.5 で明らかになるだろう．

L は M の開被覆 $\{U_i\}$ に属する変換関数系によって定義されているとすれば $\mathcal{O}(L)|_{U_i} \cong \mathcal{O}_M|_{U_i}$ である．一般には M 上で $\mathcal{O}(L) \cong \mathcal{O}_M$ とは限らない．

§5.4 コホモロジー群 I

この節では M は位相空間とする．現われる層は特に断わらなければ Abel 群の層である．出発点として M 上の層の完全列

(5.9) $$0 \longrightarrow \mathcal{G} \xrightarrow{\varphi} \mathcal{F} \xrightarrow{\psi} \mathcal{H} \longrightarrow 0$$

を考える．

命題 5.5 M の任意の開集合 U に対して

(5.10) $$0 \longrightarrow \Gamma(U, \mathcal{G}) \xrightarrow{\varphi_U} \Gamma(U, \mathcal{F}) \xrightarrow{\psi_U} \Gamma(U, \mathcal{H})$$

は完全列である．

証明 まず φ_U が単射であることは明らかであろう．次に $s \in \Gamma(U, \mathcal{F})$ が $\psi_U(s)=0$ をみたすとする．$p \in M$ に対して $\psi_p : \mathcal{F}_p \to \mathcal{H}_p$ で stalk の間の準同型をあらわす．切断 s が $p \to s(p)$ で与えられているとすると $\psi_p(s(p))=0$ である．したがって，φ によって $\mathcal{G} \subset \mathcal{F}$ と考えれば $s(p) \in \mathcal{G}_p$ である．しかも $\mathcal{G}$ は $\mathcal{F}$ の開集合となるから $p \to s(p)$ は $\mathcal{G}$ の中への連続写像である．こうして定まる切断を $t \in \Gamma(U, \mathcal{G})$ と書けば $s=\varphi_U(t)$ である．以上で $\mathrm{Ker}\,\psi_U \subset \mathrm{Im}\,\varphi_U$ が証明された．逆の包含関係は明らかである[1]．（証明終り）

命題 5.5 の特別の場合として

$$0 \longrightarrow \Gamma(M, \mathcal{G}) \longrightarrow \Gamma(M, \mathcal{F}) \longrightarrow \Gamma(M, \mathcal{H})$$

は完全列である[2]．問題は $\Gamma(M, \mathcal{F}) \to \Gamma(M, \mathcal{H})$ がいつ全射となるかということである．

これを調べるために $\Gamma(M, \mathcal{H})$ の元 $u : p \to u(p)$ をとる．$\mathcal{H}_p \cong \mathcal{F}_p / \mathcal{G}_p$ であ

---

1) 命題 5.5 が成り立つためには(5.9)で ψ が全射である必要はない．
2) 前後の関係から明らかな場合には矢印(準同型)の名前を省略して書くことにする．

るから，各 p に対して $\psi_p(\alpha_p)=u(p)$ なる $\alpha_p\in\mathscr{F}_p$ が存在する．$\pi:\mathscr{F}\to M$ は局所同相写像であるから，p の開近傍 V_p と $s_p\in\Gamma(V_p,\mathscr{F})$ で $s_p(p)=\alpha_p$ なるものが存在する[1]．同様に $\pi:\mathscr{H}\to M$ は局所同相写像で $\psi_p(s_p(p))=u(p)$ であるから，V_p を十分小さくとって，V_p 上 $\psi(s_p)=u$ が成り立つ[2]としてよい．このような V_p, V_q で $V_p\cap V_q\neq\phi$ なるものを考える．もしすべてのこのような $V_p\cap V_q$ 上で $s_p=s_q$ が成り立つならば $\{s_p\}$ は $\Gamma(M,\mathscr{F})$ の元 s で $\psi(s)=u$ となるものを定める(条件(S II))．しかし，これは単なる十分条件であって，必ずしも $V_p\cap V_q$ 上 $s_p=s_q$ が成り立っていなくても s が見出せる場合がある．それを見るために

$$t_{pq}=s_q-s_p\in\Gamma(V_p\cap V_q,\mathscr{F})$$

とおくと[3] $V_p\cap V_q$ 上では $\psi(s_p)=\psi(s_q)$ であるから $\psi(t_{pq})=0$ である．したがって，$t_{pq}\in\Gamma(V_p\cap V_q,\mathscr{G})$ である．今，各 V_p に対して $\Gamma(V_p,\mathscr{G})$ の元 τ_p で $V_p\cap V_q$ 上

$$t_{pq}=\tau_q-\tau_p \tag{5.11}$$

となるものが存在すると仮定する．このとき $\sigma_p=s_p-\varphi(\tau_p)\in\Gamma(V_p,\mathscr{F})$ と定めれば，$\psi(\sigma_p)=\psi(s_p)$ で，$V_p\cap V_q$ 上 $\sigma_p=\sigma_q$ が成り立つ．したがって $\{\sigma_p\}$ は $\Gamma(M,\mathscr{F})$ の元 σ で $\psi(\sigma)=u$ となる．このように，問題の準同型

$$\Gamma(M,\mathscr{F})\longrightarrow\Gamma(M,\mathscr{H})$$

が全射であるか否かは t_{pq} が(5.11)の形に書けるか否かに掛かっている．ここで t_{pq},τ_p は $\mathscr{G}$ の切断であって，$\mathscr{F},\mathscr{H}$ 等と直接には関係していないことに注意しておく．以上がコホモロジー群 $H^1(M,\mathscr{G})$ を考えることの動機付けである．

コホモロジー群を定義するためにまず上の $\{V_p\}$ に相当するものとして M の開被覆 $\{U_i\}_{i\in I}$ を1つ固定して考える．この開被覆を $\mathfrak{U}$（ドイツ文字の U）で表わすことにする[4]．$Z^1(\mathfrak{U},\mathscr{G})$ で，$U_i\cap U_j\neq\phi$ であるような i,j に対して定められた

$$t_{ij}\in\Gamma(U_i\cap U_j,\mathscr{G})$$

1) s_p の p は添え字である．
2) 正確には ψ の定義域 V_p を明示すべきであるが今後このように略記する．
3) 右辺の s_q, s_p は $V_p\cap V_q$ に制限したものの意味であるがそのことを明示しない．
4) 後に開被覆をどんどん細分して行った極限をとるのである．

の組 $(t_{ij})_{i,j\in I}$ で

$$(5.12)\qquad \begin{cases} t_{ji} = -t_{ij} \\ U_i\cap U_j\cap U_k \text{ 上}\quad t_{jk}-t_{ik}+t_{ij}=0 \end{cases}$$

をみたすものの全体をあらわす．このような $(t_{ij})_{i,j\in I}$ は $\mathcal{G}$ に係数を持つ $\mathfrak{U}$ 上の 1-cocycle と呼ばれる．$(t_{ij}')_{i,j\in I}$ が別の 1-cocycle ならば，$(t_{ij}+t_{ij}')_{i,j\in I}$ を 2 つの 1-cocycle の和と定義する．これによって $Z^1(\mathfrak{U}, \mathcal{G})$ は加法群となる．

次に $\tau_i\in\Gamma(U_i, \mathcal{G})$ の組 $(\tau_i)_{i\in I}$ が与えられたとして

$$t_{ij}=\tau_j-\tau_i\in\Gamma(U_i\cap U_j, \mathcal{G})$$

と定義する．$(t_{ij})_{i,j\in I}$ は(5.12)をみたすから 1-cocycle である．このようにして得られる 1-cocycle を coboundary と呼び，その全体を $B^1(\mathfrak{U}, \mathcal{G})$ であらわす．明らかに $B^1(\mathfrak{U}, \mathcal{G})$ は $Z^1(\mathfrak{U}, \mathcal{G})$ の部分群であるから，商群をとって

$$H^1(\mathfrak{U}, \mathcal{G}) = Z^1(\mathfrak{U}, \mathcal{G})/B^1(\mathfrak{U}, \mathcal{G})$$

と定義する．

次に $\mathfrak{V}=\{V_\lambda\}_{\lambda\in\Lambda}$ を M の別の開被覆として，$\mathfrak{V}$ は $\mathfrak{U}$ の細分であるとする．すなわち，任意の $\lambda\in\Lambda$ に対して $V_\lambda\subset U_{i(\lambda)}$ なる指数 $i(\lambda)\in I$ が存在するとする．しばらくこのような対応 $\lambda\to i(\lambda)$ を 1 つ固定して考える．$\mathfrak{U}$ 上の 1-cocycle $(t_{ij})\in Z^1(\mathfrak{U}, \mathcal{G})$ に対して $t_{\lambda\mu}'$ を $t_{i(\lambda)i(\mu)}$ の $V_\lambda\cap V_\mu$ への制限とすると，$(t_{\lambda\mu}')\in Z^1(\mathfrak{V}, \mathcal{G})$ である．これを 1-cocycle (t_{ij}) の制限と呼ぶことにする．この対応は coboundary を coboundary に写すから，準同型

$$H^1(\mathfrak{U}, \mathcal{G}) \longrightarrow H^1(\mathfrak{V}, \mathcal{G})$$

を定める．以下，この準同型を $\Pi(\mathfrak{V}, \mathfrak{U})$ と書くことにする．

補題 5.1　$\Pi(\mathfrak{V}, \mathfrak{U})$ は対応 $\lambda\to i(\lambda)$ のとり方によらない．

証明　$V_\lambda\subset U_{j(\lambda)}$ となる対応 $\lambda\to j(\lambda)$ をとる．V_λ は $U_{i(\lambda)}\cap U_{j(\lambda)}$ に含まれるから，$\tau_\lambda\in\Gamma(V_\lambda, \mathcal{G})$ を $t_{i(\lambda)j(\lambda)}$ の V_λ への制限として定めることができる．このとき 1-cocycle の条件(5.12)によって $V_\lambda\cap V_\mu$ で

$$\begin{aligned} t_{j(\lambda)j(\mu)}-t_{i(\lambda)i(\mu)} &= (t_{j(\lambda)i(\mu)}+t_{i(\mu)j(\mu)})-(t_{i(\lambda)j(\lambda)}+t_{j(\lambda)i(\mu)}) \\ &= \tau_\mu-\tau_\lambda \end{aligned}$$

が成り立つ．すなわち，$\lambda\to i(\lambda)$ をとりかえても，1-cocycle (t_{ij}) の行き先は coboundary しか変わらない．（証明終り）

さらに $\mathfrak{W}$ が M の第 3 の開被覆で $\mathfrak{V}$ の細分であるとすれば

$$\Pi(\mathfrak{W}, \mathfrak{U}) = \Pi(\mathfrak{W}, \mathfrak{V})\circ\Pi(\mathfrak{V}, \mathfrak{U})$$

が成り立つ．また勝手な2つの開被覆 $\mathfrak{U}, \mathfrak{V}$ に対して共通の細分 $\mathfrak{W}$ が存在するから

$$\{H^1(\mathfrak{U}, \mathcal{G}), \Pi(\mathfrak{V}, \mathfrak{U})\}$$

は帰納系をなす．その帰納的極限をとって

$$H^1(M, \mathcal{G}) = \lim \operatorname{ind} H^1(\mathfrak{U}, \mathcal{G})$$

と定義する．$H^1(M, \mathcal{G})$ を $\mathcal{G}$ の1次コホモロジー群と呼ぶ．帰納的極限の性質によって，標準的な写像

$$\Pi(\mathfrak{U}) : H^1(\mathfrak{U}, \mathcal{G}) \longrightarrow H^1(M, \mathcal{G})$$

が定まることに注意する．この写像 $\Pi(\mathfrak{U})$ によって1-cocycle (t_{ij}) から定まる $H^1(M, \mathcal{G})$の元を (t_{ij}) のコホモロジー類と呼ぶ[1]．

命題5.6　完全列 $0\to\mathcal{G}\to\mathcal{F}\xrightarrow{\psi}\mathcal{H}\to 0$ が与えられたとき，命題5.5の完全列は次の完全列

$$(5.13)\quad 0 \longrightarrow \Gamma(M, \mathcal{G}) \longrightarrow \Gamma(M, \mathcal{F}) \longrightarrow \Gamma(M, \mathcal{H}) \xrightarrow{\delta^*} H^1(M, \mathcal{G})$$

に延長できる．

証明　$u\in\Gamma(M, \mathcal{H})$ とする．$H^1(M, \mathcal{G})$ の定義の前に見たように，M の開被覆 $\mathfrak{U}=\{U_i\}$ を十分細かくとれば，$s_i\in\Gamma(U_i, \mathcal{F})$ で，U_i 上 $\psi(s_i)=u$ なるものをとることができる．このとき $t_{ij}=s_j-s_i$ とすれば $(t_{ij})\in Z^1(\mathfrak{U}, \mathcal{G})$ である．この (t_{ij}) のコホモロジー類を $\delta^*(u)$ と定義する．

上のような s_i は一意的ではないが，別の σ_i を選べば $\tau_i=s_i-\sigma_i$ は U_i 上の $\mathcal{G}$ の切断となる．しかも

$$\sigma_j-\sigma_i = t_{ij}-(\tau_j-\tau_i)$$

であるから，コホモロジー類 $\delta^*(u)$ は s_i の選び方によらずに定まる．これが開被覆 $\mathfrak{U}$ のとり方にもよらないことは明らかであろう[2]．

次に，このように定義した δ^* によって(5.13)が完全列となることを見よう．まず $u=\psi(\sigma)$, $\sigma\in\Gamma(M, \mathcal{F})$ ならば，上の定義で $s_i=\sigma$ ととることができて当然 $t_{ij}=0$ である．したがって $\delta^*(u)=0$ である．逆に $\delta^*(u)=0$ とする．こ

1)　今後 $t=(t_{ij})$ のように cocycle を1つの文字であらわし，そのコホモロジー類を $[t]$ と書くことにする．

2)　すなわち $\delta^*(u)$ は well defined である．

のとき $\mathfrak{U}, \{s_i\}, \{t_{ij}\}$ を上のように選べば，$\mathfrak{U}$ の細分 $\mathfrak{V}=\{V_\lambda\}$ があって，(t_{ij}) の制限は coboundary である．したがって，$V_\lambda \subset U_{i(\lambda)}$ として，$\sigma_\lambda = s_{i(\lambda)}$ と定めれば $V_\lambda \cap V_\mu$ で

$$\sigma_\mu - \sigma_\lambda = \tau_\mu - \tau_\lambda$$

となる $\tau_\lambda \in \Gamma(V_\lambda, \mathscr{G})$ が存在する．ゆえに $\tilde{\sigma}_\lambda = \sigma_\lambda - \tau_\lambda$ とすれば $V_\lambda \cap V_\mu$ で $\tilde{\sigma}_\lambda = \tilde{\sigma}_\mu$ が成り立つ．したがって $\{\tilde{\sigma}_\lambda\}$ は $\Gamma(M, \mathscr{F})$ の元 $\tilde{\sigma}$ で $\psi(\tilde{\sigma}) = u$ なるものを定める．(証明終り)

命題 5.7　命題 5.6 の完全列(5.13)はさらに

$$\begin{aligned} 0 \longrightarrow \Gamma(M, \mathscr{G}) \longrightarrow \Gamma(M, \mathscr{F}) \longrightarrow \Gamma(M, \mathscr{H}) \\ \xrightarrow{\delta^*} H^1(M, \mathscr{G}) \xrightarrow{\varphi} H^1(M, \mathscr{F}) \xrightarrow{\psi} H^1(M, \mathscr{H}) \end{aligned}$$

なる完全列に延長できる．ここで2行目の φ は 1-cocycle $t=(t_{ij})$ を 1-cocycle $\varphi(t)=(\varphi(t_{ij}))$ に写す写像から惹き起こされたものであり，ψ についても同様である[1)]．

証明　$\varphi \circ \delta^* = 0, \psi \circ \varphi = 0$ なることは明らかであろう．そこでまず $\mathrm{Ker}\, \varphi \subset \mathrm{Im}\, \delta^*$ を示す．そのために 1-cocycle $(t_{ij}) \in Z^1(\mathfrak{U}, \mathscr{G})$ のコホモロジー類を $[t]$ として，$\varphi([t])=0$ であると仮定する．このとき $\mathfrak{U}$ の細分 $\mathfrak{V}$ があって $(\varphi(t_{ij}))$ は $\mathfrak{V}$ に制限すれば coboundary であるから，最初から $\mathfrak{U}$ を十分細かくとって $(\varphi(t_{ij}))$ は coboundary であるとしてよい．したがって $U_i \cap U_j$ 上

$$\varphi(t_{ij}) = s_j - s_i$$

となる $s_i \in \Gamma(U_i, \mathscr{F})$ が存在する．$U_i \cap U_j$ で $\psi(s_i) = \psi(s_j)$ が成り立つから $\{\psi(s_i)\}$ は $\Gamma(M, \mathscr{H})$ の元 u を定め $\delta^*(u) = [t]$ である．

次に $\mathrm{Ker}\, \psi \subset \mathrm{Im}\, \varphi$ を証明する．1-cocycle $(s_{ij}) \in Z^1(\mathfrak{U}, \mathscr{F})$ のコホモロジー類 $[s]$ が $\psi([s])=0$ をみたすとする．このとき $\mathfrak{U}$ を十分細かくとって $(\psi(s_{ij}))$ は coboundary であるとしてよい．すなわち $U_i \cap U_j$ 上 $\psi(s_{ij}) = u_j - u_i$, $u_i \in \Gamma(U_i, \mathscr{H})$ とあらわすことができる．既に見たように各 U_i を十分小さい開集合 $V_{i\alpha}$ で覆えば各 $V_{i\alpha}$ 上で $u_i = \psi(s_{i\alpha})$, $s_{i\alpha} \in \Gamma(V_{i\alpha}, \mathscr{F})$ と書くことができる．そこで $\{V_{i\alpha}\}_{i,\alpha}$ を $\mathfrak{U}$ の細分と見て，これを改めて $\mathfrak{U} = \{U_i\}$ と書くことにすれば

$$\psi(s_{ij}) = u_j - u_i, \qquad u_i = \psi(\sigma_i), \quad \sigma_i \in \Gamma(U_i, \mathscr{F})$$

---

1)　$\mathfrak{U}$ を固定すれば $H^1(\mathfrak{U}, \mathscr{G}) \to H^1(\mathfrak{U}, \mathscr{F}) \to H^1(M, \mathscr{F})$ が定まり，これより補説 B，定理 B.1 によって $H^1(M, \mathscr{G}) \to H^1(M, \mathscr{F})$ が定まる．

であるとしてよい．このとき $\psi(s_{ij}-\sigma_j+\sigma_i)=0$ であるから $t_{ij}=s_{ij}-\sigma_j+\sigma_i$ は $\Gamma(U_i\cap U_j,\mathscr{G})$ の元と見做すことができて，(t_{ij}) は $Z^1(\mathfrak{U},\mathscr{G})$ の元を定める．(t_{ij}) のコホモロジー類 $[t]$ をとれば $[s]=\varphi([t])$ である．（証明終り）

一般のコホモロジー群 $H^q(M,\mathscr{G})$ を定義する前に，1次コホモロジーに特有な命題を2つ証明しておく．

命題 5.8　$\mathfrak{U}=\{U_i\}$ を M の開被覆とする．このとき標準写像

$$H^1(\mathfrak{U},\mathscr{G})\longrightarrow H^1(M,\mathscr{G})$$

は単射である．

証明　1-cocycle $(t_{ij})\in Z^1(\mathfrak{U},\mathscr{G})$ のコホモロジー類は0であるとする．定義によって $\mathfrak{U}$ の適当な細分 $\mathfrak{V}=\{V_\lambda\}_{\lambda\in\Lambda}$, $V_\lambda\subset U_{i(\lambda)}$ をとれば，(t_{ij}) の制限は coboundary である．したがって $\tau_\lambda\in\Gamma(V_\lambda,\mathscr{G})$ を

$$t_{i(\lambda)i(\mu)}=\tau_\mu-\tau_\lambda$$

なるように選ぶことができる．

添え字 j を固定して考えると，U_j は $U_j\cap V_\lambda$, $\lambda\in\Lambda$ で覆われている．そこで $U_j\cap V_\lambda\cap V_\mu$ で τ_λ と τ_μ を比較すると 1-cocycle の条件によって

$$\tau_\mu-\tau_\lambda=t_{i(\lambda)i(\mu)}=t_{i(\lambda)j}-t_{i(\mu)j}$$

を得る．したがって $\tilde{\tau}_\lambda^{(j)}=\tau_\lambda+t_{i(\lambda)j}$ は $\Gamma(U_j\cap V_\lambda,\mathscr{G})$ の元で $U_j\cap V_\lambda\cap V_\mu$ で $\tilde{\tau}_\lambda^{(j)}=\tilde{\tau}_\mu^{(j)}$ が成り立つ．$\tilde{\tau}_\lambda^{(j)}$ を貼り合わせて得られる $\Gamma(U_j,\mathscr{G})$ の元を γ_j と書くことにする．そこで $\lambda\in\Lambda$ を1つ固定して考えれば $U_j\cap U_k\cap V_\lambda$ で

$$\begin{aligned}\gamma_k-\gamma_j&=(\tau_\lambda+t_{i(\lambda)k})-(\tau_\lambda+t_{i(\lambda)j})\\&=t_{i(\lambda)k}-t_{i(\lambda)j}\\&=t_{jk}\end{aligned}$$

が成り立つ．ここで λ は任意であるから $U_j\cap U_k$ 全体で

$$\gamma_k-\gamma_j=t_{jk}$$

である．すなわち (t_{ij}) 自身が coboundary である．（証明終り）

命題 5.9　$\mathfrak{U}=\{U_i\}$ を M の開被覆として，各 i に対して $H^1(U_i,\mathscr{G}|_{U_i})=0$ が成り立つと仮定する．このとき標準写像

$$\Pi(\mathfrak{U}):H^1(\mathfrak{U},\mathscr{G})\longrightarrow H^1(M,\mathscr{G})$$

は同型である．

証明　定義によって $H^1(M,\mathscr{G})$ の元は M の適当な開被覆 $\mathfrak{V}=\{V_\lambda\}_{\lambda\in\Lambda}$ をと

れば 1-cocycle $(t_{\lambda\mu})\in Z^1(\mathfrak{V},\mathcal{G})$ によって代表される．そこで必要ならば $\mathfrak{V}$ の細分をとって $\mathfrak{V}$ は $\mathfrak{U}$ の細分であると仮定してよい．そして $V_\lambda\subset U_{i(\lambda)}$ なる対応 $\lambda\to i(\lambda)$ を選んでおく．

$t_{\lambda\mu}\in\Gamma(V_\lambda\cap V_\mu,\mathcal{G})$ の $U_j\cap V_\lambda\cap V_\mu$ への制限を $t_{\lambda\mu}|_{U_j}$ とすると，$(t_{\lambda\mu}|_{U_j})$ は U_j の開被覆 $\{U_j\cap V_\lambda\}_{\lambda\in\Lambda}$ の上の 1-cocycle である．仮定と命題 5.8 によって

$$t_{\lambda\mu}|_{U_j}=\tau_\mu{}^j-\tau_\lambda{}^j,\qquad \tau_\lambda{}^j\in\Gamma(U_j\cap V_\lambda,\mathcal{G})$$

とあらわすことができる．特に $j=i(\mu)$ とすれば $V_\lambda\cap V_\mu$ で

$$t_{\lambda\mu}=\tau_\mu{}^{i(\mu)}-\tau_\lambda{}^{i(\mu)} \tag{5.14}$$

が成り立つ．一方，$U_j\cap U_k\cap V_\lambda\cap V_\mu$ では

$$\tau_\mu{}^j-\tau_\lambda{}^j=\tau_\mu{}^k-\tau_\lambda{}^k$$

であるから，$\{\tau_\lambda{}^j-\tau_\lambda{}^k\}_{\lambda\in\Lambda}$ は $\Gamma(U_j\cap U_k,\mathcal{G})$ の元を定める．これを θ_{jk} とする．

このようにして定めた θ_{jk} が 1-cocycle で $(t_{\lambda\mu})$ と同じコホモロジー類に属することを証明する．まず $\theta_{jk}=-\theta_{kj}$ が成り立つことは明らかである．次に $U_j\cap U_k\cap U_l\cap V_\lambda$ 上では

$$\begin{aligned}\theta_{jl}&=\tau_\lambda{}^j-\tau_\lambda{}^l\\&=(\tau_\lambda{}^j-\tau_\lambda{}^k)+(\tau_\lambda{}^k-\tau_\lambda{}^l)\\&=\theta_{jk}+\theta_{kl}\end{aligned}$$

が成り立つ．ここで λ は任意であるから $(\theta_{jk})\in Z^1(\mathfrak{U},\mathcal{G})$ である．さらに共通部分 $V_\lambda\cap V_\mu$ では

$$\begin{aligned}\theta_{i(\lambda)i(\mu)}&=\tau_\lambda{}^{i(\lambda)}-\tau_\lambda{}^{i(\mu)}\\&=\tau_\lambda{}^{i(\lambda)}-\tau_\mu{}^{i(\mu)}+(\tau_\mu{}^{i(\mu)}-\tau_\lambda{}^{i(\mu)})\\&=\tau_\lambda{}^{i(\lambda)}-\tau_\mu{}^{i(\mu)}+t_{\lambda\mu}\qquad\text{((5.14)による)}\end{aligned}$$

が成り立つ．ここで $\tau_\lambda{}^{i(\lambda)}$ は V_λ 上の切断であるから，この関係式は (θ_{jk}) と $(t_{\lambda\mu})$ が同一のコホモロジー類に属することを示している．（証明終り）

系　$\mathfrak{U}=\{U_i\},\mathfrak{V}=\{V_\lambda\}$ は M の開被覆で $\mathfrak{V}$ は $\mathfrak{U}$ の細分であるとする．さらに，各 i に対して

$$H^1(U_i,\mathcal{G}|_{U_i})=0$$

であると仮定する．このとき細分による写像

$$\Pi(\mathfrak{V},\mathfrak{U}):H^1(\mathfrak{U},\mathcal{G})\longrightarrow H^1(\mathfrak{V},\mathcal{G})$$

は同型である．

証明　命題5.9によって合成写像

$$H^1(\mathfrak{U},\mathcal{G})\xrightarrow{\Pi(\mathfrak{V},\mathfrak{U})}H^1(\mathfrak{V},\mathcal{G})\xrightarrow{\Pi(\mathfrak{V})}H^1(M,\mathcal{G})$$

は同型である．これより直ちに $\Pi(\mathfrak{V},\mathfrak{U})$ が単射であることがわかる．次に，$H^1(\mathfrak{V},\mathcal{G})$ の元を β としてその $\Pi(\mathfrak{V})$ による像を $\bar{\beta}$ とする．$\Pi(\mathfrak{U})$ によって $\bar{\beta}$ に写される元を $\alpha\in H^1(\mathfrak{U},\mathcal{G})$ とすれば，命題5.8によって $\Pi(\mathfrak{V})$ は単射であるから $\beta=\Pi(\mathfrak{V},\mathfrak{U})(\alpha)$ が成り立つ．（証明終り）

§5.5　コホモロジー群 II

この節では M はパラコンパクトな位相空間とし，M 上の層 $\mathcal{G}$ のコホモロジー群 $H^q(M,\mathcal{G})$，$q=0,1,2,\cdots$ の定義と基本的な性質について述べる．

まず前節と同様に M の開被覆 $\mathfrak{U}=\{U_i\}_{i\in I}$ をしばらく固定して考える．M の任意の点 p に対して，p の近傍 V_p を十分小さくとれば，$V_p\cap U_i\neq\phi$ なる添え字 $i\in I$ が有限個のとき $\mathfrak{U}$ は局所有限(locally finite)であるという．M がパラコンパクトとは，任意の開被覆が局所有限な細分を持つことである．この仮定を命題5.7の完全列を延長するときに用いる．

記号を簡単にするため $U_{i_0i_1\cdots i_q}$ で $U_{i_0}\cap U_{i_1}\cap\cdots\cap U_{i_q}$ をあらわすことにする．指数 $(i_0,i_1,\cdots,i_q)$ に対して $\Gamma(U_{i_0i_1\cdots i_q},\mathcal{G})$ の元 $t_{i_0i_1\cdots i_q}$ を対応させることを考える．これらの対応

$$(i_0,i_1,\cdots,i_q)\longrightarrow t_{i_0i_1\cdots i_q}$$

で $(i_0,i_1,\cdots,i_q)$ について交代的，すなわち $(0,1,\cdots,q)$ の置換 $(0,1,\cdots,q)\to(\sigma(0),\sigma(1),\cdots,\sigma(q))$ に対して

$$t_{i_{\sigma(0)}i_{\sigma(1)}\cdots i_{\sigma(q)}}=\mathrm{sgn}(\sigma)\,t_{i_0i_1\cdots i_q}$$

であるものを $\mathfrak{U}$ 上のq-cochain と呼んで，その全体を $C^q(\mathfrak{U},\mathcal{G})$ であらわす．$C^q(\mathfrak{U},\mathcal{G})$ は自然な Abel 群の構造を持つ．

次に coboundary 写像と呼ばれる準同型

$$\delta=\delta_q: C^q(\mathfrak{U},\mathcal{G})\longrightarrow C^{q+1}(\mathfrak{U},\mathcal{G})$$

を定義する．$t=(t_{i_0i_1\cdots i_q})$ をq-cochain とするとき $s=\delta_q t$ は

$$s_{i_0i_1\cdots i_{q+1}}=\sum_{k=0}^{q+1}(-1)^k t_{i_0\cdots\hat{i}_k\cdots i_{q+1}}$$

で与えられる．ここで $\hat{i}_k$ は指数 $i_0,\cdots,i_{q+1}$ のうち i_k を除くことを意味する．

また右辺の各項は $U_{i_0 i_1 \cdots i_{k+1}}$ に制限したものと考える．t が交代的ならば s も交代的であることが簡単な計算で確かめられる．

補題 5.2 $\delta_{q+1}\circ\delta_q=0$ が成り立つ．

証明 上の記号を用いると

$$(\delta_{q+1}s)_{i_0 i_1 \cdots i_{q+2}} = \sum_{j=0}^{q+2}(-1)^j s_{i_0\cdots \hat{i}_j \cdots i_{q+2}}$$
$$= \sum_{j=0}^{q+2}(-1)^j\left(\sum_{k=0}^{j-1}(-1)^k s_{i_0\cdots \hat{i}_k \cdots \hat{i}_j \cdots i_{q+2}} + \sum_{k=j+1}^{q+2}(-1)^{k-1} s_{i_0\cdots \hat{i}_j \cdots \hat{i}_k \cdots i_{q+2}}\right)$$

である．最後の和はすべての項が打ち消し合って 0 である．（証明終り）

定義 5.5 $Z^q(\mathfrak{U}, \mathcal{G}), B^q(\mathfrak{U}, \mathcal{G})$ を次のように定義する．

$$Z^q(\mathfrak{U}, \mathcal{G}) = \{t \in C^q(\mathfrak{U}, \mathcal{G}) \mid \delta_q t=0\}$$
$$B^q(\mathfrak{U}, \mathcal{G}) = \delta_{q-1}(C^{q-1}(\mathfrak{U}, \mathcal{G})), \quad q \geqq 1, \quad B^0(\mathfrak{U}, \mathcal{G}) = 0$$

前者は $\mathfrak{U}$ 上の q-cocycle の群，後者は coboundary の群と呼ばれる．

補題 5.2 によって $B^q(\mathfrak{U}, \mathcal{G})$ は $Z^q(\mathfrak{U}, \mathcal{G})$ の部分群である．$q=1$ の場合と同様に

$$H^q(\mathfrak{U}, \mathcal{G}) = Z^q(\mathfrak{U}, \mathcal{G})/B^q(\mathfrak{U}, \mathcal{G})$$

と定義する．さらに，開被覆 $\mathfrak{V}$ が $\mathfrak{U}$ の細分ならば

$$\Pi(\mathfrak{V}, \mathfrak{U}) : H^q(\mathfrak{U}, \mathcal{G}) \longrightarrow H^q(\mathfrak{V}, \mathcal{G})$$

が定義されて，これらは帰納系をつくる．その極限

$$H^q(M, \mathcal{G}) = \lim_{\mathfrak{U}} \operatorname{ind} H^q(\mathfrak{U}, \mathcal{G})$$

を $\mathcal{G}$ の q 次コホモロジー群と定義する．

$q=1$ のときは前節の定義と同じである．$q=0$ のとき，0-cochain は $(t_i)_{i\in I}$，$t_i \in \Gamma(U_i, \mathcal{G})$ で与えられ $\delta_0(t)=0$ は $U_i \cap U_j$ 上 $t_i=t_j$ が成り立つことである．したがって

$$H^0(\mathfrak{U}, \mathcal{G}) \cong H^0(M, \mathcal{G}) \cong \Gamma(M, \mathcal{G})$$

である．今後 $\Gamma(M, \mathcal{G})$ のかわりに $H^0(M, \mathcal{G})$ を用いることにする．

命題 5.10 M はパラコンパクトな位相空間で

$$0 \longrightarrow \mathcal{G} \longrightarrow \mathcal{F} \longrightarrow \mathcal{H} \longrightarrow 0$$

を M 上の層の完全列とする．このとき準同型

$$\delta^* : H^q(M, \mathcal{H}) \longrightarrow H^{q+1}(M, \mathcal{G}), \qquad q = 0, 1, \cdots$$

が定義されて[1]次の列が完全列となる：

$$
\begin{aligned}
(5.15)\qquad & 0 \longrightarrow H^0(M, \mathscr{G}) \longrightarrow H^0(M, \mathscr{F}) \longrightarrow H^0(M, \mathscr{H}) \\
& \longrightarrow H^1(M, \mathscr{G}) \longrightarrow \cdots\cdots \\
& \qquad\qquad\qquad \cdots\cdots \qquad \longrightarrow H^{q-1}(M, \mathscr{H}) \\
& \longrightarrow H^q(M, \mathscr{G}) \longrightarrow H^q(M, \mathscr{F}) \longrightarrow H^q(M, \mathscr{H}) \\
& \longrightarrow H^{q+1}(M, \mathscr{G}) \longrightarrow \cdots\cdots.
\end{aligned}
$$

証明　準同型 δ^* を定義するために M がパラコンパクトであることを用いる．まず ξ を $H^q(M, \mathscr{H})$ の元として，コホモロジー類 ξ に属する q-cocycle $u=(u_{i_0 i_1 \cdots i_q}) \in Z^q(\mathfrak{U}, \mathscr{H})$ を考える．しばらく，

（＊）　各 $u_{i_0 i_1 \cdots i_q}$ に対して $u_{i_0 i_1 \cdots i_q}=\psi(s_{i_0 i_1 \cdots i_q})$ なる $s_{i_0 i_1 \cdots i_q} \in \Gamma(U_{i_0 i_1 \cdots i_q}, \mathscr{F})$ が存在する．

と仮定して議論を進める．このとき $s_{i_0 i_1 \cdots i_q}$ は $(i_0, i_1, \cdots, i_q)$ について交代的であるとしてよいから $s=(s_{i_0 i_1 \cdots i_q}) \in C^q(\mathfrak{U}, \mathscr{F})$ である[2]．そこで

$$t = (t_{i_0 i_1 \cdots i_{q+1}}) = \delta s$$

とすれば，u は cocycle であるから $\psi(t_{i_0 i_1 \cdots i_{q+1}})=0$ が成り立つ．したがって t は $Z^{q+1}(\mathfrak{U}, \mathscr{G})$ の元と考えることができて，このとき，t のコホモロジー類を $[t]$ として $\delta^*\xi=[t]$ と定義する．

この定義は見掛け上，開被覆 $\mathfrak{U}$，q-cocycle u，そして $s=(s_{i_0 i_1 \cdots i_q})$ の選び方によっている．そこでコホモロジー類 $[t]$ が，実はそれらの選び方によらないことを確かめる必要がある．その前に（＊）の仮定を正当化するために次の補題を証明する．

補題 5.3　q-cochain $u=(u_{i_0 i_1 \cdots i_q}) \in C^q(\mathfrak{U}, \mathscr{H})$ が与えられたとき，$\mathfrak{U}$ の適当な細分 $\mathfrak{V}$ をとれば（＊）がみたされる．

証明　仮定により $\mathfrak{U}$ の細分で局所有限なものが存在するから，最初から $\mathfrak{U}=\{U_i\}_{i \in I}$ は局所有限であるとしてよい．さらに各 U_i に対して開集合 W_i をその閉包 $\overline{W}_i$ が U_i に含まれ，$M=\bigcup_{i \in I} W_i$ となるように選ぶことができる[3]．M の各点 z に対して開近傍 V_z を次の条件が成り立つように選ぶ．

---

1)　簡単のために $q=0, 1, \cdots$ に対して同一の記号を用いる．

2)　以後 $u=\psi(s)$, $s \in C^q(\mathfrak{U}, \mathscr{F})$ と書くことにする．

3)　補説 A，補題 A.1.

(a) $z\in U_i$ ならば $V_z\subset U_i$.

(b) V_z は少くとも1つの W_i, $i\in I$ に含まれる.

(c) $V_z\cap \bar{W}_i\neq\phi$ ならば $V_z\subset U_i$.

(d) $z\in U_{i_0i_1\cdots i_q}$ ならば $\psi(\sigma)=u_{i_0i_1\cdots i_q}|_{V_z}$ なる $\sigma\in\Gamma(V_z,\mathscr{F})$ が存在する.

$\mathfrak{U}$ が局所有限であることに注意して, V_z を十分小さくとれば最初の3条件がみたされることがわかる. また最後の条件も $\psi:\mathscr{F}\to\mathscr{H}$ が全射であることと, 問題になる $u_{i_0i_1\cdots i_q}$ は有限個であることから可能である. さて $\mathfrak{V}=\{V_z\}$ を $\{W_i\}$ の細分と考えて, $V_z\subset W_{i(z)}$ なる対応 $z\to i(z)$ を1つ固定する. $(t_{i_0i_1\cdots i_q})$ の制限を調べるために $V_{z_0z_1\cdots z_q}=V_{z_0}\cap V_{z_1}\cap\cdots\cap V_{z_q}\neq\phi$ であるような $z_0, z_1, \cdots, z_q\in M$ を考える. V_{z_0} に注目すると, $V_{z_0}\cap V_{z_j}\neq\phi$ であるから, (c)の条件によって $V_{z_0}\subset U_{i_j}$, $i_j=i(z_j)$ である. したがって V_{z_0} は $U_{i_0i_1\cdots i_q}$ に含まれる. そこで(d)の条件によって V_{z_0} 上 $\psi(\sigma)=u_{i_0i_1\cdots i_q}$ なる $\sigma\in\Gamma(V_z,\mathscr{F})$ が存在する. σ の $V_{z_0z_1\cdots z_q}$ への制限を $s_{z_0z_1\cdots z_q}$ とすればよい. (補題の証明終り)

さて $\delta^*\xi$ は補助的に用いた $\mathfrak{U}, u, s$ によらずに定まることを示す. 最初に $\mathfrak{U}$ を固定して, u, s をそれぞれ u', s' で置き換えたとする. $[u]=[u']$ であるから, $\mathfrak{U}$ の適当な細分 $\mathfrak{V}$ をとれば

$$\Pi(u-u') = \delta v, \qquad v\in C^{q-1}(\mathfrak{V},\mathscr{H})$$

なる v が存在する. ここで Π は細分に対応した制限写像とする. 補題5.3によって, 必要ならば $\mathfrak{V}$ をさらに細分して $v=\psi(\sigma)$, $\sigma\in C^{q-1}(\mathfrak{V},\mathscr{F})$ としてよい. このとき $\psi(\Pi(s-s'))=\psi(\delta\sigma)$ であるから

$$\Pi s-\Pi s'-\delta\sigma\in C^q(\mathfrak{V},\mathscr{G})$$

である. この q-cochain を τ とすれば

$$\Pi(\delta s)-\Pi(\delta s') = \delta\tau$$

となる. すなわち δs と $\delta s'$ は $H^{q+1}(M,\mathscr{G})$ の同一の元を定める. 次に $\mathfrak{U}, \mathfrak{U}'$ が2つの開被覆で(*)をみたす q-cocycle u, u' が $\mathfrak{U}$ および $\mathfrak{U}'$ 上に存在するとする. このとき $\mathfrak{U}, \mathfrak{U}'$ の共通の細分をとって考えれば $\delta^*\xi$ が $\mathfrak{U}$ のとり方によらないことがわかる. 以上で δ^* の定義が終った.

次に列(5.15)が $H^q(M,\mathscr{H})$ のところで完全であることを証明する. 命題5.6と同様に $\delta^*\circ\psi=0$ は明らかであるから $\mathrm{Ker}\,\delta^*\subset\mathrm{Im}\,\psi$ を示す. 補題5.3によって $u=\psi(s)$, $s\in C^q(\mathfrak{U},\mathscr{F})$ の形の q-cocycle u を考えればよい. $\delta^*([u])$

$=0$ ならば，$\mathfrak{U}$ を適当な細分にとり直して

$$\delta s = \delta\tau, \qquad \tau \in C^q(\mathfrak{U}, \mathscr{G})$$

とできる．$\sigma = s - \tau$ とすれば $\sigma \in Z^q(\mathfrak{U}, \mathscr{F})$ で $\psi(\sigma) = u$ である．

次に $H^{q+1}(M, \mathscr{G})$ における完全性を示す．まず $\varphi \circ \delta^* = 0$ はほとんど明らかである．実際，上と同様に $u = \psi(s)$, $s \in C^q(\mathfrak{U}, \mathscr{F})$ なる q-cocycle u を考えればよいから，$\varphi \circ \delta^*([u])$ は δs を $Z^{q+1}(\mathfrak{U}, \mathscr{F})$ の元と考えたときのコホモロジー類で，0 である．逆に $t \in Z^{q+1}(\mathfrak{U}, \mathscr{G})$ が $\varphi([t]) = 0$ をみたすとする．必要ならば $\mathfrak{U}$ を細分すれば $\varphi(t) = \delta s$, $s \in C^q(\mathfrak{U}, \mathscr{F})$ となる．このとき $u = \psi(s)$ は $Z^q(\mathfrak{U}, \mathscr{H})$ の元で $\delta^*([u]) = [t]$ である．

最後に $H^q(M, \mathscr{F})$ における完全性を示す．$\psi \circ \varphi = 0$ は明らかであるから $\operatorname{Ker} \psi \subset \operatorname{Im} \varphi$ を証明すればよい．$s \in Z^q(\mathfrak{U}, \mathscr{F})$ が $\psi([s]) = 0$ をみたすとすれば，$\mathfrak{U}$ を細分して

$$\psi(s) = \delta u, \qquad u \in C^{q-1}(\mathfrak{U}, \mathscr{H})$$

なる $(q-1)$-cochain u が存在するとしてよい．必要ならば $\mathfrak{U}$ をさらに細分して，補題 5.3 によって $u = \psi(\sigma)$, $\sigma \in C^{q-1}(\mathfrak{U}, \mathscr{F})$ と書くことができる．新しい cocycle $t = s - \delta\sigma$ を考えれば $t \in Z^q(\mathfrak{U}, \mathscr{G})$ と見做すことができて，$\varphi([t]) = [s]$ が成り立つ．（証明終り）

前節の命題 5.9 に相当するものとして次の Leray の定理がある．本書では用いることはないのでここでは定理を述べるにとどめる[1)]．

定理(Leray)　$\mathscr{G}$ はパラコンパクトな位相空間 M 上の層とする．M の開被覆 $\mathfrak{U} = \{U_i\}$ が，任意の $q \geqq 0$ と，任意の $i_0, i_1, \cdots, i_q$ に対して

$$H^s(U_{i_0 \cdots i_q}, \mathscr{G}) = 0, \qquad s > 0$$

をみたすとする．このとき標準写像によって

$$H^r(\mathfrak{U}, \mathscr{G}) \cong H^r(M, \mathscr{G}), \qquad r = 0, 1, 2, \cdots$$

である．——

1)　たとえば，R. Godement "Theorie des faisceaux" Hermann, 1958, 第2章，定理 5.4.1.

§5.6 De Rham の定理

この節ではパラコンパクトな C^∞ 可微分多様体 M に対して de Rham のコホモロジー群を定義し，それが M 上の微分形式の層のコホモロジーを媒介として $H^r(M, \boldsymbol{R})$ と同型になることを示す．本書では述べないが層のコホモロジー $H^r(M, \boldsymbol{R})$ は M の単体分割によるコホモロジー，または特異コホモロジーと一致する[1)]．したがって，この定理は，位相的に定義された $H^r(M, \boldsymbol{R})$ が微分形式という解析的な対象によって表現されることであると考えられる．

C^∞ 可微分多様体 M とは Hausdorff 位相空間で局所座標系 $(U_i; x_i^1, x_i^2, \cdots, x_i^n)$ が与えられたものである．ここで $\{U_i\}$ は M の開被覆で，$(x_i^1, x_i^2, \cdots, x_i^n)$ は U_i から $\boldsymbol{R}^n$ の開集合の上への同相写像 $\varphi_i : U_i \to \boldsymbol{R}^n$ によって $\boldsymbol{R}^n$ の座標から定まる関数であり，$U_i \cap U_j$ における座標変換は C^∞ 関数で与えられる．

M の点 p を考える．$p \in U_i$ のとき，M の p における接空間 $T(M)_p$ は記号

$$\left(\frac{\partial}{\partial x_i^1}\right)_p, \quad \left(\frac{\partial}{\partial x_i^2}\right)_p, \quad \cdots, \quad \left(\frac{\partial}{\partial x_i^n}\right)_p$$

によって $\boldsymbol{R}$ 上形式的に生成されたベクトル空間のことである．$p \in U_i \cap U_j$ のとき

$$\left(\frac{\partial}{\partial x_j^\beta}\right)_p = \sum_{\alpha=1}^n \frac{\partial x_i^\alpha}{\partial x_j^\beta}(p)\left(\frac{\partial}{\partial x_i^\alpha}\right)_p, \qquad \beta = 1, 2, \cdots, n$$

と約束する．$T(M)_p$ の $\boldsymbol{R}$ 上のベクトル空間としての双対空間(dual space)を $T^*(M)_p$ であらわす．$\left\{\left(\frac{\partial}{\partial x_i^1}\right)_p, \left(\frac{\partial}{\partial x_i^2}\right)_p, \cdots, \left(\frac{\partial}{\partial x_i^n}\right)_p\right\}$ の双対底(dual basis)を

$$\{(dx_i^1)_p, (dx_i^2)_p, \cdots, (dx_i^n)_p\}$$

と書く．すなわち，$(dx_i^\alpha)_p$ の定める線形写像 $T(M)_p \to \boldsymbol{R}$ を仮に f^α とすれば $f^\alpha\left(\left(\frac{\partial}{\partial x_i^\beta}\right)_p\right) = \delta_{\alpha\beta}$ (Kronecker のデルタ)[2)] である．

接空間 $T(M)_p$ の形式和 $T(M) = \bigcup_{p \in M} T(M)_p$ を考えて，射影 $\pi : T(M) \to M$ を $\pi(T(M)_p) = p$ によって定義する．$\pi^{-1}(U_i)$ の元は

$$v = \sum_{\alpha=1}^n v_\alpha \left(\frac{\partial}{\partial x_i^\alpha}\right)_p, \qquad v_\alpha \in \boldsymbol{R}, \quad p \in U_i$$

とあらわされるから，v に対して $(p; v_1, v_2, \cdots, v_n) \in U_i \times \boldsymbol{R}^n$ を対応させるこ

1) たとえば F. Warner "Foundations of Differentiable Manifolds and Lie Groups" Scott, Foresman and Company, 1971.

2) $\alpha = \beta$ のとき $\delta_{\alpha\beta} = 1$，$\alpha \neq \beta$ のとき $\delta_{\alpha\beta} = 0$ である．

とによって全単射

$$\psi_i : \pi^{-1}(U_i) \longrightarrow U_i \times \boldsymbol{R}^n$$

を得る．U_i は $\boldsymbol{R}^n$ の開集合と同一視できるから ψ_i は $\pi^{-1}(U_i)$ を $\boldsymbol{R}^{2n}$ の開集合に写す．これによって $\pi^{-1}(U_i)$ に位相と局所座標を導入すれば $T(M)$ は C^∞ 可微分多様体となる．同様に $T^*(M)=\bigcup_{p\in M} T^*(M)_p$ も可微分多様体となる．$T(M)$, $T^*(M)$ はそれぞれ，M の接バンドル(tangent bundle)，余接バンドル(cotangent bundle)と呼ばれる[1]．

$V=T(M)$ または $T^*(M)$ として，射影を $\pi: V\to M$ とする．M の開集合 U で定義された連続写像 $\varphi: U\to V$ が $\pi\circ\varphi=\mathrm{id}$ をみたし，しかも局所座標の C^∞ 関数であらわされるとき，φ を V の U 上の可微分切断と呼ぶ．$T(M)$, $T^*(M)$ の可微分切断をそれぞれベクトル場(vector field)，1次微分形式(differential 1-form)と呼ぶ．さらに，$T^*(M)_p$ の r 回の外積 $\overset{r}{\wedge} T^*(M)_p$ の形式和

$$\overset{r}{\wedge} T^*(M) = \bigcup_{p\in M} (\overset{r}{\wedge} T^*(M)_p)$$

を考える．上と同様に射影 $\pi: \overset{r}{\wedge} T^*(M)\to M$ が定義される．U_i の点 p に対しては $\overset{r}{\wedge} T^*(M)_p$ の底として

$$(dx_i^{\alpha_1})_p\wedge(dx_i^{\alpha_2})_p\wedge\cdots\wedge(dx_i^{\alpha_r})_p, \qquad \alpha_1<\alpha_2<\cdots<\alpha_r$$

をとることができる．したがって

$$\pi^{-1}(U_i) \cong U_i\times\boldsymbol{R}^{N_r}, \qquad N_r=\binom{n}{r}$$

である．この全単射によって $\overset{r}{\wedge} T^*(M)$ に C^∞ 可微分多様体の構造が定まる．M の開集合 U 上の可微分切断 $\varphi: U\to\overset{r}{\wedge} T^*(M)$ を U 上の r 次微分形式(differential r-form)と呼ぶ．$U\cap U_i$ で，上の底を用いれば

$$\varphi(p) = \sum_{\alpha_1<\cdots<\alpha_r} \varphi_{i\alpha_1\cdots\alpha_r}(p)(dx_i^{\alpha_1})_p\wedge\cdots\wedge(dx_i^{\alpha_r})_p$$

とあらわされ，$\varphi_{i\alpha_1\cdots\alpha_r}$ は $U\cap U_i$ 上の実数値 C^∞ 関数である[2]．今後，微分形式を

---

1)　$T(M)$, $T^*(M)$ は M 上のベクトルバンドルである．

2)　のちに複素数値の場合も考える．

$$\varphi=\sum_{\alpha_1<\cdots<\alpha_r}\varphi_{\alpha_1\cdots\alpha_r}dx^{\alpha_1}\wedge\cdots\wedge dx^{\alpha_r}$$

のようにあらわす[1)].

r 次微分形式 φ と s 次微分形式

$$\psi=\sum_{\beta_1<\cdots<\beta_s}\psi_{\beta_1\cdots\beta_s}dx^{\beta_1}\wedge\cdots\wedge dx^{\beta_s}$$

の外積(exterior product) $\varphi\wedge\psi$ を

$$\varphi\wedge\psi=\sum_{\alpha_1<\cdots<\alpha_r}\sum_{\beta_1<\cdots<\beta_s}\varphi_{\alpha_1\cdots\alpha_r}\psi_{\beta_1\cdots\beta_s}dx^{\alpha_1}\wedge\cdots\wedge dx^{\alpha_r}\wedge dx^{\beta_1}\wedge\cdots\wedge dx^{\beta_s}$$

によって定義する．必要ならば，$dx^i\wedge dx^j=-dx^j\wedge dx^i$ を用いて上に述べた標準的な形に直すことができる．外積の順序を変えると

$$\psi\wedge\varphi=(-1)^{rs}\varphi\wedge\psi$$

となる．

次に微分形式 φ の外微分(exterior differential) $d\varphi$ を

$$d\varphi=\sum_{\alpha_1<\cdots<\alpha_r}\sum_{\alpha=1}^{n}\frac{\partial\varphi_{\alpha_1\cdots\alpha_r}}{\partial x^\alpha}dx^\alpha\wedge dx^{\alpha_1}\wedge\cdots\wedge dx^{\alpha_r}$$

と定義する．特に C^∞ 関数[2)] f に対して

$$df=\sum_{\alpha=1}^{n}\frac{\partial f}{\partial x^\alpha}dx^\alpha$$

である．また

$$d\varphi=\sum_{\alpha_1<\cdots<\alpha_r}d\varphi_{\alpha_1\cdots\alpha_r}\wedge dx^{\alpha_1}\wedge\cdots\wedge dx^{\alpha_r}$$

と書くことができる．φ が r 次微分形式のとき

(5.16) $$d(\varphi\wedge\psi)=d\varphi\wedge\psi+(-1)^r\varphi\wedge d\psi$$

が成り立つ．［証明］ $\varphi=\varphi_{\alpha_1\cdots\alpha_r}dx^{\alpha_1}\wedge\cdots\wedge dx^{\alpha_r}$，$\psi=\psi_{\beta_1\cdots\beta_s}dx^{\beta_1}\wedge\cdots\wedge dx^{\beta_s}$ の場合に証明すれば十分であろう．

$$\begin{aligned}d(\varphi\wedge\psi)&=d(\varphi_{\alpha_1\cdots\alpha_r}\psi_{\beta_1\cdots\beta_s})\wedge dx^{\alpha_1}\wedge\cdots\wedge dx^{\alpha_r}\wedge dx^{\beta_1}\wedge\cdots\wedge dx^{\beta_s}\\&=\psi_{\beta_1\cdots\beta_s}d\varphi_{\alpha_1\cdots\alpha_r}\wedge dx^{\alpha_1}\wedge\cdots\wedge dx^{\alpha_r}\wedge dx^{\beta_1}\wedge\cdots\wedge dx^{\beta_s}\\&\quad+\varphi_{\alpha_1\cdots\alpha_r}d\psi_{\beta_1\cdots\beta_s}\wedge dx^{\alpha_1}\wedge\cdots\wedge dx^{\alpha_r}\wedge dx^{\beta_1}\wedge\cdots\wedge dx^{\beta_s}\\&=d\varphi\wedge\psi+(-1)^r\varphi\wedge d\psi.\end{aligned}$$

1) $(x^1, x^2, \cdots, x^n)$ で座標を代表させるわけである．
2) 関数は 0 次微分形式である．

補題 5.4　$d\varphi$ は座標 $(x^1, x^2, \cdots, x^n)$ のとり方によらない．したがって，φ が U 上の r 次微分形式ならば $d\varphi$ は U 上の $(r+1)$ 次微分形式である．

証明　$(x^1, x^2, \cdots, x^n)$, $(y^1, y^2, \cdots, y^n)$ を2組の座標とする．座標 $(y^1, y^2, \cdots, y^n)$ を用いて定義された外微分を仮に d_y であらわすことにする．まず関数 f に対して $d_yf=df$ であることは容易に確かめられる．次に

$$dx^\alpha = \sum_{\beta=1}^n \frac{\partial x^\alpha}{\partial y^\beta} dy^\beta$$

であるから

$$d_y(dx^\alpha) = \sum_{\beta=1}^n \sum_{\gamma=1}^n \frac{\partial^2 x^\alpha}{\partial y^\gamma \partial y^\beta} dy^\gamma \wedge dy^\beta = 0$$

である．これと(5.16)によって帰納的に

$$d_y(dx^{\alpha_1} \wedge \cdots \wedge dx^{\alpha_r}) = 0$$

が得られる．以上を用いると

$$\begin{aligned} & d_y(\varphi_{\alpha_1\cdots\alpha_r} dx^{\alpha_1} \wedge \cdots \wedge dx^{\alpha_r}) \\ & \quad = d_y\varphi_{\alpha_1\cdots\alpha_r} \wedge dx^{\alpha_1} \wedge \cdots \wedge dx^{\alpha_r} + \varphi_{\alpha_1\cdots\alpha_r} d_y(dx^{\alpha_1} \wedge \cdots \wedge dx^{\alpha_r}) \\ & \quad = d(\varphi_{\alpha_1\cdots\alpha_r} dx^{\alpha_1} \wedge \cdots \wedge dx^{\alpha_r}) \end{aligned}$$

である．（証明終り）

さて，正則関数や C^∞ 関数の場合と同様に，r 次微分形式の germ を考えることができる．それらの全体 $\mathscr{A}^r$ は通常の方法で M 上の層となる．M の開集合 U に対して

$$\Gamma(U, \mathscr{A}^r) = \{\varphi \mid U \text{ 上の } r \text{ 次微分形式}\}$$

である．上に定義した外微分 d は層の準同型

$$d : \mathscr{A}^r \longrightarrow \mathscr{A}^{r+1}$$

を定める．$\mathscr{A}^0$ は実数値 C^∞ 関数の germ の層で，$f \in \Gamma(U, \mathscr{A}^0)$ に対しては

$$df = \frac{\partial f}{\partial x^1} dx^1 + \cdots + \frac{\partial f}{\partial x^n} dx^n$$

である．したがって $d : \mathscr{A}^0 \to \mathscr{A}^1$ の核は定数層 $\boldsymbol{R}$ にほかならない．

次の層の準同型の列

(5.17)　$$0 \longrightarrow \boldsymbol{R} \longrightarrow \mathscr{A}^0 \xrightarrow{d} \mathscr{A}^1 \xrightarrow{d} \cdots \xrightarrow{d} \mathscr{A}^n \longrightarrow 0$$

を考える．

補題 5.5　$d \circ d = 0$ が成り立つ．

証明

$$\varphi=\sum_{\alpha_1<\cdots<\alpha_r}\varphi_{\alpha_1\cdots\alpha_r}dx^{\alpha_1}\wedge\cdots\wedge dx^{\alpha_r},$$

$$d\varphi=\sum_{\alpha_0<\cdots<\alpha_r}\psi_{\alpha_0\cdots\alpha_r}dx^{\alpha_0}\wedge\cdots\wedge dx^{\alpha_r}$$

とする．定義により

$$\psi_{\alpha_0\cdots\alpha_r}=\sum_{j=0}^{r}(-1)^j\frac{\partial\varphi_{\alpha_0\cdots\hat{\alpha}_j\cdots\alpha_r}}{\partial x^{\alpha_j}} \tag{5.18}$$

である．定義式

$$dd\varphi=\sum_{\alpha_0<\cdots<\alpha_{r+1}}\sum_{k=0}^{r+1}(-1)^k\frac{\partial\psi_{\alpha_0\cdots\hat{\alpha}_k\cdots\alpha_{r+1}}}{\partial x^{\alpha_k}}dx^{\alpha_0}\wedge\cdots\wedge dx^{\alpha_{r+1}}$$

に(5.18)を代入して計算すれば $dd\varphi=0$ となる．（証明終り）

定義 5.6 (5.17)から得られる加群の準同型の列

$$0\longrightarrow\Gamma(M,\mathscr{A}^0)\xrightarrow{d}\Gamma(M,\mathscr{A}^1)\xrightarrow{d}\cdots\xrightarrow{d}\Gamma(M,\mathscr{A}^n)\longrightarrow 0$$

を考える．$d\circ d=0$ であるから，これはいわゆる複体(complex)である．そのコホモロジー群を

$$H_{\mathrm{DR}}{}^r(M,\boldsymbol{R})=\{\varphi\in\Gamma(M,\mathscr{A}^r)\mid d\varphi=0\}/d\Gamma(M,\mathscr{A}^{r-1})\qquad(r\geqq 1)$$

$$H_{\mathrm{DR}}{}^0(M,\boldsymbol{R})=\{\varphi\in\Gamma(M,\mathscr{A}^0)\mid d\varphi=0\}$$

と定義して，M の r 次 de Rham コホモロジー群と呼ぶ．$d\varphi=0$ となる φ を閉微分形式(closed differential form)，$d\psi$ の形のものを完全微分形式(exact differential form)と呼ぶ．すなわち

$$H_{\mathrm{DR}}{}^r(M,\boldsymbol{R})=\{r\text{ 次閉微分形式}\}/\{r\text{ 次完全微分形式}\}$$

である．

微分形式 φ の係数 $\varphi_{\alpha_1\cdots\alpha_r}$ が複素数値 C^∞ 関数である場合を考えて，$\boldsymbol{C}$ 係数の微分形式と呼ぶ．このとき，同様に $H_{\mathrm{DR}}{}^r(M,\boldsymbol{C})$ が定義される．

定理 5.1 列(5.17)は完全である．

証明 (5.17)が $\mathscr{A}^0$ において完全であることは既に述べたから，次の補題を証明すればよい．これは Poincaré の補題と呼ばれるものである．

補題 5.6 $U=\{x=(x^1,x^2,\cdots,x^n)\in\boldsymbol{R}^n\mid |x^j|<1,\ j=1,2,\cdots,n\}$，$\varphi$ を U 上の r 次微分形式 $(r\geqq 1)$ とする．$d\varphi=0$ ならば U 上の $(r-1)$ 次微分形式 ψ で $\varphi=d\psi$ なるものが存在する．

証明　I を閉区間 $[0, 1]$ として写像

$$g: U\times I \longrightarrow U, \qquad g(x, t) = (tx^1, tx^2, \cdots, tx^n)$$

を考える．g は $U\times(0,1)$ で C^∞ 可微分で $g(x,1)=x$, $g(x,0)=0$ である．

次に U 上の微分形式

$$\varphi = \sum_{\alpha_1<\cdots<\alpha_r} \varphi_{\alpha_1\cdots\alpha_r} dx^{\alpha_1}\wedge\cdots\wedge dx^{\alpha_r}$$

を考える．一般に，$\boldsymbol{R}^m$ の開集合 V から U への可微分写像

$$g: V \longrightarrow U$$

$$g(y) = (g^1(y), g^2(y), \cdots, g^n(y)), \qquad y = (y^1, \cdots, y^m)$$

が与えられたとき，g による φ の引き戻し(pull-back) $g^*\varphi$ を

$$g^*\varphi = \sum_{\alpha_1<\cdots<\alpha_r} \varphi_{\alpha_1\cdots\alpha_r}(g(y))\left(\sum_{\beta_1}\frac{\partial g^{\alpha_1}}{\partial y^{\beta_1}}dy^{\beta_1}\right)\wedge\cdots\wedge\left(\sum_{\beta_r}\frac{\partial g^{\alpha_r}}{\partial y^{\beta_r}}dy^{\beta_r}\right)$$

によって定義する．このとき

$$d(g^*\varphi) = g^*(d\varphi)$$

である[1)]．したがって，$d\varphi=0$ ならば $d(g^*\varphi)=0$ である．

これを上の $g: U\times(0,1)\to U$ に適用して，$g^*\varphi$ を

$$g^*\varphi = \sum_{\alpha_1<\cdots<\alpha_r} f_{\alpha_1\cdots\alpha_r}(x, t)\, dx^{\alpha_1}\wedge\cdots\wedge dx^{\alpha_r}$$

$$+\sum_{\beta_2<\cdots<\beta_r} h_{\beta_2\cdots\beta_r}(x, t)\, dt\wedge dx^{\beta_2}\wedge\cdots\wedge dx^{\beta_r}$$

と書く．そして，ここに現れた $h_{\beta_2\cdots\beta_r}$ を用いて

$$\psi = \sum_{\beta_2<\cdots<\beta_r}\left(\int_0^1 h_{\beta_2\cdots\beta_r}(x, t)\, dt\right) dx^{\beta_2}\wedge\cdots\wedge dx^{\beta_r}$$

と定義する．積分記号の下で微分ができるから

$$d\psi = \sum_{\beta_1<\cdots<\beta_r}\sum_{j=1}^{r}(-1)^{j-1}\left(\int_0^1 \frac{\partial h_{\beta_1\cdots\widehat{\beta}_j\cdots\beta_r}}{\partial x^{\beta_j}}(x, t)\, dt\right) dx^{\beta_1}\wedge\cdots\wedge dx^{\beta_r}$$

である．一方 $d(g^*\varphi)=0$ であるから，$d(g^*\varphi)$ の $dt\wedge dx^{\beta_1}\wedge\cdots\wedge dx^{\beta_r}$ の係数を見れば

$$\frac{\partial f_{\beta_1\cdots\beta_r}}{\partial t}+\sum_{j=1}^{r}(-1)^{j}\frac{\partial h_{\beta_1\cdots\widehat{\beta}_j\cdots\beta_r}}{\partial x^{\beta_j}} = 0$$

でなければならない．これを上の式に代入して

1)　補題 5.4 参照．

$$(5.19)\qquad d\psi = \sum_{\beta_1<\cdots<\beta_r}\left(\int_0^1 \frac{\partial f_{\beta_1\cdots\beta_r}}{\partial t}(x,t)\,dt\right)dx^{\beta_1}\wedge\cdots\wedge dx^{\beta_r}$$

を得る．ここで $t\in(0,1)$ を定数と考えて

$$g_t : U \longrightarrow U, \qquad g_t(x) = g(x,t)$$

と定義する．このとき g_t による引き戻しは

$$g_t{}^*\varphi = \sum_{\beta_1<\cdots<\beta_r} f_{\beta_1\cdots\beta_r}(x,t)\,dx^{\beta_1}\wedge\cdots\wedge dx^{\beta_r}$$

で与えられる．ここで $g(x,1)=x$, $g(x,0)=0$ に注意すれば

$$\lim_{t\to1} f_{\beta_1\cdots\beta_r}(x,t) = \varphi_{\beta_1\cdots\beta_r}(x), \qquad \lim_{t\to0} f_{\beta_1\cdots\beta_r}(x,t) = 0$$

が得られる．したがって(5.19)より $d\psi=\varphi$ である．（証明終り）

命題 5.11 M はパラコンパクトな C^∞ 可微分多様体とする．このとき任意の自然数 $r\geqq0$ と $q>0$ に対して $H^q(M,\mathscr{A}^r)=0$ が成り立つ．

証明 $\mathfrak{U}=\{U_i\}$ を M の開被覆，$t=(t_{i_0\cdots i_q})\in Z^q(\mathfrak{U},\mathscr{A}^r)$ を $\mathfrak{U}$ 上の q-cocycle とする．$\mathfrak{U}$ の局所有限な細分をとって1の分解を考えることができる[1]から，最初から $\mathfrak{U}$ に属する1の分解 $\{h_i\}$ があると仮定してよい．$h_{i_0}t_{i_0\cdots i_q}$ は $U_{i_0\cdots i_q}$ 上の $\mathscr{A}^r$ の切断であるが，U_{i_0} の境界の近傍では恒等的に0である．したがって U_{i_0} の外では恒等的に0であるとして $U_{i_1\cdots i_q}$ 上の切断と見做すことができる．

以上の準備の下に

$$s_{i_1\cdots i_q} = \sum_j h_j t_{j i_1\cdots i_q} \in \Gamma(U_{i_1\cdots i_q}, \mathscr{A}^r)$$

と定義する．ここで $U_{i_1\cdots i_q}$ の各点 p の近傍 V_p に対して，$V_p\cap U_j\neq\phi$ なる j は有限個であるから，右辺の和は意味を持って，C^∞ 可微分な微分形式を定義する．明らかに $s_{i_1\cdots i_q}$ は添え字 $(i_1,\cdots,i_q)$ について交代的であるから $s=(s_{i_1\cdots i_q})$ は $(q-1)$-cochain を定める．$\delta s=t$ である．実際，

$$(\delta s)_{i_0\cdots i_q} = \sum_{k=0}^{q}(-1)^k s_{i_0\cdots\hat{i}_k\cdots i_q}$$
$$= \sum_{k=0}^{q}(-1)^k\sum_j h_j t_{j i_0\cdots\hat{i}_k\cdots i_q}$$

である．一方，t が cocycle であることから

1) 補説Aを見よ．

$$t_{i_0\cdots i_q}-\sum_{k=0}^{q}(-1)^k t_{ji_0\cdots \hat{i}_k\cdots i_q}=0$$

が成り立っている．したがって

$$(\delta s)_{i_0\cdots i_q}=\sum_j h_j t_{i_0\cdots i_q}=t_{i_0\cdots i_q}$$

である．(証明終り)

以上で，次の de Rham の定理を証明するための準備が整った．

定理 5.2　M をパラコンパクトな C^∞ 可微分多様体とするとき

$$H^r(M,\boldsymbol{R})\cong H_{\mathrm{DR}}{}^r(M,\boldsymbol{R}),\qquad r=0,1,2,\cdots,$$
$$H^r(M,\boldsymbol{C})\cong H_{\mathrm{DR}}{}^r(M,\boldsymbol{C}),\qquad r=0,1,2,\cdots.$$

証明　この定理は定理 5.1 と命題 5.11 から形式的に証明できる．したがって，以下の証明は同様の状況のもとでそのまま使える証明である．

準同型 $d:\mathscr{A}^r\to\mathscr{A}^{r+1}$ の像を $d\mathscr{A}^r$ と書くことにすると，定理 5.1 によって

(5.20)　$$0\longrightarrow \boldsymbol{R}\longrightarrow\mathscr{A}^0\longrightarrow d\mathscr{A}^0\longrightarrow 0,$$

(5.21)　$$0\longrightarrow d\mathscr{A}^{r-1}\longrightarrow\mathscr{A}^r\longrightarrow d\mathscr{A}^r\longrightarrow 0\qquad (r\geqq 1)$$

が完全列となる．(5.20)のコホモロジーの完全列を書くと，命題 5.10, 5.11 によって

(5.22)
$$0\longrightarrow H^0(M,\boldsymbol{R})\longrightarrow H^0(M,\mathscr{A}^0)\longrightarrow H^0(M,d\mathscr{A}^0)\longrightarrow H^1(M,\boldsymbol{R})\longrightarrow 0$$

(5.23)　$$H^{q-1}(M,d\mathscr{A}^0)\cong H^q(M,\boldsymbol{R})\qquad (q\geqq 2)$$

が完全列となる．$H^0(M,d\mathscr{A}^0)$ は M 上の閉1次微分形式の全体であるから，(5.22)より $H^q(M,\boldsymbol{R})\cong H_{\mathrm{DR}}{}^q(M,\boldsymbol{R})$ が $q=0,1$ に対して得られる．

次に(5.21)のコホモロジーの完全列によって

(5.24)　$$H^{q-1}(M,d\mathscr{A}^r)\cong H^q(M,d\mathscr{A}^{r-1})\qquad (q\geqq 2,\ r\geqq 1)$$

である．また

(5.25)
$$H^0(M,\mathscr{A}^r)\longrightarrow H^0(M,d\mathscr{A}^r)\longrightarrow H^1(M,d\mathscr{A}^{r-1})\longrightarrow 0\qquad (r\geqq 1)$$

が完全列である．(5.23-25)を逆の順序でたどれば

$$\begin{aligned}H_{\mathrm{DR}}{}^{r+1}(M,\boldsymbol{R})&\cong H^1(M,d\mathscr{A}^{r-1})\\&\cong H^2(M,d\mathscr{A}^{r-2})\cong\cdots\cong H^r(M,d\mathscr{A}^0)\cong H^{r+1}(M,\boldsymbol{R})\end{aligned}$$

を得る．$H^r(M, \boldsymbol{C})$ についても同様である．(証明終り)

§5.7 Dolbeault の定理

M を複素多様体とすると M 上の r 次微分形式はその"型(type)"によって分解される．z を M の点として，z の近傍における局所座標を $(z^1, z^2, \cdots, z^n)$ とする．各 z^j を実部，虚部に分けて

$$z^j = x^{2j-1}+\sqrt{-1}x^{2j}, \qquad j = 1, 2, \cdots, n$$

とする．M の可微分多様体としての接空間 ${}^C T(M)_z$ は

$$\frac{\partial}{\partial x^1}, \ \frac{\partial}{\partial x^2}, \ \cdots, \ \frac{\partial}{\partial x^{2n}}$$

で生成されるベクトル空間である．この節では $\boldsymbol{C}$ 係数のものを考えるので左肩に C をつけることにする．第2章と同様に

$$\frac{\partial}{\partial z^j} = \frac{1}{2}\left(\frac{\partial}{\partial x^{2j-1}}-\sqrt{-1}\frac{\partial}{\partial x^{2j}}\right), \qquad \frac{\partial}{\partial \bar{z}_j} = \frac{1}{2}\left(\frac{\partial}{\partial x^{2j-1}}+\sqrt{-1}\frac{\partial}{\partial x^{2j}}\right),$$
$$j = 1, 2, \cdots, n$$

とすると

$$\frac{\partial}{\partial z^1}, \ \cdots, \ \frac{\partial}{\partial z^n}, \ \frac{\partial}{\partial \bar{z}^1}, \ \cdots, \ \frac{\partial}{\partial \bar{z}^n} \tag{5.26}$$

は ${}^C T(M)_z$ の $\boldsymbol{C}$ 上の底である．そこで $\partial/\partial z^1, \cdots, \partial/\partial z^n$ で生成される部分空間を $T(M)_z$ と書くことにして[1]，残りの $\partial/\partial \bar{z}^1, \cdots, \partial/\partial \bar{z}^n$ で生成される部分空間を複素共役 $\bar{T}(M)_z$ であらわす．したがって

$${}^C T(M)_z = T(M)_z \oplus \bar{T}(M)_z$$

である．${}^C T(M)_z$ の双対空間 ${}^C T^*(M)_z$ についても

$$dz^j = dx^{2j-1}+\sqrt{-1}dx^{2j}, \qquad d\bar{z}^j = dx^{2j-1}-\sqrt{-1}dx^{2j}, \qquad j = 1, 2, \cdots, n$$

とすれば，これは(5.26)の双対底である．$dz^1, \cdots, dz^n$ で生成される部分空間を $T^*(M)_z$ とすれば[2]

$${}^C T^*(M)_z = T^*(M)_z \oplus \bar{T}^*(M)_z$$

となる．$(w^1, w^2, \cdots, w^n)$ を別の局所座標とすれば

1)2) 前節の $T(M)_p$, $T^*(M)_p$ とは意味が異なることに注意．

$$dz^j=\sum_{k=1}^{n}\frac{\partial z^j}{\partial w^k}dw^k,\qquad d\bar{z}^j=\sum_{k=1}^{n}\frac{\partial \bar{z}^j}{\partial \bar{w}^k}d\bar{w}^k$$

であるから，上の直和分解は局所座標のとり方によらない．$T^*(M)_z$ の元を $(1,0)$ 型，$\bar{T}^*(M)_z$ の元を $(0,1)$ 型と呼ぶ．また $T(M)=\bigcup_{z\in M}T(M)_z$ は M の正則接バンドル，$T^*(M)=\bigcup_{z\in M}T^*(M)_z$ は正則余接バンドルと呼ばれる．

外積 $\overset{r}{\wedge}{}^C T^*(M)_z$ は直和

$$\bigoplus_{p+q=r}(\overset{p}{\wedge}T^*(M)_z\otimes\overset{q}{\wedge}\bar{T}^*(M)_z)$$

に分解される．ここで (p,q) は $p+q=r$ となる自然数の組を動く．言い換えれば $\overset{r}{\wedge}{}^C T^*(M)_z$ の底として

$$dz^{\alpha_1}\wedge\cdots\wedge dz^{\alpha_p}\wedge d\bar{z}^{\beta_1}\wedge\cdots\wedge d\bar{z}^{\beta_q},\qquad \alpha_1<\cdots<\alpha_p,\ \ \beta_1<\cdots<\beta_q,$$
$$p+q=r$$

の全体をとることができる．この中で (p,q) を固定したとき得られる元の集合が $\overset{p}{\wedge}T^*(M)_z\otimes\overset{q}{\wedge}\bar{T}^*(M)_z$ の底である．

M の開集合 U で定義された微分形式 φ が，各局所座標に対して

$$(5.27)\qquad \varphi=\sum_{\substack{\alpha_1<\cdots<\alpha_p\\ \beta_1<\cdots<\beta_q}}\varphi_{\alpha_1\cdots\alpha_p\bar{\beta}_1\cdots\bar{\beta}_q}dz^{\alpha_1}\wedge\cdots\wedge dz^{\alpha_p}\wedge d\bar{z}^{\beta_1}\wedge\cdots\wedge d\bar{z}^{\beta_q}$$

と書けるとき，φ を (p,q) 型の微分形式，あるいは簡単に (p,q) 形式と呼ぶ[1]．

次に外微分 d と型 (p,q) の関係について述べる．まず関数 f については

$$\partial f=\sum_{\alpha=1}^{n}\frac{\partial f}{\partial z^\alpha}dz^\alpha,\qquad \bar{\partial}f=\sum_{\beta=1}^{n}\frac{\partial f}{\partial \bar{z}^\beta}d\bar{z}^\beta$$

と定義すれば

$$df=\partial f+\bar{\partial}f$$

が成り立つ．したがって (p,q) 形式(5.27)に対しては

$$d\varphi=\partial\varphi+\bar{\partial}\varphi,$$

$$\partial\varphi=\sum_{\substack{\alpha_1<\cdots<\alpha_p\\ \beta_1<\cdots<\beta_q}}\sum_{\alpha=1}^{n}\frac{\partial\varphi_{\alpha_1\cdots\alpha_p\bar{\beta}_1\cdots\bar{\beta}_q}}{\partial z^\alpha}dz^\alpha\wedge dz^{\alpha_1}\wedge\cdots\wedge dz^{\alpha_p}\wedge d\bar{z}^{\beta_1}\wedge\cdots\wedge d\bar{z}^{\beta_q},$$

$$\bar{\partial}\varphi=(-1)^p\sum_{\substack{\alpha_1<\cdots<\alpha_p\\ \beta_1<\cdots<\beta_q}}\sum_{\beta=1}^{n}\frac{\partial\varphi_{\alpha_1\cdots\alpha_p\bar{\beta}_1\cdots\bar{\beta}_q}}{\partial \bar{z}^\beta}dz^{\alpha_1}\wedge\cdots\wedge dz^{\alpha_p}\wedge d\bar{z}^\beta\wedge d\bar{z}^{\beta_1}\wedge\cdots\wedge d\bar{z}^{\beta_q}$$

---

1)　係数 φ の添え字 β_k に ‾ をつけたのは，これらが $d\bar{z}^{\beta_k}$ に関する添え字であることを示すためである．

である．$\partial\varphi$ は $(p+1, q)$ 形式，$\bar{\partial}\varphi$ は $(p, q+1)$ 形式である．$d\varphi$ は座標のとり方によらなかったから，$\partial\varphi, \bar{\partial}\varphi$ も座標のとり方によらない．

複素多様体 M 上の (p, q) 形式の germ は層を定義する．それを $\mathscr{A}^{p,q}$ であらわすことにする．p を固定したとき準同型の列

$$\mathscr{A}^{p,0} \xrightarrow{\bar{\partial}} \mathscr{A}^{p,1} \xrightarrow{\bar{\partial}} \cdots \xrightarrow{\bar{\partial}} \mathscr{A}^{p,n}$$

が定義される．$\bar{\partial}\circ\bar{\partial}=0$ である．［証明］ φ を (p, q) 形式とすれば

$$0 = dd\varphi = \partial\partial\varphi + (\bar{\partial}\partial\varphi + \partial\bar{\partial}\varphi) + \bar{\partial}\bar{\partial}\varphi$$

である．右辺の和の各項は，それぞれ $(p+2, q)$, $(p+1, p+1)$, $(p, q+2)$ 形式であるから $\bar{\partial}\bar{\partial}\varphi=0$ でなければならない[1]．

定義 5.7 $\bar{\partial}: \mathscr{A}^{p,0} \to \mathscr{A}^{p,1}$ の核を Ω^p と書き，M 上の正則 p 次形式（holomorphic p-form）の germ の層と呼ぶ．言い換えれば，M の開集合 U 上の $(p, 0)$ 形式

$$\varphi = \sum_{\alpha_1<\cdots<\alpha_p} \varphi_{\alpha_1\cdots\alpha_p} dz^{\alpha_1}\wedge\cdots\wedge dz^{\alpha_p}$$

は $\varphi_{\alpha_1\cdots\alpha_p}$ が正則のとき U 上の正則 p 次形式で，それらの germ のなす層が Ω^p である．$\Omega^0 = \mathscr{O}_M$ にほかならない．

命題 5.12 M をパラコンパクトな複素多様体とすると $H^s(M, \mathscr{A}^{p,q})=0$, $s>0$ である．

定理 5.3 $p\geqq 0$ に対して

$$0 \longrightarrow \Omega^p \longrightarrow \mathscr{A}^{p,0} \xrightarrow{\bar{\partial}} \mathscr{A}^{p,1} \xrightarrow{\bar{\partial}} \cdots \xrightarrow{\bar{\partial}} \mathscr{A}^{p,n} \longrightarrow 0$$

は完全列である．——

この2つの事実を仮定すれば，前節と同じ形式の証明で次の Dolbeault の定理が得られる．

定理 5.4

$$H^q(M, \Omega^p) \cong \frac{\{\varphi \mid \varphi \text{ は } (p, q) \text{ 形式で } \bar{\partial}\varphi=0\}}{\{\bar{\partial}\psi \mid \psi \text{ は } (p, q-1) \text{ 形式}\}} \qquad (q\geqq 0)$$ [2]

特に $p=0$ のとき

$$H^q(M, \mathscr{O}) \cong \frac{\{\varphi \mid \varphi \text{ は } (0, q) \text{ 形式で } \bar{\partial}\varphi=0\}}{\{\bar{\partial}\psi \mid \psi \text{ は } (0, q-1) \text{ 形式}\}} \qquad (q\geqq 0)$$

---

1) $\partial\partial\varphi=0$, $\partial\bar{\partial}\varphi=-\bar{\partial}\partial\varphi$ も証明された．

2) $(p, -1)$ 形式は 0 のみと約束する．

である．——

命題5.12は，命題5.11の証明と同様に1の分解の存在からしたがう．残るは定理5.3を証明することであるが，そのためには次の命題を証明すれば十分である．

命題5.13　多重円板 $U=\{z=(z^1, z^2, \cdots, z^n)\in \boldsymbol{C}^n \mid |z^j|<1, j=1, 2, \cdots, n\}$ を考える．φ が $\bar{U}$ の近傍で定義された (p, q) 形式 $(q\geqq 1)$ で $\bar{\partial}\varphi=0$ ならば，U 上の $(p, q-1)$ 形式 ψ で，$\bar{\partial}\psi=\varphi$ なるものが存在する．——

まず1変数の場合に次の補題を証明する．

補題5.7　g を単位円板 $U=\{z\in \boldsymbol{C} \mid |z|<1\}$ で C^∞ 可微分，$\bar{U}$ で連続な関数とする．このとき

$$f(z) = \frac{1}{2\pi i}\int_U g(w)\frac{dw\wedge d\bar{w}}{w-z} \tag{5.28}$$

は U 上 C^∞ 可微分で

$$\frac{\partial f}{\partial \bar{z}} = g$$

をみたす．

証明　(5.28)の右辺が意味を持つことは定理1.3の証明中で見た通りである．

U の点 z_0 を固定して，z_0 を中心とする半径が $\varepsilon, 2\varepsilon, 3\varepsilon$ の円板をそれぞれ $\varDelta(\varepsilon), \varDelta(2\varepsilon), \varDelta(3\varepsilon)$ とする．ただし ε を十分小さくとって $\varDelta(3\varepsilon)\subset U$ とする．このとき g を

$$g = g_1+g_2, \qquad \mathrm{Supp}\, g_1 \subset \varDelta(3\varepsilon), \qquad \mathrm{Supp}\, g_2\cap \varDelta(2\varepsilon) = \phi$$

となるように分解することができる[1]．そのためには，$t\geqq 0$ で定義された C^∞ 関数 ρ で $t\leqq 2\varepsilon$ のとき $\rho(t)=1$，$t\geqq 3\varepsilon$ のとき $\rho(t)=0$ なるものをとって[2]

$$g_1(z) = \rho(|z-z_0|)g(z), \qquad g_2(z) = g(z)-g_1(z)$$

とすればよい．

f の定義式(5.28)において g を g_j, $j=1, 2$ で置き換えたものをそれぞれ f_j とすれば $f=f_1+f_2$ である．まず f_2 に対して積分の範囲を U から $U-\varDelta(2\varepsilon)$ で置き換えることができる．$z\in \varDelta(\varepsilon)$ とすれば，被積分関数 $g_2(w)/(w-z)$ は

1)　集合 $\{z \mid h(z)\neq 0\}$ の閉包を関数 h の台と呼んで $\mathrm{Supp}\, h$ で表わす．

2)　補説A，補題A.4参照．

$U-\varDelta(2\varepsilon)$ で有界である．したがって，積分記号下で微分することができて[1] $\partial f_2/\partial\bar{z}=0$ である．

一方，g_1 を U の外では 0 と定義して $\boldsymbol{C}$ 上の C^∞ 関数と考えると

$$f_1(z)=\frac{1}{2\pi i}\int_C g_1(w)\frac{dw\wedge d\bar{w}}{w-z}$$
$$=\frac{1}{2\pi i}\int_C g_1(\zeta+z)\frac{d\zeta\wedge d\bar{\zeta}}{\zeta}$$

である．極座標で $\zeta=re^{i\theta}$ とすれば $d\zeta\wedge d\bar{\zeta}/\zeta=-2\pi i dr\wedge d\theta$ であるから，これは有界関数の積分である．したがって積分記号下で微分できて

$$\frac{\partial f_1}{\partial\bar{z}}=\frac{1}{2\pi i}\int_C\frac{\partial g_1}{\partial\bar{z}}(\zeta+z)\frac{d\zeta\wedge d\bar{\zeta}}{\zeta}$$
$$=\frac{1}{2\pi i}\int_C\frac{\partial g_1}{\partial\bar{z}}(w)\frac{dw\wedge d\bar{w}}{w-z}$$

を得る．ここで定理 1.3 を用いれば右辺は $g_1(z)$ に等しい．したがって $\varDelta(\varepsilon)$ 上で $\partial f/\partial\bar{z}=g$ が成り立つ．z_0 は U の任意の点であったから，U 上で $\partial f/\partial\bar{z}=g$ が成り立つ．（補題 5.7 の証明終り）

命題 5.13 の証明　まず $(0,q)$ 形式 φ について証明すればよいことに注意する．実際

$$\varphi=\sum_{\substack{\alpha_1<\cdots<\alpha_p\\ \beta_1<\cdots<\beta_q}}\varphi_{\alpha_1\cdots\alpha_p\bar{\beta}_1\cdots\bar{\beta}_q}dz^{\alpha_1}\wedge\cdots\wedge dz^{\alpha_p}\wedge d\bar{z}^{\beta_1}\wedge\cdots\wedge d\bar{z}^{\beta_q}$$

が $\bar{\partial}\varphi=0$ をみたせば，各 $A=(\alpha_1,\cdots,\alpha_p)$ に対して

$$\varphi_A=\sum_{\beta_1<\cdots<\beta_q}\varphi_{\alpha_1\cdots\alpha_p\bar{\beta}_1\cdots\bar{\beta}_q}d\bar{z}^{\beta_1}\wedge\cdots\wedge d\bar{z}^{\beta_q}$$

は $(0,q)$ 形式で $\bar{\partial}\varphi_A=0$ をみたす．もし $\varphi_A=\bar{\partial}\psi_A$ なる $(0,q-1)$ 形式 ψ_A が存在すれば

$$\psi=(-1)^{pq}\sum_A\psi_A dz^{\alpha_1}\wedge\cdots\wedge dz^{\alpha_p}$$

をとればよい．

証明は $\varphi=\sum_{\beta_1<\cdots<\beta_q}\varphi_{\bar{\beta}_1\cdots\bar{\beta}_q}d\bar{z}^{\beta_1}\wedge\cdots\wedge d\bar{z}^{\beta_q}$ とあらわしたときに必要とする添え字 $\beta_1,\cdots,\beta_q$ の最大値 m に関する数学的帰納法で行なう．まず $m=q$ の場合には φ は唯 1 つの項 $g(z)\,d\bar{z}^1\wedge\cdots\wedge d\bar{z}^q$ からなる．$\bar{\partial}\varphi=0$ より

1）“解析入門” 295 ページ，定理 6.19，“解析概論” 改訂第 3 版第 4 章定理 41．

$$\frac{\partial g}{\partial \bar{z}^{\beta}} = 0, \qquad \beta = q+1, \cdots, n$$

である．補題5.7を z^1 について適用して，U 上の関数 f で $\partial f/\partial \bar{z}^1 = g$ なるものが存在することがわかる．しかも f の作り方から，f は U 上 C^∞ 可微分で，さらに $z^{q+1}, \cdots, z^n$ について正則である．したがって $\psi = f(z)\, d\bar{z}^2 \wedge \cdots \wedge d\bar{z}^q$ とすれば $\bar{\partial}\psi = \varphi$ である．

次に $m > q$ として，φ の各項を $d\bar{z}^m$ を含まない項と含む項にわけて

$$\varphi = \sum_{\beta_1 < \cdots < \beta_q < m} \varphi_{\bar{\beta}_1 \cdots \bar{\beta}_q} d\bar{z}^{\beta_1} \wedge \cdots \wedge d\bar{z}^{\beta_q}$$

$$+ \sum_{\beta_1 < \cdots < \beta_{q-1} < m} \varphi_{\bar{\beta}_1 \cdots \bar{\beta}_{q-1} \bar{m}} d\bar{z}^{\beta_1} \wedge \cdots \wedge d\bar{z}^{\beta_{q-1}} \wedge d\bar{z}^m$$

と書く．$\bar{\partial}\varphi = 0$ であるから

$$(5.29) \qquad \frac{\partial \varphi_{\bar{\beta}_1 \cdots \bar{\beta}_{q-1} \bar{m}}}{\partial \bar{z}^{\beta}} = 0, \qquad \beta = m+1, \cdots, n$$

でなければならない．$\Delta = \{w \in \boldsymbol{C} \mid |w| < 1\}$ を単位円として

$$f_{\bar{\beta}_1 \cdots \bar{\beta}_{q-1}}(z^1, \cdots, z^n) = \frac{1}{2\pi i} \int_{\Delta} \frac{\varphi_{\bar{\beta}_1 \cdots \bar{\beta}_{q-1} \bar{m}}(z^1, \cdots, z^{m-1}, w, z^{m+1}, \cdots, z^n)}{w - z^m} dw \wedge d\bar{w}$$

と定義する．このとき補題5.7によって

$$\frac{\partial f_{\bar{\beta}_1 \cdots \bar{\beta}_{q-1}}}{\partial \bar{z}^m} = \varphi_{\bar{\beta}_1 \cdots \bar{\beta}_{q-1} \bar{m}}$$

である．また(5.29)より

$$\frac{\partial f_{\bar{\beta}_1 \cdots \bar{\beta}_{q-1}}}{\partial \bar{z}^{\beta}} = 0, \qquad \beta = m+1, \cdots, n$$

である．そこで

$$\omega = (-1)^{q-1} \sum_{\beta_1 < \cdots < \beta_{q-1}} f_{\bar{\beta}_1 \cdots \bar{\beta}_{q-1}} d\bar{z}^{\beta_1} \wedge \cdots \wedge d\bar{z}^{\beta_{q-1}}$$

とおけば

$$\bar{\partial}\omega = \sum_{\beta_1 < \cdots < \beta_{q-1}} \varphi_{\bar{\beta}_1 \cdots \bar{\beta}_{q-1} \bar{m}} d\bar{z}^{\beta_1} \wedge \cdots \wedge d\bar{z}^{\beta_{q-1}} \wedge d\bar{z}^m$$

$$+ \sum_{\beta < m} \sum_{\beta_1 < \cdots < \beta_{q-1}} \frac{\partial f_{\bar{\beta}_1 \cdots \bar{\beta}_{q-1}}}{\partial \bar{z}^{\beta}} d\bar{z}^{\beta_1} \wedge \cdots \wedge d\bar{z}^{\beta_{q-1}} \wedge d\bar{z}^{\beta}$$

となる．したがって，$\varphi - \bar{\partial}\omega$ は $(0, q)$ 形式で $d\bar{z}^m, d\bar{z}^{m+1}, \cdots, d\bar{z}^n$ によらない．$\bar{\partial}(\varphi - \bar{\partial}\omega) = 0$ であるから帰納法の仮定によって $\varphi - \bar{\partial}\omega = \bar{\partial}\psi'$ となる ψ'

が存在する．このとき $\varphi=\bar{\partial}(\omega+\psi')$ である．（証明終り）

以上でDolbeaultの定理の証明が完了した．これを用いて多重円板上の正則p次形式のコホモロジーを計算することができる．

定理5.5 $U=\{z=(z_1, z_2, \cdots, z_n)\in \boldsymbol{C}^n \mid |z_j|<r_j,\ j=1, 2, \cdots, n\}$ を $\boldsymbol{C}^n$ の多重円板とする[1]．このとき

$$H^q(U, \Omega^p)=0, \qquad q>0$$

である．特に

$$H^q(U, \mathcal{O}_U)=0, \qquad q>0$$

である．

証明 Dolbeaultの定理によって次の命題を証明することと同値である．

命題5.14 φ を U 上の (p, q) 形式で $\bar{\partial}\varphi=0$ であるとする．このとき U 上の $(p, q-1)$ 形式 ψ で $\bar{\partial}\psi=\varphi$ なるものが存在する．

証明 まず座標をとりかえて $r_j=1$ としてよい．また命題5.13と同様に $p=0$ の場合に証明すれば十分である．U を少し縮めた所で ψ が存在することは既に命題5.13で証明されているから，それを U 全体に拡張することを考えればよい．$q>1$ と $q=1$ で少し様子が異なる．

$\sigma_1<\sigma_2<\cdots<\sigma_m<\cdots<1$ なる正の数の増大列で $\sigma_m\to 1$ $(m\to\infty)$ となるものをとって

$$U^{(m)}=\{z\in \boldsymbol{C}^n \mid |z|<\sigma_m\}$$

とする．各 $U^{(m)}$ 上で $\bar{\partial}\psi_m=\varphi$ なる $(0, q-1)$ 形式 ψ_m が存在する．

$q>1$ の場合には ψ_m を適当に選べば $U^{(m-1)}$ 上 $\psi_{m+1}=\psi_m$ とできることを示す．そうすれば $z\in U^{(m-1)}$ の近傍では $\psi=\psi_m$ となるような U 上の $(0, q-1)$ 形式 ψ が存在して $\bar{\partial}\psi=\varphi$ となる．主張を証明するために，数学的帰納法によって $\psi_1, \cdots, \psi_m$ が既に定められていて $U^{(k-2)}$ 上 $\psi_k=\psi_{k-1},\ k=2, 3, \cdots, m$ をみたしていると仮定してよい[2]．$U^{(m+1)}$ 上 $\bar{\partial}\psi_{m+1}=\varphi$ なる ψ_{m+1} を任意にとって $U^{(m)}$ 上

$$\eta=\psi_{m+1}-\psi_m$$

とおく．$\sigma_{m-1}<s<\sigma_m$ なる s をとって

---

1) 証明を書く都合上，座標の添え字を下におろした．

2) ψ_1, ψ_2 は $\bar{\partial}\psi_1=\varphi$, $\bar{\partial}\psi_2=\varphi$ をみたす任意の $(0, q-1)$ 形式でよい．

$$U_s = \{z \in \boldsymbol{C}^n \mid |z| < s\}$$

とすると，$\bar{\partial}\eta = 0$ であるから U_s 上の $(0, q-2)$ 形式 ω で $\bar{\partial}\omega = \eta$ なるものが存在する．次に C^∞ 関数 $\rho(z)$ を $U^{(m-1)}$ 上では恒等的に 1，U_s の外では 0 となるようにとると $\rho\omega$ は $\boldsymbol{C}^n$ 上の微分形式と見做すことができる．そこで

$$\tilde{\psi}_{m+1} = \psi_{m+1} - \bar{\partial}(\rho\omega)$$

とすれば $U^{(m-1)}$ 上で $\tilde{\psi}_{m+1} = \psi_m$ である．

$q=1$ の場合，上と同様の考え方をすると，$\eta = \psi_{m+1} - \psi_m$ は $U^{(m)}$ 上の正則関数である．η を $U^{(m)}$ で巾級数展開して

$$\eta = \sum a_{i_1 i_2 \cdots i_n} {z_1}^{i_1} {z_2}^{i_2} \cdots {z_n}^{i_n}$$

とする．これは $U^{(m-1)}$ では一様に絶対収束するから，N を十分大きくとって

$$P(z) = \sum_{i_1 + \cdots + i_n \leqq N} a_{i_1 i_2 \cdots i_n} {z_1}^{i_1} {z_2}^{i_2} \cdots {z_n}^{i_n}$$

とすれば

$$|\eta(z) - P(z)| < 2^{-m}, \qquad z \in U^{(m-1)}$$

が成り立つ．そこで ψ_{m+1} を $\psi_{m+1} - P$ で置き換えれば

$$|\psi_{m+1}(z) - \psi_m(z)| < 2^{-m}, \qquad z \in U^{(m-1)} \tag{5.30}$$

である．このように $\psi_1, \psi_2, \cdots, \psi_m, \cdots$ を選んで

$$\psi(z) = \lim_{m \to \infty} \psi_m(z)$$

と定義する[1]．$z \in U$ ならば適当な k に対して $z \in U^{(k)}$ であるから

$$\lim_{m \to \infty} \psi_m(z) = \psi_{k+1}(z) + \sum_{m=k+1}^{\infty} (\psi_{m+1}(z) - \psi_m(z)) \tag{5.31}$$

である．したがって(5.30)によって $\lim \psi_m(z)$ が存在する．しかも(5.31)の右辺内の和は一様収束するから正則関数である[2]．したがって $\bar{\partial}\psi = \bar{\partial}\psi_{k+1} = \varphi$ が成り立つ．(証明終り)

複素多様体 M 上の (p, q) 形式

$$\varphi = \sum \varphi_{\alpha_1 \cdots \alpha_p \bar{\beta}_1 \cdots \bar{\beta}_q} dz^{\alpha_1} \wedge \cdots \wedge dz^{\alpha_p} \wedge d\bar{z}^{\beta_1} \wedge \cdots \wedge d\bar{z}^{\beta_q}$$

に対して，その複素共役 $\bar{\varphi}$ を

$$\bar{\varphi} = \sum \overline{\varphi_{\alpha_1 \cdots \alpha_p \bar{\beta}_1 \cdots \bar{\beta}_q}} d\bar{z}^{\alpha_1} \wedge \cdots \wedge d\bar{z}^{\alpha_p} \wedge dz^{\beta_1} \wedge \cdots \wedge dz^{\beta_q}$$

---

1) $z \in U^{(k)}$ のとき，右辺は $m \geqq k$, $m \to \infty$ の極限と考える．
2) 定理1.15．多変数の場合も全く同様に証明される．

によって定義する．$\bar{\varphi}$ は (q, p) 形式である．この定義を加法性によって拡張すれば，任意の r 次微分形式 φ に対して $\bar{\varphi}$ が定義される．g を関数，ψ を微分形式とすれば

$$\overline{g\varphi} = \bar{g}\,\bar{\varphi}, \qquad \overline{\varphi\wedge\psi} = \bar{\varphi}\wedge\bar{\psi}$$

である．

微分形式 φ が $\varphi=\bar{\varphi}$ を満足するとき，φ を実形式(real form)と呼ぶ．座標 z^α の実部を $x^{2\alpha-1}$，虚部を $x^{2\alpha}$ として

(5.32) $$\varphi = \sum_{\alpha_1<\cdots<\alpha_r} \phi_{\alpha_1\cdots\alpha_r} dx^{\alpha_1}\wedge\cdots\wedge dx^{\alpha_r}$$

とあらわすとき，φ が実形式であることと，係数 $\phi_{\alpha_1\cdots\alpha_r}$ が実数値関数であることは同値である．［証明］ 定義から容易に確かめられるように dx^α は実形式である．したがって $dx^{\alpha_1}\wedge\cdots\wedge dx^{\alpha_r}$ も実形式，ゆえに(5.32)が実形式であるための条件は係数が実数値をとることである．

§5.8 直線バンドルに係数を持つコホモロジー

L を複素多様体 M 上の直線バンドルとして，L の正則切断の germ の層を $\mathcal{O}(L)$ とする．今後しばしばコホモロジー群 $H^q(M, \mathcal{O}(L))$ を計算することが重要である．この節では $\mathcal{O}(L)$ のコホモロジーに対する Dolbeault 型の定理を証明する．

定理を述べるために，直線バンドル L に係数を持つ (p, q) 形式を定義する．$\mathfrak{U}=\{U_i\}$ を M の開被覆として，L は $\mathfrak{U}$ に属する変換関数系 $\{g_{ij}\}$ で定義されているとする．各 U_i 上の (p, q) 形式 φ_i が与えられて $U_i\cap U_j$ 上

(5.33) $$\varphi_i = g_{ij}\varphi_j$$

をみたすとき，$\{\varphi_i\}$ を L に係数を持つ M 上の (p, q) 形式と呼ぶ．同様に，M の開集合 U に対して，L に係数を持つ U 上の (p, q) 形式とは $U\cap U_i$ 上の (p, q) 形式 φ_i の組で $U\cap U_i\cap U_j$ で(5.33)の変換を受けるもののことである．通常の制限写像によって，L に係数を持つ (p, q) 形式の germ が定義されて，それらは層をなす．この層を $\mathscr{A}^{p,q}(L)$ であらわすことにする．各 U_i に制限すれば $\mathscr{A}^{p,q}(L)|_{U_i}$ は普通の (p, q) 形式の germ の層 $\mathscr{A}^{p,q}$ の制限と同型である．

M の開集合 U をとると，$\Gamma(U, \mathscr{A}^{p,q})$ と $\Gamma(U, \mathcal{O}(L))$ は共に $\Gamma(U, \mathcal{O}_M)$ 加

群の構造を持つから，テンソル積

$$\Gamma(U, \mathscr{A}^{p,q}) \otimes_{\Gamma(U,\mathscr{O})} \Gamma(U, \mathscr{O}(L))$$

を考えることができる．$\mathscr{A}^{p,q}$ の制限写像と $\mathscr{O}(L)$ の制限写像のテンソル積を制限写像にとれば，これらは M 上の前層を定義する．この前層に付随した層を $\mathscr{A}^{p,q} \otimes_{\mathscr{O}} \mathscr{O}(L)$ と書く．$\mathscr{A}^{p,q}(L) = \mathscr{A}^{p,q} \otimes_{\mathscr{O}} \mathscr{O}(L)$ のことである[1)]．このようにすれば，$\mathscr{A}^{p,q}(L)$ が開被覆 $\mathfrak{U}$ や変換関数系 $\{g_{ij}\}$ によらないことがわかる[2)]．

普通の (p, q) 形式の場合と同様に，準同型

$$\bar{\partial} : \mathscr{A}^{p,q}(L) \longrightarrow \mathscr{A}^{p,q+1}(L)$$

を定義することができる．$\varphi = \{\varphi_i\}$ を $U \cap U_i$ 上の (p, q) 形式の組で (5.33) をみたすものとするとき，$\bar{\partial}\varphi = \{\bar{\partial}\varphi_i\}$ と定義するのである．g_{ij} は正則関数であるから

$$\bar{\partial}\varphi_i = g_{ij}\bar{\partial}\varphi_j$$

が成り立つ．したがって $\{\bar{\partial}\varphi_i\}$ は L に係数を持つ $(p, q+1)$ 形式である．

$p = q = 0$ の場合 $\bar{\partial} : \mathscr{A}^{0,0}(L) \to \mathscr{A}^{0,1}(L)$ の核は $\mathscr{O}(L)$ であることに注意すると，次の完全列

$$0 \longrightarrow \mathscr{O}(L) \longrightarrow \mathscr{A}^{0,0}(L) \longrightarrow \mathscr{A}^{0,1}(L) \longrightarrow \cdots \longrightarrow \mathscr{A}^{0,n}(L) \longrightarrow 0$$

を得る．完全性の証明は定理 5.3 と全く同じである．$p > 0$ の場合には

$$0 \longrightarrow \Omega^p(L) \longrightarrow \mathscr{A}^{p,0}(L) \longrightarrow \mathscr{A}^{p,1}(L) \longrightarrow \cdots \longrightarrow \mathscr{A}^{p,n}(L) \longrightarrow 0$$

が完全列である．ここで $\Omega^p(L)$ は L に係数を持つ正則 p 次形式の germ の層であるが，その定義は明らかであろう．

M がパラコンパクトならば，命題 5.12 と同様に

$$H^s(M, \mathscr{A}^{p,q}(L)) = 0, \qquad s > 0$$

が成り立つ．したがって定理 5.2，5.4 と同じ証明によって次の定理と系を得る．

定理 5.6

$$H^q(M, \Omega^p(L)) \cong \frac{\{\varphi \in \Gamma(M, \mathscr{A}^{p,q}(L)) \mid \bar{\partial}\varphi = 0\}}{\{\bar{\partial}\psi \mid \psi \in \Gamma(M, \mathscr{A}^{p,q-1}(L))\}} \qquad (q \geqq 0)$$

である．($\mathscr{A}^{p,-1}(L) = 0$ と約束する)

---

1)　少し口語的に，$\mathscr{A}^{p,q}$ を L で twist したという．

2)　このことを直接確かめることもできる．

系 複素多様体 M の次元を n とするとき

$$H^q(M, \Omega^p(L)) = 0, \qquad q > n$$

である．——

第6章　Riemann 面と代数曲線

1次元の複素多様体は歴史的経緯によって Riemann 面と呼ばれる．この章では主としてコンパクトな Riemann 面について述べる．§6.5でコンパクト Riemann 面 X は射影的代数多様体であることが証明される．代数多様体と見る立場からは，X は代数曲線と呼ばれる．一方，X 上の有理型関数体 $\mathfrak{M}(X)$ は複素数体 $\boldsymbol{C}$ 上，超越次数1の有限生成拡大体である．このような $\boldsymbol{C}$ の拡大体を1変数代数関数体と呼ぶ．コンパクト Riemann 面，代数曲線，1変数代数関数体の3つは本質的に同値な概念であることを示すのがこの章の1つの主題である．

§6.1　種数(genus)の定義

X をコンパクト Riemann 面として，$\mathcal{O}_X$ で X 上の正則関数の germ の層をあらわす．この節の目標は次の定理を証明することである．

定理6.1　コホモロジー群 $H^1(X, \mathcal{O}_X)$ は $\boldsymbol{C}$ 上有限次元のベクトル空間である．——

$H^1(X, \mathcal{O}_X)$ の $\boldsymbol{C}$ 上の次元をコンパクト Riemann 面 X の種数(genus)と呼び，g または $g(X)$ であらわす．$g(X)$ は0または正の整数である．

後に§6.4で見るように，$g(X)$ は $\dim H^0(X, \Omega^1)$，すなわち X 上の正則1次形式のなす空間の次元に等しい．また $2g(X)$ は $\dim H^1(X, \boldsymbol{C})$ に等しい[1)]．

定理6.1を証明するために少し関数空間を準備しなければならない．まず，$\mathfrak{U}=\{U_i\}_{i\in I}$ は X の有限開被覆で，各 U_i 上には局所座標 z_i があって

$$U_i = \{z_i \in \boldsymbol{C} \mid |z_i|<1\}$$

と同一視できるとする[2)]．正の数 a に対して

1)　残念ながら本書では証明することができない．

2)　X の各点 z に対してこのような座標近傍 U_z をとり，$\{U_z\}$ の有限な部分被覆をとればよい．

$$U_i^a = \{z_i \in U_i \mid |z_i| < 1-a\}$$

と定義する．このとき a を十分小さくとれば $\{U_i^a\}_{i\in I}$ は X の開被覆である[1]．また U_i^a の閉包は U_i に含まれるコンパクト集合である．

次に，いわゆる L^2-ノルムを定義する．U を $\boldsymbol{C}$ の有界開集合として，z をその上の座標とする．さらに x, y をそれぞれ z の実部，虚部であるとする．U 上の正則関数 f に対して

$$\|f\|_U = \left(\int_U |f(z)|^2 dx\wedge dy\right)^{1/2}$$

と定義する[2]．$\|f\|_U<\infty$ のとき，f は U 上2乗可積分であるといい，U 上2乗可積分な正則関数の全体を $\Gamma_0(U, \mathcal{O})$ と書くことにする．U の点 z_0 を中心とする半径 δ の円板を $\varDelta(z_0, \delta)=\{z\in U \mid |z-z_0|<\delta\}$ として

$$U^\delta = \{z\in U \mid \varDelta(z, \delta)\subset U\}$$

と定義する．$z\in U^\delta$ ならば平均値の定理(定理1.10)によって

$$f(z) = \frac{1}{\pi\delta^2}\int_\varDelta f(z+w)\,du\wedge dv,$$

$$w = u+\sqrt{-1}\,v, \qquad \varDelta = \varDelta(0, \delta)$$

が成り立つ．したがって

$$(6.1) \qquad |f(z)| \leqq \frac{1}{\sqrt{\pi}\,\delta}\|f\|_U, \qquad z\in U^\delta$$

である．これより，$\{f_n\}_{n=1,2,\cdots}$ が U 上の正則関数列で，ノルム $\|\ \|_U$ に関して収束するならば $\{f_n\}_{n=1,2,\cdots}$ は U^δ 上一様収束することがわかる．

逆に，U の面積を $\mathrm{vol}(U)$ とすれば

$$\|f\|_U \leqq \mathrm{vol}(U)\cdot\sup_{z\in U}|f(z)|$$

である．したがって U 上の正則関数列 $\{f_n\}_{n=1,2,\cdots}$ が U 上一様収束すれば，ノルム $\|\ \|_U$ に関しても収束する．

同様のノルムが cochain に対しても定義される．まず 0-cochain $t=(t_i)\in C^0(\mathfrak{U}, \mathcal{O})$ に対して

$$\|t\|_{\mathfrak{U}} = \sum_i \|t_i\|_{U_i}$$

1)　84ページの脚注．ただし記号が少し異なる．

2)　$\|f\|_U$ の値は座標 z のとり方による．

と定義する．また 1-cochain $s=(s_{ij})\in C^1(\mathfrak{U},\mathcal{O})$ に対して

$$\|s\|_{\mathfrak{U}}=\sum_{i,j}\|s_{ij}\|_{U_{ij}}$$

と定義する．ここで $U_{ij}=U_i\cap U_j$ では座標 z_i を用いてノルムを定めることに約束し，右辺の和は $U_{ij}\neq\phi$ である添え字の組 (i,j) のすべてにわたるものとする．$\|t\|_{\mathfrak{U}}<\infty$, $\|s\|_{\mathfrak{U}}<\infty$ のとき，t, s は2乗可積分であるという．

さて，正の数 a を十分小さくとって，$\{U_i^a\}$ が X の開被覆であるとする．この開被覆を $\mathfrak{V}=\{V_i\}$, $V_i=U_i^a$ として，$\mathfrak{V}$ に関するノルムを $\|\ \|_{\mathfrak{V}}$ であらわすことにする．そして2乗可積分な cochain のなす群を

$$C_0^q(\mathfrak{V},\mathcal{O})=\{t\in C^q(\mathfrak{V},\mathcal{O})\mid\|t\|_{\mathfrak{V}}<\infty\},\qquad q=0,1$$

とする．同様に2乗可積分な cocycle のなす群

$$Z_0^1(\mathfrak{V},\mathcal{O})=\{s\in C_0^1(\mathfrak{V},\mathcal{O})\mid\delta s=0\}$$

が定義され，コホモロジー群

$$H_0^1(\mathfrak{V},\mathcal{O})=Z_0^1(\mathfrak{V},\mathcal{O})/\delta C_0^0(\mathfrak{V},\mathcal{O})$$

が得られる．2乗可積分な cocycle を単なる cocycle と考えることによって，自然な準同型

$$j: H_0^1(\mathfrak{V},\mathcal{O})\longrightarrow H^1(\mathfrak{V},\mathcal{O})$$

が定義される．

補題 6.1　j は同型写像である．

証明　最初に j が単射であることを示す．そのために $s=(s_{ij})\in Z_0^1(\mathfrak{V},\mathcal{O})$ として，そのコホモロジー類は j で0に写されているとする．したがって 0-cochain $t=(t_i)\in C^0(\mathfrak{V},\mathcal{O})$ で $V_{ij}=V_i\cap V_j$ 上で

(6.2)
$$s_{ij}=t_j-t_i$$

となるものが存在する．このとき，実は t が2乗可積分であることを示す．

正の数 b, $b>a$ を十分小さくとって $W_i=U_i^b$ とおき，$\mathfrak{W}=\{W_i\}$ が X の開被覆となるようにする．W_i の閉包は V_i のコンパクト集合であるから $\|t_i\|_{W_i}<\infty$ が成り立つ．また $z\in V_i-W_i$ ならば，ある添え字 j に対して $z\in W_j$ である．$V_i\cap W_j$ では $t_i=t_j-s_{ij}$ であるから，Schwarz の不等式[1]（または三角不等式）によって

1)　関数解析の初歩の本を見よ．

(6.3) $$\|t_i\|_{V_i\cap W_j} \leqq \|t_j\|_{V_i\cap W_j} + \|s_{ij}\|_{V_i\cap W_j}$$

が成り立つ．ここで，ノルムは座標 z_i に関して計算したものであることに注意して，$C_{ij}=\max_{z\in V_i\cap W_j}\left|\dfrac{dz_i}{dz_j}\right|^2$ とおけば

(6.4) $$\|t_i\|_{V_i\cap W_j} \leqq C_{ij}\|t_j\|_{W_j} + \|s_{ij}\|_{V_i\cap W_j}$$

を得る．j について和をとれば

$$\|t\|_{V_i} \leqq C\|t\|_{\mathfrak{W}} + \|s\|_{\mathfrak{W}}, \qquad C = \max_{i,j} C_{ij}$$

である．これで $\|t\|_{\mathfrak{W}}<\infty$ が証明された．

一方，細分による写像 $H^1(\mathfrak{U}, \mathcal{O})\to H^1(\mathfrak{W}, \mathcal{O})$ は同型であった(命題5.9の系)．したがって $H^1(\mathfrak{W}, \mathcal{O})$ の元 σ に対して，それを代表する cocycle $s=(s_{ij})$ として $Z^1(\mathfrak{U}, \mathcal{O})$ の元を制限して得られるものをとることができる．このような s に対しては $\|s\|_{\mathfrak{W}}<\infty$ であるから j は全射である．(証明終り)

補題6.1によって，以後2乗可積分な cochain を考えれば十分であることがわかる．

補題 6.2 $C_0^1(\mathfrak{W}, \mathcal{O})$ の元 $s=(s_{ij})$, $t=(t_{ij})$ に対して，内積 $(s, t)_{\mathfrak{W}}$ を

$$(s, t)_{\mathfrak{W}} = \sum_{i,j}\int_{V_{ij}} s_{ij}(z)\overline{t_{ij}(z)}\,dx_i\wedge dy_i, \qquad z_i = x_i+\sqrt{-1}\,y_i$$

と定義すれば $C_0^1(\mathfrak{W}, \mathcal{O})$ は Hilbert 空間になる．

証明 Schwarz の不等式 $(s, t)_{\mathfrak{W}}\leqq\|s\|_{\mathfrak{W}}\|t\|_{\mathfrak{W}}$ によって内積 $(s, t)_{\mathfrak{W}}$ は有限の値を持つ．Hilbert 空間の条件のうち完備性以外は容易に確かめられる．

$C_0^1(\mathfrak{W}, \mathcal{O})$ が完備であることを証明するためには $\boldsymbol{C}$ の開集合 U に対して，2乗可積分な正則関数の全体 $\Gamma_0(U, \mathcal{O})$ がノルム $\|\ \|_U$ に関して完備であることを見ればよい．そこで $\{f_n\}_{n=1,2,\cdots}$ を $\Gamma_0(U, \mathcal{O})$ の Cauchy 列とする．δ を任意の正数とすれば，(6.1)によって $\{f_n\}$ は U^δ 上一様収束して，その極限 g_δ は U^δ 上正則である(定理1.15)．$0<\delta'<\delta$ のとき，g_δ と $g_{\delta'}$ は U^δ 上で一致する．したがって U^δ 上 $f=g_\delta$ となるように f を定めれば f は U 上の正則関数である．

次に $\{f_n\}$ がノルム $\|\ \|_U$ に関して f に収束することを示す．まず $\{f_n\}$ は Cauchy 列であるから，任意の $\varepsilon>0$ に対して，N を十分大きくとれば

$$m, n \geqq N \quad \text{ならば} \quad \|f_m-f_n\|_U < \varepsilon$$

である．したがって，$n \geqq N$ のとき

$$\begin{aligned} \|f-f_n\|_U &= \lim_{\delta\to 0}\|f-f_n\|_{U^\delta} \\ &= \lim_{\delta\to 0}\lim_{m\to\infty}\|f_m-f_n\|_{U^\delta} \\ &\leqq \lim_{m\to\infty}\|f_m-f_n\|_U \leqq \varepsilon \end{aligned}$$

である．(証明終り)

さて $\mathfrak{W}=\{W_i\}$, $W_i=U_i^b$ ($b>a$) を前のように $\mathfrak{V}$ の細分とすれば，内積 $(\ ,\ )_{\mathfrak{W}}$ によって $C_0^1(\mathfrak{W}, \mathcal{O})$ も Hilbert 空間である．このとき細分による写像を

$$\rho : C_0^1(\mathfrak{V}, \mathcal{O}) \longrightarrow C_0^1(\mathfrak{W}, \mathcal{O})$$

とすると，ρ は有界線形作用素で，同型 $H_0^1(\mathfrak{V}, \mathcal{O}) \to H_0^1(\mathfrak{W}, \mathcal{O})$ を惹き起こす (命題5.9系，補題6.1)．このとき，次の補題が重要である．

補題 6.3　ρ はコンパクト作用素である．すなわち，$C_0^1(\mathfrak{V}, \mathcal{O})$ の有界列 $\{s^{(\nu)}\}_{\nu=1,2,\dots}$ に対して $\{\rho(s^{(\nu)})\}_{\nu=1,2,\dots}$ の適当な部分列は収束する．

証明　仮定により $\|s^{(\nu)}\|_{\mathfrak{V}} \leqq M$ なる ν によらない定数 M が存在する．$s^{(\nu)}=(s_{ij}{}^{(\nu)})$ とすれば，(6.1)によって

$$|s_{ij}{}^{(\nu)}(z)| \leqq CM, \qquad z \in W_{ij} = W_i \cap W_j \tag{6.5}$$

となる i, j, ν, z によらない定数 C がとれる．したがって，部分列 $\nu_1, \nu_2, \cdots$ を適当に選べば $\{s_{ij}{}^{(\nu_k)}\}_{k=1,2,\dots}$ は W_{ij} 上一様収束する(定理1.16)．その極限を t_{ij} とすれば

$$\|t_{ij}-s_{ij}{}^{(\nu_k)}\|_{W_{ij}} \longrightarrow 0 \qquad (k\to\infty)$$

である．$t=(t_{ij}) \in C_0^1(\mathfrak{W}, \mathcal{O})$ とすれば $\|t\|_{\mathfrak{W}}<\infty$ で $\rho(s^{(\nu_k)})$ はノルム $\|\ \|_{\mathfrak{W}}$ で t に収束する．(証明終り)

最後に次の補題を証明する．

補題 6.3′　coboundary 写像 $\delta : C_0^0(\mathfrak{V}, \mathcal{O}) \to C_0^1(\mathfrak{V}, \mathcal{O})$ の像は閉部分空間である．

証明　δ の像を $B_0^1(\mathfrak{V}, \mathcal{O})$ と書くことにして $s=(s_{ij}) \in B_0^1(\mathfrak{V}, \mathcal{O})$ に対して

$$\iota(s) = \inf\{\|t\|_{\mathfrak{V}} \mid t \in C_0^0(\mathfrak{V}, \mathcal{O}),\ \delta t=s\}$$

と定義する．このとき $\iota(s) \leqq K\|s\|_{\mathfrak{V}}$ となる s によらない定数 K が存在することを証明する．

このような K が存在しないと仮定すれば $B_0{}^1(\mathfrak{B}, \mathcal{O})$ の元 $s^{(\nu)}$, $\nu=1, 2, \cdots$ で $\iota(s^{(\nu)})>\nu\|s^{(\nu)}\|_{\mathfrak{B}}$ となるものがとれる．定数倍して $\iota(s^{(\nu)})=1$ とすれば

$$(6.6) \qquad \iota(s^{(\nu)}) = 1, \qquad \|s^{(\nu)}\|_{\mathfrak{B}} \longrightarrow 0 \qquad (\nu\to\infty)$$

である．ι の定義から cochain $t^{(\nu)} \in C_0{}^0(\mathfrak{B}, \mathcal{O})$ で

$$\delta t^{(\nu)} = s^{(\nu)}, \qquad \|t^{(\nu)}\|_{\mathfrak{B}} < 2$$

であるものが存在する．$s^{(\nu)}=(s_{ij}{}^{(\nu)})$, $t^{(\nu)}=(t_i{}^{(\nu)})$ とすれば

$$(6.7) \qquad s_{ij}{}^{(\nu)}(z) = t_j{}^{(\nu)}(z)-t_i{}^{(\nu)}(z), \qquad z\in V_{ij}$$

である．上の補題の証明と同様に $\{t_i{}^{(\nu)}\}_{\nu=1,2,\cdots}$ の適当な部分列は W_i 上の正則関数 τ_i に一様収束する．したがって最初から $t_i{}^{(\nu)}$ は τ_i に W_i 上一様収束していると仮定してよい．(6.6)(6.1)によって W_{ij} 上 $s_{ij}{}^{(\nu)}\to 0$ $(\nu\to\infty)$ であるから，W_{ij} 上で $\tau_i=\tau_j$ が成り立つ．したがって $\{\tau_i\}$ は X 上の正則関数と考えることができる．それを τ であらわすと(6.7)から，V_{ij} 上

$$s_{ij}{}^{(\nu)} = (t_j{}^{(\nu)}-\tau)-(t_i{}^{(\nu)}-\tau)$$

が成り立つことがわかる．すなわち $s^{(\nu)}=\delta(t^{(\nu)}-\tau)$ である．ここで

$$\|t_i{}^{(\nu)}-\tau\|_{W_i} \longrightarrow 0 \qquad (\nu\to\infty)$$

であるが，さらに補題6.1の証明の前半と同様にして

$$\|t_i{}^{(\nu)}-\tau\|_{V_i} \leqq C\|t^{(\nu)}-\tau\|_{\mathfrak{W}}+\|s^{(\nu)}\|_{\mathfrak{B}}$$

となる定数 C が存在する．したがって $\nu\to\infty$ のとき $\|t^{(\nu)}-\tau\|_{\mathfrak{B}}$ は 0 に収束する．特に ν を十分大きくとれば $\|t^{(\nu)}-\tau\|_{\mathfrak{B}}<1$ となるが，これは $\iota(s^{(\nu)})=1$ に矛盾する．

以上の準備のもとに補題6.4を証明する．$\{s^{(\nu)}\}_{\nu=1,2,\cdots}$ を $B_0{}^1(\mathfrak{B}, \mathcal{O})$ に含まれる Cauchy 列として，$s=(s_{ij})\in C_0{}^1(\mathfrak{B}, \mathcal{O})$ をその極限とする．上で証明したことによって $t^{(\nu)}=(t_i{}^{(\nu)})\in C_0{}^0(\mathfrak{B}, \mathcal{O})$, $\nu=1, 2, \cdots$ を

$$\delta t^{(\nu)} = s^{(\nu)}, \qquad \|t^{(\nu)}\|_{\mathfrak{B}} \leqq 2K\|s^{(\nu)}\|_{\mathfrak{B}}$$

となるように選ぶことができる．$\|t^{(\nu)}\|_{\mathfrak{B}}$, $\nu=1, 2, \cdots$ は有界であるから，部分列をとって W_i 上一様に $t_i{}^{(\nu)}\to\tau_i$ $(\nu\to\infty)$ と仮定してよい．このとき W_{ij} 上 $s_{ij}=\tau_j-\tau_i$ が成り立つ．したがって $\rho((s_{ij}))$ は coboundary である．命題5.9系と補題6.1によって s は $B_0{}^1(\mathfrak{B}, \mathcal{O})$ の元である．（証明終り）

定理6.1の証明　$Z_0{}^1(\mathfrak{B}, \mathcal{O})$ は $C_0{}^1(\mathfrak{B}, \mathcal{O})$ の閉部分空間で，$B_0{}^1(\mathfrak{B}, \mathcal{O})$ は $Z_0{}^1(\mathfrak{B}, \mathcal{O})$ の閉部分空間である．$Z_0{}^1(\mathfrak{B}, \mathcal{O})$ における $B_0{}^1(\mathfrak{B}, \mathcal{O})$ の直交補空間

を $B_0{}^1(\mathfrak{V}, \mathcal{O})^\perp$ とすると

$$Z_0{}^1(\mathfrak{V}, \mathcal{O}) = B_0{}^1(\mathfrak{V}, \mathcal{O}) \oplus B_0{}^1(\mathfrak{V}, \mathcal{O})^\perp$$

と直交分解されて，$H_0{}^1(\mathfrak{V}, \mathcal{O}) \cong B_0{}^1(\mathfrak{V}, \mathcal{O})^\perp$ である．同様に $H_0{}^1(\mathfrak{W}, \mathcal{O}) \cong B_0{}^1(\mathfrak{W}, \mathcal{O})^\perp$ で，細分の写像 ρ は $B_0{}^1(\mathfrak{V}, \mathcal{O})^\perp$ を $B_0{}^1(\mathfrak{W}, \mathcal{O})^\perp$ に写す．これを

$$\tilde{\rho} : B_0{}^1(\mathfrak{V}, \mathcal{O})^\perp \longrightarrow B_0{}^1(\mathfrak{W}, \mathcal{O})^\perp$$

とすれば，命題5.9の系と補題6.1によって $\tilde{\rho}$ は全単射である．したがって，Banachの開写像定理[1)]によって $\tilde{\rho}$ は位相線形空間の同型である．しかも補題6.3によって $\tilde{\rho}$ はコンパクト作用素であるから $B_0{}^1(\mathfrak{V}, \mathcal{O})^\perp$ は局所コンパクトな Hilbert 空間である．したがって有限次元である[2)]．（証明終り）

注　位相線形空間の理論をもう少し準備すれば補題6.3′は不要になる．しかも，そうすれば $q \geqq 2$ に対しても適用できる証明となる．

§6.2　有理型関数の存在

この節では前節の定理6.1を用いて次の重要な定理を証明する．

定理6.2　任意のコンパクト Riemann 面 X 上には定数でない有理型関数が存在する．

証明　P を X の点とすれば，P は余次元1の解析的部分集合であるから，X 上の因子である(定理4.2)．任意の自然数 n に対して $\mathcal{O}(nP)$ は P において高々 n 位の極をもつ有理型関数の germ の層とする．すなわち，X の開集合 U が P を含むとき

$$\Gamma(U, \mathcal{O}(nP)) = \{f \mid f \text{ は } U \text{ 上の有理型関数, } \operatorname{div}(f) \geqq -nP\}$$

である．また $P \notin U$ のとき，$\Gamma(U, \mathcal{O}(nP)) = \Gamma(U, \mathcal{O})$ である．

明らかに $\mathcal{O}(nP)$ は $\mathcal{O}((n+1)P)$ の部分層である．自然数 n を1つ固定して

$$j : \mathcal{O}(nP) \longrightarrow \mathcal{O}((n+1)P)$$

を自然な埋め込みの写像とする．

補題6.4　$\mathcal{G} = \operatorname{Coker} j$ は $\mathcal{G}_P = \boldsymbol{C}$, $\mathcal{G}_Q = 0$ $(Q \neq P)$ となる X 上の層である．

証明　$Q \neq P$ のとき $\mathcal{G}_Q = 0$ であることは明らかであろう．次に U を十分小

1)2)　補説Cを参照．

さい P の近傍として，U 上の座標 z を $z(P)=0$ となるようにとれば

$$\Gamma(U,\ \mathcal{O}(nP)) = \{\varphi/z^n \mid \varphi \in \Gamma(U,\ \mathcal{O})\},$$
$$\Gamma(U,\ \mathcal{O}((n+1)P)) = \{\psi/z^{n+1} \mid \psi \in \Gamma(U,\ \mathcal{O})\}$$

である．ψ/z^{n+1} が $\mathcal{O}(nP)$ の切断となるための条件は $\psi(P)=0$ となることである．したがって ψ/z^{n+1} の P における germ に対して $\psi(P) \in \boldsymbol{C}$ を対応させれば $\mathcal{G}_P \cong \boldsymbol{C}$ の同型が得られる．(証明終り)

一般に位相空間 M 上のアーベル群の層 $\mathcal{G}$ に対して集合

$$\{P \in M \mid \mathcal{G}_P \neq 0\}$$

を $\mathcal{G}$ の台(support)と呼び，Supp $\mathcal{G}$ であらわす．

補題 6.5　X 上の層 $\mathcal{G}$ の台が有限個の点からなるならば $H^1(X,\ \mathcal{G})=0$ である[1]．

証明　Supp $\mathcal{G}=\{P_1, P_2, \cdots, P_m\}$ とする．各 P_i の近傍 U_i を他の P_j を含まないようにとり，残りの開集合 $U_{m+1}, U_{m+2}, \cdots$ はどの P_i も含まないように選んで X の開被覆 $\mathfrak{U}$ を作る．$C^1(\mathfrak{U},\ \mathcal{G})=0$ であるから当然 $H^1(\mathfrak{U},\ \mathcal{G})=0$ である．任意の開被覆はこのような開被覆を細分に持つから $H^1(X,\ \mathcal{G})=0$ である．(証明終り)

補題 6.4 を考慮して Coker j を $\boldsymbol{C}_P$ であらわすことにする[2]．したがって次の完全列

$$0 \longrightarrow \mathcal{O}(nP) \longrightarrow \mathcal{O}((n+1)P) \longrightarrow \boldsymbol{C}_P \longrightarrow 0 \tag{6.8}$$

を得る．対応するコホモロジーの完全列は

$$\begin{aligned} 0 &\longrightarrow H^0(X,\ \mathcal{O}(nP)) \longrightarrow H^0(X,\ \mathcal{O}((n+1)P)) \longrightarrow \boldsymbol{C} \\ &\longrightarrow H^1(X,\ \mathcal{O}(nP)) \longrightarrow H^1(X,\ \mathcal{O}((n+1)P)) \longrightarrow 0 \end{aligned} \tag{6.9}$$

である．ここで $H^0(X,\ \boldsymbol{C}_P)=(\boldsymbol{C}_P)_P \cong \boldsymbol{C}$ と補題 6.5 を用いた．簡単のために $i(nP)=\dim H^1(X,\ \mathcal{O}(nP))$ と書くことにすると上の完全列によって

$$i(nP) \geqq i((n+1)P)$$

が成り立つ．$i(0)$ は X の種数 g に等しく有限である(定理 6.1)から，すべての $i(nP)$ は有限である．しかも，$i(nP)$ は n の増加に伴って非増大であるか

1)　台が有限個の点からなる層は skyscraper sheaf と呼ばれる．skyscraper は摩天楼のことである．

2)　定数層 $\boldsymbol{C}$ の記号と似ているが混乱することはないであろう．

ら，十分大きい自然数 m をとれば

$$i(mP) = i((m+1)P) = i((m+2)P) = \cdots \tag{6.10}$$

である．

一方 $l(nP)=\dim H^0(X, \mathcal{O}(nP))$ とすれば $H^0(X, \mathcal{O}((n+1)P))\to \boldsymbol{C}$ が 0 写像であるか否かによって

$$l((n+1)P) = l(nP) \quad \text{または} \quad l(nP)+1$$

である．しかも(6.10)によれば $n\geqq m$ のときには後者が起こる．特に

$$l((m+2)P) = l(mP)+2 \geqq 2$$

である．これは $\operatorname{div}(f)\geqq -(m+2)P$ なる X 上の有理型関数 f で定数以外のものが存在することを意味している．（証明終り）

§6.3　Riemann-Roch の定理

X をコンパクト Riemann 面，D を X 上の因子とする．Weil 因子と考えれば

$$D = \sum_{i=1}^{s} m_iP_i, \qquad m_i\in \boldsymbol{Z}, \quad P_i\in X$$

である．$\mathcal{O}(D)$ によって有理型関数 f で $\operatorname{div}(f)\geqq -D$ となるものの germ のなす層をあらわす．

補題 6.6　$[D]$ を因子 D に付随した直線バンドルとすれば $\mathcal{O}(D)\cong \mathcal{O}([D])$ である[1)]．

証明　D は Cartier 因子として，X の開被覆 $\{U_i\}$ と局所方程式系 $\{\psi_i\}$ で与えられるとする．このとき $[D]$ は変換関数系 $\{g_{ij}\}$, $g_{ij}=\psi_i/\psi_j$ で定義される直線バンドルである．したがって，X の開集合 U に対して $\Gamma(U, \mathcal{O}([D]))$ の元 φ は $U\cap U_i$ 上の正則関数 φ_i の組 $\{\varphi_i\}$ で

$$U\cap U_i\cap U_j \quad \text{上} \quad \varphi_i = g_{ij}\varphi_j$$

をみたすものであらわされる．このとき $U\cap U_i$ で $f=\varphi_i/\psi_i$ と定めれば f は U 上の有理型関数で $\operatorname{div}(f)\geqq -D|_U$ をみたす[2)]．これによって準同型

$$h_U : \Gamma(U, \mathcal{O}([D])) \longrightarrow \Gamma(U, \mathcal{O}(D))$$

---

1)　$[D]$ の定義は §3.5．$\mathcal{O}([D])$ の定義は §5.3 にある．

2)　D の局所方程式系 $\{(U_i, \psi_i)\}$ を U に制限して得られる U 上の因子を $D|_U$ であらわし，D の U への制限と呼ぶ．

が定義される．逆に $f\in\Gamma(U, \mathcal{O}(D))$ ならば $U\cap U_i$ 上 $\varphi_i=f\psi_i$ とおけば，φ_i は正則で，$\{\varphi_i\}$ は $\Gamma(U, \mathcal{O}([D]))$ の元を定める．明らかにこれは h_U の逆対応である．しかもこれらの準同型はいずれも制限写像と可換であるから層の同型 $\mathcal{O}([D])\cong\mathcal{O}(D)$ を定める．（証明終り）

補題 6.6 によって $\mathcal{O}(D)$ を考えても $\mathcal{O}([D])$ を考えても本質的に同じである．しかし実際の計算の場合にはどちらを考えているか明確にすることが必要である．

§6.2 で見たように $H^0(X, \mathcal{O}(D))$ の次元を調べることは X 上の有理型関数を調べるために非常に有用である．残念ながら，すべての因子 D に対して $H^0(X, \mathcal{O}(D))$ の次元を与える公式は存在しない．しかし $H^0(X, \mathcal{O}(D))$ と $H^1(X, \mathcal{O}(D))$ の次元の差は非常に簡明な公式で与えられるのである．これが Riemann-Roch の定理と呼ばれる定理の前半である．

定理を述べるために定義と記号を準備する．X 上の因子 $D=\sum_{i=1}^{s} m_iP_i$ に対して $\sum_{i=1}^{s} m_i$ を D の次数(degree)と呼んで $\deg D$ であらわす．すなわち

$$\deg D = \sum_{i=1}^{s} m_i$$

である．また簡単のために

$$h^i(D) = \dim H^i(X, \mathcal{O}(D)), \qquad i=0,1$$

と書くことにする．

定理 6.3 X 上の因子 D に対して

$$h^0(D)-h^1(D) = \deg D-g+1 \tag{6.11}$$

が成り立つ．ここで g は X の種数である．

証明 まず補題 3.5 の特別な場合として $h^0(D)$ は有限であることに注意する．P を X の点として，2 つの因子 $D, D+P$ を考えれば，前節と同様にして

$$0 \longrightarrow \mathcal{O}(D) \longrightarrow \mathcal{O}(D+P) \longrightarrow \boldsymbol{C}_P \longrightarrow 0$$

なる完全列が得られる．ここで $\boldsymbol{C}_P$ は P のみに台を持ち，その stalk が $\boldsymbol{C}$ であるような層である．これより補題 6.5 に注意して次の完全列

$$\begin{aligned}0 &\longrightarrow H^0(X, \mathcal{O}(D)) \longrightarrow H^0(X, \mathcal{O}(D+P)) \longrightarrow \boldsymbol{C}\\ &\longrightarrow H^1(X, \mathcal{O}(D)) \longrightarrow H^1(X, \mathcal{O}(D+P)) \longrightarrow 0\end{aligned}$$

を得る．したがって

(1°) $h^1(D)$, $h^1(D+P)$ のいずれかが有限ならば他方も有限である.
(2°) $h^0(D+P)-h^1(D+P)=h^0(D)-h^1(D)+1$ が成り立つ.

一方,$\deg(D+P)=\deg D+1$ であるから $(1°)(2°)$ より

(3°) $D, D+P$ のいずれかに対して (6.11) が成り立てば他方に対しても成り立つ.

まず $D=0$ のときは種数の定義と $H^0(X,\mathcal{O})=\boldsymbol{C}$ [1]によって (6.11) が成り立つ.したがって $(3°)$ によって,任意の正因子 D に対して (6.11) が成り立つ.一般の場合には $D=D_1-D_2$ と D を正因子 D_1, D_2 の差にあらわすことができて,正因子 D_1 に対しては既に (6.11) が証明されているから $(3°)$ によって D に対しても (6.11) が成り立つことが確かめられる.(証明終り)

定理 6.3 によって不等式

(6.12) $$h^0(D) \geqq \deg D - g + 1$$

が得られる[2].たとえば $\deg D \geqq g+1$ ならば $h^0(D) \geqq 2$ である.これは言い換えれば $\mathrm{div}(f) \geqq -D$ なる定数でない有理型関数が存在することを示す.

$h^1(D)$ については次節で述べるが,その前に次の命題を証明しておく.

命題 6.1 (i) D_1, D_2 が X 上の因子で線形同値ならば $\deg D_1 = \deg D_2$ である.したがって X 上の有理型関数 f に対して $\deg(\mathrm{div}(f))=0$ である.

(ii) $\deg D < 0$ ならば $h^0(D) = 0$.

(iii) $\deg D = 0$ かつ $h^0(D) > 0$ ならば D は 0 に線形同値である.

証明 (i) D_1, D_2 が線形同値ならば対応する直線バンドル $[D_1], [D_2]$ は同型である(命題 3.7).したがって,補題 6.6 によって (6.11) の右辺は $D=D_1, D_2$ で等しい値をとる.ゆえに $\deg D_1 = \deg D_2$ である.

(ii) $h^0(D) > 0$ ならば $H^0(X, \mathcal{O}([D]))$ の 0 でない元 ψ が存在する.ψ の因子 $\mathrm{div}(\psi)$ は正因子で D と線形同値である(命題 3.7).したがって

$$\deg D = \deg(\mathrm{div}(\psi)) \geqq 0$$

でなければならない.

(iii) 同様に $\psi \in H^0(X, \mathcal{O}([D]))$, $\psi \neq 0$ をとれば $\mathrm{div}(\psi)$ は次数 0 の正因子,すなわち $\mathrm{div}(\psi)=0$ である.したがって D は 0 に線形同値である.(証明

---

1) 最大値の原理による(§3.2 参照).
2) (6.12) は Riemann-Roch の不等式と呼ばれることがある.

終り)

§6.4 Serreの双対性

X 上の正則1次形式のgermの層 Ω^1 を考える．以後簡単のため Ω と書くことにする．X を座標近傍 U_i で覆い，各 U_i 上の局所座標を z_i とする．U_i 上の正則1次形式は

$$\varphi_i(z)\,dz_i, \qquad \varphi_i \text{ は } U_i \text{ 上正則}$$

とあらわされ，これらが $U_i \cap U_j$ で一致するための条件は

$$\varphi_i(z)\frac{dz_i}{dz_j}(z) = \varphi_j(z), \qquad z \in U_i \cap U_j \tag{6.13}$$

が成り立つことである．これを考慮して $U_i \cap U_j$ で

$$g_{ij} = \left(\frac{dz_i}{dz_j}\right)^{-1}$$

とおくと，$U_i \cap U_j \cap U_k$ で $g_{ik} = g_{ij}g_{jk}$ が成り立つから $\{g_{ij}\}$ は X 上の直線バンドルの変換関数系である．この直線バンドルを K または K_X であらわし，X の標準バンドル(canonical bundle)と呼ぶ．作り方から明らかなように Ω は K の正則切断のgermの層 $\mathcal{O}(K)$ と同型である．

$\varphi = \varphi_i dz_i$ を X 上の0でない正則1次形式とする[1]．このとき $\{(U_i, \varphi_i)\}$ は X 上のCartier因子を定める．対応するWeil因子を $\sum_{P \in X} m_P P$ とすれば，$P \in U_i$ のとき m_P は φ_i の点 P における零点の位数である[2]．各 i に対して φ_i が U_i 上の有理型関数で(6.13)をみたすとき $\varphi = \varphi_i dz_i$ を X 上の有理型1次形式(meromorphic 1-form)と呼ぶ．この場合にも φ_i の零点と極を考慮して X 上の因子が定まる．それを $\operatorname{div}(\varphi)$ と書く．$[\operatorname{div}(\varphi)] = K$ である[3]．

X 上の因子 D に対して，X 上の有理型1次形式 φ で，$\operatorname{div}(\varphi) \geqq -D$ をみたすものの全体を $H^0(X, \Omega(D))$ であらわす[4]．$\Omega(D)$ はこのような有理型1次形式のgermのなす層である．したがって $H^0(X, \Omega(-D))$ は $\operatorname{div}(\varphi) \geqq D$ をみたす有理型1次形式の全体である．

---

1) φ が X 上の正則1次形式で，U_i 上 $\varphi = \varphi_i dz_i$ であることをこのように書く．

2)3) これらは§3.4，§3.5の特別な場合である．

4) D が正因子ならば，φ は高々 D で極を持つ有理型1次形式と呼ばれるべきものである．

定理 6.4　$H^1(X, \mathcal{O}(D))$ と $H^0(X, \Omega(-D))$ は $\boldsymbol{C}$ 上のベクトル空間として互いに双対空間である．特にこれら2つの空間の次元は等しい．——

この定理は Serre の双対性(the Serre duality)と呼ばれる一般的な定理の1次元の場合である．まず $D=0$ とすれば，直接の系として，

$$g = \dim H^1(X, \mathcal{O}) = \dim H^0(X, \Omega) \tag{6.14}$$

を得る．また，定理 6.3 は次のようになる．

定理 6.5

$$\dim H^0(X, \mathcal{O}(D)) - \dim H^0(X, \Omega(-D)) = \deg D - g + 1. \quad ——$$

定理 6.5 を少し言い換えるために次の命題と定義を用意する[1]．

命題 6.2　X 上には恒等的に 0 ではない有理型1次形式が存在する．

証明　定理 6.2 によって，X 上には定数でない有理型関数 f が存在する．局所座標 z_i を用いて

$$df = \frac{df}{dz_i} dz_i$$

と定義すれば df は 0 でない X 上の有理型1次形式である．(証明終り)

一般に，0 でない有理型1次形式 φ によって $\operatorname{div}(\varphi)$ と書ける因子を X 上の標準因子(canonical divisor)，または微分因子と呼ぶ．任意の2つの標準因子は互いに線形同値である．W を1つの標準因子とすれば $\Omega \cong \mathcal{O}(K) \cong \mathcal{O}(W)$ であるから，$\Omega(-D) \cong \mathcal{O}(W-D)$ である．したがって定理 6.5 は次の形に書くことができる．

定理 6.5′　W を X 上の標準因子とすれば

$$h^0(D) - h^0(W-D) = \deg D - g + 1. \quad ——$$

通常この定理をコンパクト Riemann 面に対する Riemann-Roch の定理と呼んでいる．特に $D=W$ とすれば次の定理が得られる．

定理 6.6　W を標準因子とすれば

$$h^0(W) = g, \qquad \deg W = 2g-2$$

である．また

$$h^1(W) = \dim H^1(X, \Omega) = 1. \quad ——$$

1)　命題 6.2 の証明は定理 6.4 から独立である．

定理6.4を証明するために双1次形式

$$A_D : H^1(X, \mathcal{O}(D)) \times H^0(X, \Omega(-D)) \longrightarrow \boldsymbol{C}$$

を定義する．$\mathfrak{U}=\{U_i\}$ を円板 $U_i=\{z_i \in \boldsymbol{C} \mid |z_i|<1\}$ による X の開被覆として

$$s = (s_{ij}) \in Z^1(\mathfrak{U}, \mathcal{O}(D)), \qquad f \in H^0(X, \Omega(-D))$$

とする．このとき，一方の極は他方の零点と打ち消し合うから $s_{ij}f$ は $U_i \cap U_j$ 上正則な1次形式で $(s_{ij}f) \in Z^1(\mathfrak{U}, \Omega)$ である．これを sf と書くことにすると，sf のコホモロジー類 $[sf] \in H^1(X, \Omega)$ は s のコホモロジー類によって定まり 1-cocycle s のとり方によらない．これによって双1次形式

$$H^1(X, \mathcal{O}(D)) \times H^0(X, \Omega(-D)) \longrightarrow H^1(X, \Omega)$$

が定義される．この双1次形式を $(\sigma, f) \to \sigma f$ と書くことにする．

次に線形写像

$$I : H^1(X, \Omega) \longrightarrow \boldsymbol{C}$$

を定義する．そのためにDolbeaultの定理(定理5.4)によって

$$H^1(X, \Omega) = \frac{\{\omega \mid X \text{ 上の}(1,1)\text{形式}\}}{\{\bar{\partial}\psi \mid \psi : X \text{ 上の}(1,0)\text{形式}\}} \tag{6.15}$$

と考える[1]．X 上の$(1,1)$形式 ω の定めるコホモロジー類を $[\omega] \in H^1(X, \Omega)$ と書くことにして

$$I([\omega]) = \frac{1}{2\pi\sqrt{-1}} \int_X \omega \tag{6.16}$$

と定義する[2]．$[\omega]=[\omega']$ ならば$(1,0)$形式 ψ を用いて $\omega'=\omega+\bar{\partial}\psi$ と書ける．$\partial\psi=0$ であるから $\omega'=\omega+d\psi$ である．Stokesの定理[3]によって

$$\int_X d\psi = 0, \qquad \int_X \omega = \int_X \omega'$$

である．したがって(6.16)の右辺の値は $[\omega]$ によって一意的に定まる．

これらを合成して $A_D(\sigma, f)=I(\sigma f)$ と定義すれば，A_D は双1次形式である[4]．$H^1(X, \mathcal{O}(D))$ の双対空間を $H^1(X, \mathcal{O}(D))^*$ であらわすと，A_D は線形写像

$$\Lambda_D : H^0(X, \Omega(-D)) \longrightarrow H^1(X, \mathcal{O}(D))^* \tag{6.17}$$

1) X は1次元であるから常に $\bar{\partial}\omega=0$ である．
2)3) 補説A参照．
4) すなわち，σ, f のそれぞれについて線形である．

を定める．すなわち $\Lambda_D(f)$ は $\sigma\to A_D(\sigma,f)$ なる線形写像である．

目標は Λ_D が全単射であることを証明することであるがそのためにいくつかの準備を必要とする[1]．

$\mathfrak{U}=\{U_i\}$ を X の開被覆，η_i を U_i 上の有理型1次形式とする．そして，さらに $\xi_{ij}=\eta_j-\eta_i$ は $U_i\cap U_j$ 上の正則1次形式であると仮定する．このとき $\{\xi_{ij}\}$ は Ω に係数を持つ1-cocycleである．このような $\eta=\{\eta_i\}$ をMittag-Leffler分布と呼ぶ．

U_i 上の局所座標を z_i として，$\eta_i=\varphi_i dz_i$ とするとき，U_i の点 P における η の留数 $\mathrm{Res}_P\,\eta$ を

$$\mathrm{Res}_P\,\eta=\mathrm{Res}_P\,\varphi_i dz_i$$

と定義する[2]．通常の留数の性質によって，右辺の値は局所座標 z_i のとり方によらない．また P が U_i, U_j に属するときには $\eta_j-\eta_i$ が P において正則であるから右辺の値は座標近傍の選び方にもよらない．

補題6.7 $\eta=\{\eta_i\}$ を X 上のMittag-Leffler分布として，$\xi_{ij}=\eta_j-\eta_i$ の定めるコホモロジー類を $[\xi]\in H^1(X,\Omega)$ とする．ω をDolbeaultの同型によって $[\xi]$ に対応する(1,1)形式とすると

$$\frac{1}{2\pi\sqrt{-1}}\int_X\omega=\sum_{P\in X}\mathrm{Res}_P\,\eta$$

が成り立つ．

証明 右辺は X のすべての点 P にわたる和であるが，η_i の極の和集合は有限集合であるから，実は有限和である．

最初にDolbeaultの定理を復習する．§5.7の記号を用いると

$$0\longrightarrow\Omega\longrightarrow\mathscr{A}^{1,0}\xrightarrow{\ \bar\partial\ }\mathscr{A}^{1,1}\longrightarrow 0$$

は完全列で，したがって

$$H^0(X,\mathscr{A}^{1,0})\longrightarrow H^0(X,\mathscr{A}^{1,1})\xrightarrow{\ \delta\ }H^1(X,\Omega)\longrightarrow 0$$

が完全列である[3]．必要なら $\mathfrak{U}$ を細分しても本質的な違いはないから，各 U_i は単位円板 $\{z_i\in\boldsymbol{C}\mid |z_i|<1\}$ であるとしてよい．命題5.6によれば，δ は次の

1) Serreの双対性は証明より使い方に慣れることが大切なタイプの定理である．
2) 右辺は§1.6 e)で定義された留数である．
3) 第5章では δ のことを δ^* と書いていた．

ようにして与えられる．

$\omega\in H^0(X,\mathscr{A}^{1,1})$ とするとき，各 U_i 上で

$$\omega|_{U_i}=\bar{\partial}\psi_i,\qquad \psi_i\in\Gamma(U_i,\mathscr{A}^{1,0})$$

なる ψ_i が存在する(定理5.3)．このとき $U_i\cap U_j$ 上 $\xi_{ij}=\psi_j-\psi_i$ とおけば $\bar{\partial}\xi_{ij}=0$，したがって ξ_{ij} は正則1次形式である．すなわち

$$\xi=\{\xi_{ij}\}\in Z^1(\mathfrak{U},\Omega),\qquad \xi_{ij}=\psi_j-\psi_i$$

である．このとき $[\xi]$ が ω の代表するコホモロジー類である．逆に $\xi=\{\xi_{ij}\}$ を1-cocycleとすれば，命題5.12によって $\xi_{ij}=\psi_j-\psi_i$, $\psi_i\in\Gamma(U_i,\mathscr{A}^{1,0})$ と書ける．このとき $\omega=\bar{\partial}\psi_i$ は X 上の(1,1)形式で，$[\xi]$ を代表する．

さて補題6.7では $\xi_{ij}=\eta_j-\eta_i$ であるから $U_i\cap U_j$ 上で $\psi_i-\eta_i=\psi_j-\eta_j$ が成り立つ．$B=\{P_1,P_2,\cdots,P_s\}$ を $\{\eta_i\}$ の極の全体として

$$X'=X-B$$

とすれば，$\{\psi_i-\eta_i\}$ は X' 上で C^∞ 可微分な(1,0)形式を定める．これを θ と書くことにすると，η_i は極を除けば正則であるから X' 上で $\omega=\bar{\partial}\theta=d\theta$ が成り立つ．(したがって，もし仮に $\{\eta_i\}$ が極を持たなければ $\int_X\omega=0$ である．)

η の極の寄与を計算するために，各 P_k の十分小さい近傍 V_k とその上の局所座標 w_k をとる．さらに

$$w_k(P_k)=0,\qquad V_k=\{w_k\in\boldsymbol{C}\mid |w_k|<1\}$$

であって，各 V_k はある U_i に含まれているとする．

$\rho(t)$ を実数 $t\geqq 0$ に対して定義された C^∞ 関数で

$$0\leqq\rho(t)\leqq 1,$$

$$t\leqq\frac{1}{3}\text{ で }\rho(t)=1,\qquad t\geqq\frac{2}{3}\text{ で }\rho(t)=0$$

であるものとする[1]．これを用いて V_k 上の関数 ρ_k を

$$\rho_k(w_k)=\rho(|w_k|)$$

と定義する．V_k の外では恒等的に0であると考えれば ρ_k は X 上の C^∞ 関数である．

$g=1-\sum_{k=1}^{m}\rho_k$ とすれば，$g\theta$ は各 P_k の近傍で恒等的に0である．したがって

1) 補説Aの補題A.4参照．

$g\theta$ は X 全体の C^∞ 微分形式に拡張されて，Stokesの定理によって $\int_X d(g\theta)=0$.

X' 上では $d(g\theta)=d\theta-\sum d(\rho_k\theta)$ であるから

$$\int_X \omega = \int_{X'} d\theta = \sum \int_{X'} d(\rho_k\theta)$$

を得る．以下，記号の簡単のために $V_k\subset U_k$ $(k=1,2,\cdots,s)$ であると仮定して，$V_k'=V_k-\{P_k\}$ とすれば

$$\int_{X'} d(\rho_k\theta) = \int_{V_k'} d(\rho_k\psi_k) - \int_{V_k'} d(\rho_k\eta_k)$$

である．ここで $\rho_k\psi_k$ はコンパクトな台を持つから，Stokesの定理によって右辺第1項は0である．第2項を計算するために次の円環領域

$$\Gamma(\varepsilon) = \{w_k\in V_k \mid \varepsilon<|w_k|<1\}$$

を考える．再びStokesの定理によって

$$\begin{aligned}\int_{V_k'} d(\rho_k\eta_k) &= \lim_{\varepsilon\to 0}\int_{\Gamma(\varepsilon)} d(\rho_k\eta_k)\\ &= \int_{|w_k|=1}\rho_k\eta_k - \lim_{\varepsilon\to 0}\int_{|w_k|=\varepsilon}\rho_k\eta_k\\ &= -2\pi\sqrt{-1}\,\mathrm{Res}_{P_k}\,\eta_k\end{aligned}$$

である．以上をまとめて

$$\int_X \omega = 2\pi\sqrt{-1}\sum_{k=1}^{m}\mathrm{Res}_{P_k}\,\eta. \qquad \text{(補題 6.7 の証明終り)}$$

次に，D_0 を X 上の因子，$E=\sum m_kP_k$ を正因子として，$D_1=D_0+E$ とする．このとき，自然な埋め込みの写像 $\Omega(-D_1)\to\Omega(-D_0)$ によって定まる準同型を

$$\rho = \rho_E : H^0(X, \Omega(-D_1)) \longrightarrow H^0(X, \Omega(-D_0))$$

とする．同様に $j: \mathcal{O}(D_0)\to\mathcal{O}(D_1)$ によって

$$\tau = \tau_E : H^1(X, \mathcal{O}(D_0)) \longrightarrow H^1(X, \mathcal{O}(D_1))$$

が定義される．Coker j は $\{P_k\}$ のみに台を持つから $H^1(X, \mathrm{Coker}\, j)=0$ (補題6.5)で，したがって τ は全射である．τ の相対写像を

$$\tau^* = \tau_E{}^* : H^1(X, \mathcal{O}(D_1))^* \longrightarrow H^1(X, \mathcal{O}(D_0))^*$$

であらわす．τ^* は単射である．

補題 6.8　次の図式

$$\begin{array}{ccc} H^0(X,\Omega(-D_1)) & \xrightarrow{\Lambda_{D_1}} & H^1(X,\mathcal{O}(D_1))^* \\ \rho\downarrow & & \downarrow\tau^* \\ H^0(X,\Omega(-D_0)) & \xrightarrow{\Lambda_{D_0}} & H^0(X,\mathcal{O}(D_0))^* \end{array}$$

は可換である．すなわち $\tau^*\circ\Lambda_{D_1}=\Lambda_{D_0}\circ\rho$. ——

補題6.8の証明は定義から明らかである．この可換図式に関して次の補題を証明する．

補題6.9 $H^1(X,\mathcal{O}(D_1))^*$ の元 g に対して

$$\tau^*g=\Lambda_{D_0}(f),\qquad f\in H^0(X,\Omega(-D_0))$$

ならば，実は $f\in H^0(X,\Omega(-D_1))$ で，$g=\Lambda_{D_1}(f)$ が成り立つ．

証明 $\mathrm{div}(f)\geqq D_0+E$ が証明されれば

$$\tau^*g=\Lambda_{D_0}(f)=\tau^*\Lambda_{D_1}(f)$$

で，τ^* は単射であるから $g=\Lambda_{D_1}(f)$ が成り立つ．

$E=\sum m_kP_k$ で，$k\neq l$ のとき $P_k\neq P_l$ とする．$P=P_1$ を考えて $m=m_1$ とする．P の座標近傍 U_1 と，P を中心とする局所座標 z を選び，他の座標近傍 U_j は P を含まないように選ぶ．U_1 における D_0 の局所方程式を γ とすれば $f_1=f/\gamma$ は U_1 上の正則1次形式である．

各 U_i 上の有理型関数 η_i を

$$\eta_1=\gamma^{-1}(a_mz^{-m}+a_{m-1}z^{-m+1}+\cdots+a_1z^{-1}),$$
$$\eta_j=0\qquad(j\neq1)$$

によって定義する．ただし $a_1,a_2,\cdots,a_m$ は勝手な複素数である．このとき $s_{ij}=\eta_j-\eta_i$ とすれば $(s_{ij})\in Z^1(\mathfrak{U},\mathcal{O}(D_0))$ と考えることができる．そのコホモロジーを $\sigma\in H^1(X,\mathcal{O}(D_0))$ とする．$\eta_i\in\Gamma(U_i,\mathcal{O}(D_1))$ であるから $\tau(\sigma)=0$, したがって $g(\tau(\sigma))=0$ である．

仮定によって $\tau^*g=\Lambda_{D_0}(f)$ であるから，定義によって

$$A_{D_0}(\sigma,f)=0$$

である．ここで補題6.7を用いて左辺を計算する．今の場合

$$s_{ij}f=\eta_jf-\eta_if$$

であるから，1-cocycle $(s_{ij}f)\in Z^1(\mathfrak{U},\Omega)$ は Mittag-Leffler 分布 $\{\eta_if\}$ によって与えられる．したがって $A_{D_0}(\sigma,f)$ は η_if の留数の和であるが，$j\neq1$ のとき

$\eta_j=0$ であるから

$$\Lambda_{D_0}(\sigma, f) = \mathrm{Res}_P\ \eta_1 f$$

である．$f_1=f/\gamma$ の P における展開を

$$f_1 = (b_0+b_1z+\cdots+b_\lambda z^\lambda+\cdots)\,dz$$

とすれば(1.35)によって

(6.18) $$\mathrm{Res}_P\ \eta_1 f = b_0a_1+b_1a_2+\cdots+b_{m-1}a_m$$

が成り立つ．したがって(6.18)の右辺はすべての複素数 $a_1, a_2, \cdots, a_m$ に対して 0 でなければならない．すなわち $b_0=b_1=\cdots=b_{m-1}=0$ である．

以上は E の台のすべての点で成り立つから $\mathrm{div}(f)\geqq D_0+E$ である．(補題6.9の証明終り)

補題 6.10 Λ_D は単射である．

証明 W を X 上の微分因子とする(命題6.2)．正因子 E の次数を十分高くとって $\deg(D+E)>\deg W$ とする．そうすれば命題6.1(ii)によって

$$H^0(X, \Omega(-D-E)) = 0$$

である．もし $H^0(X, \Omega(-D))$ の元 f が $\Lambda_D(f)=0$ をみたせば，$D_0=D$, $D_1=D+E$, $g=0$ とおくことによって補題6.9の仮定がみたされる．したがって，f は $H^0(X, \Omega(-D-E))$ に属し，0 でなければならない．(証明終り)

補題 6.11 Λ_D は全射である．

証明 今度は補題6.9を $D_1=D$ として適用する．すなわち，与えられた切断 $g\in H^0(X, \mathcal{O}(D))^*$ に対して $D_0\leqq D$ なる因子で τ^*g が Λ_{D_0} の像に入るものを見出せばよい．

まず E を勝手な正因子として $C=D-E$ とおく．前節の定理6.3(及び命題6.2)によって

(6.19) $$\dim H^0(X, \Omega(-D+E)) \geqq \deg E+a,$$

(6.20) $$\dim H^0(X, \mathcal{O}(E)) \geqq \deg E+b$$

となる定数 a, b が存在する．また命題6.1(ii)によって，$\deg E$ が十分大きいとき $h^0(C)=h^0(D-E)=0$ であるから

(6.21) $$\dim H^1(X, \mathcal{O}(C)) = g-1-\deg D+\deg E$$

が成り立つ．

補題6.10によって $H^0(X, \Omega(-C))$ は Λ_C によって $H^1(X, \mathcal{O}(C))^*$ の部分

空間と同一視される．また$H^0(X, \mathcal{O}(E))$の元h $(\neq 0)$に対して$\alpha \to \alpha h$は層の準同型

(6.22) $$\mathcal{O}(C) \longrightarrow \mathcal{O}(D)$$

を定義する．これは準同型

(6.23) $$H^1(X, \mathcal{O}(C)) \longrightarrow H^1(X, \mathcal{O}(D))$$

とその双対準同型

(6.24) $$H^1(X, \mathcal{O}(D))^* \longrightarrow H^1(X, \mathcal{O}(C))^*$$

を惹き起こす．ここで(6.22)の余核の台は0次元であるから，(6.23)は全射，したがって(6.24)は単射である．$g \in H^1(X, \mathcal{O}(D))^*$は0でないと仮定して，(6.24)による像を$h^*g$と書くことにする．ここで$h$を変数と考えて準同型

$$G: H^0(X, \mathcal{O}(E)) \longrightarrow H^1(X, \mathcal{O}(C))^*$$
$$h \longrightarrow G(h) = h^*g$$

が定義される($G(0)=0$とする)．上に注意したようにGは単射である．

以上によって，$H^1(X, \mathcal{O}(C))^*$の2つの部分空間

(6.25) $$\Lambda_C H^0(X, \Omega(-C)), \qquad GH^0(X, \mathcal{O}(E))$$

が構成された．(6.19〜21)によってこれら3つの空間の次元を比較してみると，$\deg E$が十分大きいとき，2つの部分空間(6.25)は0以外の共通部分を持つことがわかる．すなわち$H^0(X, \mathcal{O}(E))$の元h $(\neq 0)$と$H^0(X, \Omega(-C))$の元fで$h^*g = \Lambda_C(f)$なるものが存在する．

これは見掛け上補題6.9の状況と異なるが，以下のように修正することができる．$E_0 = \mathrm{div}(h) + E$とすれば$E_0$は正因子で

$$\mathrm{div}(h) = C - D_0, \qquad D_0 = D - E_0$$

である．したがって(6.22)は

$$\mathcal{O}(C) \xrightarrow{\sim} \mathcal{O}(D_0) \hookrightarrow \mathcal{O}(D)$$
$$\alpha \longrightarrow \alpha h$$

と，同型プラス埋め込みに分解される．それに対応して(6.23)は

$$H^1(X, \mathcal{O}(C)) \xrightarrow{\sim} H^1(X, \mathcal{O}(D_0)) \xrightarrow{\tau} H^1(X, \mathcal{O}(D))$$

と分解される．また$f \in H^0(X, \Omega(-C))$であるから$f/h \in H^0(X, \Omega(-D_0))$である．$H^1(X, \mathcal{O}(D_0))$の元$\beta$に対して$g(\tau(\beta))$を計算するために

$$\beta = \alpha h, \qquad \alpha \in H^1(X, \mathcal{O}(C))$$

とすれば

$$g(\tau(\beta)) = g(\alpha h) = h^* g(\alpha)$$
$$= \Lambda_C(f)(\alpha) = \Lambda_{D_0}(f/h)(\beta)$$

である．したがって $H^1(X, \mathcal{O}(D_0))$ 上の線形写像として $\tau^* g = \Lambda_{D_0}(f/h)$ である．最初に述べたように，これで補題6.11の証明が終り，定理6.4の証明が完結する．

§6.5　一 次 系(linear system)

この節では Riemann-Roch の定理を用いて，コンパクト Riemann 面 X 上の因子 D と，有理型関数の空間 $H^0(X, \mathcal{O}(D))$ (または $H^0(X, \mathcal{O}([D]))$) を調べる．あるいは，伝統的な言葉遣いにしたがって，完備一次系 $|D|$ を考えるということもある．$|D|$ は D と線形同値な正因子の全体をあらわす記号である[1]．命題3.7によれば $|D|$ は $h^0(D)-1$ 次元の射影空間と考えることができる．したがって $\dim|D| = h^0(D)-1$ と定義する．

D を X 上の因子として，$h^0(D) = n+1 > 1$ と仮定する．$H^0(X, \mathcal{O}([D]))$ の基底を $\{\varphi^0, \varphi^1, \cdots, \varphi^n\}$ とする．X を十分小さい座標近傍 U_i で覆い，$[D]$ は変換関数系 $\{g_{ij}\}$ で定義されているとする．このとき φ^λ は U_i 上の正則関数の組 $\{\varphi_i^\lambda\}$ で与えられる．

$$\varphi_i^\lambda(z) = g_{ij}(z)\varphi_j^\lambda(z), \qquad z \in U_i \cap U_j \tag{6.26}$$

である．$z \in U_i$ で $\varphi_i^\lambda(z) = 0$ であるとき $\varphi^\lambda(z) = 0$ と書く．φ^λ は関数ではないが，(6.26)によって，点 z において 0 であるか否かは座標近傍 U_i の選び方によらない意味を持つのである．すべての φ^λ が 0 である点の集合を B とする．すなわち

$$B = \{z \in X \mid \varphi^\lambda(z) = 0,\ \lambda = 0, 1, \cdots, n\}$$

である．

次に U_i の点 z に対して $\boldsymbol{P}^n$ の点で同次座標が

$$(\varphi_i^0(z), \varphi_i^1(z), \cdots, \varphi_i^n(z))$$

の点を対応させる写像 Φ_i を考える．ただし，$z \in B$ のときには $\Phi_i(z)$ は定義

1)　§3.4では D の台をあらわすのに同じ記号を用いたが，以後この記号は常に完備一次系の意味で用いる．

されないとしておく．$z\in U_i\cap U_j$ の場合には，(6.26)によって $\Phi_i(z)$ と $\Phi_j(z)$ は $\boldsymbol{P}^n$ の同一の点である．したがって Φ_i を集めて，写像

$$X-B\longrightarrow \boldsymbol{P}^n$$

を定義することができる[1]．今後この写像を Φ_D とあらわすことにして

$$\Phi_D: z\longrightarrow(\varphi^0(z),\ \varphi^1(z),\ \cdots,\ \varphi^n(z))$$

と書く．Φ_D は完備一次系 $|D|$ に付随した有理写像(rational map associated with $|D|$)と呼ばれる．たとえば，$z_0\in U_i$, $\varphi_i{}^0(z_0)\neq 0$ ならば Φ_D は z_0 の近傍で，

$$z\longrightarrow\left(\frac{\varphi_i{}^1(z)}{\varphi_i{}^0(z)},\ \frac{\varphi_i{}^2(z)}{\varphi_i{}^0(z)},\ \cdots,\ \frac{\varphi_i{}^n(z)}{\varphi_i{}^0(z)}\right)\in \boldsymbol{C}^n$$

とあらわされるから，Φ_D は $X-B$ から $\boldsymbol{P}^n$ への正則写像である．上に定義した B を完備一次系 $|D|$ の底点(base point)の集合と呼ぶ．

$\psi^\mu=\sum_{\lambda=0}^n a_{\mu\lambda}\varphi^\lambda$ を $H^0(X,\ \mathcal{O}([D]))$ の別の基底とすれば，行列 $(a_{\mu\lambda})$ は射影変換 $\alpha: \boldsymbol{P}^n\to\boldsymbol{P}^n$ を定める．このとき基底 $\{\psi^0,\psi^1,\cdots,\psi^n\}$ を用いて定義した写像は $\alpha\circ\Phi_D$ に他ならない．したがって Φ_D は射影変換を除けば基底のとり方によらない．

次に底点を調べるために，$|D|$ の固定部分という概念を導入する．すなわち，$H^0(X,\ \mathcal{O}([D]))$ のすべての元 φ $(\neq 0)$ に対して $\mathrm{div}(\varphi)\geqq F$ をみたす正因子 F の中で最大のものを $|D|$ の固定部分(fixed part)と呼ぶ．$F=\sum_{P\in X} r_P P$ とすれば，P が $|D|$ の底点であることと $r_P>0$ であることは同値である．

命題 6.3 F を完備一次系 $|D|$ の固定部分として $D_0=D-F$ と定義すれば $h^0(D)=h^0(D_0)$ で，$|D_0|$ は底点を持たない．

証明 $\eta\in H^0(X,\ \mathcal{O}([F]))$ で $\mathrm{div}(\eta)=F$ なるものをとる．η を掛けることによって層の準同型

$$\iota: \mathcal{O}([D_0])\longrightarrow\mathcal{O}([D])$$

が定義される(ι は補題 6.6 の同型により自然な埋め込み $\mathcal{O}(D_0)\to\mathcal{O}(D)$ に対応する準同型である)．ι は加群の準同型

$$j: H^0(X,\ \mathcal{O}([D_0]))\longrightarrow H^0(X,\ \mathcal{O}([D]))$$

を定義する．仮定によって，$\varphi\in H^0(X,\ \mathcal{O}([D]))$ に対して，φ/η は正則で，

1) $X-B$ は(ここでは) X から B の点を除いた集合をあらわす．

$[D_0]$ の切断となるから j は全射である．また j が単射であることは明らかであるから，j は同型で，$h^0(D)=h^0(D_0)$ である．

次に $|D_0|$ が底点を持たないことを示す．もし $P\in X$ が $|D_0|$ の底点ならば，$H^0(X, \mathcal{O}([D_0]))$ の任意の元 ψ ($\neq 0$) は $\mathrm{div}(\psi)\geqq P$ をみたしている．したがって $H^0(X, \mathcal{O}([D]))$ の元 φ ($\neq 0$) は $\mathrm{div}(\varphi)\geqq F+P$ をみたす．これは F が固定部分であることの定義に反する．（証明終り）

系 Φ_D は X から $\boldsymbol{P}^n$ への正則写像に拡張されて，その拡張は Φ_{D_0} で与えられる．

証明 上の証明からわかるように $\{\psi_0, \psi_1, \cdots, \psi_n\}$ を $H^0(X, \mathcal{O}([D_0]))$ の基底とすれば $\{\eta\psi_0, \eta\psi_1, \cdots, \eta\psi_n\}$ が $H^0(X, \mathcal{O}([D]))$ の基底である．このように両者の基底を選べば Φ_D と Φ_{D_0} は $X-B$ 上一致する．（証明終り）

Φ_D に関する結果として次の定理とその証明方法が重要である．

定理 6.7 X を種数 g のコンパクト Riemann 面，D をその上の因子とする．

(i) $\deg D>2g-2$ ならば $h^1(D)=0$，したがって

$$h^0(D) = \deg D-g+1.$$

(ii) $\deg D>2g-1$ ならば $|D|$ は底点を持たない．

(iii) $\deg D>2g$ ならば $|D|$ に付随した有理写像 Φ_D は正則な埋め込みを与える．すなわち $\Phi_D: X\to\boldsymbol{P}^n$ の像 Y は $\boldsymbol{P}^n$ の部分多様体で，Φ_D は双正則写像 $X\to Y$ を惹き起こす．

証明 (i) W を X の標準因子とすれば

$$h^1(D) = h^0(W-D), \qquad \deg W = 2g-2$$

である(定理 6.4, 6.6)．仮定によって $\deg(W-D)<0$ であるから命題 6.1 によって $h^0(W-D)=0$ である．後半は Riemann-Roch の定理からしたがう．

(ii) P を X の点として，次の完全列

$$(6.27) \qquad 0 \longrightarrow \mathcal{O}([D]-P) \stackrel{\iota}{\longrightarrow} \mathcal{O}([D]) \longrightarrow \boldsymbol{C}_P \longrightarrow 0$$

を考える．ここで，$\mathcal{O}([D]-P)$ は $[D]$ の正則切断で P において 0 になるものの germ の層，ι は自然な埋め込み，$\boldsymbol{C}_P$ は P のみにおいて 0 でない stalk $\boldsymbol{C}$ を持つ層である．(6.27)の定める写像を

$$\pi_P: H^0(X, \mathcal{O}([D])) \longrightarrow \boldsymbol{C}_P$$

とする[1]．π_P は次のように定まる．$\{U_i\}$ は X の十分細かい開被覆であるとして，$P\in U_0$ とする．$\varphi\in H^0(X,\mathcal{O}([D]))$ を前のように $\{\varphi_i\}$ とあらわしたとき $\pi_P(\varphi)=\varphi_0(P)\in\boldsymbol{C}$ である[2]．

以上のことから次の補題が成り立つ．

補題 6.12 点 P が $|D|$ の底点でないために必要かつ十分な条件は π_P が全射であることである．——

これは次の十分条件の形で述べておくのが便利である．

補題 6.13 $h^1(D-P)=0$ ならば P は $|D|$ の底点ではない．——

証明は(6.27)のコホモロジー群の完全列を考えれば明らかである．

さて $\deg D>2g-1$ と仮定すれば，$\deg(D-P)>2g-2$ であるから(i)によって $h^1(D-P)=0$ である．したがって $|D|$ は底点を持たない．

(iii) P,Q を X の相異なる 2 点として，上と同様に次の完全列

(6.28) $$0\longrightarrow\mathcal{O}([D]-P-Q)\longrightarrow\mathcal{O}([D])\longrightarrow\boldsymbol{C}_P\oplus\boldsymbol{C}_Q\longrightarrow 0$$

を考える．$\boldsymbol{C}_P\oplus\boldsymbol{C}_Q$ は P,Q にのみ 0 でない stalk を持つ層である．

補題 6.14 $|D|$ に付随した有理写像 Φ_D が 1 対 1 の正則写像であるために必要かつ十分な条件は，すべての相異なる 2 点 P,Q に対して

(6.29) $$\pi_{P,Q}: H^0(X,\mathcal{O}([D]))\longrightarrow\boldsymbol{C}_P\oplus\boldsymbol{C}_Q$$

が全射であることである．

特に，X の任意の相異なる 2 点 P,Q に対して $h^1(D-P-Q)=0$ ならば Φ_D は 1 対 1 の正則写像である．

証明 まず十分性を証明する．$\pi_{P,Q}$ が全射ならば π_P も全射であるから $|D|$ は底点を持たない．したがって Φ_D は正則写像である．さらに任意の相異なる 2 点 P,Q に対して

$$\varphi\in H^0(X,\mathcal{O}([D])),\qquad \varphi(P)=0,\quad \varphi(Q)\neq 0$$

なる φ が存在する．これより明らかに $\Phi_D(P)\neq\Phi_D(Q)$ である．

必要性を証明するために，ある P,Q に対して $\pi_{P,Q}$ は全射でないと仮定する．前のように $\{U_i\}$ を X の十分細かい開被覆，$P\in U_0$, $Q\in U_1$ とすれば，$\varphi=\{\varphi_i\}\in H^0(X,\mathcal{O}([D]))$ に対して $\pi_{P,Q}(\varphi)=(\varphi_0(P),\varphi_1(Q))$ である．$\pi_{P,Q}$ は全射で

---

1) $H^0(X,\boldsymbol{C}_P)$ を同じ記号 $\boldsymbol{C}_P$ であらわした．
2) π_P は U_0 の選び方によって定数倍変化する．

ないから，任意の φ に対して $c\varphi_0(P)=d\varphi_1(Q)$ となる定数の組 $(c, d)\neq(0,0)$ が存在する．したがって，P, Q の少くとも一方が $|D|$ の底点であるか，あるいは $\Phi_D(P)=\Phi_D(Q)$ である．

完全列(6.28)で $P=Q$ に相当するものは

$$0\longrightarrow \mathcal{O}([D]-2P)\longrightarrow \mathcal{O}([D])\longrightarrow \boldsymbol{C}_P{}^2\longrightarrow 0 \tag{6.30}$$

である．ここで $\mathcal{O}([D]-2P)$ は P で少くとも2位の零点を持つ切断の germ の層であり，$\boldsymbol{C}_P{}^2$ は P のみで stalk $\boldsymbol{C}^2$ を持つ層である．これによって

$$\pi_{2P}: H^0(X, \mathcal{O}([D]))\longrightarrow \boldsymbol{C}^2 \tag{6.31}$$

が定まる[1)]．

補題 6.15　π_{2P} が全射ならば Φ_D は P の近傍で局所的な埋め込みである．すなわち，P の近傍 U と $\Phi_D(P)$ の近傍 V を適当にとれば $U\to V$ は正則な埋め込みである．逆も成り立つ．

証明　前と同様に $\{U_i\}$ を X の十分細かい開被覆として，$P\in U_0$ とする．U_0 上の局所座標を z として，$z(P)=0$ とする．このとき $[D]$ の正則切断 $\varphi=\{\varphi_i\}$ に対して

$$\pi_{2P}(\varphi)=\left(\varphi_0(P), \frac{\partial\varphi_0}{\partial z}(P)\right)\in \boldsymbol{C}^2$$

である．(6.31)が全射ならば $H^0(X, \mathcal{O}([D]))$ の基底 $\{\varphi^0, \varphi^1, \cdots, \varphi^n\}$ を

$$\varphi^0(P)\neq 0, \qquad \varphi^1(P)=\varphi^2(P)=\cdots=\varphi^n(P)=0,$$
$$\frac{\partial\varphi_0{}^1}{\partial z}(P)\neq 0$$

となるように選ぶことができる．以下，この基底に関する Φ_D を考える．

まず P の十分小さい近傍 $U\subset U_0$ をとって，φ^0 は U 上 0 にならないとする．このとき $\Phi_D(U)$ は $\boldsymbol{P}^n$ の座標近傍 $V_0=\{(\zeta^0, \zeta^1, \cdots, \zeta^n)\in\boldsymbol{P}^n \mid \zeta^0\neq 0\}$ に含まれる．$w^\lambda=\zeta^\lambda/\zeta^0$ $(\lambda\geqq 1)$ とすれば，Φ_D は U 上

$$w^\lambda=\varphi_0{}^\lambda/\varphi_0{}^0, \qquad \lambda=1,2,\cdots,n$$

で定義される正則写像である．z で微分すれば

$$\frac{\partial w^\lambda}{\partial z}=\frac{1}{(\varphi_0{}^0)^2}\left\{\frac{\partial\varphi_0{}^\lambda}{\partial z}\varphi_0{}^0-\varphi_0{}^\lambda\frac{\partial\varphi_0{}^0}{\partial z}\right\}$$

---

1)　補題 6.15 の証明を見よ．

であるから，上の基底の選び方によって $\partial w^1/\partial z$ は P で 0 にならない．したがって次の一般的な補題を証明すれば十分である．

補題 6.16 U を $\boldsymbol{C}^m$ の原点の近傍，$f: U\to\boldsymbol{C}^n$ を正則写像とする．$(z_1, z_2, \cdots, z_m)$，$(w_1, w_2, \cdots, w_n)$ をそれぞれの座標として，f は

$$w_\lambda = f_\lambda(z_1, z_2, \cdots, z_m), \qquad \lambda = 1, 2, \cdots, n$$

で与えられているとする．原点における f の Jacobi 行列の階数が m ならば f は原点の近傍で局所的な埋め込みである．

証明 必要ならば z_j の順序をつけかえて

$$\det\frac{\partial(f_1, f_2, \cdots, f_m)}{\partial(z_1, z_2, \cdots, z_m)}(0) \neq 0$$

としてよい．このとき逆関数の定理によって $(f_1, f_2, \cdots, f_m)$ を $\boldsymbol{C}^m$ の原点の近傍 W における座標と考えることができる．これを $(x_1, x_2, \cdots, x_m)$ と書くことにすれば写像 f は適当な正則関数 g_λ を用いて

$$w_1 = x_1,\ \ w_2 = x_2,\ \ \cdots,\ \ w_m = x_m,$$
$$w_\lambda = g_\lambda(x_1, x_2, \cdots, x_m), \qquad \lambda = m+1, \cdots, n$$

とあらわされる．したがって f は W から $f(W)$ への双正則写像である．(補題 6.16 の証明終り)

以上で補題 6.15 の前半が証明された．逆の証明は省略する[1]．$h^1(D-2P)=0$ ならば補題 6.15 の仮定がみたされることは前と同様である．

ここまで来れば定理 6.7(iii)の証明はほとんど明らかであろう．実際 $\deg D>2g$ ならば，$P, Q\in X$ ($P=Q$ でもよい)に対して，$\deg(D-P-Q)>2g-2$ であるから(i)によって $h^1(D-P-Q)=0$ が成り立つ．したがって補題 6.14, 6.15 によって Φ_D は 1 対 1 の正則写像で，しかも各点で局所的な埋め込みである．(証明終り)

$\Phi_D: X\to\boldsymbol{P}^n$ を $|D|$ に付随した有理写像とする[2]．このとき完備一次系 $|D|$ に属する因子と $\boldsymbol{P}^n$ の超平面[3] が 1 対 1 に対応する．すなわち $H^0(X, \mathcal{O}([D]))$ の基底を $\{\varphi^\lambda\}$ とすれば超平面 $H=\left\{\zeta\in\boldsymbol{P}^n\ \middle|\ \sum_{\lambda=0}^{n} a_\lambda\zeta_\lambda=0\right\}$ には X 上の因子 $D'=$

1) たとえば w_1 を P における X の局所座標にとれることを注意すれば明らかであろう．
2) 正確には $X-B\to\boldsymbol{P}^n$ と書くべきであるが，このように略記する．
3) 1次の超曲面を超平面(hyperplane)と呼ぶ．

$\mathrm{div}\left(\sum_{\lambda=0}^{n} a_\lambda \varphi^\lambda\right)$ が対応する．

一般に $f: X \to Y$ を複素多様体の間の正則写像，E を Y 上の因子とする．E は Cartier 因子として局所方程式系 $\{(V_j, \psi_j)\}$ で定義されているとする．もし $f(X)$ が E の台に含まれていなければ $\{(f^{-1}(V_j), \psi_j \circ f)\}$ は X 上の因子を定義する．これを f による E の引き戻し(pull-back)と呼んで f^*E と書く．E_1, E_2 が Y 上の因子で互いに線形同値であるとき，f^*E_1, f^*E_2 が共に定義されていればそれらは線形同値である．完備一次系 $|D|$ が底点を持たない場合には，上に述べた H と D' の対応は $\Phi_D{}^*$ で与えられる．

直線バンドルについても同様に引き戻しが定義される．すなわち Y 上の直線バンドル L が開被覆 $\{V_i\}$ に属する変換関数系 $\{g_{ij}\}$ で定義されているとき X の開被覆 $\{f^{-1}(V_i)\}$ とそれに属する変換関数系 $\{g_{ij} \circ f\}$ を考えることができる．これによって定まる X 上の直線バンドルを L の f による引き戻しと呼んで f^*L であらわす．E が Y の因子ならば $f^*[E] = [f^*E]$ である[1)]．X が Y の部分多様体で f が自然な埋め込み写像のとき，f^*E, f^*L を X への制限(restriction)と呼んでそれぞれ $E|_X, L|_X$ であらわす．

定理6.7の簡単な応用として $g=0,1$ の場合のコンパクト Riemann 面の構造を調べる．種数0のものを有理曲線(rational curve)，種数1のものを楕円曲線(elliptic curve)と呼ぶ．

X を有理曲線，$P \in X$ とする．定理6.7によれば $h^0(nP) = n+1$ $(n \geqq -1)$ である．さらに $n=1$ とすれば Φ_P は X から $\boldsymbol{P}^1$ への正則な埋め込みであるが，これは勿論 X から $\boldsymbol{P}^1$ への双正則写像である．すなわち $X = \boldsymbol{P}^1$ と考えることができる．逆に $\boldsymbol{P}^1$ の種数は0であることを示しておこう．そのために標準因子を1つ求める(定理6.6)．$\boldsymbol{P}^1$ の同次座標を (ζ_0, ζ_1) として

$$V_i = \{(\zeta_0, \zeta_1) \in \boldsymbol{P}^1 \mid \zeta_i \neq 0\}, \qquad i = 0, 1$$

とする．$s = \zeta_1/\zeta_0$, $t = \zeta_0/\zeta_1$ がそれぞれの局所座標である．$V_0 \cap V_1$ では

$$st = 1, \qquad ds = -\frac{1}{t^2}dt \tag{6.32}$$

である．s を $\boldsymbol{P}^1$ 上の有理型関数と考えて，$\varphi = ds$ とする．(6.32)第2式より

1)　f^*E は定義されていると仮定する．

$$\mathrm{div}(\varphi) = -2Q, \qquad Q = (0,1) \in \boldsymbol{P}^1$$

である．したがって，$\boldsymbol{P}^1$ の種数は 0.

$D=nP$, $n\geqq 2$ の場合には

$$\Phi_D : \boldsymbol{P}^1 \longrightarrow \boldsymbol{P}^n$$

は正則な埋め込みで，これは $\boldsymbol{P}^1$ の点 (ζ_0, ζ_1) に対して

$$(\zeta_0{}^n, \zeta_0{}^{n-1}\zeta_1, \cdots, \zeta_1{}^n) \in \boldsymbol{P}^n$$

を対応させる写像である．これを $\boldsymbol{P}^1$ の n 重埋め込み(n-fold embedding)と呼ぶ．$\boldsymbol{P}^n$ の同次座標を $(z_0, z_1, \cdots, z_n)$ とすれば Φ_D の像は次の方程式系

$$z_iz_j - z_kz_l = 0, \qquad i+j = k+l,$$
$$0 \leqq i, j, k, l \leqq n$$

で定義される部分多様体である．$n=2$ の場合，これは $z_1{}^2 - z_0z_2 = 0$ で定義される 2 次曲線である．また $n=3$ の場合方程式系は

$$z_1{}^2 - z_0z_2 = z_0z_3 - z_1z_2 = z_1z_3 - z_2{}^2 = 0$$

で，どの方程式も他の 2 つから導くことはできない．

次に $g=1$ の場合を考える．P を X の点とすれば，$n>0$ のとき $h^0(nP)=n$, $n\geqq 3$ のとき $\Phi_{nP} : X\to\boldsymbol{P}^{n-1}$ は正則な埋め込みである．特に $n=3$, $\varphi=\Phi_{3P}$ とすれば $\varphi(X)$ は $\boldsymbol{P}^2$ の 1 次元部分多様体である．したがって $\varphi(X)$ は 1 つの同次多項式で定義される(定理 4.10)．次の補題によって，$\varphi(X)$ の次数は 3 であり，したがって非特異 3 次曲線である．

補題 6.17　X をコンパクト Riemann 面，$\varphi : X\to\boldsymbol{P}^2$ を正則な埋め込みとする．さらに H は $\varphi(X)$ を含まない $\boldsymbol{P}^2$ 内の直線とすれば，$\varphi(X)$ の次数は $\deg \varphi^*H$ に等しい．

証明　$Y=\varphi(X)$ として，次数を m とする．$\boldsymbol{P}^2$ の同次座標 $(\zeta_0, \zeta_1, \zeta_2)$ を $(0,0,1)\notin Y$ となるように選べば Y の定義方程式は

$$F = \zeta_2{}^m + A_1(\zeta_0, \zeta_1)\zeta_2{}^{m-1} + \cdots + A_m(\zeta_0, \zeta_1) = 0,$$
$$A_j(\zeta_0, \zeta_1) \text{ は } (\zeta_0, \zeta_1) \text{ の } j \text{ 次同次式}$$

の形である．$W_0=\{\zeta\in\boldsymbol{P}^2 \mid \zeta_0\neq 0\}$, $x=\zeta_1/\zeta_0$, $y=\zeta_2/\zeta_0$ とすれば

$$f(x, y) = y^m + a_1(x)y^{m-1} + \cdots + a_m(x) = 0,$$
$$a_j(x) = A_j(1, x)$$

が W_0 上 Y の定義方程式である．次に α を定数として，方程式 $\zeta_1 - \alpha\zeta_0 = 0$ で

定義される直線 H_α を考える．$H_\alpha \cap Y$ は W_0 に含まれるから $f=0$ と $x=\alpha$ の交わりを考えれば十分である．

f を y の多項式と考えてその判別式を $\varDelta$ とする．f は既約である[1]から，$\varDelta$ は x の関数として恒等的に 0 ではない(補題 2.4)．定数 α を $\varDelta(\alpha)\neq 0$ なるようにとれば $f(\alpha, y)=0$ は相異なる m 個の根 $y=\beta_1, \beta_2, \cdots, \beta_m$ を持つ．さらに $\dfrac{\partial f}{\partial y}(\alpha, \beta_j)\neq 0$ $(1\leqq j\leqq m)$ である．したがって $u=x-\alpha$, $v=f$ とすれば，逆関数の定理によって (u, v) を各点 $P_j=(\alpha, \beta_j)$ の近傍における局所座標と考えることができる．この座標によれば Y は $v=0$ で定義され，u は各 P_j の近傍で Y の局所座標を与える．したがって

$$\varphi^* H_\alpha = \sum_{j=1}^{m} P_j$$

となり[2]，$\deg \varphi^* H_\alpha = m$ である．$\deg \varphi^* H$ は H のとり方によらないから，これで補題が証明された．

ここではもう1つ別の方法で $\varphi(X)$ が3次曲線であることを示しておく．簡単のため $D=3P$ とすると

$$h^0(D) = 3, \qquad h^0(2D) = 6, \qquad h^0(3D) = 9$$

である．$H^0(X, \mathcal{O}([D]))$ の基底を $\{\psi^0, \psi^1, \psi^2\}$ とすればそれらの2次単項式 $\psi^\lambda \psi^\mu$ はちょうど6個ある．これらは $H^0(X, \mathcal{O}([2D]))$ の元を定めるが，実はこの空間の基底になっている．[証明] もしそうでなければ $\psi^\lambda \psi^\mu$ の間に自明でない1次関係があることになる．2次形式の標準形の理論から

$$\psi_1{}^2 = 0, \qquad \psi_1 \psi_2 = 0, \qquad \psi_1{}^2 - \psi_0 \psi_2 = 0$$

のいずれかであるとしてよい．前2つの場合は明らかに矛盾である．最後の場合には $\varphi(X)$ は非特異2次曲線ということになる．上の $g=0$ の所で見たように2次曲線の種数は0であるからこれも矛盾である．

次に3次単項式 $\psi^\lambda \psi^\mu \psi^\nu$ は $\dbinom{3+2}{2}=10$ 個ある．一方 $h^0(3D)=9$ であるから，自明でない3次の関係式 $F(\psi^0, \psi^1, \psi^2)=0$ が成り立つ．2次以下の関係式はないから F は既約で

$$\varphi(X) = \{\zeta \in \boldsymbol{P}^2 \mid F(\zeta_0, \zeta_1, \zeta_2)=0\}$$

1) Y は非特異，連結である．

2) X の点 $\varphi^{-1}(P_j)$ のことを同じ P_j であらわした．

である．

逆に $\boldsymbol{P}^2$ 内の非特異 3 次曲線 Y の種数は 1 であることを示す．そのために同次座標を (x, y, z) として，Y の定義方程式を $F(x, y, z)=0$ とする．$F_x=\partial F/\partial x$ 等で偏微分をあらわす．このとき

$$xF_x+yF_y+zF_z = mF, \qquad m = \deg F$$

である(Euler の関係式)．容易に確かめられるように Y が非特異であることは，Y の任意の点 P に対して，F_x, F_y, F_z の少くとも 1 つが P で 0 でないことと同値である．$W_z=\{(x, y, z)\in \boldsymbol{P}^2 \mid z\neq 0\}$, $u=x/z$, $v=y/z$ として，非同次座標に移り $f=F(u, v, 1)$ とする．$Y\cap W_z$ 上

$$0 = df = F_x(u, v, 1)\,du+F_y(u, v, 1)\,dv$$

が成り立つ．したがって

$$\eta_2 = \frac{dv}{F_x(u, v, 1)} = -\frac{du}{F_y(u, v, 1)} \tag{6.33}$$

は $Y\cap W_z$ 上の正則 1 次形式を定義する[1]．

点 $P\in Y\cap W_z$ において $F_x\neq 0$ ならば逆関数の定理により $(F(u, v, 1), v)$ を P の近傍における局所座標にとることができるから，η_2 は零点を持たない．$F_y\neq 0$ の場合も同様である．同様に $Y\cap W_y$ 上で

$$\eta_1 = \frac{d\left(\dfrac{x}{y}\right)}{F_z\left(\dfrac{x}{y}, 1, \dfrac{z}{y}\right)} = -\frac{d\left(\dfrac{z}{y}\right)}{F_x\left(\dfrac{x}{y}, 1, \dfrac{z}{y}\right)} \tag{6.34}$$

と定義する．

$$d\left(\frac{y}{z}\right) = -\left(\frac{y}{z}\right)^2 d\left(\frac{z}{y}\right), \qquad F_x\left(\frac{x}{z}, \frac{y}{z}, 1\right) = \left(\frac{y}{z}\right)^2 F_x\left(\frac{x}{y}, 1, \frac{z}{y}\right)$$

であるから(6.33)の第 1 式と(6.34)の第 2 式は等しい．したがって，一致の定理によって $W_y\cap W_z$ 上 $\eta_2=\eta_1$ が成り立つ．同様に $Y\cap W_x$ 上では

$$\eta_0 = \frac{d\left(\dfrac{z}{x}\right)}{F_y\left(1, \dfrac{y}{x}, \dfrac{z}{x}\right)} = -\frac{d\left(\dfrac{y}{x}\right)}{F_z\left(1, \dfrac{y}{x}, \dfrac{z}{x}\right)}$$

1)　$Y\cap W_z$ の各点で F_x または F_y の少くとも一方は 0 ではないから，それに応じて第 1 式または第 2 式を用いて η_2 を定義するのである．

とすれば，これらの1次形式は Y 上の正則1次形式 η を定める．しかも η は零点を持たないから $\mathrm{div}(\eta)=0$．したがって Y の種数は1である(定理6.6)．

§6.6　Riemann 面の分岐被覆面

前節ではコンパクト Riemann 面 X 上の完備一次系 $|D|$ の定める有理写像

$$\Phi : z \longrightarrow (\varphi^0(z), \varphi^1(z), \cdots, \varphi^n(z)) \in \boldsymbol{P}^n,$$
$$\varphi^\lambda \in H^0(X, \mathcal{O}([D]))$$

を考えた．ここで $\{\varphi^\lambda\}$ が $H^0(X, \mathcal{O}([D]))$ の基底でなくとも同様の写像が定義されることに注意しておく．

特に $n=1$ の場合この写像は $\Phi(z)=(\varphi^0(z), \varphi^1(z))$ で定義される写像である．正確には Φ は φ^0, φ^1 の共通零点を除いた所で定義された正則写像であるが命題6.3と同様にして X 全体で定義された正則写像に拡張される．φ^0 は恒等的に0でないとすれば $f=\varphi^1/\varphi^0$ は X 上の有理型関数である．このとき X の点 z に対して $f(z)$ を対応させる写像を考え，z が f の極ならば $f(z)=\infty$ と約束すれば f は X から $\boldsymbol{P}^1=\boldsymbol{C}\cup\{\infty\}$ への写像となる．これが最初の Φ にほかならない．

逆に f を X 上の有理型関数として $L=[(f)_0]=[(f)_\infty]$ とすれば

$$f=\varphi^1/\varphi^0, \qquad \varphi^0, \varphi^1 \in H^0(X, \mathcal{O}(L))$$

とあらわすことができる(命題3.3)．したがって $z\to f(z)$ は X から $\boldsymbol{P}^1$ への正則写像を定める．

命題6.4　X 上の有理型関数 f は正則写像 $X\to\boldsymbol{P}^1$ を定める．——

以下この節では状況を少し一般にして，コンパクト Riemann 面 X, Y とその間の正則写像 $f: X\to Y$ を考える．f は定数写像でない[1]とすれば，$Q\in Y$ に対して，$f^{-1}(Q)$ は0次元の解析的部分集合であるから有限集合である．

命題6.5　f は定数写像でないとすれば，f は開写像である．すなわち X の任意の開集合 U に対して $f(U)$ は Y の開集合である．さらに f は Y の上への写像である．

証明のために次の補題を準備するが，この補題は以後何度か用いられる．

---

1)　すなわち $f(x)$ は1点ではない．

補題 6.18 $f: X \to Y$ は定数写像でないとして，$P \in X, Q=f(P)$ とする．このとき P の近傍における X の局所座標 z と Q の近傍における局所座標 w を次のように選ぶことができる．

（i） $z(P)=0,\ w(Q)=0.$

（ii） P の十分小さい近傍 U で f は $z \to w=z^e$ (e は正整数)で与えられる．

証明 Q を中心とする Y の局所座標 w と P を中心とする X の局所座標 ζ を任意にとる．このとき f は正則関数 φ を用いて $w=\varphi(\zeta)$, $\varphi(0)=0$ で与えられる．φ の 0 における零点の位数を e とすると

$$\varphi(\zeta) = \zeta^e \psi(\zeta), \qquad \psi(0) \neq 0$$

なる正則関数 ψ が存在する(定理 1.8)．$\psi(0)$ の e 乗根 α を 1 つ選べば原点の近傍で定義された正則関数 η で

$$\eta(0) = \alpha, \qquad \eta(\zeta)^e = \psi(\zeta)$$

となるものが定まる．[証明] $\boldsymbol{C}$ 上の正則関数 $g: u \to v=u^e$ を考える．$g(\alpha)=\psi(0)$, $g'(\alpha) \neq 0$ であるから，逆関数の定理によって，v 平面の点 $\psi(0)$ の近傍で定義された正則関数 $h=h(v)$ で $h(\psi(0))=\alpha$, $h(v)^e=v$ をみたすものが存在する．そこで $\eta(\zeta)=h(\psi(\zeta))$ とすればよい．

この η を用いて $z=\zeta\eta(\zeta)$ とすれば z は P における局所座標で，f は $w=z^e$ で与えられる．(補題 6.18 の証明終り)

命題 6.5 の証明 上のように局所座標をとれば P の近傍 $\{z \mid |z|<\varepsilon\}$ は Q の開近傍 $\{w \mid |w|<\varepsilon^e\}$ の上に写される．したがって f は開写像である．特に像 $f(X)$ は Y の開集合である．一方 X はコンパクトであるから $f(X)$ もコンパクトで，したがって $f(X)$ は閉集合である．Y の連結性によって $f(X)=Y$ でなければならない．(証明終り)

$f: X \to Y$ が定数写像でなければ $f(X)=Y$ で，任意の $Q \in Y$ に対して，$f^{-1}(Q)$ は有限集合である．このことから，X を Y の分岐被覆面(ramified covering)または被覆 Riemann 面と呼ぶ[1]．

$f: X \to Y$ を被覆 Riemann 面として，$P \in X, Q=f(P)$ とする．補題 6.18 によって f は P の近傍で $z \to w=z^e$ であるとしてよい．このような局所座標

1) 位相幾何では通常，“被覆(covering)”という言葉をずっと制限された意味に用いている．この本ではそれを“位相的な被覆”と呼んで区別する．その定義はすぐ後に述べる．

z, w のとり方は一意的ではないが，e は P によって定まる．これを $e(P)$ と書いて P における分岐指数(ramification index)と呼ぶ．$e(P)=1$ であることと f が P において局所双正則であることは同値である．$e(P)=1$ のとき f は P において不分岐(unramified)であるといい，そうでないとき f は P において分岐しているという．f が P で分岐していれば，P の十分小さい近傍の P 以外の各点で f は不分岐である．これは上の座標のとり方と逆関数の定理からわかる．X はコンパクトであるから $f: X\to Y$ は高々有限個の点で分岐している．

f が分岐する点の全体を

$$R=\{P\in X \mid e(P)>1\}$$

として $B=f(R)\subset Y$ とする．B はしばしば分岐点の集合(branch locus)と呼ばれる[1]．$Q\in B$ ならば $f^{-1}(Q)$ の少くとも1点で f は分岐しているが，勿論 $f^{-1}(Q)$ のすべての点で f が分岐しているとは限らない．R が空集合のとき f を不分岐被覆(unramified covering)と呼ぶ．

一般に X, Y が局所連結な位相空間で $f: X\to Y$ は連続写像であるとする．Y の各点 Q に対して十分小さい連結な近傍 V をとって $f^{-1}(V)$ の連結成分を W_λ $(\lambda\in\Lambda)$ とすれば f の制限 $W_\lambda\to V$ が同相写像であるとき，f は位相的な被覆であるという．また f を被覆写像と呼ぶ．

命題 6.6　X, Y を2つのコンパクト Riemann 面として $f: X\to Y$ を被覆 Riemann 面，B をその分岐点の集合とする．このとき f によって惹き起こされる写像 $X-f^{-1}(B)\to Y-B$ は位相的な被覆である．

証明　Q を $Y-B$ の点として，$f^{-1}(Q)=\{P_1, P_2, \cdots, P_m\}$ とする．各 P_i の近傍 U_i を互いに交わらないよう，また $f^{-1}(B)$ とも交わらないようにとる．X はコンパクトであるから f は閉集合を閉集合に写す写像である[2]．したがって，$Z=f\left(X-\bigcup_{i=1}^{m} U_i\right)$ は Y の閉集合で Q を含まない．そこで Q の近傍 V を Z と交わらないようにとれば $f^{-1}(V)$ は $\bigcup_{i=1}^{m} U_i$ に含まれる．

一方 f は各 P_i の開近傍 W_i から $f(W_i)$ の上への同相写像を惹き起こす．こ

1)　R の点，B の点をどちらも分岐点と呼ぶ習慣である．

2)　X の閉集合 F はコンパクトであるから $f(F)$ もコンパクト．したがって Y の閉集合である．

のとき V をすべての $f(W_i)$ に含まれるように取り直せばこれが求める Q の近傍である．(証明終り)

$Q\in Y-B$ として $f^{-1}(Q)$ に属する X の点の個数を $m(Q)$ とする．上に述べたことによって $m(Q)$ は局所的に定数である．しかも $Y-B$ は連結であるから $m(Q)$ は $Q\in Y-B$ のとり方によらない．この数を f の次数と呼んで $\deg f$ であらわす．$\deg f=m$ のとき X を Y の m 重被覆面と呼ぶ．

命題 6.7 $f: X\to Y$ を次数 m の被覆 Riemann 面とする．$Q\in Y$, $f^{-1}(Q)=\{P_1, P_2, \cdots, P_s\}$, 各 P_λ における分岐指数を $e(P_\lambda)$ とすれば $\sum_{\lambda=1}^{s} e(P_\lambda)=m$ が成り立つ．特に

(i) 任意の $Q\in Y$ に対して $f^{-1}(Q)$ は高々 m 個の点からなる．

(ii) 逆像 $f^{-1}(Q)$ が丁度 m 個の点からなるために必要かつ十分な条件は $f^{-1}(Q)$ の各点で f が不分岐なことである．

証明 Q を中心とする局所座標 w を選び，次に各 P_λ を中心とする局所座標 z_λ を適当に選べば f は P_λ の近傍で

$$z_\lambda \longrightarrow w = z_\lambda^{e_\lambda}, \qquad e_\lambda = e(P_\lambda)$$

で与えられる．Y の点 Q' $(\neq Q)$ を Q に十分近くとれば $f^{-1}(Q')$ は各 P_λ の近傍にちょうど e_λ 個の点を持っている．命題 6.6 の証明からわかるように Q' の逆像はこれで尽きている．したがって $m=\sum e_\lambda$ である．(証明終り)

系 $f: X\to Y$ が次数 1 の被覆面ならば f は双正則である．——

命題 6.7 の前半は前節で定義した因子の引き戻しに関する命題と考えるのが自然である．

命題 6.8 $f: X\to Y$ を次数 m の被覆 Riemann 面，D を Y 上の因子とすると

$$\deg f^*D = m \deg D.$$

証明 D が既約因子 Q の場合に証明すれば十分である．その場合には，上の記号を用いれば，$f^*D=\sum e_\lambda P_\lambda$ であるから明らかである．(証明終り)

特に $Y=\boldsymbol{P}^1$ の場合は次の形に述べておくのが便利である．

命題 6.9 f をコンパクト Riemann 面 X 上の定数でない有理型関数として，$\Phi: X\to \boldsymbol{P}^1$ を f の定める正則写像とする．$\mathrm{div}(f)=(f)_0-(f)_\infty$ とすれば

$$\deg \Phi = \deg(f)_0 = \deg(f)_\infty$$

である．——

写像 Φ の次数のことを，有理型関数 f の次数と呼ぶことがある．

$f: X \to Y$ を被覆 Riemann 面，$\mathfrak{M}(X), \mathfrak{M}(Y)$ をそれぞれ X, Y 上の有理型関数全体のなす体とすれば f によって $\mathfrak{M}(Y)$ は $\mathfrak{M}(X)$ の部分体とみなすことができる．このとき $\deg f$ は体の拡大次数 $[\mathfrak{M}(X):\mathfrak{M}(Y)]$ に等しい(これは§6.9で証明される)．

最後に被覆 Riemann 面に関する基本定理である Riemann-Hurwitz の公式を証明する．

定理 6.8　$f: X \to Y$ を次数 m の被覆 Riemann 面とする．X, Y の種数をそれぞれ $g(X), g(Y)$ とすれば

$$2g(X)-2 = m(2g(Y)-2)+\sum_P (e(P)-1)$$

が成り立つ．ここで右辺の和は f が分岐する点 $P \in X$ 全体にわたってとる．——

$2g-2$ は標準因子の次数であるから，定理 6.8 は次の定理と命題 6.8 から導かれる．

定理 6.9　X 上の正因子 R を

$$R = \sum_{P \in X} (e(P)-1)P$$

によって定義する．W を Y 上の標準因子とすれば f^*W+R は X 上の標準因子である．

証明　Y 上の 2 つの標準因子は互いに線形同値であるから，ある 1 つの標準因子について証明すればよい．そこで φ を Y 上の定数でない有理型関数として，$W=\mathrm{div}(d\varphi)$ にとる(§6.4 参照)．このとき $\varphi\circ f$ を X 上の有理型関数と見て

$$\mathrm{div}(d(\varphi\circ f)) = f^*W+R \tag{6.35}$$

であることを示せばよい．そのために $P \in X, Q=f(P) \in Y$ として，それぞれにおける局所座標を z, w とする．$w=f(z)$ とすれば

$$d(\varphi\circ f) = \frac{\partial\varphi}{\partial w}(f(z))\frac{\partial f}{\partial z}(z)\,dz \tag{6.36}$$

である．$\partial\varphi/\partial w$ は W の局所方程式であるから右辺の第 1 因子は f^*W の局所

方程式である．また，定義から $\partial f/\partial z$ は R の局所方程式である．したがって(6.36)は R の近傍で(6.35)が成り立つことを示している．ここで P は任意であったから X 上で(6.35)が成り立つ．(証明終り)

系 $X\to Y$ を被覆 Riemann 面とすれば $g(X)\geqq g(Y)$ である．特に，$g(X)=0$ ならば $g(Y)=0$ である．——

例として種数1のコンパクト Riemann 面 X を考える．$P\in X$ とすれば定理6.7によって $h^0(2P)=2$ で完備一次系 $|2P|$ は底点を持たない．したがって，$|2P|$ は次数2の正則写像 $f: X\to \boldsymbol{P}^1$ を定める．X の勝手な点 P' に対して分岐指数 $e(P')$ は1か2であるから，Riemann-Hurwitz の公式

$$0 = -2\cdot 2+\sum(e(P')-1)$$

によって分岐点の個数は4である．すなわち X は4点で分岐した $\boldsymbol{P}^1$ の2重被覆である[1]．

逆に $\boldsymbol{P}^1$ 上の相異なる4点 Q_j $(1\leqq j\leqq 4)$ が与えられたとして，その非同次座標を λ_j $(1\leqq j\leqq 4)$ とする．適当に一次分数変換をして $\lambda_4=\infty$ とする．このとき $\boldsymbol{P}^2$ の同次座標を (x, y, z) として方程式

$$y^2z-(x-\lambda_1 z)(x-\lambda_2 z)(x-\lambda_3 z) = 0$$

で定義される3次曲線 C を考える．まず $u=x/z, v=y/z$ を非同次座標にとれば C は

$$h(u, v) = v^2-(u-\lambda_1)(u-\lambda_2)(u-\lambda_3) = 0$$

で定義される．これより C が既約であることは明らかである．C の特異点を調べるために $\partial h/\partial u, \partial h/\partial v$ を考える．$\partial h/\partial v=0$ ならば $v=0$ で u は λ_j のどれかでなければならない．ところが λ_j はすべて異なるから $\dfrac{\partial h}{\partial u}(\lambda_j, 0)\neq 0$ である．したがって C は $z\neq 0$ の範囲では特異点を持たないことが示された．

一方上の同次方程式で $z=0$ とすれば $x=0$ がしたがうから，C 上の点で $z=0$ をみたすのは $P=(0,1,0)$ のみである．$s=x/y, t=z/y$ とすれば C は

$$t-(s-\lambda_1 t)(s-\lambda_2 t)(s-\lambda_3 t) = 0$$

で定義されるから，P において非特異である．以上で C は至る所非特異であることが示された．

---

1) $|2P|$ の因子は $\boldsymbol{P}^1$ の点に対応するから，因子として $2P=f^*Q$, $Q=f(P)$ である．したがって f は P で分岐している．

$u=x/z$ を C 上の有理型関数と考えると u は C から $\boldsymbol{P}^1$ の上への正則写像 f: $X\to\boldsymbol{P}^1=\boldsymbol{C}\cup\{\infty\}$ を定める[1]．$z\neq 0$ では u は有限の値をとり，f は全射であるから $f(P)=\infty$ であることがわかる．f の分岐の様子を調べるためにまず $w\in\boldsymbol{P}^1$, $w\neq\infty$ とする．このとき $f^{-1}(w)$ の点は $\boldsymbol{P}^2$ の同次座標で

$$(w, y, 1), \qquad y=\pm\sqrt{(w-\lambda_1)(w-\lambda_2)(w-\lambda_3)}$$

によって与えられる．また上に述べたように $f^{-1}(\infty)=\{P\}$ であるから，f は $\{\lambda_1, \lambda_2, \lambda_3, \infty\}$ を分岐集合とする2重被覆である．したがって C の種数は1である．

§6.7　超楕円曲線

これまでの例から想像されるようにコンパクト Riemann 面 X の構造は X 上にどのような完備一次系が存在するか，ということに反映されている．完備一次系の中で最も重要なものは X 上の標準因子 W によって定まる $|W|$ である．$|W|$ を X の標準一次系(canonical system)と呼ぶ．

命題6.10　X をコンパクト Riemann 面とする．X の点 P で $h^0(P)\geqq 2$ なるものが存在すれば X は $\boldsymbol{P}^1$ と同型である[2]．

証明　$L=[P]$ として，2つの一次独立な元 $\varphi^0, \varphi^1\in H^0(X, \mathcal{O}(L))$ をとる．$z\to(\varphi^0(z), \varphi^1(z))$ によって $f: X\to\boldsymbol{P}^1$ を定める．明らかに φ^0, φ^1 は共通零点を持たないから f は正則で $\deg f=1$ である(命題6.9)．したがって f は双正則である(命題6.7の系)．(証明終り)

命題6.11　X を種数 g のコンパクト Riemann 面とする．X 上の因子 D が

$$\deg D=2g-2, \qquad h^0(D)=g$$

をみたせば D は標準因子である．

証明　W を1つの標準因子とすると Riemann-Roch の定理によって

$$h^0(D)-h^0(W-D)=g-1$$

である．したがって $h^0(W-D)=1$．ところが $\deg(W-D)=0$ であるから命題6.1によって $W-D$ は0に線形同値である．(証明終り)

---

1)　これは $P=(0,1,0)$ を中心とする射影(§4.3)にほかならない．P が C 上にあるので f は見掛け上不定点を持つのである．

2)　双正則同値であることを同型(isomorphic)であるということにする．

以後主として $g \geqq 2$ として標準一次系を調べる．

命題 6.12 X の種数 g は 2 以上とする．このとき標準一次系 $|W|$ は底点を持たない．

証明 $P \in X$ とする．$h^0(W)=g$ であるから，$h^0(W-P)=g-1$ ならば P は $|W|$ の底点ではない(補題 6.12)．Riemann-Roch の定理によれば

$$h^0(W-P) = g-2+h^0(P)$$

である．P は正因子であるから $h^0(P) \geqq 1$ であるが，上の命題 6.10 によって等号が成り立つ．したがって $h^0(W-P)=g-1$ である．(証明終り)

標準一次系 $|W|$ の定める正則写像 $X \to \boldsymbol{P}^{g-1}$ を X の標準写像(canonical mapping)と呼び，Φ_K と書く[1]．Φ_K が X から $\boldsymbol{P}^{g-1}$ への正則埋め込みでないとき，X を超楕円型(hyperelliptic)の Riemann 面，または超楕円曲線と呼ぶ．次の事実は自明であるが重要なので定理として述べておく．

定理 6.9 X の種数 $g \geqq 2$ とする．X が超楕円型でなければ標準写像は正則埋め込みである．——

この定理が重要である理由は，以下に述べるように超楕円型の Riemann 面の構造がよくわかるからである．

定理 6.10 X の種数 $g \geqq 2$ とする．このとき X が超楕円型であるために必要かつ十分な条件は $\deg D=2$, $h^0(D)=2$ なる因子が存在することである．これは次数 2 の正則写像 $X \to \boldsymbol{P}^1$ が存在することと同値である．

証明 §6.5 の補題 6.14, 6.15 によれば Φ_K が正則埋め込みであるための必要十分条件は X の 2 点 P, Q ($P=Q$ でもよい)に対して

$$h^0(W-P-Q) = g-2$$

となることである．したがって X が超楕円型ならば，ある $P, Q \in X$ に対して $h^0(W-P-Q)=g-1$ である[2]．$D=P+Q$ とすれば Riemann-Roch の定理によって

$$h^0(D) = 2-g+1+h^0(W-D) = 2$$

である．

逆に X 上に $\deg D=2$, $h^0(D)=2$ なる因子 D が存在したとする．D は正因

1) $K=[W]$ は標準バンドルの記号である．
2) $|W|$ は底点を持たないから等号が成り立つ．

子 $P+Q$ としてよい．このとき上の議論を逆にたどれば $h^0(W-D)=g-1$ である．したがって Φ_K は正則埋め込みでない．

最後にこのような D の存在が2重被覆 $X\to\boldsymbol{P}^1$ の存在と同値であることを示す．まず $|D|$ の定める有理写像 $\Phi: X\to\boldsymbol{P}^1$ を考えると，底点の可能性を考慮に入れて，$\deg\Phi\leqq\deg D=2$ である．$\deg\Phi=1$ ならば Φ は双正則写像(命題6.7の系)となって矛盾である．

逆に $f: X\to\boldsymbol{P}^1$ を次数2の正則写像とする．$\boldsymbol{P}^1$ の1点 Q をとって f^*Q を D とおく．$\deg D=2$ である(命題6.8)．このとき次の準同型

$$H^0(\boldsymbol{P}^1,\ \mathcal{O}(Q))\longrightarrow H^0(X,\ \mathcal{O}(D))$$

が定義される．これは，高々 Q で極を持つ $\boldsymbol{P}^1$ 上の有理型関数 ψ に $\psi\circ f$ を対応させる準同型で，単射である．したがって $h^0(D)\geqq 2$ を得る．もし $h^0(D)\geqq 3$ ならば，任意の $P\in X$ に対して $h^0(D-P)\geqq 2$, $\deg(D-P)=1$ である．したがって命題6.10によって X は $\boldsymbol{P}^1$ となり仮定に反する．(証明終り)

超楕円型の Riemann 面は $\boldsymbol{P}^1$ の2重被覆という簡単な構造を有している．以下ではこの事実を利用して超楕円型の Riemann 面を構成する．まず2重被覆では分岐点 P における分岐指数 $e(P)$ は2であることに注意する．したがって，種数を g, 分岐点の個数を w とすれば Riemann-Hurwitz の公式によって $2g-2=-2\cdot 2+w$, すなわち $w=2g+2$ である．

そこで $\boldsymbol{P}^1$ の偶数個の相異なる点 $Q_1, Q_2, \cdots, Q_w$, $w=2g+2$ をとる．目的はこれらの点 Q_j で分岐した $\boldsymbol{P}^1$ の2重被覆面を構成することである．以下では3種類の方法を示す．

第1の方法では $\boldsymbol{P}^1$ の2つのコピーを貼り合わせて X を構成する．そのために $\boldsymbol{P}^1$ 上の点 Q_1 と Q_2, Q_3 と Q_4, $\cdots$, Q_{2g+1} と Q_{2g+2} をそれぞれ滑らかな道 $\gamma_1, \gamma_2, \cdots, \gamma_{g+1}$ で結ぶ．このとき $\gamma_1, \gamma_2, \cdots, \gamma_{g+1}$ のどの2つも互いに交わらないように選んでおく．このような $\boldsymbol{P}^1$ を2つ用意して X_1, X_2 とする(図5[1])．

次に X_1, X_2 を γ_j $(1\leqq j\leqq g+1)$ に沿って切り口を入れて，各 γ_j に沿って X_1, X_2 を貼り合わせる．このとき X_1 における γ_j の切り口の1つの辺は X_2 における γ_j の切り口の他方の辺につながるように貼り合わせることにする(図6)．

1)　$\boldsymbol{P}^1$ は $\boldsymbol{R}^2$ の無限遠を1点に集めたものであるから位相的には2次元の球面 $\{(x, y, z)\in\boldsymbol{R}^3 \mid x^2+y^2+z^2=1\}$ と同じである．

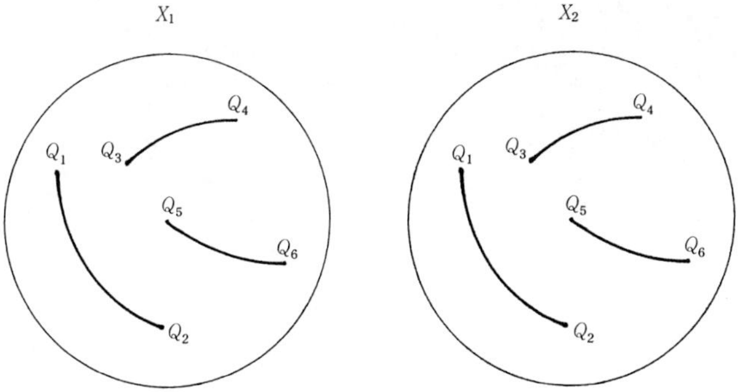

図 5

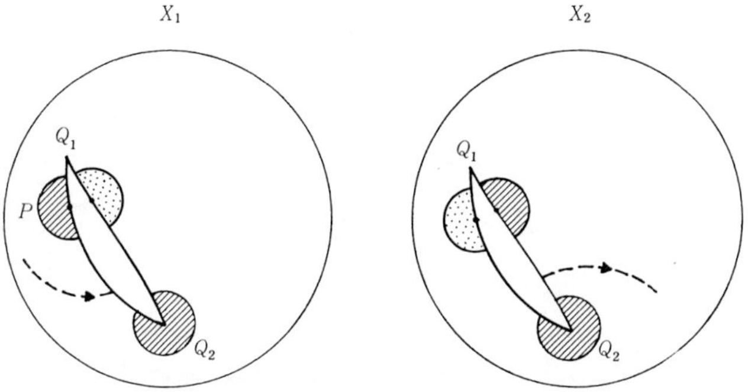

図 6

たとえば X_1 の上を破線のように動く点は X_2 の上の破線につながるのである．このようにしてできる「多様体」を X とする．

この X の上に複素多様体の構造を次のように定める．X の点 P は X_1, X_2 のいずれかに属するわけであるが，P がどの γ_j の上にもない場合には近傍 U_P をどの γ_j とも交わらないようにとる．これが P の座標近傍である．P がある γ_j の上にあり，どの Q_i とも異なる場合，このときには γ_j の左岸か右岸かを指定しなければならない．たとえば上の図の場合，P は X_1 における γ_1 の左岸(すなわち X_2 の γ_1 の右岸)の点である．この場合斜線を施した2つの半円を合わせて得られる円板を座標近傍にとる．最後に $P=Q_i$ の場合には図のように X_1, X_2 上で Q_i のまわりの円板をとり，それらを合わせたものを Q_i の座標近傍として選ぶ(図7)．

これらの局所座標の選び方によって X がコンパクト Riemann 面となるこ

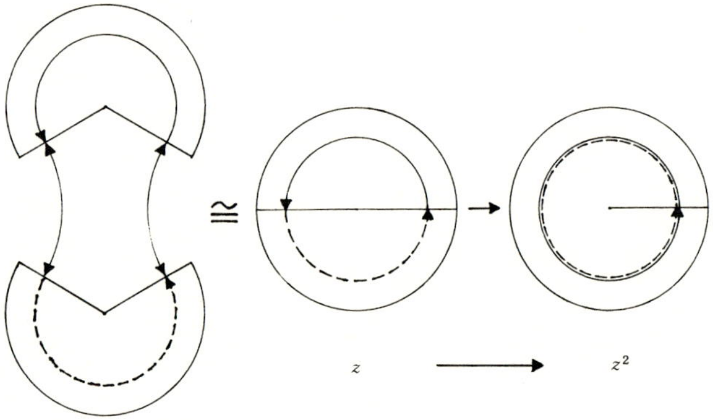

図 7

とは直観的に明らかであろう．また $X_1=X_2=\boldsymbol{P}^1$ と同一視すれば $f:X\to\boldsymbol{P}^1$ なる正則写像が定義される．Q_i 以外の点 $Q\in\boldsymbol{P}^1$ に対して $f^{-1}(Q)$ は2点からなるが，各 Q_i の逆像 $f^{-1}(Q_i)$ は唯1点 P_i からなる．しかも局所座標の選び方から，f は P_i の近傍では $z\to z^2$ で与えられる写像である．こうして $Q_1, Q_2, \cdots, Q_{2g+2}$ で分岐した $\boldsymbol{P}^1$ の2重被覆が構成された1)．

上の方法は直観的には非常に明快な構成法であって，特に X の位相幾何的な構造を調べるときに便利であるが，他の目的には不便なことも多い．

次に§6.5の楕円曲線の場合を真似て $\boldsymbol{P}^2$ の中の曲線として実現することを考える．そのために $\boldsymbol{P}^1$ の非同次座標をとって，Q_i の座標を λ_i とする．このとき適当な一次分数変換によって $\lambda_{2g+2}=\infty$ とすることができる．そこで $\boldsymbol{P}^2$ の同次座標を (x, y, z) として

$$y^2z^{2g-1}-(x-\lambda_1z)(x-\lambda_2z)\cdots(x-\lambda_{2g+1}z)=0$$

で定義される曲線 C を考える．C は既約であるが非特異ではなく $(x, y, z)=(0, 1, 0)$ に特異点を持つ．この特異点は次節に述べる一般的方法によって除去することができる．その結果，種数 g のコンパクト Riemann 面 X が得られ，x/z に対応する有理型関数によって2重被覆面 $X\to\boldsymbol{P}^1$ となる．

次に上の方法の $\boldsymbol{P}^2$ を別の2次元複素多様体で置き換えて，その部分多様体として X を実現することを考える．そのために $U_1=U_2=\boldsymbol{C}$ を複素平面の2

1)　$g=1$ とすれば楕円曲線，$g=0$ とすれば有理曲線が構成される．

つのコピーとして直積 $U_i\times\boldsymbol{P}^1$ $(i=1,2)$ を考える．U_i の座標を z_i として，$\boldsymbol{P}^1$ の非同次座標 ζ_i $(i=1,2)$ を用意する．$U_i\times\boldsymbol{P}^1$ の点を (z_i,ζ_i) であらわすのである．

0 または正の整数 d を 1 つ選んで固定する．そして $U_1\times\boldsymbol{P}^1$ と $U_2\times\boldsymbol{P}^1$ を

$$z_1z_2=1,\qquad \zeta_2=z_1{}^d\zeta_1 \tag{6.37}$$

によって貼り合わせて複素多様体を構成する[1]．より正確に言えば，$U_1{}^*=U_2{}^*=\boldsymbol{C}-\{0\}$ として次の双正則写像

$$\varphi: U_1{}^*\times\boldsymbol{P}^1\longrightarrow U_2{}^*\times\boldsymbol{P}^1$$
$$(z_1,\zeta_1)\longrightarrow(z_2,\zeta_2)=(1/z_1,\ z_1{}^d\zeta_1)$$

を考えて，この写像 φ によって $U_1{}^*\times\boldsymbol{P}^1$ と $U_2{}^*\times\boldsymbol{P}^1$ を同一視して複素多様体を定義するのである．これを Σ_d と書くことにする．集合として見れば Σ_d は $U_1\times\boldsymbol{P}^1$ の $z_1=\infty$ の所に $\boldsymbol{P}^1$ を付け加えたものである[2]．Σ_d の各点は $U_1\times\boldsymbol{P}^1$ または $U_2\times\boldsymbol{P}^1$ のいずれかに属するから，その局所座標をそのまま Σ_d の局所座標と考える訳である．

同様の意味で $\boldsymbol{P}^1$ は U_1 と U_2 を $z_1z_2=1$ によって，$U_1{}^*$ と $U_2{}^*$ に沿って貼り合わせたものと考えることができる．したがって写像 p を

$$p(z_1,\zeta_1)=z_1\in U_1,\qquad (z_1,\zeta_1)\in U_1\times\boldsymbol{P}^1$$
$$p(z_2,\zeta_2)=z_2\in U_2,\qquad (z_2,\zeta_2)\in U_2\times\boldsymbol{P}^1$$

と定義すれば，p は Σ_d から $\boldsymbol{P}^1$ への正則写像であって，$\boldsymbol{P}^1$ の各点 Q に対して $p^{-1}(Q)=\boldsymbol{P}^1$ である．Σ_d は次数 d の Hirzebruch 曲面，または有理線織面と呼ばれる．これらは $d\geqq 0$ が異なれば互いに双正則同値でない 2 次元コンパクト複素多様体である[3]．特に $d=0$ のときは $\Sigma_0=\boldsymbol{P}^1\times\boldsymbol{P}^1$ にほかならない．

種数 g の超楕円型 Riemann 面を構成するには Σ_{g+1} を用いる．まず $\lambda_1,\lambda_2,\cdots,\lambda_{2g+2}$ を分岐点の非同次座標として $\lambda_i\neq\infty$ とする．そして

$$f_1(z_1)=(z_1-\lambda_1)(z_1-\lambda_2)\cdots(z_1-\lambda_{2g+2})$$

とおく．次に z_2 の多項式 f_2 を

$$f_2(z_2)=(1-\lambda_1z_2)(1-\lambda_2z_2)\cdots(1-\lambda_{2g+2}z_2)$$

1) $\zeta_1=\infty$ には $\zeta_2=\infty$ を対応させる．

2) その仕方が整数 d によって定められているのである．

3) 小平邦彦“複素多様体論”岩波講座基礎数学，63 ページ例 2.10，82-86 ページ例 2.16.

とおく．したがって

$$f_1(z_1) = z_1{}^{2g+2} f_2(1/z_1)$$

である．上の Σ_d の構成に用いた ζ_1, ζ_2 のかわりに $\eta_i = 1/\zeta_i$ $(i=1,2)$ を用いることにする．$U_1 \times \boldsymbol{P}^1$ と $U_2 \times \boldsymbol{P}^1$ の共通部分では

$$\eta_2 = z_1{}^{-(g+1)} \eta_1$$

である．これを用いて $U_i \times \boldsymbol{P}^1$ 上の因子 C_i $(i=1,2)$ を

$$\eta_i{}^2 - f_i(z_i) = 0 \tag{6.38}$$

によって定義する．座標 ζ_i を用いて表わせば

$$1 - f_i(z_i)\zeta_i{}^2 = 0$$

であるから $\zeta_i = 0$ の点は C_i に含まれない．さらに $U_1 \times \boldsymbol{P}^1$ と $U_2 \times \boldsymbol{P}^1$ の共通部分では

$$\eta_1{}^2 - f_1(z_1) = z_1{}^{2g+2}(\eta_2{}^2 - f_2(z_2))$$

が成り立つ．z_1 はこれらの共通部分で0にならないから，(6.38)は Σ_{g+1} の因子 C を定義する．方程式の形から容易に確かめられるように C は非特異である．

さらに C は連結である．［証明］ C が連結でないとする．各連結成分 C_j は $\boldsymbol{P}^1$ の被覆Riemann面で，この被覆面の次数の和は2であるから，連結成分の個数は2で $p_j: C_j \to \boldsymbol{P}^1$ $(j=1,2)$ は双正則写像でなければならない．たとえば C_1 をとって p_1 の逆写像を

$$z_i \longrightarrow (z_i, \eta_i) = (z_i, h_i(z_i)) \in U_i \times \boldsymbol{P}^1$$

とすれば $f_i(z_i) = h_i(z_i)^2$ でなければならないことがわかる．これは $\lambda_1, \lambda_2, \cdots, \lambda_{2g+2}$ が相異なることに反する．

以上で C は Σ_{g+1} の1次元部分多様体であることが確認された．正則写像 $p: \Sigma_{g+1} \to \boldsymbol{P}^1$ を C に制限すれば，これによって C は $\boldsymbol{P}^1$ の2重被覆面となる．

§6.8　平面曲線

この節では2次元射影空間 $\boldsymbol{P}^2$ の既約因子 C を考える．簡単のために C が特異点を持つ場合も含めて，C を平面曲線(plane curve)と呼ぶ．もし非特異ならば C はコンパクトRiemann面である．一般には C は有限個の特異点を持つから複素多様体の構造を持ち得ない．しかし以下に述べる特異点の還元と

いう操作によって C からコンパクト Riemann 面を構成することができる．

定義 C を $\boldsymbol{P}^2$ の既約因子として，その特異点の集合を S とする．C の特異点の還元(resolution of singularity)とは，コンパクト Riemann 面 X と正則写像 $f: X \to \boldsymbol{P}^2$ の組で次の条件

（i） $f(X)=C$,

（ii） f は双正則写像 $X-f^{-1}(S) \to C-S$ を惹き起こす，

（iii） $X-f^{-1}(S)$ は X で稠密

をみたすものをいう．

このとき X は C の非特異モデル(non-singular model)とも呼ばれる．また $f: X \to C$ が C の特異点の還元であるという[1]．一般に，2 次元複素多様体 W のコンパクトな既約因子 C に対しても全く同様に特異点の還元が定義できる．

定理 6.11 W を 2 次元複素多様体，C を W のコンパクトな既約因子とする．このとき C の特異点の還元が存在する．——

この定理の証明は C の特異点 P に blowing up を繰り返し適用することによって行なう．blowing up については射影空間の場合に§4.3 で定義したが，それは点 P の近傍によって定まるから同じ定義が一般の場合に適用できる．2 次元の場合に改めて定義を与えておく．

P を 2 次元複素多様体 W の点，U を P の座標近傍，(x, y) を P を中心とする U 上の局所座標で，簡単のため

$$U=\{(x, y) \in \boldsymbol{C}^2 \mid |x|<1, |y|<1\}$$

であるとする．このとき $\boldsymbol{P}^1$ の同次座標を (ζ_0, ζ_1) として $U \times \boldsymbol{P}^1$ の部分多様体

$$\tilde{U}=\{(x, y\,; \zeta_0, \zeta_1) \in U \times \boldsymbol{P}^1 \mid x\zeta_1-y\zeta_0=0\}$$

をとり，$\sigma: \tilde{U} \to U$ を $\sigma(x, y\,; \zeta_0, \zeta_1)=(x, y)$ によって定めれば，これが P を中心とする blowing up である．

$\boldsymbol{P}^1$ が 2 つの開集合 $\{\zeta_0 \neq 0\}, \{\zeta_1 \neq 0\}$ で覆われることに対応して，$\tilde{U}$ は 2 つの開集合 V_0, V_1 で覆われる．$s=\zeta_1/\zeta_0,\ t=\zeta_0/\zeta_1$ とすれば，

$$V_0=\{(x, y, s) \in U \times \boldsymbol{C} \mid xs-y=0\},$$
$$V_1=\{(x, y, t) \in U \times \boldsymbol{C} \mid x-yt=0\}$$

1) f は X から C への正則写像と考えることができる．

である．したがって

$$V_0 = \{(x, s) \in \boldsymbol{C}^2 \mid |x|<1, |xs|<1\},$$
$$V_1 = \{(y, t) \in \boldsymbol{C}^2 \mid |y|<1, |yt|<1\}$$

を $\tilde{U}$ の座標近傍と考えることができる．$\tilde{U}$ は V_0 の $s \neq 0$ の部分と V_1 の $t \neq 0$ の部分を

$$y = xs, \qquad t = 1/s$$

によって貼り合わせたものである．これを象徴的に次の図であらわす．

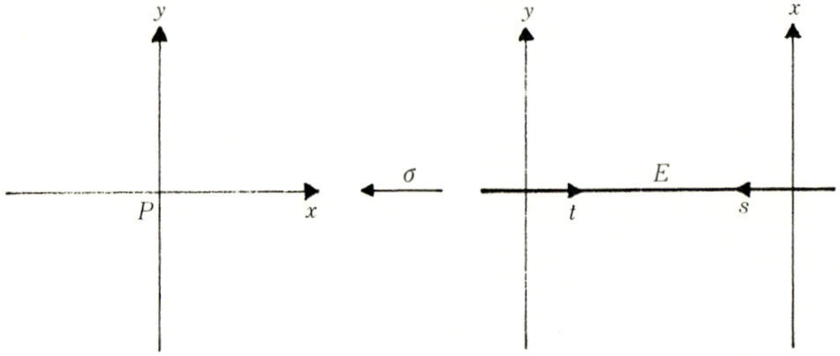

図 8

$E=\sigma^{-1}(P)$ とすれば，E は V_0 上 $x=0$，V_1 上 $y=0$ で定義される既約因子で，$E=\boldsymbol{P}^1$ である．E を $\tilde{U}$ の例外曲線(exceptional curve)と呼ぶ．σ によって $\tilde{U}-E$ と $U-P$ は双正則同値であるから，これによって $W-P$ と $\tilde{U}$ を貼り合わせて新しい2次元複素多様体 $\tilde{W}$ が得られる．これを W の P における blowing up と呼ぶ[1)]．

さて C を U 上の因子としてその局所方程式を $f(x, y)=0$ とする．f を原点 P のまわりで展開して

$$f(x, y) = \sum_{i,j\geq 0} a_{ij}x^i y^j$$

とする．(i, j) が $a_{ij} \neq 0$ なる添え字を動くとき $i+j$ のとる最小値 m を C (または f)の P における重複度(multiplicity)と呼ぶ．あるいは，P は C の m 重点(m-ple point)であるという．$m=0$ は P が C に含まれないことであり，$m=1$ は C が P において非特異であることと同値である．

次に $\tilde{U}$ 上の正則関数 $g=f\circ\sigma$ を考える．上に定めた座標系であらわすと

$$V_0 \text{上} \quad g(x, s) = \sum a_{ij}x^{i+j}s^j,$$

1)　または W の点 P を blow up するという．

$$V_1\text{上}\quad g(y,t)=\sum a_{ij}t^iy^{i+j}$$

である．したがって g は V_0 上では x^m で，V_1 上では y^m で割り切れる．すなわち $\mathrm{div}(g)\geqq mE$ である．V_0 上 $h_0=g/x^m$，V_1 上 $h_1=g/y^m$ とすれば共通部分で $h_0=t^mh_1$ が成り立つ．したがって $\{(V_i,h_i)\}_{i=1,2}$ は $\tilde{U}$ 上の因子を定義する．この因子を C の σ による固有変換(proper transform)と呼んで $\tilde{C}$ であらわす．一方 $\mathrm{div}(g)$ は C の σ による引き戻し σ^*C にほかならないが，これを C の全逆像(total transform)と呼ぶことにする．定義より

(6.39) $$\sigma^*C=\tilde{C}+mE$$

である．$\tilde{C}$ の定義方程式 h_0,h_1 を E に制限して考えれば

$$h_0=\sum_{i+j=m}a_{ij}s^j,\qquad h_1=\sum_{i+j=m}a_{ij}t^i$$

であるから $\tilde{C}$ は E 上次数 m の因子を定める．したがって $\tilde{C}$ は E と高々 m 個の点で交わり，σ は双正則写像

$$\tilde{C}-\tilde{C}\cap E\longrightarrow C-P$$

を定める．すなわち，P の外では C は変わらない．

blowing up によって C の特異点がどのように変化するかを調べるために簡単な例を考えることにする．

まず $m=2$ で $f(x,y)=xy$ を考える．このとき C は図8の左の図で x 軸と y 軸をあわせたものである．$\tilde{C}$ は右の図で x 軸と y 軸の和であるが，これらはもはや交わらない．したがって $\tilde{C}$ は非特異である．式で書けば

$$V_0\text{上}\quad g=x^2s,\qquad h_0=s,$$
$$V_1\text{上}\quad g=ty^2,\qquad h_1=t$$

である．

次に $f(x,y)=y^2-x^3$ を考える．この場合には

$$V_0\text{上}\quad g=x^2(s^2-x),\qquad h_0=s^2-x,$$
$$V_1\text{上}\quad g=y^2(1-yt^3),\qquad h_1=1-yt^3$$

である．$t=0$ は $h_1=0$ と両立しないから，$\tilde{C}$ は V_0 に含まれていて，h_0 の形から非特異である．$\tilde{C}\cap E$ は $s=0$ のみで交わり，そこで2重の接触をしている．この様子は図9によってあらわされる．

上に述べた2つの2重点は最も基本的な特異点であって，前者は通常2重点

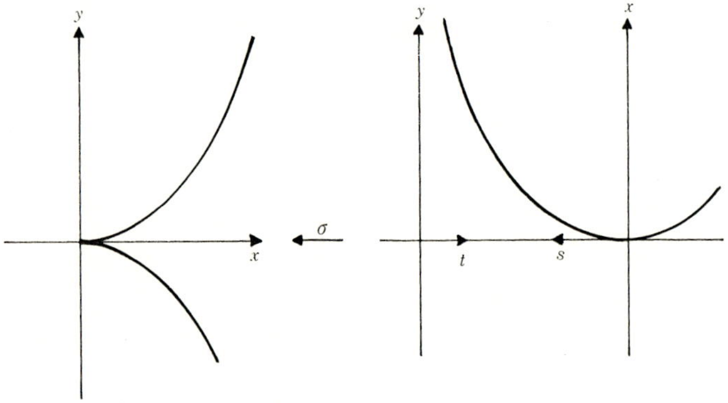

図 9

(ordinary double point)，後者は尖点(cusp)と呼ばれる．いずれの場合にも一度の blowing up で特異点を除くことができた．

一般の2重点では何度か blowing up を行なう必要があることを次に示そう．まず n を4以上の正整数として $f(x,y)=x^2-y^n$ を考える．原点 P を blow up すると

$$V_0 \text{上}\quad g=x^2(s^2-x^{n-2}),\qquad h_0=s^2-x^{n-2},$$
$$V_1 \text{上}\quad g=y^2(1-y^{n-2}t^n),\qquad h_1=1-y^{n-2}t^n$$

を得る．$\tilde{C}$ は V_0 に含まれ $s=x=0$ に2重点を持つ．したがって blowing up によって，1つの2重点から1つの2重点を得た訳である．しかし，最初の C の2重点は $x^2-y^n=0$ であったのに対して，$\tilde{C}$ の2重点は $x^2-y^{n-2}=0$ の形のものであって，特異点はより簡単なものに置き換えられている．この場合には2重点を繰り返し blow up して行けば特異点の還元が得られることは明らかであろう．

定理 6.11 の証明　(I)　C の特異点の中で最大の重複度を m とする．このとき適当な blowing up の列

$$W_l \longrightarrow W_{l-1} \longrightarrow \cdots \longrightarrow W_1 \longrightarrow W$$

を選び，C の固有変換を C_1，C_1 の固有変換を C_2，…，C_{l-1} の固有変換を C_l としたとき，C_l が重複度 m 以上の点を持たないようにできることを示せばよい．

C の m 重点 P を1つ選びその座標近傍 U と局所座標 (x,y) を上のように

とる．C の方程式を $f(x, y)=0$ とすれば f の原点における展開は位数 m の巾級数である．局所座標 (x, y) に1次変換を行なって f は y について正常であるとしておく．必要ならば U を十分小さい近傍で置き換えて Weierstrass の予備定理を適用すれば

(6.40) $$f = y^m + a_1(x)y^{m-1} + \cdots + a_m(x)$$

は Weierstrass 多項式であると仮定することができる．さらに

$$\check{y} = y + \frac{a_1(x)}{m}$$

とおいて $(x, \check{y})$ を新しい座標系にとれば

$$f = \check{y}^m + A_2(x)\check{y}^{m-2} + \cdots + A_m(x)$$

となって $\check{y}^{m-1}$ の項を消すことができる．簡単のために y は最初からこのように選ばれているとする．すなわち(6.40)で $a_1(x)$ は恒等的に0であるとする[1)].

$f(x, y)=0$ は原点で重複度 m を持つから，(6.40)の係数 $a_j(x)$ $(j=2, 3, \cdots, m)$ は $x=0$ で少くとも j 位の零点を持つことに注目しておく．言い換えれば

$$a_j(x) = x^j b_j(x) \qquad (j=2, 3, \cdots, n)$$

なる正則関数 b_j が存在する．

さて点 P を中心とする blowing up $\sigma: \tilde{W} \to W$ を行なって，C の固有変換を $\tilde{C}$ とする．前と同じ記号と座標系を用いれば

$$h_0(x, s) = s^m + b_2(x)s^{m-2} + \cdots + b_m(x),$$
$$h_1(y, t) = 1 + b_2(yt)t^2 + \cdots + b_m(yt)t^m$$

で，$\tilde{C}$ は V_i 上 $h_i=0$ $(i=0, 1)$ で定義される．ここで $t=0$ と $h_1=0$ は両立しないから $\tilde{C}$ は V_0 に含まれる．したがって，以後 h_0 にのみ注目すればよい．

(II) まず方程式 h_0 の形から $\tilde{C}$ が重複度 $m+1$ 以上の特異点を持たないことは明らかであろう．そこで $\tilde{C}$ が重複度 m の特異点を $\sigma^{-1}(P)$ 上に持つと仮定して，その1つを $\tilde{P}$ とする(これを P の上にある m 重点と呼ぶ)．点 $\tilde{P}$ の座標を $(x, s)=(0, \beta)$ とすると

(6.41) $$h_0(x, s) = (s-\beta)^m + c_1(x)(s-\beta)^{m-1} + \cdots + c_m(x)$$

で，各 $c_j(x)$ は $x=0$ で少くとも j 位の零点を持たなければならない．(6.41)

---

1) いわゆる標数 p の代数幾何ではこのような変換が許されない．このことが特異点の還元を難しくしている．

の右辺を s について展開すれば

$$h_0(x, s) = s^m+\{-m\beta+c_1(x)\}s^{m-1}+\cdots$$

である．s^{m-1} の係数は 0 となるようにとってあるから $-m\beta+c_1(x)=0$ である．さらに $x=0$ とすれば $\beta=0$ を得る．

以上によって，$\tilde{C}$ がもし $\sigma^{-1}(P)$ 上に m 重点 $\tilde{P}$ を持てば $\tilde{P}$ は点 $(x, s)=(0, 0)$ でなければならないことが証明された．これが起こるのは各 $b_j(x)$ の $x=0$ での零点の位数 $\mathrm{ord}\, b_j$ が j 以上のとき，すなわち

$$\mathrm{ord}\, a_j \geqq 2j, \qquad j = 2, 3, \cdots, m$$

が成り立つときである．そうでないときには $\tilde{C}$ は P の上には m 重点を持たない．

(III) $\tilde{C}$ が m 重点を持つ場合を扱うために1つ定義を行なう．方程式

$$f(x, y) = y^m+a_2(x)y^{m-2}+\cdots+a_m(x) = 0$$

に対して

$$\delta(f) = \min_j\left(\frac{\mathrm{ord}\, a_j}{j}\right)$$

とする．$f=0$ が原点で m 重点を持つことは $\delta(f)\geqq 1$ が成り立つことと同値である．上の方程式は blowing up によって

$$h(x, s) = s^m+b_2(x)s^{m-2}+\cdots+b_m(x),$$
$$b_j(x) = x^{-j}a_j(x) \qquad (j=2, 3, \cdots, m)$$

に変換される．したがって

$$\delta(h) = \delta(f)-1$$

である．これが，$h=0$ の m 重点は $f=0$ の m 重点よりも簡単であることをあらわす指標である．

(IV) 以上をまとめて定理の証明を完成する．最初に C の m 重点 P をとって，P を中心とする blowing up を $\sigma_1: W_1\to W$ とする．C の固有変換を C_1 とすれば(II)によって C_1 は $\sigma_1{}^{-1}(P)$ 上に高々1つの m 重点を持つ．もしこのような m 重点があればそれを P_1 として，$\sigma_2: W_2\to W_1$ を P_1 を中心とする blowing up とする．C_1 の固有変換 C_2 は $\sigma_2{}^{-1}(P_1)$ 上に高々1つの m 重点を持つから，もしあればその点を blow up する．これを繰り返せば(III)によって有限回の後に P の上にある m 重点は存在しなくなる．実際 δ を $\delta(f)$ の整数

部分 $[\delta(f)]$ とすれば，P の上には P を含めて数えればちょうど δ 個の m 重点 $P, P_1, \cdots, P_{\delta-1}$ があって，δ 回の blowing up の後 C_δ 上には P の上にある m 重点は存在しない．

以上の操作を C のすべての m 重点に対して行なえば，有限回の blowing up で C の m 重点が除去できる．（証明終り）

次に特異点の還元の一意性を証明する．

定理 6.12 C を2次元複素多様体 W のコンパクトな既約因子，$f: X \to C$, $g: Y \to C$ を2つの C の特異点の還元とする．このとき双正則写像

$$\varphi: Y \longrightarrow X$$

で $g = f \circ \varphi$ なるものが存在する．——

この定理を証明するためには $f: X \to C$ が定理6.11の証明で構成した特異点の還元の場合に証明すれば十分である．定理の証明のために次の定理6.13を用いるが，これはそれ自身でも重要な定理である．

定理 6.13 Y は Riemann 面，W は2次元複素多様体，$g: Y \to W$ は正則写像で $g(Y)$ は1点でないとする．$\sigma: \tilde{W} \to W$ を，W の点 P を中心とする blowing up とすると，正則写像 $h: Y \to \tilde{W}$ で $g = \sigma \circ h$ をみたすものが唯1つ存在する：

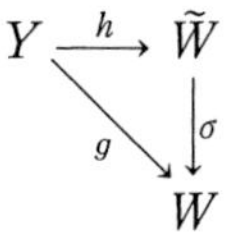

証明 $g(Y)$ が P を含まない場合には明らかであるから $g(Y)$ は P を含むと仮定する．$g^{-1}(P) = \{Q_\lambda\}_{\lambda \in \Lambda}$ とすれば Q_λ は孤立している（定理1.8）から，Y を Q_λ の十分小さい近傍で置き換えることによって，$g^{-1}(P)$ が1点 Q から成る場合に証明すれば十分である．

W における P の座標近傍 U と P を中心とする局所座標 (x, y) をとる．Y における Q の座標近傍 Δ をとって，Q を中心とする局所座標を u とする．写像 g を Δ 上

$$g: u \longrightarrow (x, y) = (\varphi(u), \psi(u)) \in U$$

とする．ここで φ, ψ は u の正則関数で $\varphi(0) = \psi(0) = 0$ である．

求める正則写像 $h: Y\to\tilde{W}$ が存在したと仮定してその性質を調べる．前と同じ座標系を用いることにして，まず $h(Q)\in V_0$ の場合を考える．この場合 Q の近傍で

$$h: u \longrightarrow (x, s) = (\varphi(u), s(u)) \in V_0 \tag{6.42}$$

と表わされて，$g=\sigma\circ h$ は

$$\psi(u) = \varphi(u)s(u)$$

と同値である．したがって $h(Q)\in V_0$ なる h が存在するためには $\psi(u)/\varphi(u)$ が $u=0$ の近傍で正則でなければならない．逆に $\psi(u)/\varphi(u)$ が $u=0$ の近傍で正則ならば，$s(u)=\psi(u)/\varphi(u)$ とおけば(6.42)によって h が定義される．$h(Q)\in V_1$ の場合にも，φ と ψ の役割が入れかわるだけで同様である．

結局，$\varphi(u), \psi(u)$ の $u=0$ における零点の位数をそれぞれ α, β とすれば，$\alpha\leqq\beta$ のときは

$$h: u \longrightarrow (x, s) = (\varphi(u), \psi(u)/\varphi(u)) \in V_0,$$

また $\alpha\geqq\beta$ のときは

$$h: u \longrightarrow (y, t) = (\psi(u), \varphi(u)/\psi(u)) \in V_1$$

と定めればよいことがわかる．h の一意性は上の作り方から明らかであろう．(定理 6.13 の証明終り)

次に定理 6.13 を用いて特異点の還元の一意性を証明する．定理 6.11 の証明によって blowing up の列

$$W_N \longrightarrow W_{N-1} \longrightarrow \cdots \longrightarrow W_1 \longrightarrow W_0 = W$$

で，各 j に対して既約因子 $C_j\subset W_j$ が存在して，C_{j+1} は C_j の固有変換 ($j=0, 1, \cdots, N-1$)，$C_0=C, C_N=X$ である．写像 $g: Y\to W$ に定理 6.13 を適用すると $g_1: Y\to W_1$ を得る．作り方から $g_1(Y)\subset C_1$ である．次に g_1 に定理を適用して $g_2: Y\to W_2$ を構成することができる．これを繰り返せば最後に正則写像 $\varphi=g_N: Y\to W_N$ を得る．$\varphi(Y)=X$ で，有限個の点を除けば φ は Y から X への双正則写像である．したがって命題 6.7 の系によって φ は Y から X への双正則写像である．(定理 6.12 の証明終り)

§6.9　代数関数体

X をコンパクト Riemann 面として，$\mathfrak{M}(X)$ で X 上の有理型関数全体のな

す体を表わす．定理6.2によって，X 上には定数でない有理型関数が存在するから $\mathfrak{M}(X) \neq \boldsymbol{C}$ である．したがって定理3.5，3.6によって $\mathfrak{M}(X)$ は $\boldsymbol{C}$ 上超越次数1の有限生成拡大体である．このような体を $\boldsymbol{C}$ 上の1変数代数関数体(algebraic function field of one variable)と呼ぶ[1]．

定理6.14 コンパクト Riemann 面 X の有理型関数体 $\mathfrak{M}(X)$ は $\boldsymbol{C}$ 上の1変数代数関数体である．——

この節では逆に1変数代数関数体によってコンパクト Riemann 面が定まることについて述べる．

最初の準備として2つのコンパクト Riemann 面 X, Y とその間の正則写像 $f: X \to Y$ を考える．f は定数写像でないとして，Y 上の有理型関数 $\psi = \psi(w)$ に対して X 上の有理型関数

$$z \longrightarrow \varphi(z) = \psi(f(z))$$

を対応させる写像を考える．これは体の準同型

$$f^*: \mathfrak{M}(Y) \longrightarrow \mathfrak{M}(X)$$

を定義する．f^* は $\boldsymbol{C}$ 上の準同型である[2]．

定理6.15 $f: X \to Y$ を次数 m の被覆 Riemann 面とする．準同型 f^* によって $\mathfrak{M}(Y)$ を $\mathfrak{M}(X)$ の部分体と同一視すれば拡大次数 $[\mathfrak{M}(X):\mathfrak{M}(Y)]$ は m に等しい．

証明 まず $[\mathfrak{M}(X):\mathfrak{M}(Y)] \leqq m$ を証明する．$\mathfrak{M}(X)$ は $\mathfrak{M}(Y)$ の有限次代数拡大で，これらの体の標数は0であるから，原始元の存在定理によって

$$\mathfrak{M}(X) = \mathfrak{M}(Y)(\varphi), \qquad \varphi \in \mathfrak{M}(X)$$

なる φ が存在する．

$B \subset Y$ を f の分岐点の集合とする．したがって

$$X - f^{-1}(B) \longrightarrow Y - B$$

は m 重の位相的な被覆である(命題6.6)．特に $Q \in Y - B$ に対して $f^{-1}(Q)$ は m 個の点から成る．これらを $P_1, P_2, \cdots, P_m$ とする．$Q \in Y - B$ に対して

$$A_1(Q) = \varphi(P_1) + \cdots + \varphi(P_m)$$

によって関数 A_1 を定義する．A_1 は $Y - B$ 上の有理型関数である．実際，f

1) 超越次数 n の有限生成拡大体を n 変数代数関数体と呼ぶ．
2) すなわち f^* は $\boldsymbol{C}$ の元を動かさない．

は P_λ の近傍 U_λ から Q の近傍 W への双正則写像 $U_\lambda \to W$ を惹き起こすから，その逆写像を $g_\lambda: W \to U_\lambda$ とすれば

$$A_1 = \varphi \circ g_1 + \cdots + \varphi \circ g_m$$

である．

同様に $k=2, 3, \cdots, m$ に対して $A_k(Q)$ を $\varphi(P_1), \cdots, \varphi(P_m)$ の k 次基本対称式とすれば A_k は $Y-B$ 上の有理型関数で，$P \in X - f^{-1}(B)$ では

$$\varphi(P)^m - A_1(f(P))\varphi(P)^{m-1} + \cdots + (-1)^m A_m(f(P)) = 0$$

が成り立つ．

この関係式を X 全体に拡張するために A_k を Y 上の有理型関数に拡張する．そのために $Q \in B$ として

$$f^{-1}(Q) = \{P_1, P_2, \cdots, P_t\} \qquad (t < m)$$

とする．各 P_λ の近傍 U_λ を選んで φ は U_λ 上正則であるかあるいは P_λ 以外には極を持たないとしてよい．Q の十分小さい座標近傍を W として，局所座標を w，$w(Q)=0$ とする．f によって w を U_λ 上の関数と考えることにする．w は P_λ で零点を持つから十分大きな整数 N をとれば $w^N\varphi$ は U_λ 上正則である．$Q' \in W$ をとって $f^{-1}(Q') = \{P'_1, P'_2, \cdots, P'_m\}$ とすれば $w(Q')^{kN}A_k(Q')$ は

$$w(f(P'_\lambda))^N \varphi(P'_\lambda), \qquad \lambda = 1, 2, \cdots, m$$

の k 次基本対称式である．したがって $w^{kN}A_k$ は $W-Q$ 上の正則関数である．しかも Q' が Q に近づくとき $w(f(P'_\lambda))^N\varphi(P'_\lambda)$ の値は $w(P_\mu)^N\varphi(P_\mu)$, $\mu=1, 2, \cdots, t$ のどれかに近づく[1)]．したがって $w^N A_k$ は $W-Q$ で有界である．ゆえに Riemann の拡張定理(定理 1.14)によって $w^N A_k$ は W 上の正則関数に拡張される．したがって A_k は W 上の有理型関数に拡張される．

拡張された Y 上の有理型関数を同じ A_k であらわせば

$$\varphi^m - A_1\varphi^{m-1} + \cdots + (-1)^m A_m = 0$$

であるから $[\mathfrak{M}(X) : \mathfrak{M}(Y)] \leqq m$ である．

逆の不等式を証明するために命題を1つ証明する．

命題 6.13　$P_1, P_2, \cdots, P_s$ を X 上の相異なる点とする．このとき X 上の有

1)　これは X がコンパクトであることからしたがう．たとえば命題 6.6 の証明参照．

理型関数 φ で，各 P_λ の近傍で正則で $\varphi(P_\lambda)$ $(\lambda=1,2,\cdots,s)$ の値がすべて相異なるものが存在する．

証明[1] X の種数を g として，$\deg D>2g-2+s$ をみたす正因子をとる．さらに $P_1,P_2,\cdots,P_s$ は D の台に含まれないとする．§6.2 の(6.8)と同様に次の完全列

$$0\longrightarrow \mathcal{O}\Big(D-\sum_{i=1}^{s}P_i\Big)\longrightarrow \mathcal{O}(D)\longrightarrow \sum_{i=1}^{s}\boldsymbol{C}_{P_i}\longrightarrow 0$$

を得る．定理 6.7(i)によって

$$H^0(X,\mathcal{O}(D))\longrightarrow \sum_{i=1}^{s}\boldsymbol{C}_{P_i}$$

は全射である．この写像は，高々 D に極を持つ有理型関数 φ に対して P_i における値の組 $(\varphi(P_i))_{i=1,2,\cdots,s}$ を対応させる写像である．したがって φ を適当に選べばすべての $\varphi(P_i)$ が相異なるようにできる．（命題 6.13 の証明終り）

さて定理 6.15 の証明に戻って $[\mathfrak{M}(X):\mathfrak{M}(Y)]<m$ と仮定して矛盾を導く．

Y の点 Q を分岐点の集合 B の外に選び $f^{-1}(Q)=\{P_1,P_2,\cdots,P_m\}$ とする．命題 6.13 によって X 上の有理型関数 φ で $\varphi(P_\lambda)$ がすべて相異なるものが存在する．φ が体 $\mathfrak{M}(Y)$ 上みたす既約方程式を

$$\varphi^n+A_1\varphi^{n-1}+\cdots+A_n=0,\qquad A_i\in\mathfrak{M}(Y)$$

とすれば上の仮定によって $n<m$ である．

Q が $A_1,A_2,\cdots,A_n$ の極でなければ

$$\varphi(P_\lambda)^n+A_1(Q)\varphi(P_\lambda)^{n-1}+\cdots+A_n(Q)=0$$

が成り立つから $\varphi(P_\lambda)$ は高々 n 個の相異なる値しかとることができない．これは φ の選び方に反する．

次に Q が $A_1,A_2,\cdots,A_m$ のいずれかの極であるとする．その極の位数の最大値を k とする．Q を中心とする局所座標を w として $B_i=w^kA_i$ とおけば B_i は Q の近傍 W で正則である．そして $f^{-1}(W)$ で

$$w^k\varphi^n+B_1\varphi^{n-1}+\cdots+B_n=0$$

が成り立つ．特に

$$B_1(Q)\varphi(P_\lambda)^{n-1}+\cdots+B_n(Q)=0$$

1) これは本質的には定理 6.2 に含まれる結果である．

である．ここで $B_1(Q), \cdots, B_n(Q)$ のうち少くとも1つは0でないから上の方程式をみたす $\varphi(P_\lambda)$ の値は高々 $n-1$ 個しかない．これは φ の選び方に矛盾する．(証明終り)

特に $m=1$ の場合に，命題6.7の系と合わせて次の定理が得られる．

定理 6.16　コンパクト Riemann 面 X, Y の間の正則写像 $f: X \to Y$ が双正則であるためには $f^*: \mathfrak{M}(Y) \to \mathfrak{M}(X)$ が同型であることが必要かつ十分である．——

この節の目標は次の定理に述べる3つの性質を証明することである．

定理 6.17　(i)　$\mathfrak{M}$ を $\boldsymbol{C}$ 上の1変数代数関数体とするとコンパクト Riemann 面 X で $\mathfrak{M}(X)$ が $\boldsymbol{C}$ 上 $\mathfrak{M}$ と同型であるものが存在する．

(ii)　コンパクト Riemann 面 X はその関数体 $\mathfrak{M}(X)$ によって定まる．すなわち，X, Y が2つのコンパクト Riemann 面で $\mathfrak{M}(X)$ と $\mathfrak{M}(Y)$ が体として $\boldsymbol{C}$ 上同型ならば X と Y は双正則同値である．

(iii)　X, Y が2つのコンパクト Riemann 面で，$\alpha: \mathfrak{M}(Y) \to \mathfrak{M}(X)$ が $\boldsymbol{C}$ 上の準同型ならば，X から Y の上への正則写像 $f: X \to Y$ で $\alpha = f^*$ なるものが唯1つ存在する．

証明　(i)　$\mathfrak{M}$ を $\boldsymbol{C}$ 上の1変数代数関数体として，$s \in \mathfrak{M}$ を $\boldsymbol{C}$ に属さない元とする．$\mathfrak{M}$ は有理関数体 $\boldsymbol{C}(s)$ の有限次代数拡大で，したがって原始元の存在定理によって，$\mathfrak{M} = \boldsymbol{C}(s, t)$ となる元 $t \in \mathfrak{M}$ が存在する．t が $\boldsymbol{C}(s)$ 上みたす既約方程式を

(6.43)　$$t^n + A_1(s)t^{n-1} + \cdots + A_n(s) = 0$$

とする．ここで $A_i(s)$ $(i=1, 2, \cdots, n)$ は s の有理式である．$A_1(s), \cdots, A_m(s)$ の分母の最小公倍元を $B_0(s)$ として $B_i(s) = B_0(s)A_i(s)$ とおくと

(6.44)　$$B_0(s)t^n + B_1(s)t^{n-1} + \cdots + B_n(s) = 0$$

が成り立つ．ここで $B_0(s), \cdots, B_n(s)$ は s の多項式で共通の因子を含まない．この事実と(6.43)が既約であることから(6.44)の左辺は2つの独立変数 s, t の多項式として既約であることがわかる．これを s, t について展開して

$$\sum_{i,j} a_{ij} s^i t^j = 0, \qquad a_{ij} \in \boldsymbol{C}$$

と書いてその次数を m とする．これに対応して $\boldsymbol{P}^2$ の m 次曲線 C を

$$\sum_{i+j\leqq m} a_{ij}x^iy^jz^{m-i-j}=0$$

によって定義する．(x, y, z) は $\boldsymbol{P}^2$ の同次座標である．C の特異点の還元を $f: X\to C$ とする．C は既約であるから X は連結であることに注意する．

次に X の関数体 $\mathfrak{M}(X)$ が $\boldsymbol{C}(s, t)$ に同型であることを示す．そのために $\boldsymbol{P}^2$ 上の有理型関数 $u=x/z$, $v=y/z$ を考えて，それらを f と合成して得られる X 上の有理型関数を同じ u, v であらわす．s, t にそれぞれ u, v を対応させて

$$\boldsymbol{C}(s, t)\cong \boldsymbol{C}(u, v)\subset\mathfrak{M}(X)$$

である．一方，u の定める正則写像を $g: X\to\boldsymbol{P}^1$ とすれば $\deg g=n$ である．

［証明］ X の点 P で，$f(P)$ が C の特異点であるか，あるいは $z=0$ であるものの全体を T とし，$S=g(T)$ とする．T, S は有限集合である．$Q\in\boldsymbol{P}^1$ を S の外にとって同次座標を $(x, z)=(\alpha, \gamma)$ とすれば，$g^{-1}(Q)$ の点は

$$\sum a_{ij}\alpha^iy^j\gamma^{m-i-j}=0$$

の根と1対1に対応する．$\gamma\neq 0$ と仮定すれば，これは

$$B_0\left(\frac{\alpha}{\gamma}\right)y^n+B_1\left(\frac{\alpha}{\gamma}\right)y^{n-1}+\cdots+B_n\left(\frac{\alpha}{\gamma}\right)=0 \tag{6.45}$$

と同値である．さらに有限個の Q を除外すれば $B_0\left(\frac{\alpha}{\gamma}\right)\neq 0$ で(6.45)は重根を持たない[1)]．したがって有限個の Q を除けば $g^{-1}(Q)$ はちょうど n 個の点から成る．

$\deg g=n$ より $[\mathfrak{M}(X):\boldsymbol{C}(u)]=n$ である(定理6.15)．したがって，$\mathfrak{M}(X)=\boldsymbol{C}(u, v)$ である．((i)の証明終り)

(ii) X の関数体 $\mathfrak{M}(X)$ を上と同様に $\mathfrak{M}(X)=\boldsymbol{C}(s, t)$ とあらわし，s, t の間に成り立つ既約関係式を $\sum a_{ij}s^it^j=0$, $a_{ij}\in\boldsymbol{C}$ とする．この方程式の定める既約な平面曲線を C とする．このとき，$h: Z\to C$ を C の特異点の還元として，X は Z に双正則同値であることを証明する．これから(ii)の主張がしたがうことは明らかであろう．

X から $\boldsymbol{P}^2$ への写像

$$\Phi_0: P\longrightarrow (x, y, z)=(s(P), t(P), 1)$$

を考える．s, t は X 上の有理型関数であるから，極のところではこの写像は

1) (6.43)は既約だからである．

意味を持たない．Φ_0 を X 全体まで拡張するために，X 上の直線バンドル L をとって

$$s = \varphi_0/\varphi_2, \qquad t = \varphi_1/\varphi_2, \qquad \varphi_\lambda \in H^0(S, \mathcal{O}(L))$$

とあらわす(命題 3.4)．このとき，$\varphi_0, \varphi_1, \varphi_2$ は共通の零点を持たないように L を選ぶことができる(命題 6.3 参照)．したがって

$$\Phi : P \longrightarrow (\varphi_0(P), \varphi_1(P), \varphi_2(P)) \in \boldsymbol{P}^2$$

は X から $\boldsymbol{P}^2$ への正則写像で Φ_0 の拡張になっている．しかも Φ_0 の作り方から $\Phi(X) \subset C$ である．

一方，前節に述べたように Z は $\boldsymbol{P}^2$ に有限回の blowing up を適用して得られる．その blowing up の列を

$$W_N \longrightarrow W_{N-1} \longrightarrow \cdots \longrightarrow W_1 \longrightarrow \boldsymbol{P}^2,$$

これらの合成写像を $\pi : W_N \to \boldsymbol{P}^2$ とする．このとき定理 6.13 によって正則写像 $\Psi : X \to W_N$ で $\Phi = \pi \circ \Psi$ なるものが存在する．Ψ は X から Z への正則写像と考えることができて，定数写像ではないから $\Psi(X) = Z$ である．$\boldsymbol{P}^2$ の同次座標を (x, y, z) とすれば，作り方から

$$s = \Phi^*(x/z), \qquad t = \Phi^*(y/z)$$

である．したがって Ψ^* は $\mathfrak{M}(Z)$ から $\mathfrak{M}(X)$ への全射である．ゆえに定理 6.16 によって Ψ は X から Z の上への双正則写像であることが証明された．

(iii)　$\mathfrak{M}(Y) = \boldsymbol{C}(u, v)$ として，Y は $\boldsymbol{P}^2$ の既約曲線 D から特異点の還元によって得られるとしてよい．準同型 $\alpha : \mathfrak{M}(Y) \to \mathfrak{M}(X)$ を用いて $u' = \alpha(u)$, $v' = \alpha(v)$ とする．このとき，上と同様にして

$$P \longrightarrow (u'(P), v'(P), 1)$$

は X から $\boldsymbol{P}^2$ への正則写像 Φ に拡張されて，$\Phi(X) \subset D$ をみたす．再び定理 6.13 によって Φ から $f : X \to Y$ を得る．作り方から $f^*u = u'$, $f^*v = v'$ であるから f^* は α に一致する．(証明終り)

§6.10　種数公式

前節で述べたように既約な平面曲線 C から特異点の還元によってすべてのコンパクト Riemann 面 X が得られる．この節ではこのようにして得られた X の種数を計算する方法を述べる．これは adjunction 公式または種数公式

(genus formula)と呼ばれる．

定理を述べるための準備として複素多様体 M の標準バンドルを定義する．M を n 次元複素多様体，$\{U_i\}$ を座標近傍による M の開被覆，$(z_i^1, z_i^2, \cdots, z_i^n)$ を U_i 上の局所座標とする．このとき Jacobi 行列式

$$J_{ij} = \det \frac{\partial(z_i^1, \cdots, z_i^n)}{\partial(z_j^1, \cdots, z_j^n)}$$

は $U_i \cap U_j$ 上 0 にならない正則関数である．積の行列式の計算によって

$$J_{ik}(z) = J_{ij}(z) J_{jk}(z), \qquad z \in U_i \cap U_j \cap U_k$$

が成り立つ．したがって $\{J_{ij}\}$ は M 上の直線バンドルを定める変換関数系である．$\varkappa_{ij} = 1/J_{ij}$ として $\{\varkappa_{ij}\}$ の定義する直線バンドルを M の標準バンドル (canonical bundle)と呼んで，通常 K または K_M で表わす．M の別の局所座標系を用いて定義した変換関数系は上に定義したものと §3.3 の意味で同値になるから，標準バンドルは座標系のとり方によらず定まる．

M が n 次元ならば標準バンドルは M 上の正則 n 次形式と密接な関係にある．それを見るために変換公式

$$dz_i^1 \wedge \cdots \wedge dz_i^n = J_{ij}(z) \, dz_j^1 \wedge \cdots \wedge dz_j^n, \qquad z \in U_i \cap U_j$$

が成り立つことに注意する．これより各 U_i 上の正則 n 次形式

$$\psi_i(z) \, dz_i^1 \wedge \cdots \wedge dz_i^n$$

が M 上の正則 n 次形式として貼り合わせられるための必要十分条件は

$$\psi_i(z) = \varkappa_{ij}(z) \psi_j(z), \qquad z \in U_i \cap U_j$$

が成り立つことである．これは $\{\psi_i\}$ が K の M 上の正則切断であることにほかならない．以上によって同型

$$H^0(M, \mathcal{O}(K)) \cong H^0(M, \Omega^n)$$

が得られるが，容易にわかるようにこれは層の同型

$$\mathcal{O}(K) \cong \Omega^n$$

から惹き起こされたものである[1)]．

定理 6.18 W を 2 次元複素多様体，C を W の 1 次元部分多様体とする．K_W を W の標準バンドル，$[C]$ を因子 C の定める W 上の直線バンドルとす

---

1) M を開集合 U に置き換えれば上の同型は制限写像と可換だから，層の間の同型を定める．

る．このとき C の標準バンドル K_C は次の式で与えられる：

$$K_C = (K_W+[C])|_C.$$

証明　W の局所座標系を以下のように選ぶ．C の点 P に対しては P の近傍 U と局所座標 (z, w) を

$$C\cap U = \{(z, w)\in U \mid w=0\}$$

となるようにとる．また C の外の点 P に対しては P の近傍 U を C と交わらないようにとって座標近傍とする．このようにして得られる W の開被覆を $\{U_i\}$，各 U_i 上の局所座標を (z_i, w_i) と書くことにする．このとき C の局所方程式 φ_i は

$$\varphi_i = \begin{cases} w_i, & U_i\cap C \neq \phi \text{ のとき} \\ 1, & U_i\cap C = \phi \text{ のとき} \end{cases}$$

で与えられる．$g_{ij}=\varphi_i/\varphi_j$ は $U_i\cap U_j$ 上 0 にならない正則関数で，$[C]$ は $\{g_{ij}\}$ によって定義される．

一方，W の標準バンドルは変換関数 $\varkappa_{ij}=\det\dfrac{\partial(z_j, w_j)}{\partial(z_i, w_i)}$ によって定義される．$C\cap U_i\cap U_j\neq\phi$ のとき $U_i\cap U_j$ で $w_i=g_{ij}w_j$ であるから

$$1 = g_{ij}\frac{\partial w_j}{\partial w_i}+\frac{\partial g_{ij}}{\partial w_i}w_j,$$

$$0 = g_{ij}\frac{\partial w_j}{\partial z_i}+\frac{\partial g_{ij}}{\partial z_i}w_j$$

が成り立つ．C 上では $w_j=0$ であるから

$$\frac{\partial w_j}{\partial w_i} = g_{ij}{}^{-1}, \qquad \frac{\partial w_j}{\partial z_i} = 0.$$

したがって $C\cap U_i\cap U_j$ で

$$(6.46) \qquad \varkappa_{ij} = \det\begin{bmatrix} \dfrac{\partial z_j}{\partial z_i} & \dfrac{\partial z_j}{\partial w_i} \\ 0 & g_{ij}{}^{-1} \end{bmatrix} = \frac{\partial z_j}{\partial z_i}g_{ij}{}^{-1}$$

である．$U_i\cap C$ では z_i を C 上の局所座標として選ぶことができるから変換関数系 $\{\partial z_j/\partial z_i\}$ は K_C を定義する．したがって(6.46)は

$$K_W|_C = K_C-[C]$$

をあらわしている．(証明終り)

たとえば定理 6.18 を用いて非特異な平面曲線の種数を計算するためにはま

ず $\boldsymbol{P}^2$ の標準バンドルを知らなければならない．一般に n 次元複素多様体 M の標準バンドルを求めるには0でない有理型 n 次形式を1つ書けばよい．すなわち

$$\Psi_i = \phi_i dz_i{}^1 \wedge \cdots \wedge dz_i{}^n$$

で，ϕ_i は座標近傍 U_i 上の有理型関数，$U_i \cap U_j$ 上 $\Psi_i = \Psi_j$ ならば $\phi = \{\phi_i\}$ は標準バンドル K の有理型切断を定める．したがって $K = [\operatorname{div}(\phi)]$ である[1)]．

定理 6.19 $\boldsymbol{P}^2$ 内の直線を H とすると $\boldsymbol{P}^2$ の標準バンドルは $[-3H]$ である．

証明 $\boldsymbol{P}^2$ の同次座標を $(\zeta_0, \zeta_1, \zeta_2)$ として $x_1 = \zeta_1/\zeta_0$, $x_2 = \zeta_2/\zeta_0$ とする．$V_i = \{\zeta \in \boldsymbol{P}^2 \mid \zeta_i \neq 0\}$, $i = 0, 1, 2$ とすれば (x_1, x_2) は V_0 上の局所座標である．したがって $\phi = dx_1 \wedge dx_2$ は V_0 上の正則2次形式を与える．ϕ を V_1 上まで拡張するために $y_0 = \zeta_0/\zeta_1$, $y_2 = \zeta_2/\zeta_1$ とすると

$$x_1 = 1/y_0, \qquad x_2 = y_2/y_0$$

である．したがって

$$dx_1 = -\frac{dy_0}{y_0{}^2}, \qquad dx_2 = \frac{y_0 dy_2 - y_2 dy_0}{y_0{}^2}$$

である．これより

$$dx_1 \wedge dx_2 = -\frac{dy_0 \wedge dy_2}{y_0{}^3}$$

が得られる．同様に $z_0 = \zeta_0/\zeta_2$, $z_1 = \zeta_1/\zeta_2$ とすれば

$$dx_1 \wedge dx_2 = -\frac{dz_0 \wedge dz_1}{z_0{}^3}$$

である．このようにして ϕ は $\boldsymbol{P}^2$ 上の有理型2次形式に拡張される．$\zeta_0 = 0$ で定義される直線を H とすれば，$\operatorname{div}(\phi) = -3H$ である[2)]．（証明終り）

定理 6.20 C を $\boldsymbol{P}^2$ 内の n 次非特異曲線とするとその種数 g は

$$g = \frac{1}{2}(n-1)(n-2)$$

である．

証明 H を $\boldsymbol{P}^2$ 内の直線，H_C を H の C への制限とする．

---

1) K は必ずしも0でない有理型切断を持つとは限らない．M が射影的代数多様体ならばよい．

2) 一般に $\boldsymbol{P}^n$ の超平面を H とすれば標準バンドルは $[-(n+1)H]$ である．

$$K_{\boldsymbol{P}^2} = [-3H], \qquad [C] = [nH]$$

であるから $K_C=[(n-3)H_C]$ である．補題 6.17 によって $\deg H_C=n$ であるから種数 g は $2g-2=n(n-3)$ より求まる．（証明終り）

特別の場合として，$n=1,2$ のとき C は有理曲線，$n=3$ のとき C は楕円曲線である．$n=4$ のとき C は種数 3 のコンパクト Riemann 面で，H_C が C の標準バンドルである．命題 4.5 で述べたように $\boldsymbol{P}^2$ の同次座標 $(\zeta_0, \zeta_1, \zeta_2)$ の各 ζ_j は $H^0(\boldsymbol{P}^2, \mathcal{O}([H]))$ の元 ψ_j に対応する．ψ_j の C への制限を φ_j とすると，φ_j は $[H_C]$ の切断で C の標準写像は

$$P \longrightarrow (\varphi_0(P), \varphi_1(P), \varphi_2(P)) \in \boldsymbol{P}^2$$

で与えられる．これは自然な埋め込み $C\to\boldsymbol{P}^2$ にほかならない．特に C は超楕円的ではない．

C が特異点を持つ場合にもその非特異モデル X の種数を計算することが重要である．

定理 6.21　C を 2 次元複素多様体 W のコンパクトな既約因子として，$f: X\to W$ を C の特異点の還元とする．このとき X の標準バンドル K_X は

$$K_X = f^*(K_W+[C])-[\mathfrak{c}]$$

で与えられる．ここで $\mathfrak{c}$ は C の特異点によって定まる X 上の正因子である．

証明　定理 6.11 によって次の blowing up の列

$$\begin{array}{ccccccccc} W_N & \longrightarrow & W_{N-1} & \longrightarrow & \cdots & \longrightarrow & W_1 & \longrightarrow & W_0 = W \\ \cup & & \cup & & & & \cup & & \cup \\ X = C_N & \longrightarrow & C_{N-1} & \longrightarrow & \cdots & \longrightarrow & C_1 & \longrightarrow & C_0 = C \end{array}$$

が存在する．ここで $\sigma_j: W_j\to W_{j-1}$ は C_{j-1} のある特異点 P_{j-1} を中心とする blowing up，C_j は C_{j-1} の固有変換である．E_j で W_j 内の例外曲線 $\sigma_j^{-1}(P_{j-1})$ をあらわすことにする．

W_N の標準バンドルを K_N と書くことにすれば，定理 6.18 によって

$$K_X = (K_N+[C_N])|_X$$

である．P_{j-1} における C_{j-1} の重複度を m_j とすれば

$$C_j = \sigma_j^*C_{j-1}-m_jE_j, \qquad j = 1, 2, \cdots, N$$

であるから C_N は $C=C_0$ と $E_1, \cdots, E_N$ を用いてあらわすことができる．一方，標準バンドルは blowing up によって次のように変換される．

命題 6.14 W を 2 次元複素多様体，$\sigma: \tilde{W} \to W$ は点 $P \in W$ を中心とする blowing up であるとする．$E=\sigma^{-1}(P)$ を例外曲線とすれば

$$K_{\tilde{W}} = \sigma^* K_W + [E]$$

が成り立つ．

証明 座標近傍による W の開被覆 $\{U_i\}$ をとる．このとき P を含む座標近傍を 1 つとって U_1 とし，他の U_i は P を含まないと仮定する．U_i 上の局所座標を (x_i, y_i) とする．blowing up の定義によって $\sigma^{-1}(U_1)$ は 2 つの座標近傍 V_0, V_1 で覆われる．他の U_i に対しては $V_i=\sigma^{-1}(U_i)$ とおく．各 V_i 上の局所座標を (u_i, v_i) として σ は

$$\sigma: (u_i, v_i) \longrightarrow (x_i, y_i) \in U_i$$

で与えられるとする．ここで便宜上 $U_0=U_1$, $(x_0, y_0)=(x_1, y_1)$ とおくことにする．

$U_i \cap U_j$ 上で $\chi_{ij}=\det\dfrac{\partial(x_j, y_j)}{\partial(x_i, y_i)}$ とおき，σ によって $V_i \cap V_j$ 上の関数と見做したものを $\sigma^*\chi_{ij}$ と書く．このとき Jacobi 行列式の性質によって

$$\sigma^*\chi_{ij} \det\frac{\partial(x_i, y_i)}{\partial(u_i, v_i)} = \det\frac{\partial(x_j, y_j)}{\partial(u_j, v_j)}\tilde{\chi}_{ij}, \tag{6.47}$$

ただし $\tilde{\chi}_{ij}=\det\dfrac{\partial(u_j, v_j)}{\partial(u_i, v_i)}$ である．ここで $\beta_i=\det\dfrac{\partial(x_i, y_i)}{\partial(u_i, v_i)}$ とおけば(6.47)は $\beta=\{\beta_i\}$ が $\tilde{W}$ 上の直線バンドル $K_{\tilde{W}}-\sigma^*K_W$ の正則切断であることを示している．したがって

$$K_{\tilde{W}} = \sigma^* K_W + [\mathrm{div}(\beta)]$$

である．

最後に $\mathrm{div}(\beta)$ を計算するために blowing up の定義に戻って局所座標を選ぶ．$i \neq 0, 1$ に対しては $(u_i, v_i)=(x_i, y_i)$ としてよいから $\beta_i=1$ である．次に V_0, V_1 上では

$$\begin{cases} x_0 = u_0 \\ y_0 = u_0 v_0 \end{cases}, \qquad \begin{cases} x_1 = u_1 v_1 \\ y_1 = v_1 \end{cases}$$

となるように座標 (u_i, v_i), $i=0, 1$, を選ぶことができる．したがって

$$\beta_0 = u_0, \qquad \beta_1 = v_1$$

である．これは例外曲線の定義方程式にほかならない．したがって $\mathrm{div}(\beta)=E$ である．（命題 6.14 の証明終り）

定理 6.21 の証明を完成するために f_j で合成写像 $X \to W_N \to W_{N-1} \to \cdots \to W_j$ をあらわす．特に f_N は埋め込み写像 $X \to W_N$ である．W_j の標準バンドルを K_j とすれば以上の結果から

$$K_X = f_N{}^*(K_N + [C_N])$$
$$= f_{N-1}{}^*(K_{N-1} + [C_{N-1}]) - (m_N - 1) f_N{}^*[E_N]$$

を得る．これを繰り返して

$$K_X = f^*(K_W + [C]) - \sum_{k=1}^{N} (m_k - 1) f_k{}^*[E_k]$$

を得る．和の部分を [c] であらわしたものが定理の式である．（証明終り）

定理 6.21 を用いて X の種数を計算するためにはさらに $f_k{}^*E_k$ の次数を計算することが必要である．上の記号を用いれば E_k は曲線 C_{k-1} の重複度 m_k の点 P_{k-1} を blow up したときの例外曲線であった．このとき

(6.48)
$$\deg f_k{}^*E_k = m_k$$

であることを証明する．

§6.8 と同様に P_{k-1} を中心とする W_{k-1} の局所座標 (x, y) をとって C_{k-1} は Weierstrass 多項式

$$y^m + a_1(x) y^{m-1} + \cdots + a_m(x) = 0, \qquad m = m_k$$

で定義されているとする．ここで $b_j(x) = a_j(x)/x^j$, $j = 1, 2, \cdots, m$ は正則である．§6.8 と同じ記号を用いれば C_k は V_0 上

$$h_0 = s^m + b_1(x) s^{m-1} + \cdots + b_m(x) = 0$$

で定義される．また E_k は $x=0$ で定義される因子である[1)]．

次に $f_{k-1}{}^{-1}(P_{k-1}) = \{Q_1, Q_2, \cdots, Q_l\}$ として，各 Q_λ を中心とする X の局所座標を ζ_λ とする．正則写像 f_k は Q_λ の近傍で

$$s = \varphi_\lambda(\zeta_\lambda), \qquad x = \psi_\lambda(\zeta_\lambda)$$

と書かれているとする．このとき定義によって

$$\deg f_k{}^*E_k = \sum_{\lambda=1}^{l} \operatorname{ord} \psi_\lambda$$

である．ただし $\operatorname{ord} \psi_\lambda$ は ψ_λ の $\zeta_\lambda = 0$ における零点の位数である．

正確を期するために $\varepsilon > 0$ をとって ζ_λ は Q_λ の近傍 $|\zeta_\lambda| < \varepsilon$ で有効な局所座標

1)　§6.8 で述べたように V_1 を考える必要はない．

とする．α を絶対値の十分小さい複素数とすれば方程式 $\psi_\lambda(\zeta_\lambda)-\alpha=0$ は $|\zeta_\lambda|<\varepsilon$ で重複度を含めて考えればちょうど $\mathrm{ord}\,\psi_\lambda$ 個の解を持つ．(定理 1.19 の証明参照)．

一方 C_k の方程式 $h_0=0$ で $x=\alpha$ とすれば s の値は高々 m 個である．さらに精密に，h_0 の判別式を $\omega(x)$ として α を $\omega(\alpha)\neq 0$ にとれば $h_0=0$ をみたす s の値がちょうど m 個存在する[1]．これらの点を $Q_1', Q_2', \cdots, Q_m'$ とすれば，$\partial h_0/\partial s(Q_\nu')\neq 0$ であるから，各 Q_ν' の近傍で C_k は非特異で $x-\alpha$ を局所座標にとることができる．したがって各 $f_k^{-1}(Q_\nu')$ に対応してある添え字 λ と方程式 $\psi_\lambda(\zeta_\lambda)-\alpha=0$ の単純根が 1 つ定まる．ゆえに等式

$$m=\sum_{\lambda=1}^{l}\mathrm{ord}\,\psi_\lambda$$

が得られて(6.48)の証明が完結した．

以上のことをまとめて述べるために 2 次元複素多様体 W の上の既約曲線 C に対して算術種数(arithmetic genus, virtual genus) $\pi(C)$ を定義するのが便利である．すなわち $f: X\to C\subset W$ を C の特異点の還元とするとき

$$\pi(C)=\frac{1}{2}\deg f^*(K_W+[C])+1 \tag{6.49}$$

と定義する．C が非特異ならば算術種数 $\pi(C)$ は C の種数に一致する．

定理 6.22 C が W の既約因子のとき，C の非特異モデル X の種数 $g(X)$ は

$$g(X)=\pi(C)-\frac{1}{2}\sum_{k=1}^{N}m_k(m_k-1) \tag{6.50}$$

で与えられる．ただし $m_1, m_2, \cdots, m_N$ は C の特異点の還元の過程に現われる特異点の重複度である．——

P を C の 1 つの特異点とする．特異点の還元の過程に現われる特異点 $P_1, P_2, \cdots, P_N$ の中で P に写像されるものを P に無限に近い特異点(infinitely near singularity)と呼ぶ．(6.50)の右辺でこれらの P_k に関する部分和を

$$\delta_P=\frac{1}{2}\sum_{(P)}m_k(m_k-1)$$

1) h_0 は重複因子を持たないから $\omega(x)$ は恒等的に 0 ではない(補題 2.4)．

とする．すなわち δ_P は特異点 P の $g(X)$ に対するマイナスの寄与であると考えられる．§6.8 の最初の方で挙げた通常 2 重点と尖点の場合には $\delta_P=1$ である．逆に次の命題が成り立つ．

命題 6.15 平面曲線 C の特異点 P に対して $\delta_P=1$ ならば P は通常 2 重点であるかまたは尖点である．

証明 P の重複度が 3 以上ならば $\delta_P \geqq 3$ であるから P は 2 重点でなければならない．さらに P はただ一度の blowing up で非特異にならなければならない．P における C の定義方程式を

$$y^2+2a(x)y+b(x) = 0$$

とする．$y+a(x)$ を新しい座標にとって $a(x)\equiv 0$ としてよい．さらに $b(x)$ の位数を μ とすれば $b(x)=x^\mu b_0(x),\ b_0(0)\neq 0$ と書ける．このとき座標 x を適当にとり直して $b(x)=x^\mu$ とすることができる(補題 6.18 参照)．したがって P は $y^2+x^\mu=0$ で定義されているとしてよい．このとき，既に見たように，P が一度の blowing up で消去されるための条件は $\mu=2,3$ である．（証明終り）

§6.11 解析接続と被覆面

a) 解析接続

X を Riemann 面として[1]，$\gamma:[0,1]\to X$ を連続写像とする．このとき γ を $a=\gamma(0)$ から $b=\gamma(1)$ への道(path)と呼び，$a=b$ のときには a を始点とする閉じた道(closed path)と呼ぶ．閉区間 $[0,1]$ の各点 t に対して $\gamma(t)$ における正則関数の germ $f_t\in\mathcal{O}_{\gamma(t)}$ を対応させる写像 $t\to f_t$ を考える．各 t に対して正数 $\varepsilon(t)$ と $\gamma(t)$ の近傍 U_t における正則関数 φ が存在して，$|\tau-t|<\varepsilon(t)$ ならば $\gamma(\tau)\in U_t$ で f_τ は φ の $\gamma(\tau)$ における germ に等しいとき，$\{f_t\}$ を道 γ に沿った解析接続(analytic continuation along γ)と呼ぶ．またこのとき b における正則関数 f_1 は a における正則関数 f_0 から γ に沿った解析接続で得られるという．

閉区間 $[0,1]$ はコンパクトであるから上の定義は次のように言い換えても同

1) コンパクトであるとは仮定しない．

値である．

$[0,1]$ の有限個の点 $0=t_0<t_1<\cdots<t_m<t_{m+1}=1$ と各 i $(0\leqq i\leqq m)$ に対して像 $\gamma([t_i, t_{i+1}])$ を含む開集合 U_i 上の正則関数 φ_i が与えられていて，$U_i\cap U_{i+1}$ の $\gamma(t_{i+1})$ を含む連結成分において $\varphi_i=\varphi_{i+1}$ が成り立つとする．このとき $\gamma(1)$ における φ_m の germ は $\gamma(0)$ における φ_0 の germ の γ に沿った解析接続である．

一般に φ_0 と γ が与えられたとき，γ に沿った解析接続が存在するとは限らない．また γ が閉じた道であっても φ_0 と φ_m は同じ germ を定めるとは限らない．したがって，ある与えられた正則関数 φ_0 の解析接続の全体は多価関数になることがある．後に明らかとなるように解析接続はこのような多価性と密接に結びついた概念である．

補題 6.19　$\{f_t\}, \{g_t\}$ が同じ道 γ に沿った解析接続で，$f_0=g_0$ ならば $f_1=g_1$ が成り立つ．

証明　$J=\{t\in[0,1]\mid f_t=g_t\}$ として J が開集合かつ閉集合であることを示せばよい．$t\in[0,1]$ に対して $\gamma(t)$ を含む連結開集合 U とその上の正則関数 φ, ψ が存在して，u が t に十分近ければ f_u, g_u はそれぞれ φ, ψ の $\gamma(u)$ における germ である．したがって $t\in J$ ならば一致の定理によって $u\in J$．逆に十分近い u が J に含まれれば再び一致の定理によって $t\in J$ であるから，$t\notin J$ ならば $u\notin J$ である．（証明終り）

次に一価性定理(monodromy theorem)を述べるためにホモトピーの概念を定義する．2つの道 $\gamma, \delta:[0,1]\to X$ は共通の始点 a と共通の終点 b を持つとする．このとき連続写像

$$\begin{aligned}\Gamma:[0,1]\times[0,1] &\longrightarrow X,\\ (t,s) &\longrightarrow \Gamma(t,s)\end{aligned}$$

で，任意の $0\leqq t, s\leqq 1$ に対して

$$\Gamma(0,s)=a, \qquad \Gamma(1,s)=b,$$
$$\Gamma(t,0)=\gamma(t), \qquad \Gamma(t,1)=\delta(t)$$

をみたすものを γ から δ へのホモトピー(homotopy)と呼ぶ．このような連続写像 Γ が存在するとき γ と δ は(X 内で)ホモトープ(homotop)であるといって，$\gamma\simeq\delta$ と書く．

閉区間 $[0,1]$ の点 s を固定して $t \to \gamma_s(t) = \Gamma(s,t)$ で定義される道 γ_s を考えれば，γ_s は a を始点，b を終点とする道である．したがってホモトピーは $\delta = \gamma_1$ が $\gamma = \gamma_0$ から始点と終点を固定した連続的な変形で得られることを意味している．

定理 6.23（一価性定理）　Riemann 面 X の1点 a における正則関数 f_0 が与えられていて，f_0 は a を始点とする X 内の任意の道に沿って解析接続できると仮定する．γ と δ は a を始点として共通の終点 b を持つ互いにホモトープな道であるとする．このとき f_0 の γ に沿った解析接続によって得られる b における正則関数は，δ に沿った解析接続によるものと一致する．

証明　$(t,s) \to \Gamma(t,s)$ を γ から δ へのホモトピーとする．s を1つ固定して $\gamma_s : t \to \Gamma(t,s)$ を考える．仮定によって f_0 は γ_s に沿って解析接続可能である．すなわち，有限個の点 $0 = t_0 < t_1 < \cdots < t_m < t_{m+1} = 1$ と $\gamma_s([t_i, t_{i+1}])$ を含む開集合 U_i 上の正則関数 φ_i で次の条件をみたすものが存在する．

（i）　φ_0 の a における germ は f_0.

（ii）　$\gamma_s(t_{i+1})$ を含む $U_i \cap U_{i+1}$ の連結成分上 $\varphi_i = \varphi_{i+1}$.

このとき $\sigma \in [0,1]$ を s に十分近くとれば，これらの $\{\varphi_i\}$ は γ_σ に沿った解析接続を定めることを証明する．まず Γ の連続性によって，各 $t \in [t_i, t_{i+1}]$ に対して正数 $\delta(t), \varepsilon(t)$ を十分小さく選んで，$|\tau - t| < \delta(t), |\sigma - s| < \varepsilon(t)$ ならば $\Gamma(\tau, \sigma) \in U_i$ となるようにできる．$[t_i, t_{i+1}]$ はコンパクトであるから有限個のこのような区間 $|\tau - t| < \delta(t)$ で覆うことができる．したがって正数 ε を十分小さくとれば

$$t \in [t_i, t_{i+1}],\ |\sigma - s| < \varepsilon \quad \text{ならば} \quad \Gamma(t, \sigma) \in U_i$$

が成り立つ．すなわち $|\sigma - s| < \varepsilon$ ならば $\gamma_\sigma([t_i, t_{i+1}]) \subset U_i$ である．これはすべての i に対して成り立つとしてよい．

(ii)の条件を γ_σ に対して確かめるためには $\gamma_s(t_{i+1})$ と $\gamma_\sigma(t_{i+1})$ が $U_i \cap U_{i+1}$ の同じ連結成分に含まれることを見ればよい．ところが，たとえば $s < \sigma$ として

$$\alpha : [s, \sigma] \longrightarrow X, \qquad \alpha(u) = \Gamma(t_{i+1}, u)$$

とすれば，α は $U_i \cap U_{i+1}$ 内で $\gamma_s(t_{i+1})$ と $\gamma_\sigma(t_{i+1})$ を結ぶ道である．したがってこれら2点は同じ連結成分に含まれる．以上によって，σ が s に十分近い

とき，γ_σ に沿った解析接続は γ_s に沿った解析接続と一致することが証明された．

さて $s\in[0,1]$ に対して f_0 の γ_s に沿った解析接続の結果を F_s とする．上の結果は $[0,1]$ が F_s の異同によって互いに交わらない開集合の和に分解されることを意味している．ところが $[0,1]$ は連結であるから，すべての s に対して $F_s=F_0$ でなければならない．（証明終り）

b） 原始関数

解析接続を定める典型的な方法の 1 つは正則 1 次形式を道に沿って積分することである．$\gamma:[0,1]\to X$ を Riemann 面 X 上の区分的に滑らかな道として，ψ を X 上の正則 1 次形式とする．$P_t=\gamma(t)$ をこの道の上の 1 点として，P_t を中心とする座標近傍 U_t とその上の座標 z をとる．さらに U_t は座標円板とする．すなわち $U_t=\{z\in \boldsymbol{C}\mid |z|<1\}$ と同一視されると仮定する．このとき U_t 上の関数 F_t を

(6.51) $$F_t(Q)=\int_{P_t}^{Q}\psi+\int_{\gamma}^{P_t}\psi$$

と定義する．ここで右辺の第 1 項は P_t から Q まで U_t 内の滑らかな道に沿って積分する意味で，第 2 項は γ に沿って $\gamma(0)$ から $P_t=\gamma(t)$ まで積分するものと約束する．

補題 6.20 （i） $F_t(Q)$ は P_t から Q までの積分路のとり方によらない．

（ii） F_t は U_t 上の正則関数である．

証明 U_t 上 $\psi=g(z)\,dz$ とする．$g(z)$ は U_t 全体で巾級数に展開できる(定理 1.4)．それを $g(z)=\sum_{m=0}^{\infty} b_m z^m$ とする．そこで

$$G(z)=\sum_{m=1}^{\infty}\frac{b_m}{m}z^m$$

とすれば，Cauchy-Hadamard の定理によって G は g と同じ収束半径を持つ．したがって G は U_t 上正則で $G'(z)=g(z)$, $G(0)=0$ をみたす[1]．

さて α を P_t から Q への U_t 内の滑らかな道とすれば

(6.52) $$\int_{\alpha} g(z)\,dz=G(Q)-G(P_t)$$

1) G を g の原始関数と呼ぶ．

である．これで(i)(ii)が証明された．（補題 6.20 の証明終り）

このようにして定義された F_t が γ に沿った解析接続を定めることは次の図10と補題の(i)から明らかであろう．

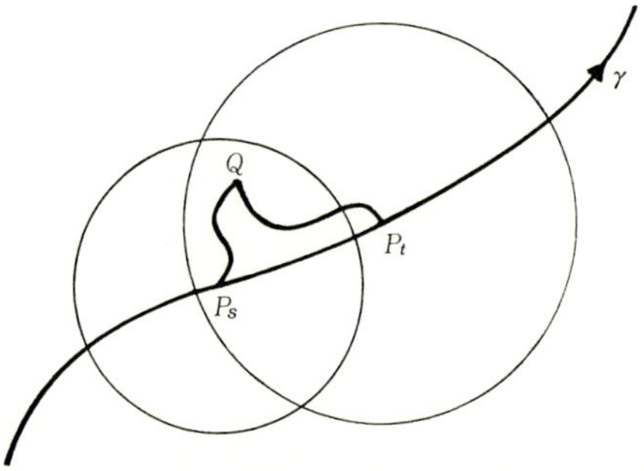

図 10

道 γ が単に連続で，区分的に滑らかでない場合には積分は定義されていない．しかし γ が座標円板に含まれる場合には(6.52)と同様の式によって積分を定義できる．一般の場合には γ を十分細かい部分に分割して，各部分が座標円板に含まれるようにすればよい[1)]．このようにすれば(6.51)はすべての γ に対して解析接続を定める．これを以後簡単のために $\int_\gamma^Q \psi$ または $\int_\gamma \psi$ と書く．

一価性定理によって次が得られる．

定理 6.24　ψ が X 上の正則 1 次形式で $\gamma \simeq \delta$ ならば $\int_\gamma \psi = \int_\delta \psi$. ——

閉じた道 γ が定数写像 $\varepsilon:[0,1]\to X$, $\varepsilon(t)=\gamma(0)$ にホモトープのとき，γ は 0 にホモトープといって $\gamma \simeq 0$ と書く．定理 6.24 の特別な場合として次が成り立つ．

定理 6.25　ψ が X 上の正則 1 次形式で $\gamma \simeq 0$ ならば $\int_\gamma \psi = 0$ である．——

X 内の任意の閉じた道が 0 にホモトープであるとき X は単連結(simply connected)であるという．たとえば，円板 $\{z \in \boldsymbol{C} \mid |z|<1\}$，複素平面 $\boldsymbol{C}$，射影直線 $\boldsymbol{P}^1$ は単連結である．逆に単連結な Riemann 面はこれらのいずれかに双正則同値であることが知られている[2)]．

c)　普遍被覆面

正則 1 次形式の積分から多価性を持った関数が生ずることを述べたが，これ

1)　積分の値は分割の仕方によらない．
2)　岩澤健吉“代数函数論”第 3 章 6 節に証明されている．

を扱うには X の適当な被覆面を考えてその上の関数と見るのが自然である．ψ を X 上の正則1次形式とするとき $\int_\gamma^Q \psi$ は基点 P_0 と Q を結ぶ道 γ のホモトピー同値類[1]に対して定まるのである．Q が X の点をすべて動くときこのようなホモトピー同値類の全体を $\tilde{X}$ と書くことにする．ψ の積分は $\tilde{X}$ 上の一価関数である．$\tilde{X}$ は X の普遍被覆面(universal covering)と呼ばれるもので自然に Riemann 面の構造を持つことを以下に説明する．

道 γ のホモトピー同値類を $[\gamma]$ と書くことにして，$\tilde{X}$ の点を $(Q,[\gamma])$ であらわす．$p:\tilde{X}\to X$ を $(Q,[\gamma])\to Q$ なる写像とする．U を Q の単連結な近傍として

$$\tilde{U}_\gamma=\left\{(Q',[\gamma\alpha])\,\middle|\,\begin{array}{l}Q'\in U,\ \alpha\text{は}\ Q\ \text{から}\ Q'\ \text{へ}\\ \text{の}\ U\ \text{内の道}\end{array}\right\}$$

と定める．$\tilde{U}_\gamma$ の全体を $(Q,[\gamma])$ の近傍系の基底にとれば $\tilde{X}$ は連結な位相空間である．$\tilde{U}_\gamma$ の点は $Q'\in U$ によって定まるから $p:\tilde{X}\to X$ は位相的な被覆面となる．したがって $\tilde{X}$ は p が局所双正則となるような自然な Riemann 面の構造を持つ．

$\gamma:[0,1]\to X$ を P_0 を始点とする道とする．$0\leqq\tau\leqq 1$ として γ の $[0,\tau]$ への制限を $\gamma^{[\tau]}:[0,\tau]\to X$ とすれば

$$\tilde{\gamma}:\tau\longrightarrow(\gamma(\tau),[\gamma^{[\tau]}])\in\tilde{X}$$

は $\tilde{X}$ 上の道で $p\circ\tilde{\gamma}=\gamma$ をみたす[2]．$\tilde{\gamma}$ を γ の $\tilde{X}$ への自然な持ち上げ(lift)と呼ぶ．

補題 6.21 $\tilde{X}$ 上の2つの道 $\alpha,\beta:[0,1]\to\tilde{X}$ が $\alpha(0)=\beta(0)$，$p\circ\alpha=p\circ\beta$ をみたせば $\alpha=\beta$ である．——

この証明は解析接続の一意性(補題 6.19)の証明と同様であるから省略する[3]．

命題 6.16 $\tilde{X}$ は単連結である．

証明 $[0]$ で 0 にホモトープな道の類をあらわし，$\tilde{P}_0=(P_0,[0])$ を $\tilde{X}$ の基点にとる．$\delta:[0,1]\to\tilde{X}$ を $\tilde{P}_0$ を始点とする閉じた道として，$\gamma=p\circ\delta$ とすれば補題 6.21 によって δ は自然な持ち上げ $\tilde{\gamma}$ に一致する．$\tilde{\gamma}$ の終点(＝δ の終点)

1) 容易にわかるようにホモトープの関係は同値関係である．その同値類をこのように呼ぶ．トポロジーの初歩の本を参照せよ．

2) $\tilde{\gamma}$ が連続であることを見るには $p\circ\tilde{\gamma}$ がそうであることを見ればよい．

3) この補題は任意の位相的な被覆面 $p:\tilde{X}\to X$ に対して成り立つ．

は $(\gamma(1),[\gamma])$ であるから $\gamma\simeq 0$ である．$\Gamma(t,s)$ を γ から定数写像へのホモトピーとして $t\to\Gamma(t,s)$ の自然な持ち上げを考えればそれが $\tilde{\gamma}$ から定数写像 $\tilde{P}_0$ へのホモトピーを与える．（証明終り）

基点 P_0 を始点とする閉じた道のホモトピー同値類の全体を $\pi_1(X,P_0)$ または単に $\pi_1(X)$ と書く[1]．$[\alpha],[\beta]\in\pi_1(X)$ の積を $[\alpha\beta]$ と定義すれば $\pi_1(X)$ は群の構造を持つ．これを X の基本群(fundamental group)と呼ぶ．$[\alpha]$ を $\pi_1(X)$ の元とするとき，$\tilde{X}$ の点 $(Q,[\gamma])$ に $(Q,[\alpha\gamma])$ を対応させる写像は同相写像 $g_\alpha:\tilde{X}\to\tilde{X}$ を定める．これによって $\pi_1(X)$ は $\tilde{X}$ に作用する．$\pi_1(X)$ の部分群 H に対して $X_H=\tilde{X}/H$ とすれば X_H は自然な方法で X の位相的な被覆面となり，逆に X の(連結な)位相的被覆面はすべてこのようにして得られる．特に X が単連結ならば位相的被覆面 $Y\to X$ は必ず同相写像である[2]．

d)　代数関数

複素平面 $\boldsymbol{C}$ の座標を z として有理関数体 $\boldsymbol{C}(z)$ 上の既約方程式

$$F(w,z)=w^n+a_1(z)w^{n-1}+\cdots+a_n(z),\qquad a_i(z)\in\boldsymbol{C}(z)$$

を考える．F の判別式を $\varDelta(z)$ として，$a_i(z)$ の極と $\varDelta(z)$ の零点を含む有限集合を S，$Y'=\boldsymbol{C}-S$ とする．$z_0\in Y'$ を固定して，$F(w,z_0)=0$ の根 $w=w_0$ を1つ選ぶと w_0 は重根でないから，逆関数の定理によって $z=z_0$ の近傍で定義された正則関数 $w=g(z)$ で

$$F(g(z),z)=0,\qquad g(z_0)=w_0$$

をみたすものが定まる．さらに z_0 を始点とする Y' 内の任意の道に沿って g を解析接続することができる．このようにして得られる Y' 上の関数の germ の全体を X' とすると X' は自然に Y' の位相的被覆面となる．被覆写像を $\pi:X'\to Y'$ とする．

$z=\alpha$ を S の点，または ∞ とする．このとき α の十分小さい近傍 U と，α を中心とする局所座標 t を適当に選んで

$$U=\{t\in\boldsymbol{C}\mid |t|<1\}$$

とする．$U^*=U-\{0\}$ として，$\pi^{-1}(U)$ の連結成分を $V_1,V_2,\cdots,V_l$ とする．

---

1)　P_0 の選び方には本質的によらない．

2)　詳しくはL. S. ポントリャーギン“連続群論”第9章またはC. Chevalley “Theory of Lie groups” 第2章を見よ．

U^* の基本群 $\pi_1(U^*)\cong \boldsymbol{Z}$ で普遍被覆面は

$$H=\{u\in \boldsymbol{C}\mid \operatorname{Im} u>0\}\longrightarrow U^*, \qquad u\longrightarrow \exp(\sqrt{-1}u)$$

で与えられる．したがって各 V_j は適当な指数 $m=m_j$ を用いて

$$\{s\in \boldsymbol{C}\mid 0<|s|<1\}\longrightarrow U^*, \qquad s\longrightarrow t=s^m$$

と同一視される．各 V_j に $s=0$ に対応する点 β_j を付け加える．S の点と $z=\infty$ に対してこの操作をしたものを X とすると X はコンパクト Riemann 面となる[1)]．π の自然な拡張によって X は $\boldsymbol{P}^1$ の被覆 Riemann 面である．

古典的には w を z の関数と考えたときこれを z の代数関数(algebraic function of z)と呼んだ．上に構成した Riemann 面 X は代数関数 $w=w(z)$ の定める Riemann 面と呼ばれるものである．定理 6.17 で平面曲線から構成した Riemann 面は本質的に上と同じものである．

§6.12 楕円曲線

種数 1 のコンパクト Riemann 面を楕円曲線と定義した．§6.5 で見たように楕円曲線は $\boldsymbol{P}^2$ 内の非特異 3 次曲線であり，また $\boldsymbol{P}^1$ の相異なる 4 点で分岐した 2 重被覆でもある．これらは楕円曲線の射影幾何的な構造である．この節では楕円曲線が複素トーラスであることと，その上の有理型関数は $\boldsymbol{C}$ 上の 2 重周期関数と考えられることを述べる．

最初に複素トーラスを定義する．複素数の全体 $\boldsymbol{C}$ を加法による群と考えて，L をその部分群とする．$\boldsymbol{C}$ を実数体 $\boldsymbol{R}$ 上の 2 次元ベクトル空間と考えて，その基底 $\{\omega_1, \omega_2\}$ を適当に選べば

$$L=\{\alpha_1\omega_1+\alpha_2\omega_2 \mid \alpha_1, \alpha_2\in \boldsymbol{Z}\}$$

とあらわされるとき，L を $\boldsymbol{C}$ の格子(lattice)と呼ぶ．$\{\omega_1, \omega_2\}$ を L の基底と呼ぶことがある[2)]．$\boldsymbol{C}$ の L による剰余類のなす群を $\boldsymbol{C}/L$ とあらわして

$$f:\boldsymbol{C}\longrightarrow \boldsymbol{C}/L$$

を $z\in \boldsymbol{C}$ に対してその剰余類を対応させる写像とする．

定理 6.26 $\boldsymbol{C}/L$ 上に複素多様体の構造を定義して，π が正則写像となるよ

---

1) 連結性の証明が少し大変である．X' が連結であることを示せばよいが，それは補題 3.3 の証明と同様である．

2) L の基底の選び方は一意的ではない．$\omega_1'=a\omega_1+b\omega_2$, $\omega_2'=c\omega_1+d\omega_2$ $(a, b, c, d\in \boldsymbol{Z}$, $ad-bc=\pm 1)$ も L の基底である．

うにできる．これによって $\boldsymbol{C}/L$ は種数1のコンパクト Riemann 面である．
——

$\boldsymbol{C}/L$ を1次元複素トーラス[1](1-dimensional complex torus)と呼ぶ．

証明　最初に次の補題を証明する．

補題 6.22　$\rho=\inf\{|\lambda| \mid \lambda\in L, \lambda\neq 0\}$ とすれば $\rho>0$ である[2]．

補題 6.22 の証明　$\rho=0$ とすれば $|a_{1n}\omega_1+a_{2n}\omega_2|\to 0$ $(n\to\infty)$ となる $(0,0)$ でない整数の組の列 $\{(a_{1n}, a_{2n})\}_{n=1,2,\dots}$ が存在する．ここで $\tau=\omega_2/\omega_1$ とすれば

(6.53) $$|a_{1n}+a_{2n}\tau| \longrightarrow 0 \quad (n\to\infty).$$

もし $a_{2n}=0$ ならば $|a_{1n}|\geqq 1$ であるから，(6.53)が成り立つためには，十分大きい n に対して $a_{2n}\neq 0$ でなければならない．しかし，このとき $\tau=-\lim a_{1n}/a_{2n}$ となって ω_1, ω_2 が $\boldsymbol{R}$ 上一次独立であることに反する．

商空間 $X=\boldsymbol{C}/L$ に f による商位相を入れて考える．すなわち，X の部分集合 V は $\pi^{-1}(V)$ が開集合であるとき X の開集合であると定義する．Q を X の点として $P\in f^{-1}(Q)$ とすれば

$$\pi^{-1}(Q) = \{P+\lambda \mid \lambda\in L\}$$

である．そこで P の近傍 U を，補題の ρ を用いて

$$U = \{z\in \boldsymbol{C} \mid |z-P|<\rho/2\}$$

と定義する．このとき

$$f^{-1}f(U) = \bigcup_{\lambda\in L} U^\lambda, \qquad U^\lambda = \{z+\lambda \mid z\in U\}$$

であるから $f(U)$ は X の開集合である．さらに異なる U^λ と $U^{\lambda'}$ は交わらないので，f の制限 $U^\lambda\to f(U)$ は位相同型である．$V=f(U)$ を Q を含む座標近傍と考えて，π の逆写像 $\varphi\colon V\to U\subset \boldsymbol{C}$ によって V 上の局所座標を定める．

座標変換を調べるために $\varphi\colon V\to U\subset \boldsymbol{C}, \varphi'\colon V'\to U'\subset \boldsymbol{C}$ を2つの局所座標とする．$V\cap V'\neq\phi$ ならば適当な $\lambda\in L$ に対して $U^\lambda\cap U'\neq\phi$ であって

(6.54) $$\varphi(Q)+\lambda = \varphi'(Q), \qquad Q\in V\cap V'$$

が成り立つ．したがって座標変換は1次式で与えられ，もちろん正則である．

---

1)　これに対して $S^1=\{(x, y)\in \boldsymbol{R}^2 \mid x^2+y^2=1\}$ の n 個の直積を実 n 次元トーラスと呼ぶ．

2)　すなわち L は $\boldsymbol{C}$ の離散部分群である．

上の構成から明らかなように $f: \boldsymbol{C} \to X$ は正則写像である．(さらに π は $\boldsymbol{C}$ の各点で局所双正則，また f は位相的な被覆空間である．)

次に X がコンパクトであることを証明する．格子 L の基底を $\{\omega_1, \omega_2\}$ として，写像 $h: \boldsymbol{R}^2 \to \boldsymbol{C}$ を $h(x_1, x_2) = x_1\omega_1 + x_2\omega_2$ と定める．h は位相同型である．一方 X の任意の点は $x_1\omega_1 + x_2\omega_2$, $0 \leqq x_1, x_2 < 1$ の形の元で代表される[1]．したがって $\boldsymbol{R}^2$ のコンパクト集合

$$\{(x_1, x_2) \in \boldsymbol{R}^2 \mid 0 \leqq x_1, x_2 \leqq 1\}$$

から X の上への連続写像が存在する(図 11)．ゆえに X はコンパクトである[2]．

最後に $X = \boldsymbol{C}/L$ の種数が 1 であることを示す．そのためには，z を $\boldsymbol{C}$ の座標とするとき $\psi = dz$ が X 上の正則 1 次形式で至る所 0 にならないことを見ればよい．正確には，$\{V_i\}$ を上に述べたような座標近傍，U_i を $\pi^{-1}(V_i)$ の 1 つの連結成分とする．$\varphi_i: V_i \to U_i$ を π の逆写像として $z_i = z \circ \varphi_i$ とすれば dz_i は V_i 上の正則 1 次形式である．$V_i \cap V_j$ では(6.54)によって $dz_i = dz_j$ である．しかも z_i は V_i 上の局所座標であるから $\mathrm{div}(\psi) = 0$ が成り立つ．(証明終り)

既に注意したように $f: \boldsymbol{C} \to X$ は位相的な被覆面であって，$\boldsymbol{C}$ は単連結であるから，$\boldsymbol{C}$ は X の普遍被覆(universal covering)である．したがって X の基本群 $\pi_1(X)$ は L に同型である．L は群としては自由 Abel 群 $\boldsymbol{Z} \oplus \boldsymbol{Z}$ に同型で，X の位相的な被覆は L の部分群と 1 対 1 に対応する．

一方，定義から $X = \boldsymbol{C}/L$ は群の構造を持つ．しかも群の演算を定める写像

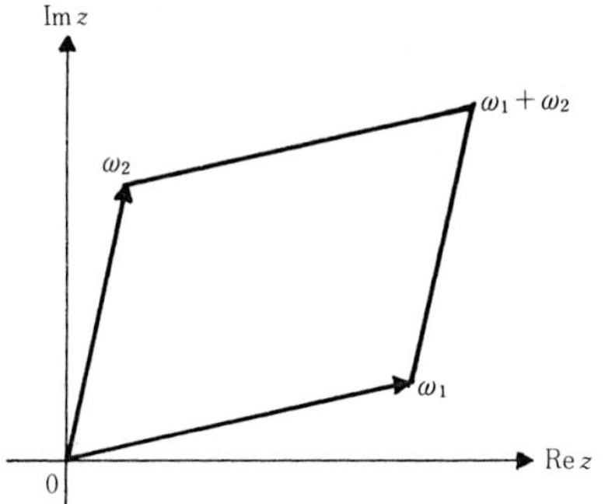

図 11

1) したがって位相的には X は実 2 次元トーラスである．
2) 逆に $\boldsymbol{C}$ の離散部分群 Λ で $\boldsymbol{C}/\Lambda$ がコンパクトになるものは格子である．

$(Q, Q')\to Q+Q'$ は複素多様体の間の正則写像 $X\times X\to X$ であり，Q に逆元 $-Q$ を対応させる写像 $X\to X$ も正則である[1]．

逆に任意の楕円曲線は複素トーラスであることを次に示す．

定理 6.27　X を楕円曲線とすれば，適当な格子 L によって X は $\boldsymbol{C}/L$ に双正則同値である．

証明　最初に X は実2次元トーラスに同相であることを示す．X は $\boldsymbol{P}^1$ の2重被覆で4個の分岐点を持つものであるからその位相的構造は§6.7の構成から見ることができる．まず $\boldsymbol{P}^1$ は2次元球面に同相であって，それに2つの切り口を入れたものを2つ考える．これらを切り口の方向に引っ張って変形すればそれぞれチューブ状のものになる．貼り合わせの約束に注意してそれらをつなげればドーナツ面が得られる．これが実2次元トーラスである(図12)．

これより基本群 $\pi_1(X)$ は $\boldsymbol{Z}\oplus\boldsymbol{Z}$ で，2つの生成元 $[\gamma_1], [\gamma_2]$ を図13のようにとることができる[2] (γ_1 と γ_2 の交点を基点にとった)．

この同相写像が複素多様体の双正則写像から由来することを示す．ψ を X 上の0でない正則1次形式として[3]，X 上の基点 P_0 を固定する．X の点 P に対して積分 $z(P)=\int_{P_0}^{P}\psi$ を考える．ここで積分路は P_0 から P への道 γ をとることにする．§6.11で述べたように z は X 上の多価正則関数である．γ, γ' を上のような2つの道とすると $\delta=\gamma'\gamma^{-1}$ は閉じた道で

$$\int_{\gamma'}\psi-\int_{\gamma}\psi=\int_{\delta}\psi$$

である．すなわち道の選び方による多価性は閉じた道 δ 上の積分であらわされる．そこで

$$L=\left\{\int_{\delta}\psi\ \middle|\ [\delta]\in\pi_1(X)\right\}$$

とおく．勝手な δ は $\gamma_1{}^m\gamma_2{}^n$ の形の道にホモトープであるから $\omega_j=\int_{\gamma_j}\psi$ ($j=1, 2$) とすれば

$$L=\{a_1\omega_1+a_2\omega_2 \mid a_1, a_2\in\boldsymbol{Z}\}$$

と書ける．L の元を ψ，または X の周期(period)と呼ぶ．

---

1)　X は複素 Lie 群(complex Lie group)の例である．
2)　この場合にはホモロジー群 $H_1(X, \boldsymbol{Z})$ を考えても同じである．
3)　ψ は定数倍を除いて一意的である．

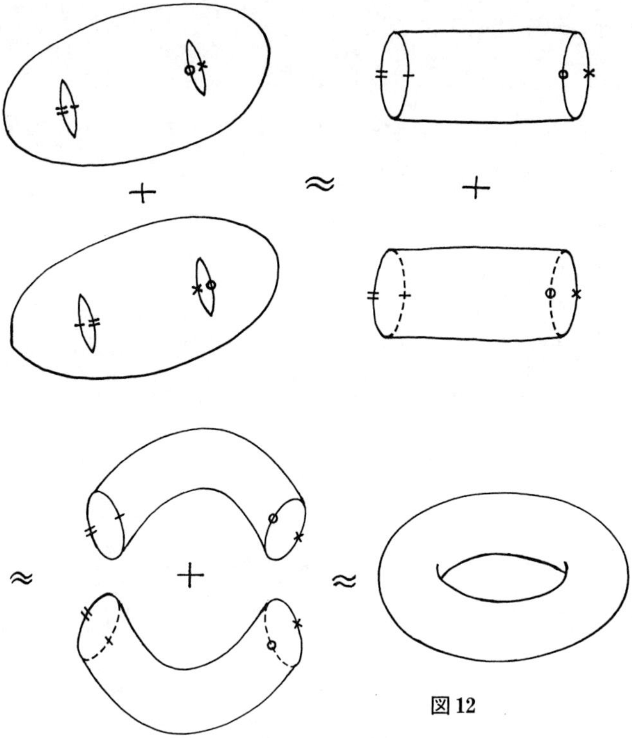

図12

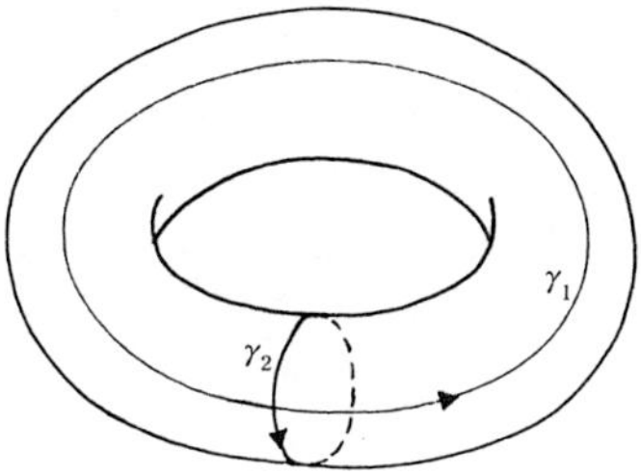

図13

補題 6.23 L は $\boldsymbol{C}$ の格子である．

証明 ω_1, ω_2 が $\boldsymbol{R}$ 上一次独立であることを示せばよい．そこで $\omega_1 = c\omega_2$, $c \in \boldsymbol{R}$ と仮定して矛盾を導く．$\beta = \sqrt{-1}\bar{\omega}_1$ とおくと

$$\beta\omega_1 = \sqrt{-1}\omega_1\bar{\omega}_1, \qquad \beta\omega_2 = \sqrt{-1}c\omega_2\bar{\omega}_2$$

は共に純虚数である．したがって，すべての $[\delta] \in \pi_1(X)$ に対して

$$\mathrm{Re}\int_{\delta}\beta\psi = 0$$

である．これより $\varphi(P)=\mathrm{Re}\int_{P_0}^{P}\beta\psi$ は X 上の一価関数を定めることがわかる．φ は局所的には一価正則関数の実部であるから平均値の定理(定理 1.10)が成り立ち，したがって最大値の原理(定理 1.11)が成り立つ[1]．X はコンパクトであるから φ は定数である．Cauchy-Riemann の方程式によって $\int_{P_0}^{P}\beta\psi$ は定数でなければならないから $\beta\psi=0$ を得る．これは矛盾である．(補題 6.23 の証明終り)

定理の証明を続ける．複素トーラス $\boldsymbol{C}/L$ を考えると，$z(P)$ は L の元を法(modulo)として一意的であるから正則写像

$$h: X \longrightarrow \boldsymbol{C}/L, \qquad h(P) \equiv z(P) \mod L$$

が定義される．X 上の局所座標を w とすれば $\psi=\dfrac{dz}{dw}dw$ であるから $\dfrac{dz}{dw}$ は 0 にならない．したがって h は不分岐被覆である[2]．

一方 §6.11 で述べたように z は X の普遍被覆面 $\tilde{X}$ 上では一価である．それによって定まる写像を $\tilde{h}: \tilde{X}\to\boldsymbol{C}$ とすれば次の図式が可換となる．

$$\begin{array}{ccc} \tilde{X} & \xrightarrow{\ \tilde{h}\ } & \boldsymbol{C} \\ {\scriptstyle p}\downarrow & & \downarrow{\scriptstyle q} \\ X & \xrightarrow[\ h\ ]{} & \boldsymbol{C}/L \end{array} \qquad (p, q \text{ は被覆写像})$$

さらに $\tilde{h}$ によって $\tilde{X}$ は $\boldsymbol{C}$ の位相的な被覆面となる．実際 U を $\boldsymbol{C}$ の十分小さい開集合とすれば $U\to V=p(U)$ は同相で $p^{-1}h^{-1}(V)$ の各連結成分 $\tilde{V}_\lambda$ は $h\circ p$ によって V と同相である．$\tilde{h}^{-1}(U)$ は $\tilde{V}_\lambda$ の一部の和集合であるから $\tilde{h}$ は位相的な被覆面を定める．さて $\tilde{X}$ は連結で，$\boldsymbol{C}$ は単連結であるから $\tilde{h}$ は同相写像である．そこで $g=p\circ\tilde{h}^{-1}$ と定義する．

補題 6.24　α_1, α_2 は P_0 を始点とする X 上の 2 つの道とする．$\int_{\alpha_1}\psi=\int_{\alpha_2}\psi$ ならば α_1 と α_2 の終点は一致して，しかも $\alpha_1\simeq\alpha_2$ である．

証明　α_j $(j=1,2)$ のホモトピー同値類に対応する $\tilde{X}$ の点を x_j とする．P_0 の上の点 $\tilde{P}_0\in\tilde{X}$ を固定して，α_j の自然な持ち上げを $\tilde{\alpha}_j: [0,1]\to\tilde{X}$ とする．$\tilde{\alpha}_j$ は $\tilde{P}_0$ から x_j への道である．したがって $\alpha_j'=\tilde{h}(\tilde{\alpha}_j)$ とすれば，α_1', α_2' は原

---

1)　φ は調和関数(harmonic function)である．

2)　Riemann-Hurwitz の公式からも証明できる．

点から $\tilde{h}(x_1)=\tilde{h}(x_2)$ への $\boldsymbol{C}$ 内の道であって $g(\alpha_j')=\alpha_j$ である．特に α_1 と α_2 の終点は一致する．さらに $\boldsymbol{C}$ は単連結であるから α_1' と α_2' はホモトープである．このホモトピーの g による像をとれば α_1 と α_2 の間のホモトピーが得られる．(補題 6.24 の証明終り)

この補題を用いて h が 1 対 1 であることを示す．$P_1, P_2 \in X$ として $h(P_1)=h(P_2)$ と仮定する．このとき $j=1,2$ に対して P_0 から P_j への道 α_j を勝手に選べば，$\int_{\alpha_1}\psi-\int_{\alpha_2}\psi$ は L に含まれる．したがってこの差は P_0 を始点とする閉じた道 δ を用いて $\int_{\delta}\psi$ とあらわされる．$\alpha_2'=\delta\alpha_2$ とすれば $\int_{\alpha_1}\psi=\int_{\alpha_2'}\psi$ であるから補題 6.24 によって α_1 と α_2' の終点が一致する．すなわち $P_1=P_2$ である．(証明終り)

系 $X=\boldsymbol{C}/L$ なる格子 L は X の周期の全体で与えられる．——

定理 6.27 によって楕円曲線 X は複素トーラスであるから X は群構造を持つ．上の証明で基点に選んだ P_0 が単位元 0 である[1]．この群構造による X の 2 点 P_1, P_2 の和を $P_1 \dot{+} P_2$ とあらわすことにする[2]．

定理 6.28 完備一次系 $|3P_0|$ によって楕円曲線 X を $\boldsymbol{P}^2$ に埋め込む．このとき 3 点 P_1, P_2, P_3 が $P_1 \dot{+} P_2 \dot{+} P_3=0$ をみたすための必要十分条件は P_1, P_2, P_3 が一直線上にあることである[3]．

証明 最初に十分性を示す．すべての P_i が P_0 と一致する場合は明らかであるから，そうでないとする．このとき $3P_0$ と $P_1+P_2+P_3$ は $\mathcal{O}([3P_0])$ の正則切断 φ_0, φ_1 に対応する．§6.6 で述べたように $z\to(\varphi_0(z), \varphi_1(z))$ は正則写像 $\varphi: X\to\boldsymbol{P}^1$ を定める．φ の次数は 3 または 2 であるが，まず $\deg\varphi=3$ の場合について述べる．$\boldsymbol{P}^1$ 上の点 Q に対して，因子としての引き戻しを $\varphi^*Q=Q_1+Q_2+Q_3$ とする．このとき X 上の群構造を用いて

$$\Phi(Q) = Q_1 \dot{+} Q_2 \dot{+} Q_3 \in X$$

と定義する．これは正則写像 $\Phi: \boldsymbol{P}^1\to X$ を定める．実際，Q が φ の分岐点でない場合には Φ が Q の近傍で正則であることは明らかであろう．また Q が分岐点の場合には $\Phi(Q)$ における局所座標をとって考えれば Riemann の拡張

1) P_0 の選び方は全く任意である．
2) 因子としての和と区別するためである．
3) 正確には，因子として $P_1+P_2+P_3\in|3P_0|$ ということである．

定理が適用できるから，やはり Φ は正則である[1]．

ところが種数の関係から Φ は定数写像でなければならない．Q として特に $\varphi(P_0)$ をとれば $\Phi(Q)=P_0$ である．

$\deg\varphi=2$ の場合には，常に $Q_3=P_0$ であると考えればよい．

逆に $P_1\dot{+}P_2\dot{+}P_3=0$ とする．X は楕円曲線であるから Riemann-Roch の定理によって $P_1+P_2+P_3'\in|3P_0|$ となる点 P_3' がただ1つ存在する．上に証明したことによって $P_1\dot{+}P_2\dot{+}P_3'=0$ であるから，仮定より $P_3=P_3'$ である．（証明終り）

同じ証明によって次の定理が証明できる．これは Abel の定理[2] の特別の場合である．

定理 6.29　f を楕円曲線 X 上の有理型関数，$\operatorname{div}(f)=\sum_{i=1}^{d}P_i-\sum_{i=1}^{d}Q_i$ とする．このとき $P_1\dot{+}\cdots\dot{+}P_d=Q_1\dot{+}\cdots\dot{+}Q_d$ である．言い換えれば

$$\sum_{i=1}^{d}\int_{P_0}^{P_i}\psi\equiv\sum_{i=1}^{d}\int_{P_0}^{Q_i}\psi\mod L \tag{6.55}$$

である．逆に2つの次数の等しい正因子 $\sum P_i, \sum Q_i$ に対して(6.55)が成り立てばそれらは互いに線形同値である．——

次に X 上の次数0の因子を考えて，それらの線形同値類の全体を $\mathrm{Pic}(X)$ と書く[3]．前と同じく $P_0\in X$ を固定して，任意の $P\in X$ に対して因子 $P-P_0$ の線形同値類 $[P-P_0]$ を対応させることによって写像

$$\lambda: X\longrightarrow \mathrm{Pic}(X)$$

を定義する．D が次数0の因子ならば $H^0(X, \mathcal{O}([D+P_0]))$ は1次元であるから $[D]=\lambda(P)$ なる $P\in X$ がただ1つ存在する．したがって λ は全単射である．定理 6.28 によれば $P_1\dot{+}P_2\dot{+}P_3=0$ であることと $\sum_{i=1}^{3}[P_i-P_0]=0$ が成り立つことは同値であるから λ は群の間の同型である．

注　少し話が前後するが §7.2 で述べる完全列

$$0\longrightarrow \boldsymbol{Z}\longrightarrow \mathcal{O}_X\longrightarrow \mathcal{O}_X{}^*\longrightarrow 0$$

から次の完全列

---

1)　定理 6.15 の証明参照．

2)　岩澤健吉"代数函数論"定理 5.12．

3)　$\mathrm{Pic}(X)$ に相当するものはずっと広いクラスの X に対して定義できる（たとえば，射影的代数多様体ならばよい）．それらは Picard（ピカール）多様体と呼ばれる．

$$0 \longrightarrow H^1(X, \boldsymbol{Z}) \longrightarrow H^1(X, \mathcal{O}) \longrightarrow H^1(X, \mathcal{O}^*) \longrightarrow H^2(X, \boldsymbol{Z})$$

が得られる．定理7.5によってChern類は次数にほかならないから

$$\mathrm{Pic}(X) = \mathrm{Ker}\, c = H^1(X, \mathcal{O})/H^1(X, \boldsymbol{Z})$$

と考えることができる．$H^1(X, \mathcal{O}) = \boldsymbol{C}$ で $H^1(X, \boldsymbol{Z})$ はその中の格子になっており，$\mathrm{Pic}(X)$ は複素トーラスの構造を持つ．このように考えたとき上に定めた λ は X から $\mathrm{Pic}(X)$ への双正則写像であることが知られている．

楕円曲線上の有理型関数を楕円関数(elliptic function)と呼ぶ．楕円関数は，$\boldsymbol{R}$ 上一次独立な2つの周期 ω_1, ω_2 を持つ $\boldsymbol{C}$ 上の有理型関数にほかならない．Riemann-Rochの定理によれば原点 P_0 で2位の極を持つ楕円関数が定数倍を除いて一意的に定まる．これを具体的に与えるものがWeierstrassの $\wp$ 関数と呼ばれるもので次の巾級数によって定義される：

$$\wp(z) = \frac{1}{z^2} + \sum_L{}' \left[\frac{1}{(z-\omega)^2} - \frac{1}{\omega^2} \right] \tag{6.56}$$

ただし $\sum_L{}'$ は L の元 ω で0以外のものにわたる和をあらわす．

命題6.17 $\wp(z)$ は $z = \omega\ (\omega \in L)$ で2位の極を持つ $\boldsymbol{C}$ 上の有理型関数で

$$\wp(z+\omega) = \wp(z), \qquad \omega \in L,$$
$$\wp(-z) = \wp(z)$$

が成り立つ．

証明のためにまず次の補題を用意する．

補題6.25 n を2より大きい整数とするとき $G_n = \sum_L{}' \omega^{-n}$ は絶対収束する．

証明 L の基底 ω_1, ω_2 をとれば L の元は図14のような格子であらわされる．

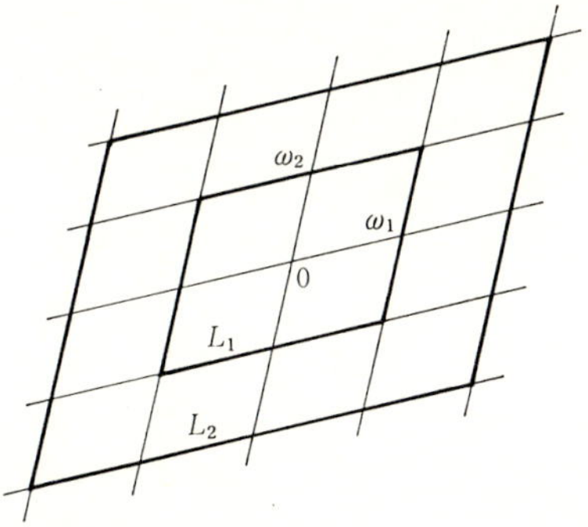

図14

原点を中心とする平行四辺形を考えて，それらを小さい方から $L_1, L_2, \cdots$ と

する．L_m の上には $8m$ 個の格子点がある．原点から L_1 までの最短距離を r とすれば

$$\sum_{\omega\in L\cap L_m}|\omega^{-n}| \leqq \frac{8m}{(mr)^n} = \frac{8}{r^n}\frac{1}{m^{n-1}}$$

である．したがって

$$\sum_L{}'|\omega^{-n}| \leqq \sum_{m=1}^{\infty}\frac{8}{r^n}\frac{1}{m^{n-1}}$$

で $n-1>1$ であるから右辺は有限である．（補題 6.25 の証明終り）

命題 6.17 の証明

$$\frac{1}{(z-\omega)^2}-\frac{1}{\omega^2} = \frac{-z^2+2z\omega}{\omega^2(z-\omega)^2}$$

$$= \frac{2z}{\omega^3}\frac{\left(1-\dfrac{z}{2\omega}\right)}{\left(1-\dfrac{z}{\omega}\right)^2}$$

である．ここで K を定数として $|z|<K, |\omega|>2K$ とすれば

$$\left|1-\frac{z}{2\omega}\right| < \frac{5}{4}, \qquad \left|1-\frac{z}{\omega}\right| > \frac{1}{2}$$

であるから

$$\left|\frac{1}{(z-\omega)^2}-\frac{1}{\omega^2}\right| < \frac{10K}{\omega^3} \tag{6.57}$$

が成り立つ．言い換えれば $|z|<K$ のとき，有限個の $\omega\in L$ を除けば(6.57)が成り立つ．したがって補題 6.25 によって，右辺の和は極を除けば各コンパクト集合上絶対一様収束する．

$\wp(z)=\wp(-z)$ は明らかであるから残った周期性を証明するために(6.56)を項別微分して

$$\wp'(z) = -2\sum_{\omega\in L}\frac{1}{(z-\omega)^3}$$

とおく．右辺は L の点で 3 位の極を持つ有理型関数で，その形から

$$\wp'(z+\omega) = \wp'(z), \qquad \omega\in L$$

である．したがって，ω_1, ω_2 を L の基底とすれば

$$\frac{d}{dz}\{\wp(z+\omega_j)-\wp(z)\} = 0, \qquad j = 1, 2$$

が成り立つ．ここで $z=-\omega_j/2$ とすれば，これは $\wp$ の極ではなく，{ } 内は 0 となる．したがって任意の z に対して $\wp(z+\omega_j)=\wp(z)$, $j=1,2$ を得る．（証明終り）

$\wp$ 関数の微分 $\wp'$ は原点 P_0 で 3 位の極を持つ楕円関数である．したがって $\{1,\wp,\wp'\}$ が $H^0(X, \mathcal{O}(3P_0))$ の基底となる．

定理 6.30 次の関係式

$$(\wp')^2 = 4\wp^2 - g_2\wp - g_3,$$

$$g_2 = 60\sum_L{}'\omega^{-4}, \qquad g_3 = 140\sum_L{}'\omega^{-6}$$

が成り立つ．

証明 $\wp(z)$ の $z=0$ における展開を考える．まず

$$\begin{aligned}\frac{1}{(z-\omega)^2} &= \frac{1}{\omega^2}\left\{1+\left(\frac{z}{\omega}\right)+\left(\frac{z}{\omega}\right)^2+\cdots\right\}^2 \\ &= \frac{1}{\omega^2}\left\{1+2\left(\frac{z}{\omega}\right)+3\left(\frac{z}{\omega}\right)^2+\cdots\right\}\end{aligned}$$

で，奇数次の項は $\omega\leftrightarrow-\omega$ で打ち消し合うから

$$\begin{aligned}\wp(z) &= z^{-2}+\sum_{n=1}^{\infty}(2n+1)\sum_L{}'\omega^{-2n-2}z^{2n} \\ &= z^{-2}+3G_4z^2+5G_6z^4+7G_8z^6+\cdots\end{aligned}$$

である．項別微分すれば

$$\begin{aligned}\wp'(z) &= -2z^{-3}+\sum_{n=1}^{\infty}2n(2n+1)\sum_L{}'\omega^{-2n-2}z^{2n-1} \\ &= -2z^{-3}+6G_4z+20G_6z^3+42G_8z^5+\cdots.\end{aligned}$$

したがって，z^2 の項まで求めると

$$(\wp'(z))^2 = 4z^{-6}-24G_4z^{-2}-80G_6+(36G_4{}^2-168G_8)z^2+\cdots,$$

$$\wp(z)^3 = z^{-6}+9G_4z^{-2}+15G_6+(27G_4{}^2+21G_8)z^2+\cdots.$$

これより

$$\begin{aligned}&(\wp'(z))^2-4\wp(z)^3 \\ &\quad= -60G_4z^{-2}-140G_6-(72G_4{}^2+252G_8)z^2+\cdots \\ &\quad= -60G_4\wp(z)-140G_6+(108G_4{}^2-252G_8)z^2+\cdots.\end{aligned}$$

したがって $(\wp')^2-4\wp^3+g_2\wp+g_3$ は X 上至る所正則で，原点で零点を持つ，すなわち定数 0 である．（証明終り）

$X=\boldsymbol{C}/L$ の原点を P_0 として，完備一次系 $|3P_0|$ の定める埋め込み $\Phi:X\to\boldsymbol{P}^2$ を考える．P_0 の外ではこの写像は

$$z \longrightarrow (\wp(z), \wp'(z), 1) \in \boldsymbol{P}^2$$

で与えられる[1)]．定理 6.30 は $\Phi(X)$ は非同次座標 (x, y) で，方程式

$$y^2 = 4x^3 - g_2x - g_3 \tag{6.58}$$

によって定義されることを意味している．$\Phi(X)$ は非特異であるから右辺の判別式 $\Delta=g_2{}^3-27g_3{}^2$ は 0 ではない．(6.58)を X の Weierstrass 標準形と呼ぶ[2)]．

Weierstrass の標準形(6.58)で与えられた楕円曲線 X に対してその j 不変量(j-invariant) $j=j(X)$ を

$$j = \frac{g_2{}^3}{g_2{}^3-27g_3{}^2}$$

と定義する[3)]．

上では $\wp$ 関数の性質から Weierstrass 標準形に到達したが，一般に(6.58)の形の方程式を Weierstrass の標準形と呼ぶことにする．このとき 1 つの楕円曲線に対する複数の標準形の異同を知ることが基本的である．

補題 6.26 $i=1, 2$ に対してそれぞれ

$$y^2 = 4x^3 - a_2{}^{(i)}x - a_3{}^{(i)}, \qquad (a_2{}^{(i)})^3 - 27(a_3{}^{(i)})^2 \neq 0 \tag{6.59}$$

で定義される楕円曲線を $X^{(i)}$ とする．このとき $X^{(1)}$ と $X^{(2)}$ が同型であるための必要十分条件は

$$a_2{}^{(2)} = c^4 a_2{}^{(1)}, \qquad a_3{}^{(2)} = c^6 a_3{}^{(1)}$$

をみたす定数 $c\,(\neq 0)$ が存在することである．

証明 このような c が存在すれば $(x, y)\to(c^2x, c^3y)$ は $X^{(1)}$ から $X^{(2)}$ への同型を定める．

逆に同型 $\varphi: X^{(1)}\to X^{(2)}$ が存在すると仮定する．$\boldsymbol{P}^2$ の同次座標を $(\zeta_0, \zeta_1, \zeta_2)$ として，$x=\zeta_0/\zeta_2$, $y=\zeta_1/\zeta_2$ であると考えれば $X^{(i)}$ の方程式は

---

1) $\Phi(P_0)=(0, 1, 0)$ である．

2) C を非特異平面 3 次曲線とすれば適当な射影変換によって C の方程式を(6.58)の形にすることができる．たとえば C. H. Clemens "A Scrapbook of Complex Curve Theory" Chap. II.

3) 不変量として $J=2^6 3^3 j$ を用いることがある．

$$\zeta_1{}^2\zeta_2 = 4\zeta_0{}^3 - a_2{}^{(i)}\zeta_0\zeta_2{}^2 - a_3{}^{(i)}\zeta_2{}^3$$

である．点 $(0,1,0)\in X^{(i)}$ を $P_0{}^{(i)}$ と書くことにする．$X^{(2)}$ は複素トーラスであるから $P_0{}^{(2)}$ を原点にとり，$Q=\varphi(P_0{}^{(1)})$ として $P\to P\dot{+}Q$ を考えれば，これは $P_0{}^{(2)}$ を Q に写す同型 $X^{(2)}\to X^{(2)}$ を定める．したがって φ は $\varphi(P_0{}^{(1)})=P_0{}^{(2)}$ をみたすと仮定してよい．

$\boldsymbol{P}^2$ の直線 $\zeta_2=0$ は $X^{(i)}$ と $P_0{}^{(i)}$ のみで交わるから，それが $X^{(i)}$ 上に定める因子は $3P_0{}^{(i)}$ である．また $\zeta_0=0$ も $P_0{}^{(i)}$ を通る．したがって，$x=\zeta_0/\zeta_2$ を $X^{(i)}$ 上の有理型関数と考えたものを x_i とすれば $\operatorname{div}(x_i)\geqq -2P_0{}^{(i)}$ である．したがって x_i の定める正則写像 $f_i: X^{(i)}\to\boldsymbol{P}^1$ は完備一次系 $|2P_0{}^{(i)}|$ によるものにほかならない．(6.59)の右辺$=0$ の根を $\lambda_1{}^{(i)}, \lambda_2{}^{(i)}, \lambda_3{}^{(i)}$ とすれば f_i の分岐点は $x=\infty$, $\lambda_1{}^{(i)}, \lambda_2{}^{(i)}, \lambda_3{}^{(i)}$ である．

同型 φ によって x_2 を $X^{(1)}$ 上の関数とみなしたものを x_2' とすれば $\{1, x_2'\}$ は $H^0(X^{(1)}, \mathcal{O}(2P_0{}^{(1)}))$ の基底をなす．したがって $x_1=dx_2'+e$ なる定数 $d, e\in\boldsymbol{C}$ が存在する．このとき f_1 の分岐点は f_2 の分岐点に写るから，適当に順序を変えれば $\lambda_j{}^{(1)}=d\lambda_j{}^{(2)}+e$ $(1\leqq j\leqq 3)$ である．3根 $\lambda_j{}^{(i)}$ の和は 0 であるから，$e=0$, $\lambda_j{}^{(1)}=d\lambda_j{}^{(2)}$ $(d\neq 0)$ となる．これより $a_2{}^{(1)}=d^2a_2{}^{(2)}$, $a_3{}^{(1)}=d^3a_3{}^{(2)}$ を得る．(証明終り)

この補題によって $j(X)$ は X のみによって定まり Weierstrass 標準形の選び方によらないことが保証される．

定理 6.31 2つの楕円曲線 X, Y が与えられたとき，X と Y が同型であるための必要十分条件は $j(X)=j(Y)$ が成り立つことである．

証明 必要性は明らかであるから十分性を証明すればよい．

$\boldsymbol{P}^2$ の非同次座標を (u, v) とし，λ を定数 $\neq 0, 1$ として

(6.60) $$v^2 = 4u(u-1)(u-\lambda)$$

で定義される楕円曲線 X_λ を考える．X_λ は $\{\infty, 0, 1, \lambda\}$ を分岐集合とする $\boldsymbol{P}^1$ の2重被覆である．任意の楕円曲線はこの形に書ける[1]．

新しい座標を $x=u-\dfrac{1+\lambda}{3}$, $y=v$ とすれば(6.60)は

1) Weierstrass の標準形から(6.60)を得るには分岐点を $x=\infty, \alpha, \beta, \gamma$ として，たとえば $u=(x-\alpha)/(\beta-\alpha)$ とすればよい．$\lambda=(\gamma-\alpha)/(\beta-\alpha)$ となる．

$$y^2 = 4x^3 - \frac{4}{3}(1-\lambda+\lambda^2)x - \frac{4}{27}(1+\lambda)(2-\lambda)(1-2\lambda)$$

となる．これによって $j(X_\lambda)$ を計算すれば

$$j(X_\lambda) = \frac{4}{27}\frac{(1-\lambda+\lambda^2)^3}{\lambda^2(1-\lambda)^2}$$

を得る．これは次数6の正則写像 $h: \boldsymbol{P}^1 \to \boldsymbol{P}^1$, $h(\lambda) = j(X_\lambda)$ を定める．さらに

$$\lambda,\ \frac{1}{\lambda},\ 1-\lambda,\ 1-\frac{1}{\lambda},\ \frac{1}{1-\lambda},\ \frac{\lambda}{1-\lambda} \tag{6.61}$$

の6つの値に対して j の値は等しい[1]．したがって $c=h(\lambda)$ が h の分岐集合に含まれないとき $h^{-1}(c)$ は上の6つの値で与えられる．c が分岐点の場合にも $h^{-1}(c)$ は(6.61)によって表わされる：

$$\lambda = (1\pm\sqrt{-3})/2 \longrightarrow j = 0,$$
$$\lambda = 2, 1/2 \qquad \longrightarrow j = 1,$$
$$\lambda = 0, 1, \infty \qquad \longrightarrow j = \infty.$$

したがって $j(X_\lambda) = j(X_\mu)$ ならば μ は(6.61)の6つの値のいずれかである．

$\mu = \dfrac{1}{\lambda}$ のときには $\xi = \dfrac{1}{u}$, $\eta = \dfrac{v}{u^2\sqrt{\lambda}}$ とすれば(6.60)は

$$\eta^2 = 4\xi(\xi-1)(\xi-\mu)$$

と書き換えることができる．すなわち $(u, v) \to (\xi, \eta)$ が X_λ から X_μ への同型を与える．

同様に $\mu = 1-\lambda$ のときには $(u, v) \to (\xi, \eta) = (1-u, v)$ をとればよい．他の場合はこの2つの組み合わせで得られるから[2]，いずれの場合にも X_λ と X_μ は同型である．以上で $j(X) = j(Y)$ ならば X と Y は同型であることが証明された．

再び $X = \boldsymbol{C}/L$, $L = \boldsymbol{Z}\omega_1 + \boldsymbol{Z}\omega_2$ を複素トーラスと考える．L を定数倍で置き換えても X は変わらないから $\tau = \omega_1/\omega_2$ とおいて $L = \boldsymbol{Z} + \boldsymbol{Z}\tau$ としてよい．このとき，必要ならば ω_1 と ω_2 を入れ換えて，$\mathrm{Im}\,\tau > 0$ と仮定することができる．この格子を L_τ と書く．$\mathrm{Im}\,\tau' > 0$ のとき $X = \boldsymbol{C}/L_\tau$ と $X' = \boldsymbol{C}/L_{\tau'}$ が同型であるための必要十分条件は

---

1)　$\boldsymbol{C}(\lambda)$ は $\boldsymbol{C}(j)$ の Galois 拡大で，その Galois 群は3次対称群 S_3 である．(6.61)の元は $\{0, 1, \infty\}$ の置換を惹き起こすことによって S_3 と同一視できる．

2)　上の脚注参照．

$$\tau' = \frac{a\tau+b}{c\tau+d}, \qquad \begin{bmatrix} a & b \\ c & d \end{bmatrix} \in SL_2(\boldsymbol{Z})^{1)} \tag{6.62}$$

なる a, b, c, d が存在することである．$j(\tau)=j(\boldsymbol{C}/L_\tau)$ は上半平面

$$H = \{\tau \in \boldsymbol{C} \mid \mathrm{Im}\,\tau > 0\}$$

上の正則関数で

$$j\left(\frac{a\tau+b}{c\tau+d}\right) = j(\tau), \qquad \begin{bmatrix} a & b \\ c & d \end{bmatrix} \in SL_2(\boldsymbol{Z})$$

をみたす．$j(\tau)$ は楕円 modular 関数(elliptic modular function)と呼ばれる．

一方上半平面 H の点 τ は $SL_2(\boldsymbol{Z})$ の作用(6.62)によって次の集合

$$F = \left\{\sigma \in H \,\middle|\, \begin{array}{l} -1/2 < \mathrm{Re}\,\sigma \leqq \frac{1}{2},\ |\sigma| \geqq 1, \\ \text{かつ } |\sigma|=1 \text{ のときは } \mathrm{Re}\,\sigma \geqq 0 \end{array}\right\}$$

の点に写すことができる．しかも τ を定めればこのような $\sigma \in F$ は一意的に定まる．

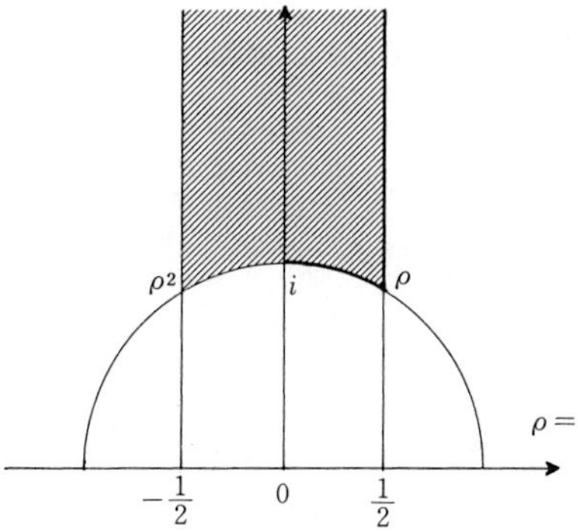

$\rho = \frac{1+\sqrt{-3}}{2}$ **図 15**

以上の事実から楕円曲線の同型類は F の点と 1 対 1 に対応する．したがって $j(\tau)$ が F の上で $\boldsymbol{C}$ の値をちょうど一度ずつとることを示すことによって定理 6.31 の別証明を得ることもできる．

---

1) すなわち $a, b, c, d \in \boldsymbol{Z}$ で $ad-bc=1$.

第7章　複素曲面上の曲線

§7.1　交点数

以後2次元複素多様体のことを複素曲面(complex surface)，または単に曲面(surface)と呼ぶ．この節では曲面 S 上のコンパクトな因子 C, D に対してその間の交点数(intersection number)を定義するのが目標である．そのためにコンパクト Riemann 面 X 上の直線バンドル L の次数 $\deg L$ を定義する．

定理 7.1　コンパクト Riemann 面 X 上の任意の直線バンドル L に対して，$L=[\mathfrak{d}]$ となる因子 $\mathfrak{d}$ が存在する．

定義　$L=[\mathfrak{d}]$ のとき $\deg L=\deg \mathfrak{d}$ と定義する．これは $\mathfrak{d}$ のとり方によらない(命題6.1(i)，定理6.3)．

定理 7.1 の証明　最初に $H^1(X, \mathcal{O}(L))$ は有限次元のベクトル空間である．これは定理6.1とほとんど同様に証明される．異なる所は(6.2), (6.7)等の等式で

$$s_{ij} = g_{ij}t_j - t_i$$

のように変換関数 g_{ij} が掛かることである．g_{ij} は $U_i \cap U_j$ で正則としてよいから $V_i \cap V_j$ では有界で，したがって(6.3), (6.4)等の不等式の右辺の t_j のノルムの前に適当な定数が掛かるが，それらは本質的な影響を及ぼさない．

次に定理6.2の証明と同様にして，$P \in X$ として，n を十分大きくとれば，$H^0(X, \mathcal{O}(L+n[P])) \neq 0$ である．そこで0でない元 φ をとれば

$$L+n[P] = [\mathrm{div}(\varphi)]$$

であるから，$\mathfrak{d}=\mathrm{div}(\varphi)-nP$ とすればよい．(証明終り)

以下この節では曲面 S 上のコンパクトな因子 C, D を考える．C を既約因子の和に分解して

$$C = \sum_{j=1}^{m} \alpha_j C_j, \qquad \alpha_j \in \boldsymbol{Z}$$

とする．各 j に対してその特異点の還元を $\pi_j : \tilde{C}_j \to C_j \subset S$ とする．一方因子

D の定める直線バンドル $[D]$ に対して π_j による引き戻し $\pi_j{}^*[D]$ が得られる．このとき C と D の交点数 (CD) を

$$(CD) = \sum_{j=1}^{m} a_j \deg \pi_j{}^*[D]$$

によって定義する[1]．今後 (CD) を単に CD または $C \cdot D$ であらわすことが多い．定義から明らかなように CD は C, D の各々について線形である．また D と D' が線形同値ならば $CD = CD'$ が成り立つ．

この定義によれば“可換性” $CD = DC$ は明らかでないのでそれを証明するために少し交点数の性質を調べる．ここでは C, D が相異なる既約因子の場合を考える．このとき $C \cap D$ は有限個の点 $P_1, P_2, \cdots, P_l$ から成るが，各点 P_i に対して局所的な交点数 $(CD)_{P_i}$ を定義することができて

$$CD = \sum_{i=1}^{l} (CD)_{P_i} \tag{7.1}$$

とあらわされる．さらに $CD \geqq 0$ である．［証明］ $\pi : \tilde{C} \to C \subset S$ を特異点の還元とする．$\mathfrak{d} = \pi^* D$ を因子の引き戻しとすると $CD = \deg \mathfrak{d}$ である．$\pi^* D$ の台はちょうど $\pi^{-1}(P_i)$ であるから，$\pi^{-1}(P_i) = \{Q_{i1}, \cdots, Q_{id_i}\}$ とすれば，

$$\mathfrak{d} = \sum_{i,\lambda} k_{i\lambda} Q_{i\lambda}, \qquad k_{i\lambda} > 0 \tag{7.2}$$

とあらわされる．i を固定して

$$(CD)_{P_i} = \sum_{\lambda=1}^{d_i} k_{i\lambda}$$

と定義すれば(7.1)が成り立つ．

$C \cap D \neq \phi$ ならば，少くとも1つ $k_{i\lambda} > 0$ が存在するから $CD > 0$．一方，もし $C \cap D = \phi$ なら明らかに $CD = 0$ である．したがって次の補題が証明された．

補題 7.1 C, D が共通の既約因子を持たない正因子のとき $CD \geqq 0$ である．さらに $CD = 0$ であるための必要十分条件は C, D の台が交わらないことである．——

以上の準備の下に次の命題を証明する．

定理 7.2 任意の因子 C, D に対して $CD = DC$ が成り立つ．

---

1) たとえば $C = D$ の場合，因子の引き戻し $\pi_j{}^* D$ は定義されないから $\pi_j{}^*[D]$ を用いた．

証明　C, D が既約因子の場合に証明すれば十分であろう．また $C=D$ ならば結論は明らかであるから C と D は相異なるとする．

以下 $k=CD\geqq 0$ とおいて，k に関する数学的帰納法で $CD=DC$ を証明する．まず $k=0$ の場合，補題7.1によって $C\cap D=\phi$，したがって $CD=0=DC$ である．次に $k>0$ として，任意の曲面 S_1 上のコンパクトな既約因子 C_1, D_1 に対して，$C_1D_1<k$ ならば $C_1D_1=D_1C_1$ が成り立つと仮定する．

$k>0$ であるから，$P\in C\cap D$ をとり $\sigma: S_1\to S$ は P を中心とする blowing up であるとする．$E=\sigma^{-1}(P)$ を例外曲線とすれば

$$\sigma^*C = C_1+mE, \qquad \sigma^*D = D_1+nE$$

とあらわされる．ここで m, n はそれぞれ P における C, D の重複度，C_1, D_1 は固有変換である(§6.8)．$\pi_1: \tilde{C}_1\to C_1\subset S$ を C_1 の特異点の還元とすれば $\pi=\sigma\circ\pi_1: \tilde{C}_1\to C\subset S$ は C の特異点の還元である．しかも $\pi^*D=\pi_1{}^*(\sigma^*D)$ であるから $CD=C_1(\sigma^*D)$ が成り立つ[1]．一方(6.48)によって $C_1E=m$ であるから

$$CD = C_1D_1+nC_1E = C_1D_1+mn$$

が得られる．同様に C と D を入れ換えて考えれば

$$DC = D_1C_1+mn$$

である．ここで $C_1D_1=k-mn<k$ であるから帰納法の仮定によって $C_1D_1=D_1C_1$ である．ゆえに上の2つの等式から $CD=DC$ がしたがう．(証明終り)

系　C と C'，D と D' がそれぞれ互いに線形同値ならば $CD=C'D'$ である．すなわち CD は直線バンドル $[C], [D]$ によって定まる．

証明　既に注意したように $CD=CD', D'C=D'C'$ であるから定理7.2によって $CD=C'D'$ である．

上の証明で用いた blowing up による交点数の変化は重要であるから次に定理の形で述べておく．

定理7.3　$\sigma: S_1\to S$ は $P\in S$ を中心とする blowing up，$E=\sigma^{-1}(P)$ であるとする．

(i)　C, D を S 上の正因子，σ による固有変換をそれぞれ C_1, D_1 とする．

---

1)　左辺は S 上の交点数，右辺は S_1 上の交点数である．

C, D の P における重複度をそれぞれ m, n とすれば

$$C_1D_1 = CD-mn, \qquad C_1E = m,\ D_1E = n$$

である．特に局所的な交点数に対して

$$(CD)_P \geqq mn$$

が成り立つ．

（ii） E と自分自身の交点数 $(E\cdot E)$ を (E^2)，または E^2 と書くことにすれば $(E^2)=-1$ である．

証明 (1°) (ii)を証明すればよい．定理 7.2 によれば

$$E\cdot(\sigma^*C) = (\sigma^*C)\cdot E = (C_1+mE)\cdot E$$

である．ところが $[C]$ は S 上の直線バンドルであるから $\sigma^*[C]$ を E に制限すれば自明な直線バンドルである．したがって $E\cdot(\sigma^*C)=0$ である．(i)を用いると $mE^2=-C_1E=-m$ で $E^2=-1$ を得る．

(2°) 実は 1° の証明では P を通る正因子 C が存在することを仮定している．S がある射影空間 $\boldsymbol{P}^N$ に含まれる場合には P を通る超曲面をとればよいが，一般の複素曲面 S ではこのような C が存在するとは限らない．そこで次に $(E^2)=-1$ を直接計算で確かめておく．

blowing up の定義に戻って $U=\{(x, y)\in \boldsymbol{C}^2\,|\,|x|<1,\ |y|<1\}$ を点 $P: x=y=0$ の座標近傍とすると，$\sigma^{-1}(U)=V_0\cup V_1$,

$$V_0 = \{(x, s)\in \boldsymbol{C}^2\,|\,|x|<1,\ |xs|<1\},$$
$$V_1 = \{(y, t)\in \boldsymbol{C}^2\,|\,|yt|<1,\ |y|<1\},$$

$V_0\cap V_1$ 上では $y=xs,\ t=1/s$ である．例外曲線 E は $x=0$ または $y=0$ で定義されるから，直線バンドル $[E]$ の $\sigma^{-1}(U)$ の開被覆 $\{V_0, V_1\}$ に関する変換関数は $g_{01}=x/y$ で与えられる．すなわち $g_{01}=t=1/s$ である．$[E]$ を E に制限して得られる直線バンドルを N とする[1]．次に $u_0=1,\ u_1=1/t$ とおいて，それぞれ V_0, V_1 上の有理型関数と考える．$E\cap V_0\cap V_1$ 上では $u_0=g_{01}u_1$ が成り立つから $\{u_0, u_1\}$ は N の有理型切断である．u_0 は定数，u_1 は $t=0$ で 1 位の極を持つから $\deg N=-1$ である．（証明終り）[2]

以上の事実は blowing up によって交わりの様子が簡単になることを示して

---

1) N は E の法バンドル(normal bundle)と呼ばれる．
2) (ii)から $C_1E=m$ を証明することができる．

いる．同様の方法で次の結果を証明することができる．

系　C, D を S 上の既約因子とする．C, D が点 $P \in S$ で交わると仮定して，P におけるそれぞれの局所方程式を $u=0, v=0$ とする．このとき $(CD)_P=1$ であるための必要十分条件は次の(i)(ii)が成り立つことである．

（i）　C, D はともに P で非特異．

（ii）　(u, v) が P の近傍における S の局所座標にとれる．

証明　(i)(ii)が成り立てば $(CD)_P=1$ であることは明らかであろう．逆に $(CD)_P=1$ と仮定して，$\sigma: S_1 \to S$ を点 P を中心とする blowing up とする．上と同じ記号を用いると

(7.3)
$$C_1D_1 = CD-mn$$

である．$C_1 \cap D_1$ の点で P の上にあるものを（もしあれば）$Q_1, \cdots, Q_l$ とする．σ は P の外では双正則であるから，(7.3)は

$$\sum_{j=1}^{l}(C_1D_1)_{Q_j} = (CD)_P - mn$$

ということである．左辺は $\geqq 0$ で，右辺は $1-mn$ であるから，$l=0, mn=1$ でなければならない．したがって，C_1, D_1 は $\sigma^{-1}(P)$ では共通点を持たず，$m=n=1$ である．

次に (x, y) を P を中心とする局所座標とする．上に見たように C は P で非特異であるから，$\partial u/\partial x, \partial u/\partial y$ の少くとも一方は P で 0 ではない．前者がそうであるとすれば，逆関数の定理によって (u, y) を局所座標に選ぶことができる．このとき y は P における C の局所座標を与えている．$v=\sum_{i,j} a_{ij}u^iy^j$ とすれば，D を C に制限した因子は $\sum_j a_{0j}y^j=0$ で定義される．したがって $a_{00}=0, a_{01} \neq 0$ である．これは $\partial v/\partial y$ が P において 0 でないことを意味しているから再び逆関数の定理によって (u, v) を局所座標と考えることができる．（証明終り）

$(CD)_P=1$ のとき，C と D は P において横断的に交わる（intersect transversally）という．あるいは C, D の P における交わりは横断的であるという．したがって C, D の交わりがすべて横断的ならば交点数 CD は $C \cap D$ の点の個数に等しい．

以上では2つの因子の交点数を考えたが，一方が直線バンドルでも交点数を

定義できる．$C\subset S$ が既約因子，$\pi:\tilde{C}\to C\subset S$ が特異点の還元のとき，S 上の直線バンドル F に対して

$$(CF)=\deg \pi^* F$$

と定義する．C が既約でない場合の定義も明らかであろう．S 上の因子 D に対しては $(C[D])=(CD)$ が成り立つ．さらに K を S の標準バンドルとすれば C の算術種数 $\pi(C)$ は

$$2\pi(C)-2=C(K+C)$$

で与えられる．

§7.2 第1 Chern 類(first Chern class)

M をパラコンパクトな複素多様体として，以前の通り $\mathcal{O}_M$ を M 上の正則関数の germ の層とする．さらに $\mathcal{O}_M{}^*$ で開集合 $U\subset M$ に対して

$$\Gamma(U,\mathcal{O}_M{}^*)=\{f\mid f \text{ は } U \text{ 上正則で } 0 \text{ にならない}\}$$

である層をあらわす．すなわち $\mathcal{O}_M{}^*$ は M 上の可逆な正則関数の germ の層である．これまでの例と異なり $\mathcal{O}_M{}^*$ は乗法群の層である．

定理 7.4 次の完全列

$$0\longrightarrow \boldsymbol{Z}\stackrel{\iota}{\longrightarrow}\mathcal{O}_M\stackrel{e}{\longrightarrow}\mathcal{O}_M{}^*\longrightarrow 0^{1)} \tag{7.4}$$

が存在する．ここで $\boldsymbol{Z}$ は定数層，ι は自然な埋め込みで e は

$$e(\varphi)=\exp(2\pi\sqrt{-1}\varphi)$$

で定義される．

証明 ι が単射であることと，$e\circ\iota=1$ であることは明らかである．次に M の点 P における germ $\varphi\in\mathcal{O}_{M,P}$ が $e(\varphi)=1$ をみたすとする．φ を代表する正則関数 f をとれば，f は整数値をとるから P の近傍で定数である．最後に e が全射であることを示す．$\psi\in\mathcal{O}_{M,P}{}^*$ を代表する正則関数 $g\in\Gamma(U,\mathcal{O}_M{}^*)$, $P\in U$ をとり，このとき U は単連結(たとえば多重円板)に選ぶ．$z\to\log g(z)$ は U 上の多価正則関数であるが，U 上一価の分枝を選ぶことができる[2]．その関数を $2\pi\sqrt{-1}f$ とすれば $g=e(f)$ である．(証明終り)

次に一般論により(7.4)からコホモロジーの完全列が得られる．重要な部分

---

1) $\mathcal{O}_M{}^*$ は乗法群なので 0 を用いるのは少しおかしいがこのように書くことにする．

2) $z\to e^z$ は $\boldsymbol{C}$ から $\boldsymbol{C}-\{0\}$ への局所双正則写像である．

は次の部分である：

(7.5) $$\delta : H^1(M, \mathcal{O}_M{}^*) \longrightarrow H^2(M, \boldsymbol{Z}).$$

ここで $H^1(M, \mathcal{O}_M{}^*)$ は M 上の直線バンドルの全体のなす群と同型である(これは第3章の定義を言い換えたに過ぎない)．

定義　M 上の直線バンドル L を $H^1(M, \mathcal{O}_M{}^*)$ の元と同一視して，(7.5)の写像 δ による像 $\delta(L) \in H^2(M, \boldsymbol{Z})$ のことを L の第1 Chern 類(first Chern class)，または単に L の Chern 類と呼んで $c(L)$ であらわす[1]．

L は M の開被覆 $\mathfrak{U}=\{U_i\}$ に属する変換関数系 $\{g_{ij}\}$ で定義されているとする．このとき必要ならば $\mathfrak{U}$ を細分でおきかえて，各 $U_i \cap U_j$ 上で

$$\exp(2\pi\sqrt{-1}f_{ij}) = g_{ij}, \qquad f_{ij} \in \Gamma(U_i \cap U_j, \mathcal{O}_M)$$

なる f_{ij} を見出すことができる(補題5.3)．このとき $c(L)$ は 2-cocycle $\{c_{ijk}\}$

$$c_{ijk} = f_{jk} - f_{ik} + f_{ij}$$

で代表されるコホモロジー類である．

定数層の間の自然な埋め込み $\boldsymbol{Z} \to \boldsymbol{R}$ によって準同型

$$H^2(M, \boldsymbol{Z}) \longrightarrow H^2(M, \boldsymbol{R})$$

が定義されるが，この準同型による $c(L)$ の像を $c(L)_{\boldsymbol{R}}$ と書く．de Rham の定理によれば

$$H^2(M, \boldsymbol{R}) \cong \frac{\{\gamma \mid \gamma \text{ は } M \text{ 上の2次実微分形式}, d\gamma = 0\}}{\{d\beta \mid \beta \text{ は } M \text{ 上の1次実微分形式}\}}$$

である．この同型対応によって $c(L)_{\boldsymbol{R}}$ は2次の実閉微分形式 γ で代表される．このことを

$$c(L)_{\boldsymbol{R}} \backsim \gamma$$

であらわすことにする．以下に γ がどのようにして与えられるかを述べる．

定義　直線バンドル L を定義する開被覆と変換関数系を $\{U_i\}, \{g_{ij}\}$ とする．U_i 上定義された正の実数値をとる C^∞ 関数 a_i の組 $\{a_i\}$ が

(7.6) $$a_i(z) = \frac{1}{|g_{ij}(z)|^2} a_j(z), \qquad z \in U_i \cap U_j$$

をみたすとき，$\{a_i\}$ を L の計量(metric)と呼ぶ．

補題7.2　M がパラコンパクトならば L は必ず計量を持つ．

---

1)　$-\delta(L)$ を $c(L)$ と定義する方がよいかもしれない(定理7.5参照)．

証明　必要ならば $\mathfrak{U}=\{U_i\}$ を細分して，最初から $\mathfrak{U}$ は局所有限，$\bar{U}_i$ はコンパクトとしてよい．$\mathfrak{U}$ に属する1の分解を $\{\rho_i\}$ とする[1]．$z\in U_i$ に対して

$$a_i(z)=\sum_k \rho_k(z)|g_{ik}(z)|^{-2}$$

と定義すればよい．ここで $\rho_k(z)|g_{ik}(z)|^{-2}$ は $U_i-U_i\cap U_k$ では恒等的に0であると考えると a_i は U_i 上の C^∞ 関数で(7.6)をみたす．（証明終り）

命題 7.1　$\{a_i\}$ を直線バンドル L の計量とする．このとき

$$\gamma=-\frac{1}{2\pi\sqrt{-1}}\partial\bar{\partial}\log a_i$$

は M 上の2次の実閉微分形式で $c(L)_{\boldsymbol{R}}\backsim\gamma$ である．

証明　(1°)　γ は M 上の微分形式を定めること．

(7.7)　$$\log a_i(z)=\log a_j(z)-\log|g_{ij}(z)|^2,\qquad z\in U_i\cap U_j$$

であるから

$$\partial\bar{\partial}\log a_j-\partial\bar{\partial}\log a_i=\partial\bar{\partial}\log|g_{ij}|^2$$

である．点 $P\in U_i\cap U_j$ の単連結な近傍 V をとれば V 上の正則関数 f を用いて $g_{ij}=\exp f$ と書くことができる．このとき

$$\log|g_{ij}|^2=2\,\mathrm{Re}\,f=f+\bar{f}$$

である．f は正則であるから $\bar{\partial}f=\partial\bar{f}=0$ で，さらに $\partial\bar{\partial}=-\bar{\partial}\partial$ に注意すれば $\partial\bar{\partial}\log|g_{ij}|^2=0$ を得る．

(2°)　γ が実閉微分形式であること．$\gamma=\bar{\gamma}$ 及び $d\gamma=0$ であることが容易に確かめられる．

(3°)　$c(L)_{\boldsymbol{R}}\backsim\gamma$ なること．必要ならば開被覆を細分して

$$g_{ij}=\exp(2\pi\sqrt{-1}f_{ij}),\qquad f_{ij}\in\Gamma(U_i\cap U_j,\mathcal{O}_M)$$

とあらわされているとしてよい．$(c_{ijk})=\delta(f_{ij})$ が $c(L)$ を代表する cocycle である．

γ が de Rham の定理の対応で (c_{ijk}) のコホモロジー類と対応するとは

(7.8)
$$\begin{aligned}c_{ijk}&=\beta_{jk}-\beta_{ik}+\beta_{ij}&&(U_i\cap U_j\cap U_k\text{ 上})\\ d\beta_{ij}&=\sigma_j-\sigma_i&&(U_i\cap U_j\text{ 上})\\ \gamma&=d\sigma_i&&(U_i\text{ 上})\end{aligned}$$

1)　補説A，I)を見よ．

をみたす $U_i \cap U_j$ 上の実 C^∞ 関数 β_{ij} と U_i 上の実1次形式 σ_i が存在することである[1)]．これを確かめればよい．

まず定義によって

$$c_{ijk} = f_{jk} - f_{ik} + f_{ij}$$

である．次に(7.7)より

$$\frac{1}{2\pi\sqrt{-1}}\{\partial \log a_j - \partial \log a_i\}$$
$$= \partial(f_{ij} + \bar{f}_{ij}) = \partial f_{ij} = df_{ij}$$

である．さらに

$$d\left(\frac{1}{2\pi\sqrt{-1}}\partial \log a_i\right) = -\frac{1}{2\pi\sqrt{-1}}\partial\bar{\partial} \log a_i$$

である．ここで f_{ij}, $(1/2\pi\sqrt{-1})\partial \log a_i$ は実関数や実形式ではないので

$$\beta_{ij} = \mathrm{Re}\, f_{ij},$$
$$\sigma_i = \mathrm{Re}\left(\frac{1}{2\pi\sqrt{-1}}\partial \log a_i\right) = \frac{1}{4\pi\sqrt{-1}}(\partial \log a_i - \bar{\partial} \log a_i)$$

とおく．このとき γ が実形式であることと，d は実形式を実形式に写すことから(7.8)がみたされることがわかる．（証明終り）

上に構成した γ は(1,1)形式である．したがって

系　直線バンドル L の Chern 類 $c(L)_{\boldsymbol{R}}$ は実(1,1)形式で代表される．——

逆に M がコンパクト複素多様体で，$c \in H^2(M, \boldsymbol{Z})$ は $c_{\boldsymbol{R}}$ が実(1,1)形式で代表されるコホモロジー類とすれば，M 上の直線バンドル L で $c(L)=c$ なるものが存在する[2)]．

次に特別な場合として M がコンパクト Riemann 面の場合を考える．

定理 7.5　L をコンパクト Riemann 面 M 上の直線バンドル，$c(L)_{\boldsymbol{R}} \backsim \gamma$ とする．このとき[3)]

$$\deg L = -\int_M \gamma.$$

1)　178-179 ページと同様である．

2)　K. Kodaira and D. C. Spencer "Groups of complex line bundles over compact Kähler varieties" Proceedings of the National Academy of Science U. S. A., vol. 39 (1953), 868-872. 全集[33].

3)　M の向きづけと積分については補説 A を見よ．

証明 Stokesの定理によって，右辺の値は条件をみたすγのとり方によらない．したがってγはあるLの計量$\{a_i\}$から命題7.1によって定まる(1,1)形式としてよい．

0でないLの有理型切断φをとる(定理7.1)．これまでの記号を踏襲して，φをU_i上の有理型関数の組$\{\varphi_i\}$であらわせば，$U_i\cap U_j$で

$$\varphi_i = g_{ij}\varphi_j, \qquad |\varphi_i|^2 a_i = |\varphi_j|^2 a_j$$

が成り立つ．そこで$h(z)=|\varphi_i(z)|^2 a_i(z)$, $z\in U_i$と定義すれば，hはMからφの極を除いた部分でC^∞関数で，$h(z)\geqq 0$である．

φの因子を$\sum_{\alpha=1}^{r} n_\alpha P_\alpha$として，各$P_\alpha$を中心とした十分小さい円板をとってそれを$\varDelta_\alpha$，周を$\varGamma_\alpha$とする．$\varGamma_\alpha$は正の向きに向きづけられているとする．さらに$\varDelta_\alpha$, $\alpha=1,2,\cdots,r$の和集合を$\varDelta$であらわすことにする．

以上の準備をしてγの積分を計算する．$\varDelta$の外では$h(z)>0$で

$$\log a_i(z) = \log h(z) - \log|\varphi_i(z)|^2 \tag{7.9}$$

である．両辺に$\partial\bar{\partial}$を作用させて(命題7.1の証明参照)

$$\partial\bar{\partial}\log a_i(z) = \partial\bar{\partial}\log h(z) \tag{7.10}$$

を得る．$\partial\bar{\partial}\log h = -d(\partial\log h)$に注意してStokesの定理を適用すれば

$$\begin{aligned}\int_{M-\varDelta}\gamma &= \frac{1}{2\pi\sqrt{-1}}\int_{M-\varDelta} d(\partial\log h) \\ &= -\frac{1}{2\pi\sqrt{-1}}\sum_{\alpha=1}^{r}\int_{\varGamma_\alpha}\partial\log h\end{aligned} \tag{7.11}$$

が得られる．次に$\varDelta_\alpha\subset U_{i(\alpha)}$として，簡単のために$a_{i(\alpha)}=a_\alpha$, $\varphi_{i(\alpha)}=\varphi_\alpha$と書くことにする．(7.9)より

$$\partial\log h = \partial\log a_\alpha + \partial\log|\varphi_\alpha(z)|^2$$

である．ここで$\log a_\alpha$はP_αも含めてC^∞であるから$\varDelta_\alpha$の半径$\to 0$とすれば

$$\frac{1}{2\pi\sqrt{-1}}\int_{\varGamma_\alpha}\partial\log a_\alpha \longrightarrow 0.$$

一方$\partial\log|\varphi_\alpha|^2=\partial(\log\varphi_\alpha+\overline{\log\varphi_\alpha})=\partial\log\varphi_\alpha=d\log\varphi_\alpha$であるから[1] P_αにおける局所座標をz_αとすれば

$$\frac{1}{2\pi\sqrt{-1}}\int_{\varGamma_\alpha}\partial\log|\varphi_\alpha|^2 = \frac{1}{2\pi\sqrt{-1}}\int_{\varGamma_\alpha}\frac{\varphi_\alpha{}'(z_\alpha)}{\varphi_\alpha(z_\alpha)}dz_\alpha$$

---

1) $\log\varphi_\alpha$は各点の近傍で一価の分枝を選んで考える．$d\log\varphi_\alpha$は多価性を持たない．

である．留数定理によって右辺は n_α に等しい．これらの n_α の和が $\deg L$ であるからこれで定理が証明された．

系　$c(L)_{\boldsymbol{R}}$ は $\deg L$ で定まる．また逆も正しい．

証明　次節で証明するように $H^2(M, \boldsymbol{R}) \cong \boldsymbol{R}$ である．しかもこの同型は de Rham の同型を用いて

$$(\gamma \text{ のコホモロジー類}) \longrightarrow \int_M \gamma$$

で与えられる．系はこの事実からしたがう．

注　位相幾何の有名な Poincaré の双対性によれば，n 次元コンパクト複素多様体に対して

$$H^{2n}(M, \boldsymbol{Z}) \cong H_0(M, \boldsymbol{Z}) \cong \boldsymbol{Z}$$

である．このような同型は ± 1 倍の任意性があるが，複素多様体は自然に向きづけられているのでそれによって同型を1つ定めることができる．$n=1$ の場合，この同型によって $H^2(M, \boldsymbol{Z})$ を $\boldsymbol{Z}$ と同一視すれば $c(L)=\deg L$ である．

M が2次元の場合，Chern 類と交点数は次の定理によって結ばれる．

定理 7.6　M をコンパクトな曲面，C を M 上の因子，$L=[C]$ とする．さらに F を M 上の直線バンドルとする．実2次形式 γ, ψ を

$$c(L)_{\boldsymbol{R}} \backsim \gamma, \qquad c(F)_{\boldsymbol{R}} \backsim \psi$$

であるようにとれば

$$(CF) = \int_M \gamma \wedge \psi.$$

証明　まず $\gamma' = \gamma + d\eta$ のとき

$$\gamma' \wedge \psi - \gamma \wedge \psi = d\eta \wedge \psi = d(\eta \wedge \psi)$$

が成り立つ．したがって Stokes の定理によって積分の値は γ のとり方によらない．

最初に C が既約な非特異曲線の場合を考える．L は M の開被覆 $\{U_j\}$ と変換関数系 $\{g_{jk}\}$ によって定義されているとして，$\{a_j\}$ を L の計量とする．上の注意によって $\gamma = -(1/2\pi\sqrt{-1})\partial\bar{\partial} \log a_j$ としてよい．C に対応する L の正則切断を $\varphi = \{\varphi_j\}$ とすれば

$$h(z) = a_j(z)|\varphi_j(z)|^2$$

は M 上の C^∞ 関数 $\geqq 0$ で，$h(z)=0$ となるのは $z \in C$ のときである．十分小

さい $\varepsilon > 0$ に対して
$$T_\varepsilon = \{z \in M \mid |h(z)| < \varepsilon^2\}$$
と定義する(T_ε は C の管状近傍(tubular neighborhood)と呼ばれる). (7.10)と同様に

$$\int_{M-T_\varepsilon} \gamma \wedge \psi = \frac{1}{2\pi\sqrt{-1}} \int_{M-T_\varepsilon} d(\partial \log h) \wedge \psi$$
$$= -\frac{1}{2\pi\sqrt{-1}} \int_{\partial T_\varepsilon} \partial \log h \wedge \psi$$

が成り立つ[1].

さて U_j の局所座標を (u_j, v_j) とする.C は非特異であるから必要ならば $\{U_j\}$ を細分して, $U_j \cap C \neq \phi$ ならば $\varphi_j = u_j$ とすることができる.さらに $\{\rho_j\}$ を開被覆 $\{U_j\}$ に属する 1 の分解とする.上の積分は定義によって

$$(7.12) \qquad \sum_j \int_{\partial T_\varepsilon} \rho_j \partial \log h \wedge \psi$$

である.ここで前と同様に,
$$\rho_j \partial \log h \wedge \psi = \rho_j(\partial \log a_j + \partial \log \varphi_j) \wedge \psi$$
となるが $\lim_{\varepsilon \to 0} \int_{\partial T_\varepsilon} \rho_j \partial \log a_j \wedge \psi = 0$ である.したがって次の積分

$$\frac{1}{2\pi\sqrt{-1}} \int_{\partial T_\varepsilon} \rho_j \partial \log \varphi_j \wedge \psi = \frac{1}{2\pi\sqrt{-1}} \int_{\partial T_\varepsilon} \frac{d\varphi_j}{\varphi_j} \wedge \rho_j \psi$$

が問題である.$U_j \cap C = \phi$ のときには ∂T_ε は ρ_j の台と交わらないとしてよいから,$U_j \cap C \neq \phi$ の場合を考えればよい.したがって $\varphi_j = u_j$ である.

以下 j を 1 つ固定して考える.K を十分大きい正数として
$$S_\varepsilon = \{z = (u_j, v_j) \in U_j \mid |u_j| < K^{-1}\varepsilon\}$$
が T_ε に周まで含まれるようにする.Stokes の定理を $T_\varepsilon - S_\varepsilon$ に用いると[2]
$$\int_{T_\varepsilon - S_\varepsilon} \frac{du_j}{u_j} \wedge d(\rho_j \psi) = \int_{\partial T_\varepsilon} \frac{du_j}{u_j} \wedge \rho_j \psi - \int_{\partial S_\varepsilon} \frac{du_j}{u_j} \wedge \rho_j \psi$$

である.ところが左辺の積分の絶対値は適当な定数 N_1, N_2 を用いて

$$\frac{KN_1}{\varepsilon} \mathrm{vol}(T_\varepsilon - S_\varepsilon) \leq \frac{KN_1}{\varepsilon} \mathrm{vol}(T_\varepsilon) \leq KN_1N_2\varepsilon$$

---

1) $M - T_\varepsilon$ の境界と T_ε の境界は逆の向きづけを持つ(補説 A, II 参照).そのため符号が変わるのである.

2) ρ_j の台は U_j のコンパクト集合であるから U_j の境界は関係しない.

で抑えられる[1]. $\varepsilon\to 0$ のときが問題であるから(7.12)で T_ε を S_ε で置き換えることができる.

最後に ∂S_ε の点を $(\delta e^{i\theta}, v_j)$, $\delta=K^{-1}\varepsilon, 0\leqq\theta\leqq 2\pi, i=\sqrt{-1}$ と表わせば

$$\lim_{\varepsilon\to 0}\int_{\partial S_\varepsilon}\frac{du_j}{u_j}\wedge\rho_j\psi=\int_C\rho_j\psi$$

である[2]. ［証明］ ψ は$(1,1)$形式であるから

$$\psi=\psi_0 dv_j\wedge d\bar{v}_j+\psi_1 du_j\wedge d\bar{u}_j+\psi_2 du_j\wedge d\bar{v}_j+\psi_3 dv_j\wedge d\bar{u}_j$$

と書ける. ∂S_ε 上では $u_j=\delta e^{i\theta}$,

$$du_j=i\delta e^{i\theta}d\theta,\qquad d\bar{u}_j=-i\delta e^{-i\theta}d\theta$$

であるから, 外積をとれば

$$\frac{du_j}{u_j}\wedge\rho_j\psi=id\theta\wedge(\rho_j\psi_0 dv_j\wedge d\bar{v}_j)$$

となる. したがって

$$\frac{1}{2\pi i}\int_{\partial S_\varepsilon}\frac{du_j}{u_j}\wedge\rho_j\psi=\frac{1}{2\pi}\int_0^{2\pi}d\theta\int_{C\cap U_j}\rho_j\psi_0 dv_j\wedge d\bar{v}_j$$

となる[3]. 最後の積分は詳しく書けば

$$\int_{C\cap U_j}\rho_j(\delta e^{i\theta}, v_j)\psi_0(\delta e^{i\theta}, v_j)dv_j\wedge d\bar{v}_j$$

である. $\varepsilon\to 0$ とすればこの積分は

$$\int_C\rho_j\varphi,\qquad \varphi=\psi_0(0, v_j)dv_j\wedge d\bar{v}_j$$

に収束する. しかもこの収束は θ について一様であるから極限と θ についての積分の順序を入れかえて求める式が証明される.

ここで φ は C 上の$(1,1)$形式で $c(F|_C)\backsim\varphi$ をみたす. したがって

$$\int_M\gamma\wedge\psi=-\int_C\varphi=\deg F|_C.$$

C が特異点を持つ場合を扱うために, ここで微分形式の引き戻しについて挿入する. 簡単のために2次元の場合を考えることにして, $\sigma:\tilde{M}\to M$ を正則写像とする. 局所座標を用いて $\sigma:(z, w)\to(u, v)$ とするとき

1)　vol は体積をあらわす. $\mathrm{vol}(T_\varepsilon)$ は ε^2 の order の無限小である.

2)　ψ を自然な方法で C 上の$(1,1)$形式と考える(以下の証明参照).

3)　$v_j=x_j+iy_j$ とすれば $d\theta\wedge dx_j\wedge dy_j$ は補説Aの向きづけによって ∂S_ε 上の正の微分形式である.

$$\sigma^*(du) = \frac{\partial u}{\partial z}dz + \frac{\partial u}{\partial w}dw,$$

$$\sigma^*(d\bar{u}) = \left(\overline{\frac{\partial u}{\partial z}}\right)d\bar{z} + \left(\overline{\frac{\partial u}{\partial w}}\right)d\bar{w}$$

と定義する．$dv, d\bar{v}$ についても同様である．これによって2次以上の微分形式に対しても，たとえば

$$\sigma^*(\varphi du \wedge d\bar{u}) = \varphi\sigma^*(du) \wedge \sigma^*(d\bar{u})$$

のように引き戻しが定義される．これらは座標変換と可換であるから，M 上の微分形式 ψ は $\tilde{M}$ 上の微分形式 $\sigma^*\psi$ に引き戻される．

定理7.6の証明に戻って，$C \subset M$ は既約曲線とする．有限回の blowing up の合成 $\sigma: \tilde{M} \to M$ によって C の特異点を除去する．このとき

$$\sigma^*C = \tilde{C} + \sum_{\alpha=1}^{r} n_\alpha E_\alpha,$$

ただし $\tilde{C}$ は C の固有変換，E_α は非特異有理曲線である．前と同じく M 上の(1,1)形式を選んで $c([C])_{\boldsymbol{R}} \backsim \gamma$, $c(F)_{\boldsymbol{R}} \backsim \psi$ とする．さらに $\tilde{M}$ 上の(1,1)形式 ε_α を $c([E_\alpha])_{\boldsymbol{R}} \backsim \varepsilon_\alpha$ となるように選ぶ．容易にわかるように $c(\sigma^*[C])_{\boldsymbol{R}} \backsim \sigma^*\gamma$ であるから

$$c([\tilde{C}])_{\boldsymbol{R}} \backsim \sigma^*\gamma - \sum n_\alpha \varepsilon_\alpha$$

である．この(1,1)形式を γ_0 とすれば上の結果によって

$$(\tilde{C}\sigma^*F) = \int_{\tilde{M}} \gamma_0 \wedge \sigma^*\psi,$$

$$0 = (E_\alpha\sigma^*F) = \int_{\tilde{M}} \varepsilon_\alpha \wedge \sigma^*\psi$$

が成り立つ．これより

$$(CF) = (\tilde{C}\sigma^*F) = \int_{\tilde{M}} \sigma^*(\gamma \wedge \psi).$$

σ は $\tilde{M} - \bigcup E_\alpha$ から，M から C の特異点を除いた部分への双正則写像であるから $\int_{\tilde{M}} \sigma^*(\gamma \wedge \psi) = \int_M \gamma \wedge \psi$ である．

最後に C が勝手な因子の場合には各既約成分に上の結果を適用して集めればよい．(証明終り)

注　M が曲面の場合には $H^4(M, \boldsymbol{Z}) \cong \boldsymbol{Z}$ である．また $H^2(M, \boldsymbol{Z})$ の2つの元 c, c' に対してカップ積 $c \cup c' \in H^4(M, \boldsymbol{Z})$ が定義される．これによって2つの直線バ

ンドルの交点数を

$$(LF) = c(L) \cup c(F) \in H^4(M, \boldsymbol{Z}) = \boldsymbol{Z}$$

と定義することができる．カップ積には微分形式の外積が対応する．これが定理7.6の背景である[1]．

以後，CF の代わりに FC と書くことがある．

§7.3　$H^{2n}(M, \boldsymbol{R}) \cong \boldsymbol{R}$ の証明

複素 n 次元の複素多様体 M は下部構造として実 $2n$ 次元の C^∞ 可微分多様体の構造を持つ．この節の結果は C^∞ 可微分多様体に関するものであるから，以下では M を向きづけられた実 m 次元のコンパクトな C^∞ 可微分多様体とする．また微分形式は実係数のものだけを考える．

de Rham の定理によって

$$H^m(M, \boldsymbol{R}) \cong \frac{\{\varphi \mid \varphi \text{ は } M \text{ 上の } m \text{ 次微分形式}\}}{\{d\psi \mid \psi \text{ は } M \text{ 上の } (m-1) \text{ 次微分形式}\}}$$

である．この同型によって m 次微分形式 φ で代表されるコホモロジー類を $[\varphi] \in H^m(M, \boldsymbol{R})$ であらわす．

定理 7.7　M を m 次元のコンパクトな C^∞ 可微分多様体で向きづけされているものとする．このとき

$$H^m(M, \boldsymbol{R}) \cong \boldsymbol{R}$$

である．しかもこの同型は M 上の m 次微分形式 φ に対してその積分を対応させる写像

$$[\varphi] \longrightarrow \int_M \varphi$$

によって与えられる．

証明のためにコンパクトな台を持つ微分形式を考える．一般に $\boldsymbol{R}^m$ の座標を $(x_1, x_2, \cdots, x_m)$ として，

$$\varphi = \sum_{i_1 < \cdots < i_r} \varphi_{i_1 \cdots i_r}(x)\, dx_{i_1} \wedge \cdots \wedge dx_{i_r}$$

を r 次形式とする．少くとも1つ0でない $\varphi_{i_1 \cdots i_r}(x)$ があるとき $\varphi(x) \neq 0$ と

1)　“複素多様体論”§3.6も参照のこと．

書くことにして，$\{x \in \boldsymbol{R}^n \mid \varphi(x) \neq 0\}$ の閉包を φ の台と呼んで $\mathrm{Supp}\,\varphi$ と書く．

補題 7.3 $D_R = \{x \in \boldsymbol{R}^m \mid |x_j| < R,\ j=1, 2, \cdots, m\}$ とする．φ は $\boldsymbol{R}^m$ 上の m 次微分形式で $\mathrm{Supp}\,\varphi$ は D_R に含まれるコンパクト集合であるとする．このとき次の 2 条件(i)(ii)は同値である．

（i） $\displaystyle\int_{\boldsymbol{R}^m} \varphi = 0.$

（ii） $\boldsymbol{R}^m$ 上の $(m-1)$ 次微分形式 ψ で $\mathrm{Supp}\,\psi \subset D_R$，$\varphi = d\psi$ なるものが存在する．

証明 座標 $(x_1, x_2, \cdots, x_m)$ を用いて

$$\varphi = f(x)\,dx_1 \wedge dx_2 \wedge \cdots \wedge dx_m,$$

$$\psi = \sum_{i=1}^{m} g_i(x)\,dx_1 \wedge \cdots \wedge dx_{i-1} \wedge dx_{i+1} \wedge \cdots \wedge dx_m$$

とする．$\varphi = d\psi$ は $f = \sum_{i=1}^{m} (-1)^{i-1} \dfrac{\partial g_i}{\partial x_i}$ と同値である．したがってもし(ii)が成り立てば

$$\int_{\boldsymbol{R}^m} \varphi = \int_{-R}^{R} \cdots \int_{-R}^{R} \sum_{i=1}^{m} (-1)^{i-1} \frac{\partial g_i}{\partial x_i}\,dx_1 \cdots dx_m$$

である．$\mathrm{Supp}\,\psi \subset D_R$ によって

$$\int_{-R}^{R} \frac{\partial g_i}{\partial x_i}\,dx_i = g_i(x_1, \cdots, R, \cdots, x_m) - g_i(x_1, \cdots, -R, \cdots, x_m) = 0$$

が成り立つから $\displaystyle\int_{\boldsymbol{R}^m} \varphi = 0$ である[1]．

次に(i)がみたされているとして，(ii)を m に関する数学的帰納法で証明する．$R' < R$ を十分 R に近くとって $\mathrm{Supp}\,\varphi$ は $D_{R'}$ に含まれるとしてよい．まず $m=1$ の場合 $\psi(x) = \displaystyle\int_{-\infty}^{x} f(t)\,dt$ とすれば $d\psi = f(x)\,dx = \varphi$ である．しかも $|x| \geqq R'$ のとき $\psi(x) = 0$ である．これは $x < -R'$ のときは明らかで，$x > R'$ のときは

$$\int_{-\infty}^{R'} f(t)\,dt = \int_{-\infty}^{\infty} f(t)\,dt = 0$$

に注意して

$$\psi(x) = \int_{R'}^{x} f(t)\,dt + \int_{-\infty}^{R'} f(t)\,dt = 0$$

である．

1） これは Stokes の定理の非常に特別な場合にほかならない．

$m>1$ の場合，まず

$$\eta = \left(\int_{-\infty}^{x_1} f(t, x_2, \cdots, x_m)\, dt\right) dx_2 \wedge \cdots \wedge dx_m$$

とおけば $d\eta=\varphi$ である．η を修正して台が D_R に含まれるものを作るために，x_1 の C^∞ 関数 $a(x_1)$ で次の条件：

（i）　$a(x_1) \geqq 0.$

（ii）　$\mathrm{Supp}\, a \subset \{x_1 \in \boldsymbol{R} \mid -R < x_1 < R\}.$

(iii)　$\displaystyle\int_{-\infty}^{\infty} a(x_1)\, dx_1 = 1.$

をみたすものをとる[1]．そして

$$h(x_2, \cdots, x_m) = \int_{-\infty}^{\infty} f(t, x_2, \cdots, x_m)\, dt$$

とおいて

$$\eta_1 = \left(\int_{-\infty}^{x_1} \{f(t, x_2, \cdots, x_m) - a(t)\, h(x_2, \cdots, x_m)\}\, dt\right) dx_2 \wedge \cdots \wedge dx_m$$

と定義する．$m=1$ の場合と同様の理由で $\mathrm{Supp}\, \eta_1 \subset D_R$ である．一方

$$d\eta_1 = \varphi - a(x_1)\, dx_1 \wedge (h(x_2, \cdots, x_m)\, dx_2 \wedge \cdots \wedge dx_m)$$

である．ここで

$$\int_{\boldsymbol{R}^{m-1}} h(x_2, \cdots, x_m)\, dx_2 \cdots dx_m = \int_{\boldsymbol{R}^m} f(x_1, \cdots, x_m)\, dx_1 \cdots dx_m = 0$$

であるから帰納法の仮定によって $\boldsymbol{R}^{m-1}$ 上の $(m-2)$ 次微分形式 ξ で

$$\mathrm{Supp}\, \xi \subset D_R \cap \boldsymbol{R}^{m-1},$$
$$d\xi = h(x_2, \cdots, x_m)\, dx_2 \wedge \cdots \wedge dx_m$$

なるものが存在する．$d(a(x_1)\, dx_1)=0$ に注意して

$$d(a(x_1)\, dx_1 \wedge \xi) = -a(x_1)\, dx_1 \wedge d\xi$$

であるから結局

$$\varphi = d(\eta_1 - a(x_1)\, dx_1 \wedge \xi)$$

を得る．括弧内の微分形式の台は D_R に含まれるからこれが求める ψ である．（証明終り）

定理 7.7 の証明　M を有限個の座標近傍 U_i $(i=0, 1, \cdots, N)$ で覆い，各 U_i は $\boldsymbol{R}^m$ の開集合 D_R と同一視できると仮定する．$\{U_i\}$ に属する 1 の分解を $\{\rho_i\}$

1)　このような a は補説 A，補題 A.3 の h から容易に構成される．

とする．

まず U_0 上に m 次形式 φ_0 を，Supp φ_0 が U_0 のコンパクト集合であって，かつ $\int_{U_0} \varphi_0 = 1$ となるようにとる．U_0 の外では 0 とおいて φ_0 を M 上の m 次形式と考える．このとき M 上の任意の m 次形式 φ に対して

$$\varphi - c\varphi_0 = d\psi, \qquad c = \int_M \varphi$$

をみたす $(m-1)$ 次形式 ψ が存在することを示す．これより定理がしたがうことは明らかであろう．

$\varphi = \sum_j \rho_j \varphi$ であるから，各 $\rho_j \varphi$ に対して証明できればよい．したがって最初から Supp φ はある U_j に含まれるコンパクト集合であると仮定してよい．このとき U_0 と U_j を結ぶ座標近傍の列

$$U_0 = U_{i_0},\ U_{i_1},\ \cdots,\ U_{i_s} = U_j$$

を $U_{i_{\alpha-1}} \cap U_{i_\alpha} \neq \phi\ (\alpha = 1, 2, \cdots, s)$ をみたすようにとる．以後記号の簡単化のために U_{i_α} を U^α と書くことにする．

各 $\alpha\ (\geqq 1)$ に対して，コンパクトな台を持つ m 次形式 φ_α を

$$\text{Supp } \varphi_\alpha \subset U^{\alpha-1} \cap U^\alpha,$$
$$\int_M \varphi_\alpha = 1$$

となるように定める．ここで補題 7.3 を用いて

$$\varphi_0 - \varphi_1 = d\eta_0, \qquad \text{Supp } \eta_0 \subset U^0$$
$$\varphi_1 - \varphi_2 = d\eta_1, \qquad \text{Supp } \eta_1 \subset U^1$$
$$\cdots\cdots$$
$$\varphi_{s-1} - \varphi_s = d\eta_{s-1}, \quad \text{Supp } \eta_{s-1} \subset U^{s-1}$$
$$c\varphi_s - \varphi = d\eta_s, \qquad \text{Supp } \eta_s \subset U^s$$

をみたす $(m-1)$ 次形式 $\eta_0, \eta_1, \cdots, \eta_s$ が存在することがわかる．これらをまとめれば

$$c\varphi_0 - \varphi = d(\eta_s + c\eta_{s-1} + \cdots + c\eta_0)$$

を得る．（証明終り）

§7.4　楕円曲面の特異ファイバー I

コンパクトな複素曲面 S からコンパクトな Riemann 面 $\varDelta$ の上への正則写像 $f:S\to\varDelta$ を考える．$\varDelta$ の点 Q に対して $f^{-1}(Q)$ を f のファイバー(fibre)と呼ぶ．$f^{-1}(Q)$ は S の1次元解析的部分集合である．$\varDelta$ の有限個の点 $\{Q_1, Q_2, \cdots, Q_m\}$ を除外すれば $f^{-1}(Q)$ が楕円曲線であるとき S は楕円曲面(elliptic surface)と呼ばれる．あるいは，f は S に楕円曲面の構造を定めるともいう．

楕円曲線でないファイバーを f の特異ファイバー(singular fibre)と呼ぶ．特異ファイバー $f^{-1}(Q)$ を既約成分に分解して $\bigcup_i C_i$ とする．x を中心とする $\varDelta$ の局所座標を t とすれば $P\to t(f(P))$ は $f^{-1}(Q)$ の近傍で正則な関数である．したがってこれは S 上の因子 $\sum_i m_iC_i$ を定める．$m_i>0$ である．特異ファイバーを記述するにはこのように因子の形で述べるのが正確で便利である．また，この因子を次のように図示する．たとえば

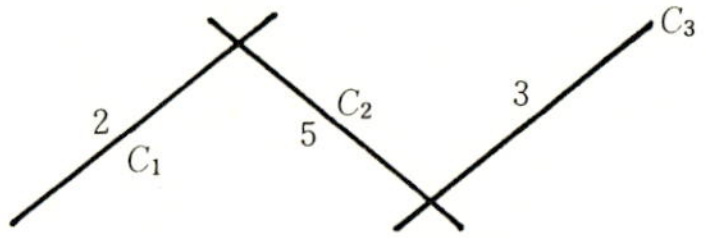

図16

は $2C_1+5C_2+3C_3$ であって，C_1 と C_2，C_2 と C_3 はそれぞれ1点で横断的に交わることを示す．さらに自己交点数 C_i^2 を知ることが重要である．

$f^{-1}(Q)$ が唯1つ楕円曲線 C_0 を因子に持ち，$f^{-1}(Q)=mC_0$, $m\geqq 2$ のときも $f^{-1}(Q)$ は特異ファイバーと考えるのが自然であるから以後そのように定義を変更する．特異ファイバーでないものを非特異ファイバーと呼ぶ．

この節では楕円曲面の特異ファイバーを構成する1つの方法を説明する．便宜上 $\varDelta$ はコンパクトではなく，$\boldsymbol{C}$ 内の原点0の近傍であるようなものを考えて $f^{-1}(0)$ が唯一の特異ファイバーであるものを構成する．

楕円曲線 E は $\boldsymbol{P}^1$ の4点で分岐した2重被覆で

$$y^2 = x^3+ax+b, \qquad a, b\in \boldsymbol{C} \tag{7.13}$$

で定義される．ここで x は $\boldsymbol{P}^1$ の非同次座標で，E は $x^3+ax+b=0$ の3根と $x=\infty$ で分岐する2重被覆である[1)]．§6.7で定義した Hirzebruch 曲面 Σ_2 を用いれば E は Σ_2 の部分多様体

$$E\subset \Sigma_2 = U_1\times \boldsymbol{P}^1\cup U_2\times \boldsymbol{P}^1, \qquad U_1 = U_2 = \dot{\boldsymbol{C}}$$

として実現される．ここで(7.13)は $U_1\times \boldsymbol{P}^1$ における E の方程式で，もう一方の $U_2\times \boldsymbol{P}^1$ では方程式は

$$y_1{}^2 = (1+ax_1{}^2+bx_1{}^3)x_1 \tag{7.14}$$

となる．共通部分では $x_1=1/x$, $y_1=y/x^2$ である．

(7.13)の右辺が相異なる3根を持つことは(7.13)で定義される曲線が非特異であるための必要十分条件である．これは判別式を用いて $4a^3+27b^2\neq 0$ とあらわされる．次に $\boldsymbol{C}$ の原点の近傍 Δ を考えて，$a=a(t)$, $b=b(t)$ は Δ 上の正則関数であるとする．このとき方程式(7.13)(7.14)によって $\Sigma_2\times\Delta$ の因子 X が定義される．もし判別式

$$\delta(t) = 4a(t)^3+27b(t)^2$$

が任意の $t\in\Delta$ においても0にならないならば，X は各 t に対して定まる楕円曲線 E_t の族と考えられる．次に $\delta(t)$ が $t=0$ のみで零点を持つ場合を考える．このときも $t\neq 0$ に対して楕円曲線 E_t が定まる．さらに $t=0$ には特異ファイバーが対応するはずであるが，一般には X が特異点を持つので，特異点の還元が必要である．今後，簡単のために X を $\boldsymbol{P}^1\times\Delta$ の2重被覆と呼ぶことがある．

X は方程式(7.13)(7.14)で定義されるが，(7.14)は $x_1=0$ では非特異であるから主として(7.13)を考えればよいことがわかる．x を $\boldsymbol{P}^1$ の非同次座標と考えて，$\boldsymbol{P}^1\times\Delta$ 上

$$x^3+a(t)x+b(t) = 0 \tag{7.15}$$

で定義される因子を B であらわすことにする．また $x=\infty$ で定義される因子を Δ_∞ として，$B\cup\Delta_\infty$ を X の分岐集合と呼ぶ．以下 B の特異点の様子にしたがって X を調べる．

(1)　B が非特異の場合．この場合 X は最初から非特異である．実際 B の局所方程式 u を局所座標の一部に使えるから，X は局所的には3次元空間 (u, v, y) の原点の近傍で $y^2=u$ で定義される．そこで

$$\Gamma = \{(x, t)\in \boldsymbol{P}^1\times\Delta \mid t=0\}$$

とすれば，B は x について3次式であるから交点数 $B\Gamma=3$ である．したがっ

---

1)（前頁注）　簡単のため x^2 の係数は0とした．これはもちろん本質的なことではない．

て B と Γ の交わり方は次の3通りがある．

(1-1)　B と Γ は相異なる3点 P_1, P_2, P_3 で横断的に交わる．

(1-2)　$B\cap\Gamma=\{P, Q\}$,　$(B\Gamma)_P=2$,　$(B\Gamma)_Q=1$.

(1-3)　$B\cap\Gamma=\{P\}$,　$(B\Gamma)_P=3$.

これを次の図であらわすことにする[1]．

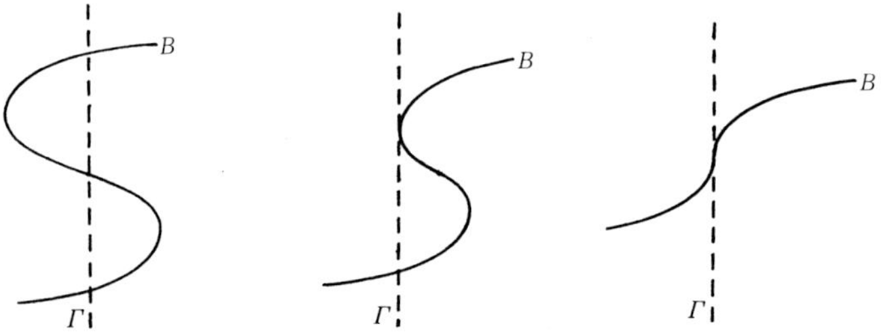

図 17

自然な射影を $f: X\to\Delta$ として X_0 でファイバー $f^{-1}(0)$ をあらわすことにする．

(1-1)　X_0 は楕円曲線(Γ の2重被覆で $B\cap\Gamma$ と $\Delta_\infty\cap\Gamma$ の4点で分岐する)．

(1-2)　X_0 は $y^2=(x-\alpha)^2(x-\beta), \alpha\neq\beta$ で定義される通常2重点を持つ有理曲線[2]．

(1-3)　X_0 は $y^2=(x-\alpha)^3$ で定義される尖点を持つ有理曲線．

さらに B 以外の Γ の点では t を X 上の局所座標の一部と考えることができるから X_0 は上に述べた因子の意味でも既約である．したがって(1-1)は非特異ファイバーである．(1-2)(1-3)の特異ファイバーを図18のように図示する(特異ファイバーの図を番号と † であらわす)[3]．

(2)　B が2重点を持つ場合．一般に P を B の m 重点 $(m\geqq2)$ として，P を中心とする $\boldsymbol{P}^1\times\Delta$ の局所座標を (u, v)，B の局所方程式を $g(u, v)=0$ とする．このとき2重被覆 X は $\boldsymbol{C}^3$ の原点の近傍 U で

---

1)　Γ を破線で描く理由は後に述べる．

2)　非特異モデルの種数が0のものも有理曲線と呼ぶ．

3)　特異ファイバーの分類は K. Kodaira "On compact analytic surfaces II" Annals of Mathematics, vol. 77 (1963), 563-626, 全集[56]でなされた．そこの記号を[ ]で示す．

(1-2)†

［I_1 型］

(1-3)†
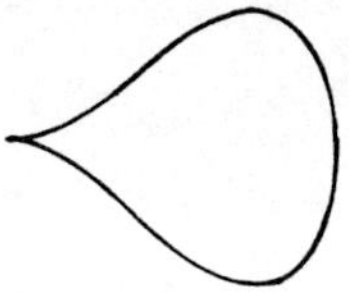
［II 型］

図 18

(7.16)
$$y^2-g(u,v)=0$$
によって定義される特異点を持つ．原点 $\tilde{P}$ は孤立した特異点である．

特異点を還元するために $\tilde{P}$ を中心とした blowing up $\sigma:\tilde{U}\to U$ を考える．定義によって
$$\tilde{U}=\{((u,v,y),(\zeta_0,\zeta_1,\zeta_2))\in U\times\boldsymbol{P}^2\mid u\zeta_1-v\zeta_0=v\zeta_2-y\zeta_1=y\zeta_0-u\zeta_2=0\}$$
である．$\boldsymbol{P}^2$ は 3 つの $\boldsymbol{C}^2$, $W_i=\{\zeta\in\boldsymbol{P}^2\mid\zeta_i\neq0\}\,(i=0,1,2)$ で覆われるから，それに対応して $\tilde{U}$ は 3 つの座標近傍 $V_i\ (i=0,1,2)$ で覆われる．たとえば $w_0{}^1=\zeta_1/\zeta_0$, $w_0{}^2=\zeta_2/\zeta_0$ とすれば
$$V_0=\{(u,v,y,w_0{}^1,w_0{}^2)\in U\times\boldsymbol{C}^2\mid uw_0{}^1-v=vw_0{}^2-yw_0{}^1=y-uw_0{}^2=0\}$$
であるから $(u,w_0{}^1,w_0{}^2)$ が V_0 上の座標である．同様に V_1 の座標は $(w_1{}^0,v,w_1{}^2)$, V_2 の座標は $(w_2{}^0,w_2{}^1,y)$ である（$w_i{}^j=\zeta_j/\zeta_i$ とする）．

さて blowing up によって X がどのように変化するかを見よう．方程式 (7.16) を σ によって $\tilde{U}$ 上の方程式と考えると，V_0 上では $v=uw_0{}^1$, $y=uw_0{}^2$ であるから

(7.17)
$$u^2(w_0{}^2)^2-g(u,uw_0{}^1)=0$$
である．$g(u,uw_0{}^1)$ は u^m で割り切れるから $g(u,uw_0{}^1)=u^mh_0(u,w_0{}^1)$ とする．(7.17) は全体として u^2 で割り切れるからその部分を無視すると

$(7.18)_0$
$$(w_0{}^2)^2-u^{m-2}h_0(u,w_0{}^1)=0$$
となる．同様に V_1 では

$(7.18)_1$
$$(w_1{}^2)^2-v^{m-2}h_1(w_1{}^0,v)=0,$$
ただし $h_1(w_1{}^0,v)=v^{-m}g(vw_1{}^0,v)$ である．最後に V_2 上では $g(yw_2{}^0,yw_2{}^1)=y^mh_2(y,w_2{}^0,w_1{}^0)$ とすれば方程式は

$(7.18)_2$
$$1-y^{m-2}h_2(y,w_2{}^0,w_1{}^0)=0$$

である．以上の3つの方程式で定義される $\tilde{U}$ 上の因子 $\tilde{X}$ を X の固有変換と呼ぶ[1]．ここで$(7.18)_2$ の方程式は $w_2{}^0=w_2{}^1=0$ では決して成立しない．これは $\tilde{X}$ が $V_0\cup V_1$ に含まれることを意味している．したがって，方程式(7.17)はそれと同じ形の2つの方程式$(7.18)_0$, $(7.18)_1$ に変換された．

さて $m=2$ とすると$(7.18)_i$ $(i=0,1)$ は

$$(w_i{}^2)^2-h_i=0$$

となる．したがって $\tilde{X}$ の特異点は $h_0=0$ または $h_1=0$ の特異点に対応する．一方 $\sigma':\tilde{W}\to W$ を $\boldsymbol{C}^2$ の原点 $P:u=v=0$ を中心とする blowing up とすれば $h_i=0$ は B の固有変換 $\tilde{B}$ にほかならない．すなわち，B を分岐集合とする2重被覆が $\tilde{B}$ を分岐集合とする2重被覆に変換されたわけである．$\tilde{B}$ は特異点を持つとしても2重点のみであるから，上の考察が $\tilde{B}$ にも適用できる．したがって有限回の blowing up の後，X は非特異な曲面に変換される．

(2-1)　B が Γ 上の点 P で2重点を持つとすれば $(B\Gamma)_P\geqq 2$ であるから B は P 以外には特異点を持たない．したがって(i)　$B\cap\Gamma=\{P, Q\}$, $(B\Gamma)_P=2$,

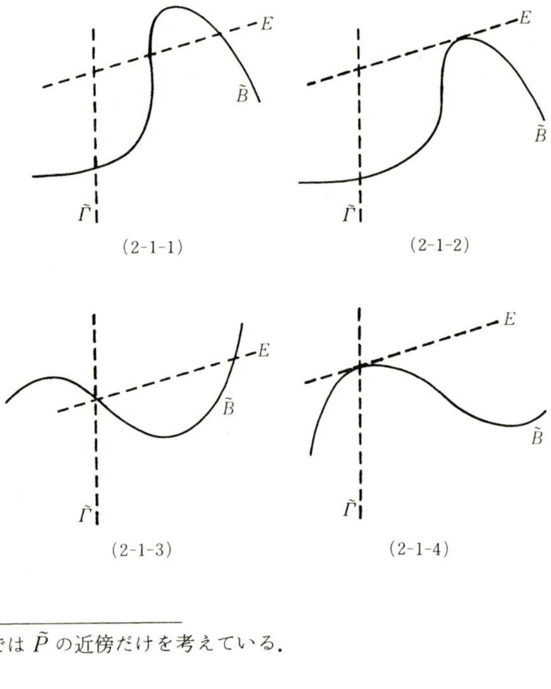

図19

1)　ここでは $\tilde{P}$ の近傍だけを考えている．

$(B\Gamma)_Q=1$ の場合と (ii) $B\cap\Gamma=\{P\}$, $(B\Gamma)_P=3$ の場合がある．

B の2重点 P を blow up して一度で特異点がなくなる場合を考える．上と同じく $\sigma':\tilde{W}\to W$ を P を中心とした blowing up, $E=\sigma'^{-1}(P)$, $\tilde{B}$ を B の固有変換とする．$\tilde{B}E=2$ であるから $\tilde{B}\cap E$ が2点からなる場合と，$\tilde{B}$ と L が1点で接する場合がある．一方 Γ の固有変換を $\tilde{\Gamma}$ とすれば $\tilde{B}\tilde{\Gamma}=3-2=1$ であるから，(2-1-1)～(2-1-4)の4通りが考えられる(図19)．

上の方法で構成された X の特異点の還元を $S\to X$ として，$t=0$ の上の S のファイバーを S_0 とする．S_0 は $\tilde{\Gamma}\cup E$ の上にある部分である．(2-1-1)の場合，分岐集合 $\tilde{B}$ は E と2点で交わり，$\tilde{\Gamma}$ は $\tilde{B}$ のほかに Δ_∞ とも1点で交わるから，S_0 は2つの成分 C_1, C_2 を持ち，それらは相異なる2点で分岐した $\boldsymbol{P}^1$ の2重被覆であるから非特異有理曲線である．さらに C_1 と C_2 は $\tilde{\Gamma}$ と E の交点の上にある2点で横断的に交わる(図20)．

(2-1-1)†

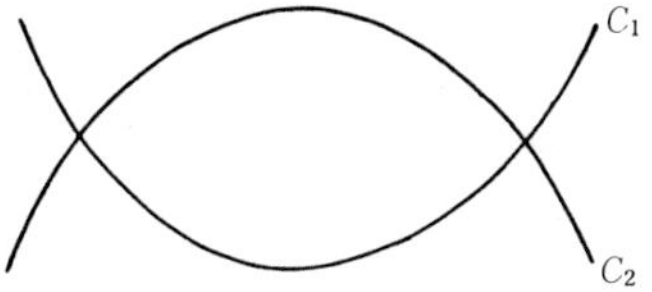

［I_2 型］

図20

(2-1-2)は(2-1-1)で E と $\tilde{B}$ の交点が重なった場合である．この場合には E の上にある部分は2つの有理曲線 C_2, C_3 にわかれる．さらに E と $\tilde{B}$ の接点で適当に座標をとれば S は $y^2=t-x^2$ の形の方程式で定義される．このとき (x, y) を S の局所座標と考えられるから，C_2 と C_3 は1点で横断的に交わることがわかる(図21)．

(2-1-3)は(2-1-1)で C_1 と C_2 の交点が重なった場合であるから S_0 の2つの

(2-1-2)†

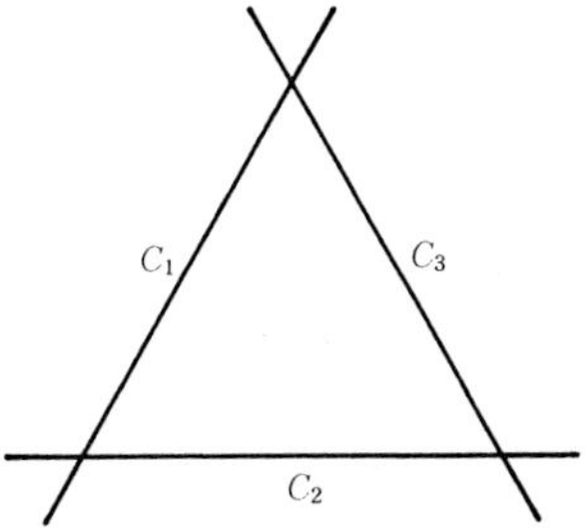

［I_3 型］

図21

成分 C_1, C_2 は2位の接触をする[1](図22).

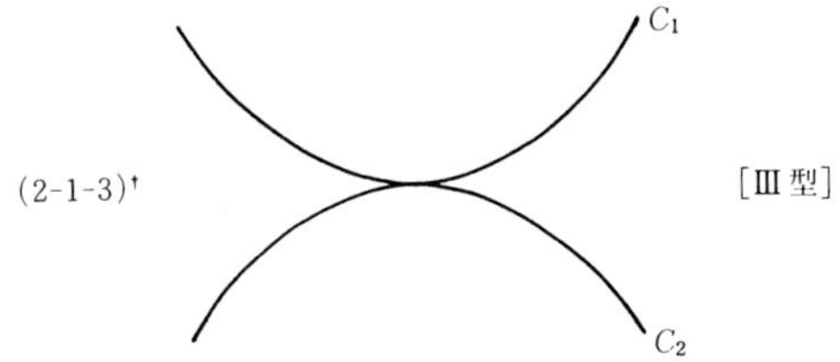

図22

(2-1-4)は(2-1-2)で C_2 と C_3 の交点が C_1 上に来た場合である(図23).

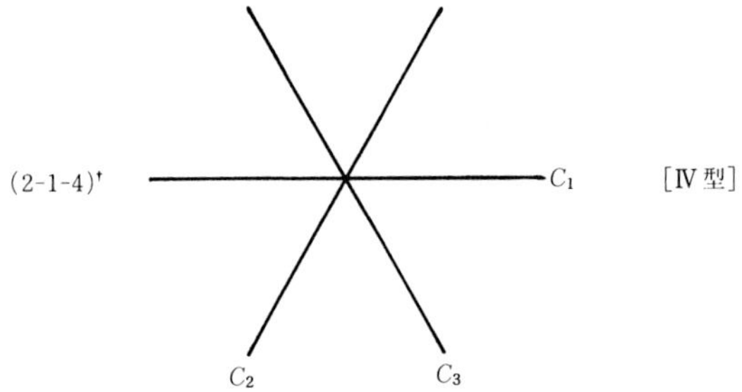

図23

これらの特異ファイバーで各成分が係数1で現われることは明らかであろう.

補題7.4　以上の特異ファイバーで各成分 C_i は $C_i^2=-2$ をみたす非特異有理曲線である.

証明　上の特異点の還元の構成から S は $\tilde{W}$ の2重被覆であると考えてよい. その写像を $g: S\to\tilde{W}$ として, E の上にある因子を考える. まず

(7.19)
$$(g^*E)^2 = 2E^2$$

が成り立つ[2]. [証明]　(i)の場合 $g^*E=C_2$ で, $C_2\to E$ は2重被覆である. したがって $\tilde{W}$ 上の任意の直線バンドル L に対して

$$g^*E\cdot g^*L = C_2\cdot g^*L = 2EL$$

である. (ii)の場合 $g^*E=C_2+C_3$ で $C_2\to E, C_3\to E$ は双正則である. したがって

$$g^*E\cdot g^*L = C_2\cdot g^*L+C_3\cdot g^*L = 2EL$$

がやはり成り立つ.

これより(i)の場合は $C_2{}^2=-2$, (ii)の場合は $(C_2+C_3)^2=-2$ である. (ii)で

1)　$(C_1C_2)_P=k$ のとき k 位の接触という.
2)　m 重被覆についても同様の結果が成り立つ.

はさらに $C_2C_3=1$, また $y\to -y$ は S から自分自身への双正則写像で C_2 を C_3 に写すから $C_2^2=C_3^2$ でなければならない．以上から $C_2^2=C_3^2=-2$．他の成分についても同様である．(証明終り)

実際に上のような特異点を持つ B の方程式としてはたとえば次のものがある．

(2-1-1) $$(x^2-t^2)(x-1)=0^{1)},$$

(2-1-2) $$(x^2-t^3)(x-1)=0^{1)},$$

(2-1-3) $$x(x^2-t)=0,$$

(2-1-4) $$x^3-t^2=0.$$

(2-2) 次に B の2重点が1回の blowing up では除去できない場合を考える．上の記号を使えば $\tilde{B}$ は E 上に2重点 P_1 を持つ．$\tilde{B}\tilde{\Gamma}=1$ であるから P_1 は $\tilde{\Gamma}$ の上にはない(定理7.3)(したがって，もともと $(B\Gamma)_P=2$ で，$B\cap\Gamma$ は2点であったことがわかる)．そこで P_1 を blow up して，必要ならばこの操作を続ける．最後に得られた図形を描くと，(2-2)の図を得る．

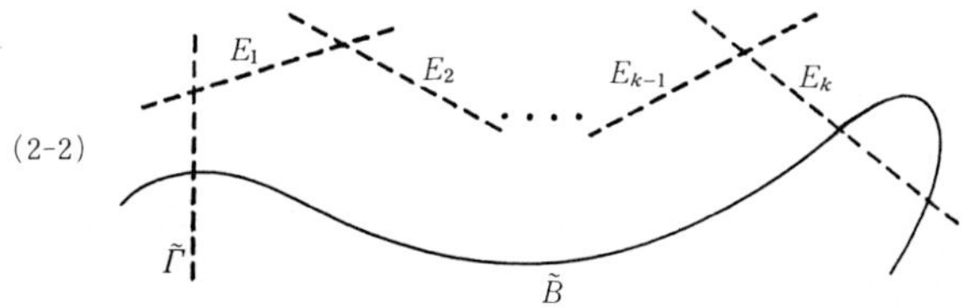

図24

あるいは $\tilde{B}$ は E_k と1点で接する．いずれの場合にも特異ファイバーは $2k$ または $2k+1$ 個の非特異有理曲線がサイクル状に交わったものである．係数はすべて1である(図25)．

この場合にもすべての成分 C_i は $C_i^2=-2$ をみたす．［証明］ $\tilde{\Gamma}, E_k$ の上にある成分については補題7.4と同じである．$i\leqq k-1$ に対しては $E_i^2=-2$ で，E_i の逆像は2つの交わらない成分 C_1, C_1' に分かれる．したがって前と同じ理由で $C_1^2=C_1'^2=-2$ である．

前出の(1-2)，(2-1-1)，(2-1-2)は $b=1,2,3$ の場合と見做すことができる．

---

1) 左辺を展開したとき x^2 の係数が0にならないが，もし必要ならば $x-(1/3)$ を新しい座標にとれば(7.15)の形にできる．

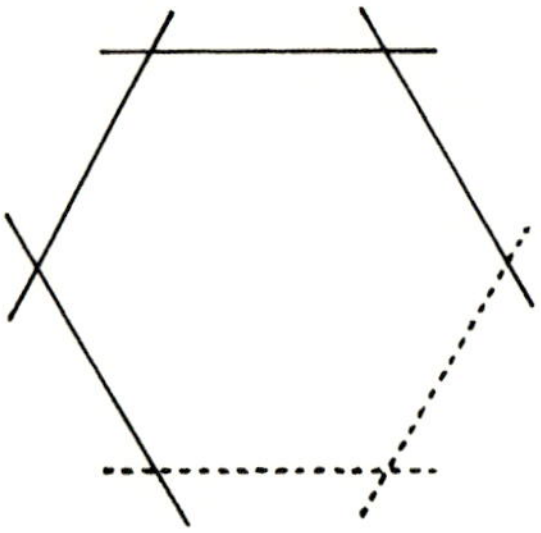

図 25

また B の方程式としては

$$(x^2-t^b)(x-1)=0$$

をとればよい．

(3)　B が3重点を持つ場合，P を B の3重点とすれば方程式(7.15)の形から P は $x=t=0$ である．したがって B の方程式は

$$x^3+a(t)x+b(t)=0, \tag{7.20}$$

$$\mathrm{ord}\, a(t) \geqq 2, \qquad \mathrm{ord}\, b(t) \geqq 3$$

である．ここで ord は $t=0$ における零点の位数で，定数0の位数は ∞ と約束する．ここで次の仮定をおく．

仮定(＊)　$\mathrm{ord}\, a(t)<4$　または　$\mathrm{ord}\, b(t)<6$.

仮定(＊)がみたされないときには $a(t)=t^4\tilde{a}(t)$, $b(t)=t^6\tilde{b}(t)$ と書けて，$t\neq 0$ では(7.20)は

$$\left(\frac{y}{t^3}\right)^2=\left(\frac{x}{t^2}\right)^3+\tilde{a}(t)\left(\frac{x}{t^2}\right)+\tilde{b}(t)$$

と書くことができる．したがって $t\neq 0$ では

$$y^2=x^3+\tilde{a}(t)x+\tilde{b}(t)$$

と同じである．これを繰り返せば(＊)をみたすものに到達する．これが上の仮定(＊)を正当化する1つの理由である．

さて，B は仮定(＊)をみたすとして，(x,y) 平面 W を P で blow up したものを $\tilde{W}$，B の固有変換を $\tilde{B}$ とする．新しい座標 $w=x/t, z=t/x$ を導入する．さらに

$$a(t)=t^2\alpha(t), \qquad b(t)=t^3\beta(t)$$

とすれば，$\tilde{B}$ は次のいずれかで定義される．

$$w^3+\alpha(t)w+\beta(t) = 0,$$
$$1+z^2\alpha(xz)+z^3\beta(xz) = 0.$$

2番目の方程式は $z=0$ ではみたされないから最初の方程式を考えればよい．

固有変換 $\tilde{B}$ が3重点を持つとすればそれは $w=t=0$ でなければならない[1]．そして $w=t=0$ が3重点であるための条件は $\mathrm{ord}\,\alpha(t)\geqq 2$, $\mathrm{ord}\,\beta(t)\geqq 3$ が成り立つことである．すなわち上の仮定(∗)は $\tilde{B}$ が3重点を持たないことと同値である．

分岐被覆面 X は P の上に特異点 $\tilde{P}$ を持っている．点 $\tilde{P}$ を blow up すれば X の固有変換 $\tilde{X}$ は $(7.18)_{0,1}$ で定義される．ここで $m=3$ であるから u または v という因子があらわれてくる．これは $\tilde{X}$ が $\tilde{B}$ と例外曲線 E（と Δ_∞ の逆像）を分岐集合に持つ2重被覆であることを意味している．特に $\tilde{B}$ と E の交点には $\tilde{X}$ の特異点が対応する．仮定(∗)によって $\tilde{B}$ は3重点を持たないから $\tilde{B}+E$ の特異点の重複度[2]は高々3である．したがって上のような blowing up を繰り返して

(1°)　blowing up の中心が分岐集合 B_1 の3重点ならば，B_1 の固有変換と例外曲線を新しい分岐集合にとり，

(2°)　blowing up の中心が分岐集合 B_1 の2重点ならば B_1 の固有変換を新しい分岐集合にとる．

この操作を続けて，分岐集合が非特異曲線の互いに交わらない和集合となるようにすれば X の特異点の還元 S が得られるのである．以下にその様子を個々の場合に述べる．

(3-1)　$\tilde{B}$ が非特異の場合．前と同じく Γ の固有変換を $\tilde{\Gamma}$ とする．このとき $(B\Gamma)_P=3$ であるから $\tilde{B}$ は $\tilde{\Gamma}$ と交わらない．例外曲線を E_1 とすれば図26の(3-1-1)，(3-1-2)，(3-1-3)の3通りが起こる．

ここで E_1 を破線でなく実線で描いたのは，それが分岐集合に含まれることを示すためである．ここでは(3-1-3)の場合を調べる[3]．この場合 $\tilde{B}$ と E_1 の接点が問題である．これは3位の接触であるから，定理7.3を考慮に入れると

1)　定理6.11の証明参照．
2)　すなわち $\tilde{B}$ の重複度と E の重複度の和．
3)　(3-1-1)，(3-1-2)は次の(3-2)の特別の場合と考えることができる．

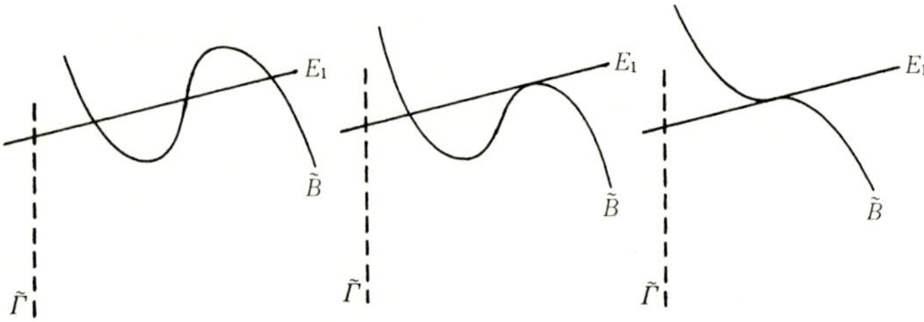

(3-1-1)　　(3-1-2)　　(3-1-3)

図 26

図 27 のようになる．(例外曲線を $E_1, E_2, \cdots$ とする．実線と破線の区別は上に述べた通りである．問題のない限り固有変換も同じ記号であらわす．また矢印

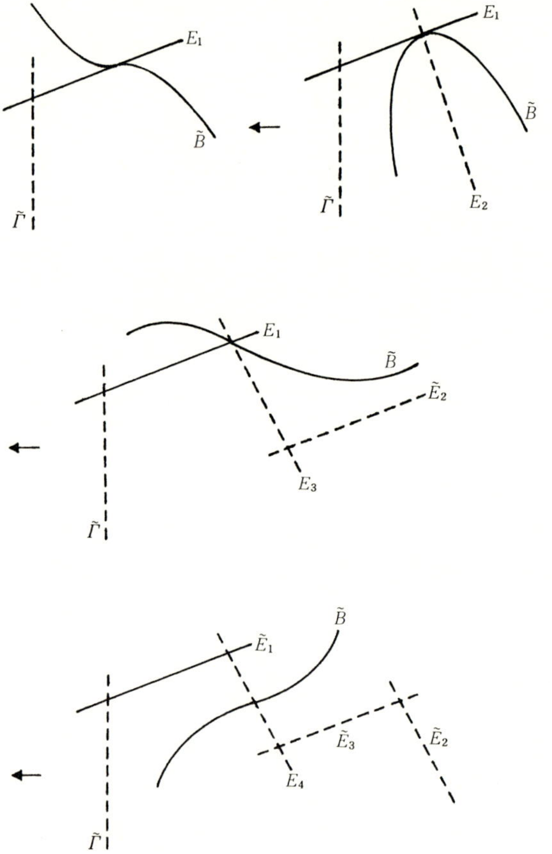

図 27

は正則写像のある方向を示すので，図形は矢印と逆の向きに進む.）

$\tilde{\Gamma}$ 上にはもう1つの分岐点(Δ_∞ との交点)があることに注意すると，特異ファイバーは7本の非特異有理曲線からなることがわかる(図28).

(3-1-3)′

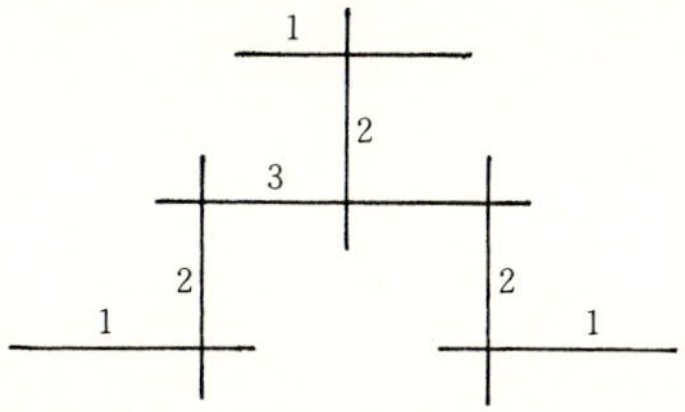

[IV*型]

図28

補題 7.5　各成分の係数は上の通りで，その自己交点数は −2 である.

証明　Γ の全逆像を上の blowing up の列にしたがって計算すると

$$\tilde{\Gamma}+\tilde{E}_1+\tilde{E}_2+2\tilde{E}_3+3E_4$$

となる. $\tilde{\Gamma}, \tilde{E}_1, E_4$ の上には唯1つの既約成分があるから，それぞれ C_0, C_1, C_4 とする. また $\tilde{E}_2$ と $\tilde{E}_3$ のそれぞれの上には互いに交わらない2つの成分がある. それを C_2, C_2' と C_3, C_3' とする. $\tilde{E}_1$ は分岐集合に含まれるから，t は C_1 で2重に消える. したがって特異ファイバーは

$$C_0+2C_1+3C_4+2C_3+C_2+2C_3'+C_2'$$

である.

自己交点数については C_1 以外は補題7.4と同じである. 一方，上のように $\boldsymbol{P}^1\times\Delta$ を4回 blow up して得られた曲面を W_4 とすると，X の非特異モデル S は W_4 の2重被覆である. その被覆写像を g とすると，既に注意したように $g^*\tilde{E}_1=2C_1$ である. また E_1 は3回 blow up されているから定理7.3により $\tilde{E}_1^2=-1-3=-4$ である. したがって補題7.4で見たように

$$(2C_1)^2=(g^*\tilde{E}_1)^2=2\tilde{E}_1^2=-8$$

である. (証明終り)

(3-1-3)の特異ファイバーを実現する B としては

$$x^3-t^4=0$$

をとればよい.

(3-2)　$\tilde{B}$ が2重点 P_1 を持つ場合(その1). 例外曲線を E_1 として最初に $(\tilde{B}E_1)_{P_1}=2$ の場合を考える. $\tilde{B}E_1=3$ であるから $\tilde{B}$ と E_1 は P_1 以外の1点 Q_1 で横断的に交わる(図29).

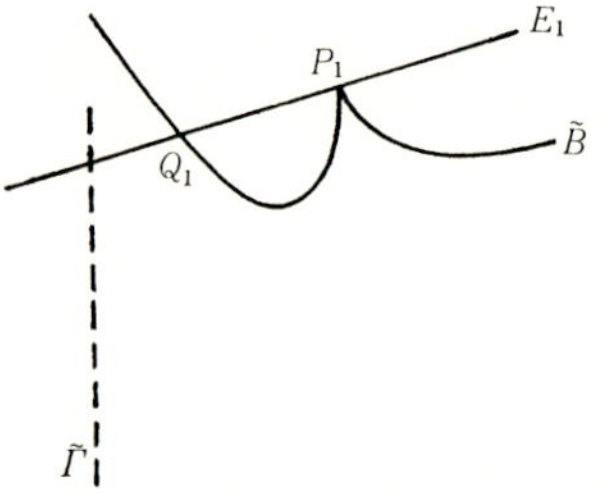

図 29

P_1 は 2 重点であるから(2-2)と同様に特異点を除去できる．ここで P_1 は分岐集合 $\tilde{B}+E_1$ の 3 重点であるから新しい例外曲線は分岐集合に入ることに注意する．blowing up を繰り返して(3-2-1)の図形を得る(図 30)．

(3-2-1)

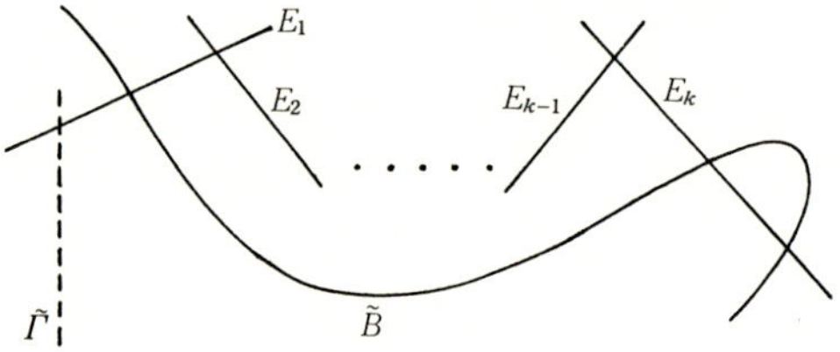

図 30

ただし $\tilde{B}$ は E_k と 1 点で接することもある．実線同士の交点はまだ特異点に対応するからこれらの点をさらに blow up する(図 31)．

(3-2-1)*

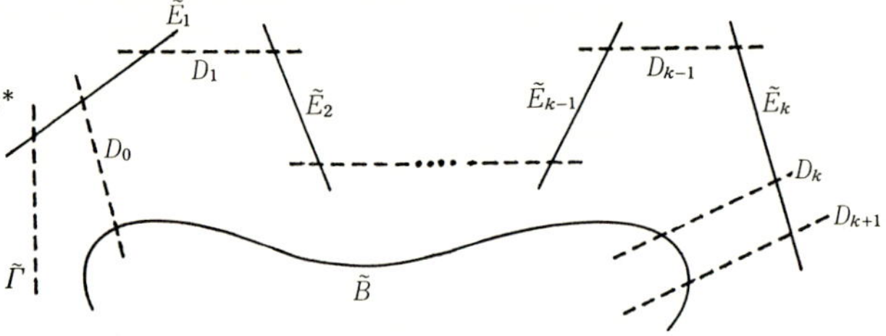

図 31

これによって得られる特異ファイバーは$(3\text{-}2)^{\dagger}$ である(図 32)．

ここで係数は図に示した通り，また各成分 C_i は $C_i^2=-2$ の非特異有理曲線である．後者は $\tilde{E}_i^2=-4$, $D_j^2=-1$ であることからしたがう．

(3-2-1)からは $2k+3$ 個の成分を持つ特異ファイバーが得られる．一方 $\tilde{B}$ が E_k に接する場合を考えると$(3\text{-}2\text{-}1)^*$ で最後の部分が図 33 のように変わる．したがって特異ファイバーは$(3\text{-}2)^{\dagger}$ と同じ形で $2k+4$ 個の成分を持つもので

(3-2)†

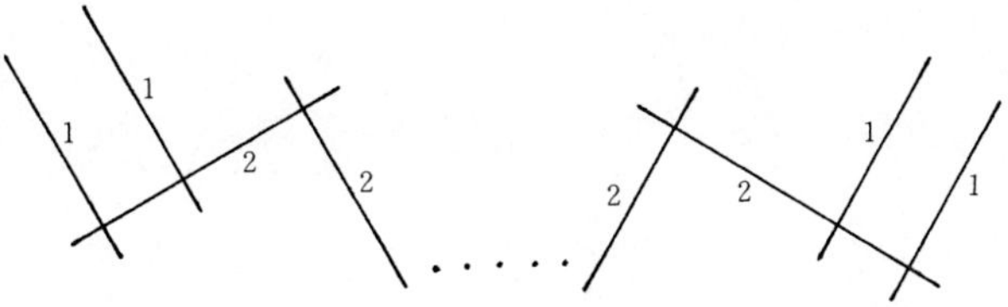

[$\mathrm{I}_b{}^*$型]
($b+4$ 個の成分)

図 32

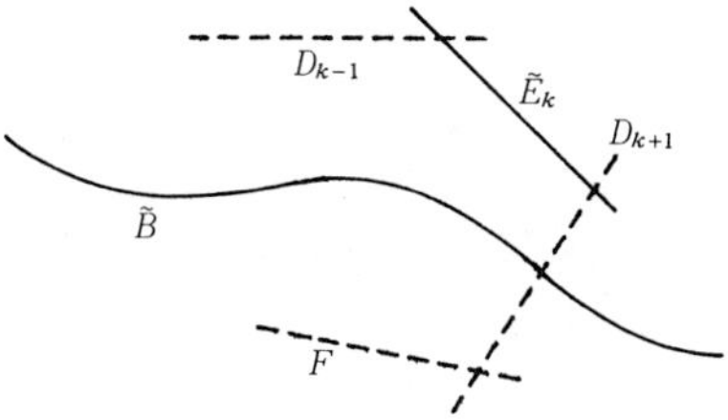

$F^2=-2$
$D_{k+1}^2=-1$

図 33

ある．前に省略した(3-1-1)(3-1-2)は(3-2)で $k=1$ の場合に相当する．

(3-2)の特異ファイバーを持つ B としては

$$(x^2-t^{b+2})(x-t)=0$$

をとればよい．

(3-3)　$\tilde{B}$ が2重点 P_1 を持つ場合(その2)．残されたのは $(\tilde{B}E_1)_{P_1}=3$ の場合である．このとき $\tilde{B}$ と E_1 は P_1 以外では交わらない．P_1 を blow up して得られる例外曲線を E_2, E_1 の固有変換を E_1', $\tilde{B}$ の固有変換を同じ $\tilde{B}$ であらわすことにすれば

$$\tilde{B}E_2=2, \qquad \tilde{B}E_1'=3-2=1$$

である．したがって $\tilde{B}\cap E_2$ が2点からなるか，1点であるかによって(3-3-1), (3-3-2)の2通りが生ずる(図34，図35)．

以後のステップはこれまでと同様であるから省略して，特異ファイバーの形

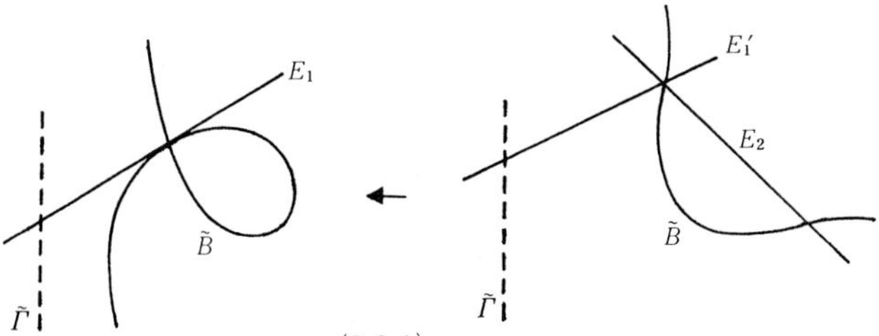

(3-3-1)

図 34

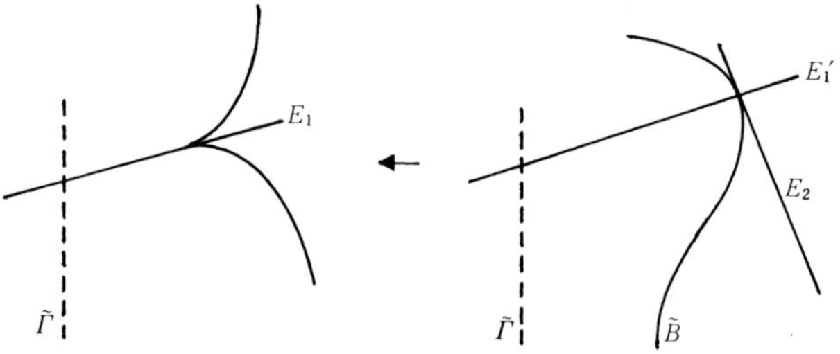

(3-3-2)

図 35

を描く(図 36, 図 37). これまでと同じく, すべての成分 C_i は $C_i^2=-2$ の非特異有理曲線である.

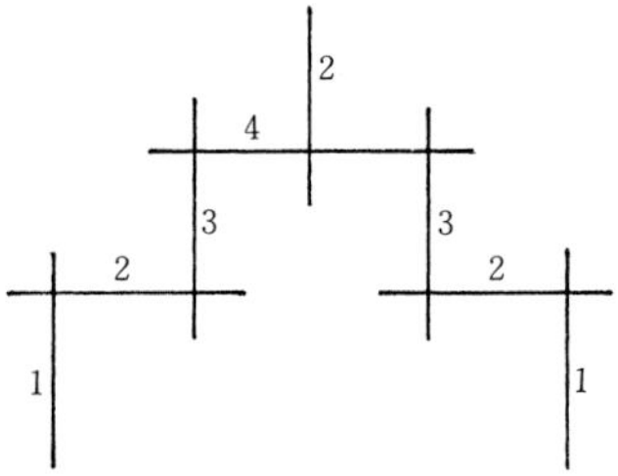

図 36

(3-3-1)† ［III* 型］

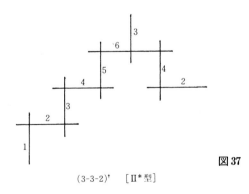

図 37

(3-3-2)† ［II* 型］

以上で 276 ページの仮定(＊)のもとに次の型の特異ファイバーが得られた.

I_b 型 ($b\geqq 1$),　　II 型,　　III 型,　　IV 型,

I_b^* 型 $(b \geqq 0)$,　　II^* 型,　　III^* 型,　　IV^* 型.

§7.5 楕円曲面の特異ファイバー II

楕円曲面 $f: S \to \Delta$ を考えて，$C=f^{-1}(Q)$, $Q \in \Delta$ を1つの特異ファイバーとする．C を S 上の因子と見做して既約成分への分解を

$$C = \sum_{i=1}^{r} m_i C_i$$

とする．各成分の係数 $m_1, m_2, \cdots, m_r$ が1より大きい最大公約数 m_0 を持つとき C は S の重複ファイバー(multiple fibre)と呼ばれる．前節で構成した例はいずれも重複ファイバーではない．

一方，一般に複素曲面 S 上の曲線 E が非特異有理曲線 $\boldsymbol{P}^1$ で $E^2=-1$ をみたすとき，E を第1種例外曲線(exceptional curve of the first kind)と呼ぶ．曲面上の1点を blow up したときに現われる有理曲線は第1種例外曲線である．逆に次の定理が知られている．

定理　E を複素曲面 S 上の第1種例外曲線とする．このとき複素曲面 S_0 と正則写像 $\sigma: S \to S_0$ で，(i) $\sigma(E)$ は1点 P からなり，(ii) $\sigma: S \to S_0$ は P を中心とする blowing up であるものが存在する[1)]．——

これは S が射影的代数曲面である場合には G. Castelnuovo と F. Enriques によって証明された．このとき S_0 も射影的代数曲面である．一般の場合の証明は H. Grauert による．ここでは残念ながら証明を与えることができない[2)]．

$f: S \to \Delta$ が楕円曲面で，特異ファイバー $C=f^{-1}(Q)$ が第1種例外曲線 E を含む場合，上の定理によって E を1点につぶした曲面 S_0 が存在する．このとき f は正則写像 $f_0: S_0 \to \Delta$ を惹き起こし，これによって S_0 も楕円曲面である．これを繰り返せば，どの特異ファイバーも第1種例外曲線を含まないものに到達する．逆に S はそれから有限回の blowing up によって得られるのである．したがって，特異ファイバーは第1種例外曲線を含まないものだけを考えれば

1)　S から見た場合，σ を contraction と呼ぶ．

2)　K. Kodaira "On Kähler varieties of restricted type" Annals of Mathematics, vol. 60 (1954), 28-48, 全集[38]の Appendix および "On compact analytic surfaces II" ibid. vol. 77 (1963), 563-626, 全集[53]の Appendix を見よ．または H. Grauert "Über Modifikationen und exzeptionelle analytische Mengen" Mathematische Annalen, vol. 146 (1962), 331-368.

十分である.

この節の目標は次の定理である.

定理 7.8　C を楕円曲面の特異ファイバーで第1種例外曲線を含まないものとする. さらに C は重複ファイバーでないとすれば, C は前節で構成した

$$\mathrm{I}_b,\ \mathrm{I}_b^*,\ \mathrm{II},\ \mathrm{II}^*,\ \mathrm{III},\ \mathrm{III}^*,\ \mathrm{IV},\ \mathrm{IV}^*$$

のいずれかである. ——

最初に特異ファイバーの一般的な性質[1]をいくつか述べる.

命題 7.2　C の台 $\bigcup_i C_i$ は連結である.

証明　曲面 S はコンパクトであるから f は閉写像である. したがって, Δ の任意の部分集合 W に対して $f^{-1}(W)\to W$ も閉写像であることに注意しておく.

特異ファイバー $C=f^{-1}(Q)$ を単なる解析的部分集合と考えて, 連結成分への分解を $\bigcup_\alpha D_\alpha$ とする. 連結成分が2個以上あるとして矛盾を導けばよい. まず D_α は C の開集合(かつ閉集合)であるから S の開集合 U_α を用いて $D_\alpha=U_\alpha\cap C$ と書ける. このとき異なる α, β に対して U_α と U_β は交わらないようにできる. [証明]　D_1 の各点 λ の S における開近傍 V_λ を十分小さくとって $V_\lambda\cap C\subset D_1$ で, 閉包 $\bar{V}_\lambda$ は他の D_α と交わらないようにする. D_1 はコンパクトであるから有限個の V_λ で覆われる. それらを V_{λ_k} として $U_1=\bigcup V_{\lambda_k}$ とおけば, $U_1\cap C=D_1$ で $\bar{U}_1$ は $D_2, D_3, \cdots$ と交わらない. 同様にして $\bar{U}_2$ が $\bar{U}_1, D_3, D_4, \cdots$ と交わらないように U_2 を選ぶことができる. これを続ければよい.

このように U_α をとって $W=\Delta-f(S-\bigcup_\alpha U_\alpha)$ とする. W は Q を含む開集合である. 必要ならば W を小さくとり直し, U_α を $U_\alpha\cap f^{-1}(W)$ で置き換えることによって, W は連結で, W の点 R ($\neq Q$) に対して $f^{-1}(R)$ は非特異であるとしてよい. $f^{-1}(W)=\bigcup U_\alpha$ で, 相異なる U_α と U_β は交わらないから, U_α は $f^{-1}(W)$ の閉集合でもある. したがって $f(U_\alpha)$ は W の閉集合であって, $W=\bigcup f(U_\alpha)$ である. $R\neq Q$ のとき $f^{-1}(R)$ は連結であるから $f^{-1}(R)$ はただ1つの U_α に含まれる. したがって $\alpha\neq\beta$ のとき $f(U_\alpha)\cap f(U_\beta)=\{Q\}$ である. ゆえに

---

1)　命題 7.2, 7.3 では非特異ファイバーが楕円曲線であることは本質的ではない(種数 $\geqq 2$ の場合も成り立つ).

$$W-\{Q\}=\bigcup_{\alpha}(f(U_\alpha)-\{Q\})$$

となって右辺は互いに交わらない和集合である．ところが $W-\{Q\}$ は連結であるから，ただ1つの添え字 α_0 に対して $W-\{Q\}=f(U_{\alpha_0})-\{Q\}$ で，他の添え字 α に対しては $f(U_\alpha)=\{Q\}$ でなければならない．これは $U_\alpha=D_\alpha$ を意味しているから D_α は S の開集合となって矛盾である．(証明終り)

次の性質は特異ファイバーの既約成分の交点数に関するものである．上と同じく $C=\sum_{i=1}^{r} m_iC_i$ を特異ファイバーとすれば，直線バンドル $[C]$ は C の近傍で自明であるから任意の i に対して $CC_i=0$ である．このことから次の命題がしたがう．

命題 7.3 交点数 C_iC_j を (i,j) 成分とする対称行列 $(C_iC_j)_{i,j=1,2,\cdots,r}$ は半負定値(negative semi-definite)である．さらにもし $D=\sum_{i=1}^{r}k_iC_i$ が $D^2=0$ をみたせば D は C の有理数倍である．——

これは次のより一般的な命題として述べるのが便利である．

命題 7.4 C_i $(1\leqq i\leqq r)$ は複素曲面 S 上の既約因子で $\bigcup_i C_i$ は連結とする．正因子 $Z=\sum_{i=1}^{r} m_iC_i$, $Z\neq 0$ で $ZC_i\leqq 0$ $(1\leqq i\leqq r)$ をみたすものが存在すると仮定する．このとき

（i） $(C_iC_j)_{i,j=1,2,\cdots,r}$ は半負定値である．

（ii） $Z^2<0$ ならば $(C_iC_j)_{i,j=1,2,\cdots,r}$ は負定値である．

（iii） $Z^2=0$ で $D=\sum_{i=1}^{r}k_iC_i$ が $D^2=0$ をみたすならば D は Z の有理数倍である．

証明 最初に，条件からすべての $m_i>0$ であることを注意しておく．実際，もし $m_j=0$ ならば $ZC_j\geqq 0$ であるから仮定によって $ZC_j=0$ である．したがって既約成分は $m_j=0$ のものと $m_j>0$ のものに分類され，異なる群の既約成分は交わらない．これは連結性に反する．

$r=1$ ならばすべて明らかであるから r に関する数学的帰納法を用いる．(i) は勝手な $Y=\sum n_iC_i$ が $Y^2\leqq 0$ をみたすことである．まず Y の台が連結の場合を考える．必要ならば順序をつけかえて $Y=\sum_{i=1}^{s} n_iC_i$, $s\leqq r$ とする．もし $s<r$ ならば $Z'=\sum_{i=1}^{s} m_iC_i$ は 0 でない正因子で $Z'C_i\leqq 0$ $(1\leqq i\leqq s)$ をみたす．したがって帰納法の仮定によって $Y^2\leqq 0$ である．連結でない場合には各連結成分を考えればよいから，$Y=\sum n_iC_i$ で少くとも1つ $n_i=0$ ならば $Y^2\leqq 0$ であ

ることがわかる．

一般の場合には $Y^2>0$ と仮定して矛盾を導く．共通の成分を持たない正因子 A, B を用いて $Y=A-B$ とすれば

$$0 < Y^2 = A^2-2AB+B^2 \leqq A^2+B^2$$

であるから A^2, B^2 の少くとも一方は正である．したがって最初から Y は正因子としてよい．このとき正整数 a, b を適当に選んで $aY \geqq bZ$ で，$aY-bZ$ は少くとも1つの因子 C_j を含まないようにできる[1]．すると

$$(aY-bZ)^2 = a^2Y^2-abZY-bZ(aY-bZ) \geqq a^2Y^2$$

が成り立つ(ここで仮定 $ZC_i \leqq 0$ を用いた)．ところが上の段落で述べたように $(aY-bZ)^2 \leqq 0$ であるから，これは矛盾である．

次に(ii)(iii)を同時に証明する．$Y=\sum n_iC_i \neq 0$ が $Y^2=0$ をみたすとする．もし $n_j=0$ なる j があれば，連結性からそれらの中に $YC_j>0$ なるものが存在する．このとき N を十分大きい正整数とすれば

$$(NY+C_j)^2 = 2N(YC_j)+C_j^2 > 0.$$

これは(i)に矛盾する．したがってすべての $n_i>0$ である．

そこで正整数 a, b を(i)の証明の後半と同じように選べば

$$(aY-bZ)^2 \geqq a^2Y^2 = 0$$

である．したがってすぐ上に述べたことによって $aY=bZ$ でなければならない．$Z^2<0$ のときこれは不可能である．$Z^2=0$ のときは $Y=(b/a)Z$ となる．(証明終り)

命題 7.5　$C=\sum m_iC_i$ を楕円曲面 $f: S\to \varDelta$ の特異ファイバー $f^{-1}(Q)$ とする．K を S の標準バンドルとすれば $KC=0$[2]．

証明　$D=f^{-1}(R)$, $R\in \varDelta$ を非特異ファイバーとすると $D^2=0$ であるから種数公式によって $KD=0$ である．したがって $KC=KD$ を示せばよい．そのために S と $\varDelta$ の上で完全列(7.4)を考えると次の可換図式を得る．

$$\begin{array}{ccc} H^1(S, \mathcal{O}_S{}^*) & \longrightarrow & H^2(S, \boldsymbol{Z}) \\ \uparrow & & \uparrow \\ H^1(\varDelta, \mathcal{O}_\varDelta{}^*) & \longrightarrow & H^2(\varDelta, \boldsymbol{Z}) \end{array} \qquad (7.21)$$

1)　$a/b=\min(m_i/n_i)$ となるようにとればよい．

2)　$S\to\varDelta$ の非特異ファイバーの種数が g ならば $KC=2g-2$ である．

ここで水平方向の矢印は Chern 類を定める写像，垂直方向の矢印は，Δ の開被覆 $\{V_i\}$ 上の cocycle $\{g_{ij}\}$ または $\{c_{ijk}\}$ に対して S 上の開被覆 $\{f^{-1}(V_i)\}$ 上の cocycle $\{g_{ij}\circ f\}$ または $\{c_{ijk}\}$ を対応させる写像である[1]．

ファイバー C, D を因子と考えれば $[C]=f^*[Q]$, $[D]=f^*[R]$ であるから，(7.21)の可換性によって $c([C])=c([D])$ である(定理 7.5 の系)．したがって定理 7.6 によって $KC=KD$ を得る．（証明終り）

さて次の 2 つの命題で第 1 種例外曲線に関する仮定が重要な役割を果す．

命題 7.6 $C=\sum m_iC_i$, K は上の命題 7.5 中と同じとする．さらに C が第 1 種例外曲線を含まないならば，すべての i に対して $KC_i\geqq 0$ である．

証明 C がただ 1 つの既約成分 C_1 を持つ場合には命題 7.5 によって $KC_1=0$ である．C が 2 つ以上既約成分を持つ場合，命題 7.3 によって $C_i^2<0$ である．ここで種数公式

$$C_i^2+KC_i = 2\pi(C_i)-2$$

に注目する．定理 6.22 によって $\pi(C_i)\geqq 0$ であるから $C_i^2+KC_i\geqq -2$ である．したがって，もし $KC_i<0$ ならば，$C_i^2=KC_i=-1$ かつ $\pi(C_i)=0$ でなければならない．$\pi(C_i)=0$ は C_i が非特異有理曲線であることを意味するから，C_i は第 1 種例外曲線となって仮定に反する．（証明終り）

命題 7.7 $C=\sum m_iC_i$ は楕円曲面の特異ファイバーで第 1 種例外曲線を含まないとする．もし C が 2 つ以上の既約成分を持てば各 C_i は非特異有理曲線で $C_i^2=-2$ である．

証明 命題 7.5 によって $0=KC=\sum m_iKC_i$ である．一方，命題 7.6 によって $KC_i\geqq 0$ であるから $KC_i=0$ である．さらに命題 7.3 によって $C_i^2<0$ であるから種数公式は $0>C_i^2=2\pi(C_i)-2$ となる．したがって $\pi(C_i)=0$, かつ $C_i^2=-2$ でなければならない．（証明終り）

以上で定理 7.8 の証明の準備が整った．

定理 7.8 の証明 (1) C がただ 1 つの既約成分からなる場合．このときには $\pi(C)=1$ であるから C は楕円曲線であるか，通常 2 重点または尖点を持つ有理曲線である(命題 6.15)．

---

1) f による引き戻し(pull-back)である．

(2)　2つの成分 C_1, C_2 が $C_1C_2 \geqq 2$ をみたす場合．命題7.3によって

$$0 \geqq (C_1+C_2)^2 = -4+2C_1C_2$$

であるから $C_1C_2=2$，したがって $(C_1+C_2)^2=0$ である．再び命題7.3によって $C=C_1+C_2$ であるから，C は I_2 型またはIII型である．

(3)　3つの成分 C_1, C_2, C_3 が1点 P を通る場合．

$$0 \geqq (C_1+C_2+C_3)^2 = -6+2(C_1C_2+C_2C_3+C_3C_1)$$

であるから(2)と同じ理由で $C=C_1+C_2+C_3$．これはIV型である．

以上の場合が解決されたから以下では相異なる成分に対しては $C_iC_j=1$ または0で3つ以上の成分が1点で交わることはないとしてよい．この場合には前節の図と双対的なグラフを描くのが便利である．すなわち，各既約成分を頂点○で表わし，2つの成分が交わるとき対応する頂点を線分で結んで表わす．これによれば，前節の特異ファイバーで I_1, II, III, IV **型以外のもの**は図38, 39

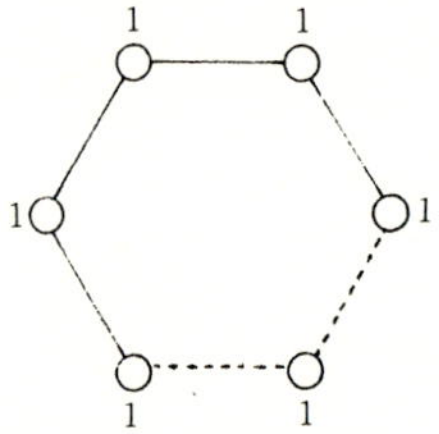

I_b 型 $(\tilde{A}_l)$
$l=b+1$

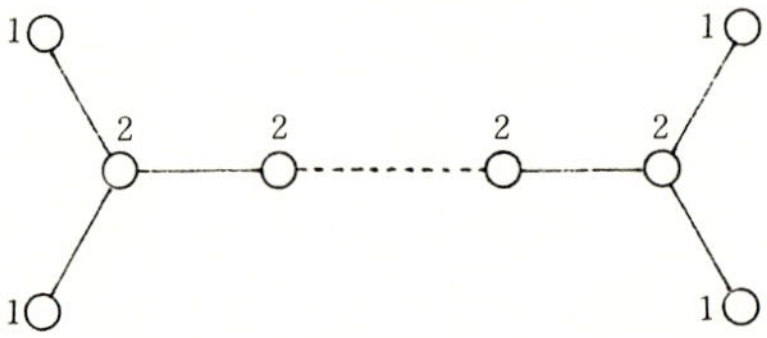

$\mathrm{I}_b{}^*$ 型 $(\tilde{D}_l)$
$l=b+4$

図38

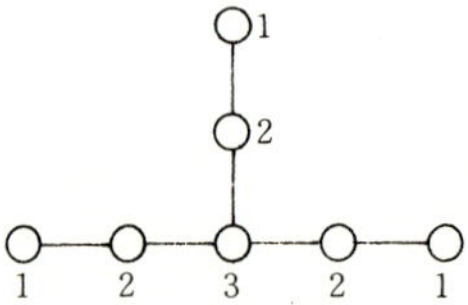

IV*型 $(\tilde{E}_6)$

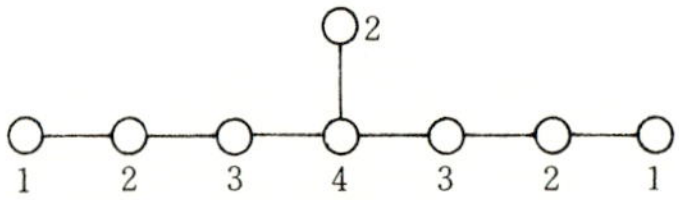

III*型 $(\tilde{E}_7)$

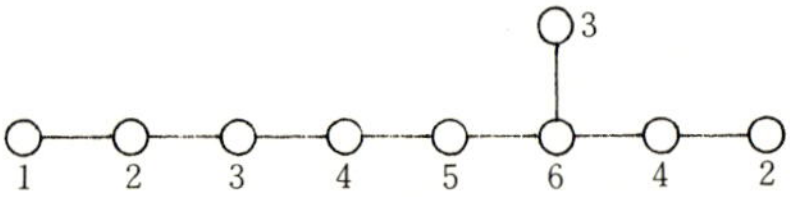

II*型 $(\tilde{E}_8)$

図39

のようになる[1]．

これらの特異ファイバーを $D=\sum n_jD_j$ とすれば，それは当然命題 7.3 をみたすことに注意する．特に $D^2=0$ である．一方，(1)(2)(3)以外の勝手な特異ファイバー $C=\sum m_iC_i$ を考えて，対応するグラフ G を描く．もし G が上にあげたグラフのいずれか(それを Γ と呼ぶことにする)を含めば G はそれに一致しなければならない．実際，上に述べたように $D^2=0$ であるから命題 7.3 によって Γ は G のすべての頂点を含んでいる．さらに $C^2=0$ となる C_i の一次結合は定数倍を除いて一意的だからである．

さて残された特異ファイバーを決定する．

(4) G が頂点の輪を含む場合．このとき G は I_b 型のグラフを含むから，上の注意によって特異ファイバーは I_b 型である．

(5) G の 1 つの頂点から 4 本以上の線分が出ている場合．C の既約成分 $C_1, C_2, \cdots, C_5$ で $C_1C_i=1,\ 2\leqq i\leqq 5$ のものが存在する．(4)によって $C_iC_j=0,\ 2\leqq i<j\leqq 5$ としてよい．このとき $(2C_1+C_2+\cdots+C_5)^2=0$ である．したがって C は $\mathrm{I}_0{}^*$ 型である．

以下，3 本の線分の出ている頂点を分岐点と呼ぶことにする．

(6) 分岐点が 2 つ以上ある場合．グラフは連結であるから 2 つの分岐点を結ぶ線分の列が存在する．したがって G は $\mathrm{I}_b{}^*$ 型のグラフを含む．C は $\mathrm{I}_b{}^*$ 型．

(7) 分岐点が 1 つの場合．その分岐点から出る線分の列の長さを (p, q, r), $p\leqq q\leqq r$ とする(たとえば II^* 型は $(1, 2, 5)$ である)．

(7-1) $p\geqq 2$ ならば G は IV^* 型のグラフを含む．

(7-2) $p=1, q\geqq 3$ ならば G は III^* 型のグラフを含む．

(7-3) $p=1, q\leqq 2$ の場合：$q=1$ ならば G は $\mathrm{I}_b{}^*$ 型のグラフに含まれる．G は全体とは成り得ないから，命題 7.4 によって G の交点数の行列は負定値となって矛盾である．$q=2$ ならば r の値によって G は II^* 型のグラフに含まれるか，あるいは II^* 型のグラフを含む．いずれにしても上と同じ理由によって G は II^* 型に一致しなければならない．(定理 7.8 の証明終り)

1) ( )内の $\tilde{A}_l, \tilde{D}_l, \tilde{E}_l$ の記号についてはこの章の最後を見よ．

締めくくりとしていくつかの注意を述べておく.

1. まず§7.3の構成ではΔが開円板の場合しかできていない. ΔがコンパクトRiemann面, たとえば$\boldsymbol{P}^1$の場合に与えられた型の特異ファイバーを持つ楕円曲面を構成するには3つの方法が考えられる. 1つは§7.3で具体的に与えた定義方程式でtを$\boldsymbol{P}^1$の非同次座標と考えるのである. このとき$t=0$以外の特異ファイバー(特に$t=\infty$)の方程式は条件(＊)をみたすとは限らない. しかしこの場合にも特異点の還元を拡張することができるから[1]求める楕円曲面が得られる.

第2の方法では$a(t)$, $b(t)$をtの多項式で$\deg a(t)\leqq 4d$, $\deg b(t)\leqq 6d$となるようにとる. dを十分大きくとれば$t=0$では与えられた特異ファイバーを持つようにできる. このとき(7.15)はHirzebruch曲面Σ_{2d}上の因子を定める訳である. $t=\alpha$で条件(＊)がみたされないならば276ページの操作を繰り返してdを下げることができる. また上の2条件をみたすdで最小のものをとれば$t=\infty$でも条件(＊)がみたされている.

第3の方法ではやはり$a(t)$, $b(t)$を多項式にとるが, 今度はdを十分大きくとる. するとBとして, $t=0$で与えられた特異性を持ち, 他では非特異なものが存在することが証明できる. これはBertiniの定理[2]の応用である.

2. 重複ファイバーについては$C=mC_0$とすればC_0は非特異楕円曲線であるか, I_b型($b\geqq 1$)であることが知られている[3].

3. 特異ファイバーの図形から係数が1の成分(特に$\tilde{\Gamma}$の上にある成分)を1つ取り除けば(7.15)が持つ特異点の還元の結果として得られる図形が得られる. これらは有理2重点(rational double point)と呼ばれるクラスの特異点と完全に一致している[4].

---

1) E. Horikawa "On deformations of quintic surfaces" Inventiones mathematicae, vol. 31(1975), 43-85, §2を見よ. 一般に特異点の還元の存在はHironakaの定理によって保証されている.

2) Y. Akizuki "Theorems of Bertini on linear systems" Journal of the Mathematical Society of Japan, vol. 3(1951), 170-180.

3) 270ページ脚注の論文Lemma 6. 1. 構成法についてはK. Kodaira "On the structure of compact complex analytic surfaces I" American Journal of Mathematics, vol. 86 (1964), 751-798, 全集[22]の766-771参照.

4) 有理2重点についてはM. Artin "On isolated rational singularites of surfaces" American Journal of Mathematics, vol. 88(1966), 129-136参照.

4. §7.4で描いた$\tilde{A}_l, \tilde{D}_l, \tilde{E}_l$の図形は単純Lie環論に現われる拡大Dynkin図形(extended Dynkin diagram)の一部と一致している[1]. 拡大Dynkin図形はDynkin図形に1つの頂点を付け加えて得られる. 各頂点の係数は最長ルートというものによって定まり, 新しい頂点の係数は1と考える. $\tilde{A}_l$等のもとになるDynkin図形をA_l等と書けば, 有理2重点はA_l, D_l, E_lに対応する[2].

1) たとえばN. Bourbaki "Groupes et algebres de Lie, Chapitres 4, 5 et 6" Hermann, 1968.

2) 同様にA, D, E型の分類の現われるものについては草場公邦"行列特論"裳華房, 1979, 第2章を見よ.

補　　説

補説 A　多様体上の積分

I)　1の分解．M を可微分多様体[1)]，$\{U_i\}_{i\in I}$ を M の開被覆とする．M の任意の点 p に対して p の近傍 V_p を十分小さくとれば $\{i\in I \mid V_p\cap U_i\neq\phi\}$ が有限であるとき $\{U_i\}$ は局所有限(locally finite)であるという．M の2つの開被覆 $\{U_i\}_{i\in I}$, $\{V_\lambda\}_{\lambda\in\Lambda}$ があって，各 $\lambda\in\Lambda$ に対して $V_\lambda\subset U_i$ なる i が存在するとき，$\{V_\lambda\}$ は $\{U_i\}$ の細分(refinement)であるという．M の任意の開被覆が局所有限な細分を持つとき M はパラコンパクト(paracompact)であるという．

補題 A. 1　M はパラコンパクトであるとして，$\{U_i\}_{i\in I}$ を M の開被覆とする．このとき同じ添え字の集合 I を持つ M の開被覆 $\{V_i\}_{i\in I}$ で，各 i に対して V_i の閉包 $\bar{V}_i$ が U_i に含まれるものが存在する．

証明　M の各点 p の近傍 W_p を，$\bar{W}_p$ はコンパクトである U_i に含まれるようにとる．$\{W_p\}$ の局所有限な細分をとって $\{W_\lambda\}_{\lambda\in\Lambda}$ とする．i を固定したとき $\bar{W}_\lambda\subset U_i$ なる λ の集合を $\Lambda(i)$ として，W_λ, $\lambda\in\Lambda(i)$ の和集合を V_i とする．$\{V_i\}_{i\in I}$ が M の開被覆となることは明らかである．したがって，V_i の閉包 $\bar{V}_i$ が $\bar{W}_\lambda$, $\lambda\in\Lambda(i)$ の和集合であることを証明すればよい．

$\lambda\in\Lambda(i)$ のとき $\bar{W}_\lambda\subset\bar{V}_i$ なることは明らかであるから，以下に $p\in\bar{V}_i$ が $\bar{W}_\lambda$, $\lambda\in\Lambda(i)$ の和集合に含まれることを示す．p の近傍 N を十分小さくとれば N と交わる W_λ $(\lambda\in\Lambda(i))$ は有限個しかない．それらの添え字の集合を A とする．もし p がどの $\bar{W}_\lambda$, $\lambda\in A$ にも属さないとすれば，p の近傍 N' をどの W_λ, $\lambda\in A$ とも交わらないようにとれる．このとき $N\cap N'$ は V_i と交わらないから矛盾である．したがって

$$p\in\overline{\bigcup_{\lambda\in A}W_\lambda}=\bigcup_{\lambda\in A}\bar{W}_\lambda.\qquad\text{(証明終り)}$$

M 上の関数 f に対して，集合 $\{p\in M \mid f(p)\neq 0\}$ の閉包を f の台(support)と呼んで $\mathrm{Supp}\,f$ で表わす．

---

1)　以下 C^∞ 可微分多様体のみを扱う．

定義　M は可微分多様体で，$\{U_i\}_{i\in I}$ は局所有限な M の開被覆であるとする．M 上の実数値 C^∞ 可微分関数の族 $\{\rho_i\}_{i\in I}$ が次の 3 条件をみたすとする．

（i）　$0\leqq\rho_i\leqq 1$.

（ii）　各 i に対して $\mathrm{Supp}\,\rho_i$ は U_i に含まれる．

（iii）　任意の $p\in M$ に対して $\sum_i \rho_i(p)=1$ である[1]．

このとき $\{\rho_i\}_{i\in I}$ を開被覆 $\{U_i\}_{i\in I}$ に属する 1 の分解[2] という．

定理 A.1　M をパラコンパクトな可微分多様体，$\{U_i\}_{i\in I}$ を局所有限な M の開被覆で，各 $\bar{U}_i$ はコンパクトなものであるとする．このとき $\{U_i\}$ に属する 1 の分解が存在する．——

定理の証明のために補題を用意する．

補題 A.2　$\boldsymbol{R}^n$ の座標を $x=(x^1,\cdots,x^n)$ とし $\|x\|=\sqrt{\sum_\alpha (x^\alpha)^2}$ と定義する．$\varepsilon>0$ とするとき $\boldsymbol{R}^n$ 上の実数値 C^∞ 可微分関数 $h(x)\geqq 0$ で，$h(0)>0$, $\|x\|\geqq\varepsilon$ で $h(x)=0$ なるものが存在する．

証明　$t\in\boldsymbol{R}$ の関数 $\psi(t)$ を $\psi(t)=\exp(-1/t)$ $(t>0)$, $\psi(t)=0$ $(t\leqq 0)$ とすれば，ψ は C^∞ 関数である[3]．$h(x)=\psi(\varepsilon^2-\|x\|^2)$ とすればよい．（証明終り）

補題 A.3　U を可微分多様体 M の領域，$K\subset U$ をコンパクトな部分集合とする．このとき M 上の実数値 C^∞ 可微分関数 $h(p)\geqq 0$ で，$p\in K$ のとき $h(p)>0$, $p\notin U$ のとき $h(p)=0$ なるものが存在する．

証明　K の各点 p に対して，補題 A.2 によって C^∞ 可微分関数 h_p を p の近傍 V_p で $h_p>0$, U の外で $h_p=0$ となるようにとる．K はこのような V_p の有限個で覆われるから，それらを $V_1, V_2, \cdots, V_m$ として，対応する関数を $h_1, h_2, \cdots, h_m$ とする．$h=\sum_{\lambda=1}^m h_\lambda$ とすればよい．

定理 A.1 の証明　補題 A.1 によって，M の開被覆 $\{V_i\}_{i\in I}$ で $\bar{V}_i\subset U_i$ なるものがとれる．さらに開被覆 $\{W_i\}_{i\in I}$ で $\bar{W}_i\subset V_i$ なるものがとれる．$\bar{W}_i$ はコンパクトであるから補題 A.3 によって，M 上の C^∞ 可微分関数 h_i で $\bar{W}_i$ 上 >0, V_i の外では 0 なるものが存在する．このとき $h(p)=\sum_i h_i(p)$ は各 p に対して有限和で M 上至る所 >0 である．$\rho_i(p)=h_i(p)/h(p)$ とすればよい．（証

---

1)　(ii) によって $\rho_i(p)\neq 0$ なる i は有限個しかない．

2)　英語では partition of unity subordinate to $\{U_i\}_{i\in I}$ である．

3)　“解析入門” 例 3. 10.

明終り）

最後に補題 A. 2 を次のように精密化しておく．

補題 A. 4　$0<\varepsilon<\delta$ とする．$\boldsymbol{R}^n$ 上の実数値 C^∞ 可微分関数 $h=h(x)$ で

$$\|x\| \leqq \varepsilon \quad \text{で} \quad h(x)=1$$
$$\varepsilon < x < \delta \quad \text{で} \quad 0 \leqq h(x) \leqq 1$$
$$\|x\| \geqq \delta \quad \text{で} \quad h(x)=0$$

なるものが存在する．

証明　補題 A. 2 の ψ を用いて $\psi(t)=\dfrac{\psi(b-t)}{\psi(b-t)+\psi(t-a)}$ $(a<b)$ とする．これより h を構成することは容易である．

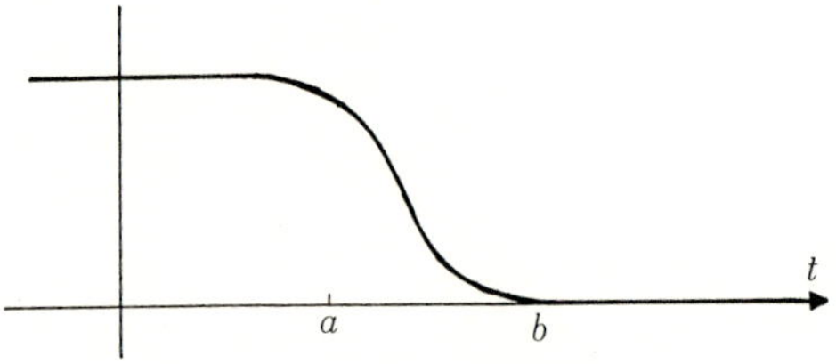

図 40

II）　向きづけ．可微分多様体 M の座標近傍 U, V とその上の局所座標 $(x^1, x^2, \cdots, x^n)$, $(y^1, y^2, \cdots, y^n)$ をそれぞれ考える．Jacobi 行列式 $\det\dfrac{\partial(x^1, \cdots, x^n)}{\partial(y^1, \cdots, y^n)}$ が $U \cap V$ の各点で正のとき $(x^1, \cdots, x^n)$ と $(y^1, \cdots, y^n)$ は同調しているということにする．M 上の局所座標系がどの 2 つも同調するように与えられているとき，M は向きづけられている（oriented）という．このときそれぞれの局所座標 $(x^1, \cdots, x^n)$ を正の局所座標と呼び，$dx^1\wedge\cdots\wedge dx^n$ を正の n 次形式と定義する[1]．

M が複素多様体で $(z^1, \cdots, z^n)$, $(w^1, \cdots, w^n)$ を複素局所座標とする．

$$z^\alpha = x^{2\alpha-1}+\sqrt{-1}x^{2\alpha}, \qquad w^\alpha = y^{2\alpha-1}+\sqrt{-1}y^{2\alpha}$$

を実部と虚部への分解とすれば

$$\det\frac{\partial(x^1, \cdots, x^n)}{\partial(y^1, \cdots, y^n)} = \left|\det\frac{\partial(z^1, \cdots, z^n)}{\partial(w^1, \cdots, w^n)}\right|^2 > 0$$

（定理 2. 5 証明 I 参照）である．したがって $(x^1, \cdots, x^{2n})$, $(y^1, \cdots, y^{2n})$ は可微分多様体の局所座標として同調している．これによって複素多様体は向きづけられていると考えることができる．$dz^1\wedge d\bar{z}^1=-2\sqrt{-1}dx^1\wedge dx^2$ 等であるから

1）　さらに正の局所座標と同調する局所座標のことも正の局所座標と呼ぶ．

$$dx^1 \wedge dx^2 \wedge \cdots \wedge dx^{2n-1} \wedge dx^{2n} = (\sqrt{-1}/2)^n dz^1 \wedge d\bar{z}^1 \wedge \cdots \wedge dz^n \wedge d\bar{z}^n$$

が正の $2n$ 次形式である．

III)　多様体上の積分．M はパラコンパクト可微分多様体で，向きづけられているとする．$\{U_i\}_{i\in I}$ を座標近傍 U_i による局所有限な開被覆として $(x_i^1, \cdots, x_i^n)$ を U_i 上の正の局所座標とする．さらに $\{U_i\}$ に属する1の分解 $\{\rho_i\}$ が存在すると仮定する．M 上の n 次微分形式 φ を U_i 上

$$\varphi = \varphi_i(x)\, dx_i^1 \wedge \cdots \wedge dx_i^n$$

とあらわす．$\varphi_i(p)=0$ であることを $\varphi(p)=0$ と書くことにして，関数の場合と同様 $\{p\in M \mid \varphi(p)\neq 0\}$ の閉包を φ の台，$\mathrm{Supp}\,\varphi$ と呼ぶ．

簡単のため座標近傍 U_i は直方体 $|x_i^1|<a_1, \cdots, |x_i^n|<a_n$ と同一視できるとする．$\mathrm{Supp}\,\varphi$ がある U_i に含まれるとき，φ の M 上の積分を

(A. 1)
$$\int_M \varphi = \int_{-a_1}^{a_1} \cdots \int_{-a_n}^{a_n} \varphi_i(x)\, dx_i^1 \cdots dx_i^n$$

と定義する[1)]．一般に $\mathrm{Supp}\,\varphi$ がコンパクトな場合，1の分解 $\{\rho_i\}$ を用いて

(A. 2)
$$\int_M \varphi = \sum_i \int_M \rho_i \varphi$$

と定義する．これは定義に用いた正の座標系，1の分解によらない[2)]．

IV)　Stokesの定理．2次元以上の可微分多様体 M の領域 D を考え，境界 $\bar{D}-D$ を ∂D であらわす．∂D の各点 p に対して p の座標近傍 U と局所座標 $x=(x^1, \cdots, x^n)$ を適当にとれば $D\cap U=\{x\in U \mid x^n \geqq 0\}$ とあらわされるとき，D は滑らかな境界を持つという．$\partial D\cap U$ 上で $(x^1, \cdots, x^{n-1})$ を局所座標と考えれば ∂D は $(n-1)$ 次元可微分多様体となる(ただし連結とは限らない)．

さらに M はパラコンパクトで，向きづけられているとする．このとき上のような局所座標 $x=(x^1, \cdots, x^n)$ で正のものをとることができる[3)]．$(y^1, \cdots, y^n)$ を同様な局所座標とすれば $(x^1, \cdots, x^{n-1})$ と $(y^1, \cdots, y^{n-1})$ は ∂D の局所座標として同調している．［証明］　∂D 上では恒等的に $x^n=0$ であるから $\partial x^n/\partial y^j=0$ $(j=1, 2, \cdots, n-1)$ である．したがって ∂D の点 q で

1)　すなわち正の微分形式を基底にとれば外積をはずすことができる．
2)　詳しくは松島与三“多様体入門”裳華房，第V章．
3)　必要なら $(-x^1, x^2, \cdots, x^n)$ 又は $(x^2, x^1, x^3, \cdots, x^n)$ をとればよい．

$$(A.3)\qquad 0<\det\frac{\partial(x^1,\cdots,x^n)}{\partial(y^1,\cdots,y^n)}=\frac{\partial x^n}{\partial y^n}\det\frac{\partial(x^1,\cdots,x^{n-1})}{\partial(y^1,\cdots,y^{n-1})}.$$

q の座標を $y_0=(y_0{}^1,\cdots,y_0{}^{n-1},0)$ として $g(y^n)=x^n(y_0{}^1,\cdots,y_0{}^{n-1},y^n)$ とすれば，$y^n>0$ のとき $g(y^n)>0$ である．したがって $dg/dy^n(0)\geqq 0$ であるから，(A. 3) より q において

$$\det\frac{\partial(x^1,\cdots,x^{n-1})}{\partial(y^1,\cdots,y^{n-1})}>0.$$

（証明終り）

これによって ∂D は局所座標系 $(x^1,\cdots,x^{n-1})$ によって向きづけられていると考えることができるが，後の便宜上 ∂D は $((-1)^n x^1,x^2,\cdots,x^{n-1})$ によって向きづけられていると約束する．

定理 A. 2　M は向きづけられた n 次元可微分多様体，D は滑らかな境界を持つ M の領域で $\bar{D}$ はコンパクトであるとする．ψ を M 上の $(n-1)$ 次形式として，それを ∂D 上の $(n-1)$ 次形式とも考える．このとき

$$(A.4)\qquad \int_D d\psi=\int_{\partial D}\psi$$

が成り立つ[1]．——

証明はまず 1 の分解を用いて Supp ψ が 1 つの座標近傍に含まれる場合に帰着される．その場合には ∂D の向きづけに注意して両辺を計算すれば(A. 4)が得られる[2]．

特別な場合としてコンパクトな M 自身を $\partial M=\phi$ を“滑らかな境界”とする領域と考えれば

$$\int_M d\psi=0$$

を得る．

補説 B　帰納的極限

順序集合 Λ を考える．任意の 2 つの元 $\lambda,\mu\in\Lambda$ に対し，$\lambda<\nu,\mu<\nu$ なる ν が存在するとき Λ を有向集合(directed set)と呼ぶ．有向集合 Λ によって番号づけられた環(1 を持つ可換環) A_λ の族があって，$\lambda<\mu$ のとき準同型[3] $\varphi_{\mu\lambda}$：

1)　D 上の積分は(A. 1)，(A. 2)で積分域を制限することによって定義される．
2)　詳しくは上述“多様体入門”第 V 章 § 5.
3)　準同型は 1 を 1 に写すと仮定する．

$A_\lambda \to A_\mu$ が与えられていて，$\lambda < \mu < \nu$ のとき $\varphi_{\nu\lambda} = \varphi_{\nu\mu} \circ \varphi_{\mu\lambda}$ をみたすとする．このとき $\{A_\lambda, \varphi_{\mu\lambda}\}$ を環の帰納系(inductive system)と呼ぶ．

$\tilde{A}$ で A_λ, $\lambda \in \Lambda$ の形式的な和集合を表わし，$\tilde{A}$ の元の間の同値関係 $\sim$ を次のように定める：$a \in A_\lambda$ と $b \in A_\mu$ が $a \sim b$ とは，$\lambda < \nu$, $\mu < \nu$ をみたす $\nu \in \Lambda$ で $\varphi_{\nu\lambda}(a) = \varphi_{\nu\mu}(b)$ なるものが存在することである．Λ が有向集合であることから $\sim$ は同値関係となる．$A = \tilde{A}/\sim$ として $j_\lambda : A_\lambda \to A$ を埋め込み $A_\lambda \subset \tilde{A}$ と射影の合成とする．$\lambda < \mu$ のとき $j_\lambda = j_\mu \circ \varphi_{\mu\lambda}$ である．

A は自然な方法で環の構造を持つ．たとえば $j_\lambda(a)$ と $j_\mu(b)$ の和を定義するには $\lambda, \mu < \nu$ なる ν をとって $j_\lambda(a) + j_\mu(b) = j_\nu(\varphi_{\nu\lambda}(a) + \varphi_{\nu\mu}(b))$ とすればよい．これは ν のとり方によらない．これにより j_λ は環の準同型となる．$A = \lim\operatorname{ind} A_\lambda$ または $\varinjlim A_\lambda$ と書いて，A_λ の帰納的極限(inductive limit, direct limit)と呼ぶ．

定理 B.1　$\{A_\lambda, \varphi_{\mu\lambda}\}$, $A = \varinjlim A_\lambda$ は上の通りとする．環 B と準同型の族 $\psi_\lambda : A_\lambda \to B$ が与えられて，任意の $\lambda < \mu$ に対して $\psi_\lambda = \psi_\mu \circ \varphi_{\mu\lambda}$ が成り立つとする．このとき準同型 $\rho : A \to B$ で任意の λ に対して $\psi_\lambda = \rho \circ j_\lambda$ をみたすものがただ1つ存在する．

証明　A の元 $\tilde{a} = j_\lambda(a)$, $a \in A_\lambda$ に対して $\rho(\tilde{a}) = \psi_\lambda(a)$ と定める．もし $\tilde{a} = j_\mu(b)$, $b \in A_\mu$ ならば適当な ν $(>\lambda, \mu)$ に対して $\varphi_{\nu\lambda}(a) = \varphi_{\nu\mu}(b)$ であるから $\psi_\lambda(a) = \psi_\nu(\varphi_{\nu\lambda}(a)) = \psi_\nu(\varphi_{\nu\mu}(b)) = \psi_\mu(b)$ が成り立つ．したがって $\rho(\tilde{a})$ は λ, a の選び方によらず定まる．ρ が準同型で，一意的であることは明らかであろう．(証明終り)

帰納的極限は定理に述べた性質によって特徴づけられる[1]．

R を環とするとき，R 加群 M_λ と R 加群の準同型 $\varphi_{\mu\lambda}$ による帰納系に対しても帰納的極限 $M = \varinjlim M_\lambda$ が定まる．M は R 加群である．

補説C　Banachの開写像定理

X, Y をBanach空間として，$x \in X$, $y \in Y$ のノルムを $\|x\|$, $\|y\|$ であらわす．目標は次の定理を証明することである．

1)　たとえばすべての j_λ が単射ならば $\varinjlim A_\lambda$ は A_λ, $\lambda \in \Lambda$ の自然な“和集合”と考えることができる．

定理 C.1　$T:X\to Y$ は有界線形作用素で全射であるとする．このとき T は開写像である．

補題 C.1　$T:X\to Y$ を有界線形作用素，$S_1=\{x\in X \mid \|x\|<1\}$ とする．ある正数 r に対して $T(S_1)$ は $U_r=\{y\in Y \mid \|y\|<r\}$ で稠密であるとする[1)]．このとき $T(S_1)$ は U_r を含む．

証明　$A=T(S_1)\cap U_r$ とする．$z\in U_r$ と正数 δ を固定したとき Y の点列 y_n $(n=0,1,\cdots)$ を次の条件：

$$\|y_n-z\|<\delta^n r, \qquad y_{n+1}-y_n\in\delta^n A$$

をみたすように選ぶことができる．実際，$y_0=0$ として以下帰納的に y_n を定める．y_n まで定まったとすると $z\in y_n+\delta^n U_r$ で，$\delta^n A$ は $\delta^n U_r$ で稠密であるから $y_{n+1}\in y_n+\delta^n A$ を z にいくらでも近くとることができる．

このとき $T(x_{n+1})=y_{n+1}-y_n$, $\|x_{n+1}\|<\delta^n$ なる x_{n+1} が存在する．そこで $\tilde{x}=\sum_{n=1}^{\infty}x_n$ とすれば，$\|\tilde{x}\|<\dfrac{1}{1-\delta}$ で $T(\tilde{x})=\lim y_n=z$ が成り立つ．したがって $T((1-\delta)^{-1}S_1)$ は U_r を含む．言い換えれば $T(S_1)$ は $(1-\delta)U_r$ を含む．δ は任意であるから $T(S_1)\supset U_r$ である．（証明終り）

$y_0\in Y$, $r>0$ として $U(y_0,r)=\{y\in Y \mid \|y-y_0\|<r\}$ の形の集合を Y 内の球と呼ぶ．

補題 C.2　もし $T(S_1)$ が Y 内の如何なる球においても稠密でないとすれば，$T(X)$ はどのような球をも含まない．

証明　n を正整数とすると仮定によって $T(S_n)=T(nS_1)$ は如何なる球においても稠密でない．U を Y 内の球とすると仮定によって球 $U(y_1,r_1)\subset U$ で $T(S_1)$ と交わらないものがとれる．次に $U(y_1,r_1)$ に仮定を適用して，球 $U(y_2,r_2)\subset U(y_1,r_1)$ で $T(S_2)$ と交わらないものが存在する．これを繰り返して $U(y_n,r_n)\subset U(y_{n-1},r_{n-1})$ で $T(S_n)$ と交わらないものがとれる．r_n は単調に減少して 0 に収束するとしてよい．したがって $y=\lim y_m$ が存在する．$m\geqq n+1$ ならば $y_m\in U(y_{n+1},r_{n+1})$ であるから y は $U(y_n,r_n)$ に属する．したがって y はどの $T(S_n)$ にも含まれない．$T(X)=\bigcup_{n=1}^{\infty}T(S_n)$ であるから $y\in U$, $y\notin T(X)$ である．（証明終り）

---

1)　$T(S_1)\cap U_r$ が U_r 内で稠密の意である．

定理C.1の証明　補題C.2によって$T(S_1)$はある球$U(y,r)$で稠密である．$y=f(x)$, $\|x\|<1$とすれば$T(-x+S_1)$はU_rで稠密である．したがって$T(S_2)$はU_rで稠密，補題C.1によって$T(S_2)\supset U_r$である．εを任意の正数とすればU_εは$S_{2\varepsilon/r}$の像に含まれる．これはTが開写像であることを意味している．（証明終り）

ここで，定理6.1の証明で用いた事実を証明しておく．

命題C.1　Xを実(または複素) Hilbert空間とする．Xが局所コンパクトならばXは有限次元である．

証明　Xは無限次元と仮定して$x_1, x_2, \cdots, x_m, \cdots$は一次独立であるとする．Schmidtの直交化によって$\|x_m\|=1$, $(x_m, x_n)=0$ $(m\neq n)$としてよい．Xは局所コンパクトであるから，適当なrに対して$B_r=\{x\in X \mid \|x\|\leqq r\}$はコンパクトである．したがって$B_1=r^{-1}B_r$もコンパクトである．必要なら部分列をとって$\{x_m\}$はある$x\in X$に収束するとしてよい．$\|x\|=\lim\|x_m\|=1$であるが，他方$(x, x_m)=\lim_{n\to\infty}(x_n, x_m)=0$, $\|x\|^2=\lim_{m\to\infty}(x, x_m)=0$で矛盾する．（証明終り）

あとがき

本書を書くにあたって直接参考にした書物を以下に挙げて感謝の意を表したい.

[1] Ahlfors, L. "Complex Analysis" 2nd edition, McGraw-Hill, 1966[1].

[2] 小平邦彦"複素解析"岩波講座基礎数学, 1978.

[3] 小平邦彦"複素多様体論"同上, 1981.

[4] 小平邦彦"複素多様体と複素構造の変形"東大数学教室セミナリー・ノート, 1974.

[5] 小平邦彦"複素解析曲面論"同上, 1974.

[6] Weil, A. "Variétés kählériennes" Hermann, 1958.

[7] Forster, O. "Riemannsche Flächen" Springer, 1977[2].

[8] Gunning, R. and Rossi, H. "Analytic Functions of Several Complex Variables" Prentice-Hall, 1965.

第1章, 第2章. 1変数複素関数論については[1][2]が標準的である. 多変数の関数については[8]の他に

[9] Hörmander, L. "An Introduction to Complex Analysis in Several Variables" Van Nostrand, 1966.

[10] Narashimhan, R. "Introduction to the Theory of Analytic Spaces" Springer Lecture Notes in Mathematics, vol. 25, 1966.

第3章. 解析的部分集合の局所理論については[8], [10]にもある. ここでは余次元1の場合を独立に扱ったので少し無駄のある書き方になっている. 因子に関する部分は[6]の付録を参考にした.

第4章. ここに述べたChowの定理の証明はこの講義のために自前で用意したものである. Chow自身の証明は

[11] Chow, W.-L. "On compact complex analytic varieties" American

1) 出版社, 出版年である.
2) 英訳版がGraduate Textsのシリーズで出版された.

Journal of Mathematics, vol. 721(1949), pp. 893-914[1].

にある．現今広く流布しているのは Remmert-Stein の拡張定理によるものである([8]第5章)．Chow の定理は

[12] Serre, J.-P. “Géométrie algébrique et géométrie analytique” (GAGA) Annales de l'Institut Fourier, Grenoble, vol. 6(1955-56), pp. 1-42.

によって高度に一般化されている．

第5章．層とコホモロジーに関しては

[13] Godement, R. “Théorie des faisceaux” Hermann, 1958.

が標準的である．

第6章．Riemann 面に関しては書くべきことが数多く残されている．特に Abel の定理，Jacobi の逆問題，Jacobi 多様体に触れることができなかった．調和関数，Riemann 面の一意化(uniformization)についても知っておくべきである．上に挙げた Forster の本の他に[2]の 6〜8 章，

[14] 岩澤健吉“代数函数論”岩波書店 1952，増訂版 1973.

[15] Siegel, C. L. “Topics in Complex Function Theory I, II, III” Wiley-Interscience, 1969, 1971, 1973.

を挙げておく．これらはいずれも非常にすぐれた本である．特に，本書では Riemann 面のトポロジーについて言及できなかったので[15]で補ってほしい．

さらに，古典として

[16] Weyl, H. “Die Idee der Riemannschen Flache” Teubner, 1913(日本語訳“リーマン面”岩波書店 1974).

がある．最近の本では

[17] Clemens, C. H. “A Scrapbook of Complex Curve Theory” Plenum Press, 1980.

が個性的で面白そうである．

楕円曲線については 19 世紀から多くの本が書かれている割には適当なものがない．個人的趣味としては次の 2 冊を挙げておく．

---

1) 雑誌名，巻号(発行年)，ページの順である．

[18] Du Val, P. "Elliptic Functions and Elliptic Curves" Cambridge University Press, 1973.

[19] 戸田盛和"楕円関数入門"日本評論社 1976.

整数論方面を目指す人には次の本が必須である.

[20] Shimura, G. "Introduction to the Arithmetic Theory of Automorphic Functions" Iwanami Shoten, 1971.

第7章. 前半はいわゆる well known to specialists である. 私は小平先生のアメリカ学士院紀要に出た論文(特に全集[1]の[32][33][34])で勉強した. 後半の結果は脚注でも述べたように

[21] Kodaira, K. "On compact complex analytic surfaces I, II, III" Annals of Mathematics, vol. 71(1960), pp. 111-152, vol. 77(1963), pp. 563-626, vol. 78(1963), pp. 1-40(全集 vol. 3 [52][56]).

の II によるが特異ファイバーの構成は別の方法をとった. 楕円曲面論は現代的な曲面論の発生の地ともいうべき所であるから是非一度原典に当られることを薦める. (本書に述べたことは[21], II の一部をカバーするに過ぎない.)

非特異ファイバーの種数が2の場合には本格的に分類すると約120種の特異ファイバーが出てしまう. そのリストは

Namikawa, Y. and Ueno, K. "The complete classification of fibres in pencils of curves of genus two" Manuscripta Mathematica, vol. 9 (1973), pp. 143-186.

に見ることができる. 本書のような方法による取り扱いを小平記念論文集で

Horikawa, E. "On algebraic surfaces with pencils of curves of genus 2" In "Complex Analysis and Algebraic Geometry" pp. 79-90, Iwanami Shoten, 1977.

に書いておいた.

複素曲面論については[21]ともう1つのシリーズ

[22] Kodaira, K. "On the structures of compact complex analytic surfaces I, II, III, IV" American Journal of Mathematics, vol. 86 (1964),

1) "Kunihiko KODAIRA Collected Works" Iwanami Shoten and Princeton University Press, 1975.

pp. 751-798, vol. 88 (1966), pp. 682-721, vol. 90 (1968), pp. 55-83, vol. 90 (1968), pp. 1048-1066(全集 vol. 3 [60][63][66][68]).

が今や古典である．代数曲面については

[23] Shafarevich, I. R., *et al.* "Algebraic Surfaces" Proceedings of Steklov Institute, vol. 75 (1965)(ロシア語)(英訳 American Mathematical Society, 1967).

もある．歴史的に見れば

[24] Enriques, F. "Le Superficie Algebriche" Nicola Zanichelli Editore, 1949.

[25] Zariski, O. "Algebraic Surfaces" Springer, 1935 (second supplemented edition, 1971).

の2冊の本が重要で，その内容の多さと難解さによって現在に至るまで曲面論の研究を鼓舞し続けている．

代数幾何全般の教科書は

[26] Grothendieck, A. "Eléments de géométrie algébrique"(EGA) Publications Mathematiques, Institut des Hautes Etudes Scientifiques, vol. 4, 8, 11, 17, 20, 24, 28, 32 (1960-67)(I のみ Springer 版がある).

[27] Hartshorne, R. "Algebraic Geometry" Springer, 1977.

[28] Griffiths, P. and Harris, J. "Principles of Algebraic Geometry" Wiley-Interscience, 1978.

[29] Mumford, D. "Algebraic Geometry I, Complex Projective Varieties" Springer, 1976.

[30] Shafarevich, I. R. "Basic Algebraic Geometry" Springer, 1974, Corrected printing, 1977.

等がある．[26], [27]はスキーム理論，[28]は複素多様体の言葉を用いて書かれている．いずれも大部である．[29]は内容的には本書にかなり近いが立場はずっと代数的である．[30]の著者(＝[23]の著者代表)はソ連の代数幾何学者達の中心である[1]．

1) 因みに Mumford と Griffiths は Harvard 大学，Hartshorne は California 大学 Berkeley 校の教授である(Griffiths はその後 Duke 大学の Provost に転出した).

本書では Kähler 多様体と調和積分論に触れることができなかった．これらについては Weil の本[6]が最良であるが，Hodge-小平分解の証明がないのでどこかで補わなければならない．

[31] Warner, F. "Foundations of Differentiable Manifolds and Lie Groups" Scott, Foresman and Company, 1971 [1].

または藤原大輔氏による[3]の付録が良いと思う．

以上のあとがきは 1981 年に書いたものなので，参考書等が少し古いが基本的なものはカバーしていると思う．

この 8 年間で最も注目すべき変化は，soliton 方程式，twistor 理論，string 理論を通して代数幾何が数理物理と連動し始めたことであろう．勿論従来からの整数論，代数解析との関連については言うまでもない．今後はこのような他の専門分野との相互作用が非常に重要となるであろう．次頁に，ある種の道路地図のようなものを掲げておこう．項目の選び方に大小があるが，それは敢えて無視した．また項目同士を結ぶ線の意味は多種多様である(またはあり得る)．できれば読者自身が自分の道路地図を描かれるように！

1989 年

1) Springer の Graduate Texts としても出版されている．

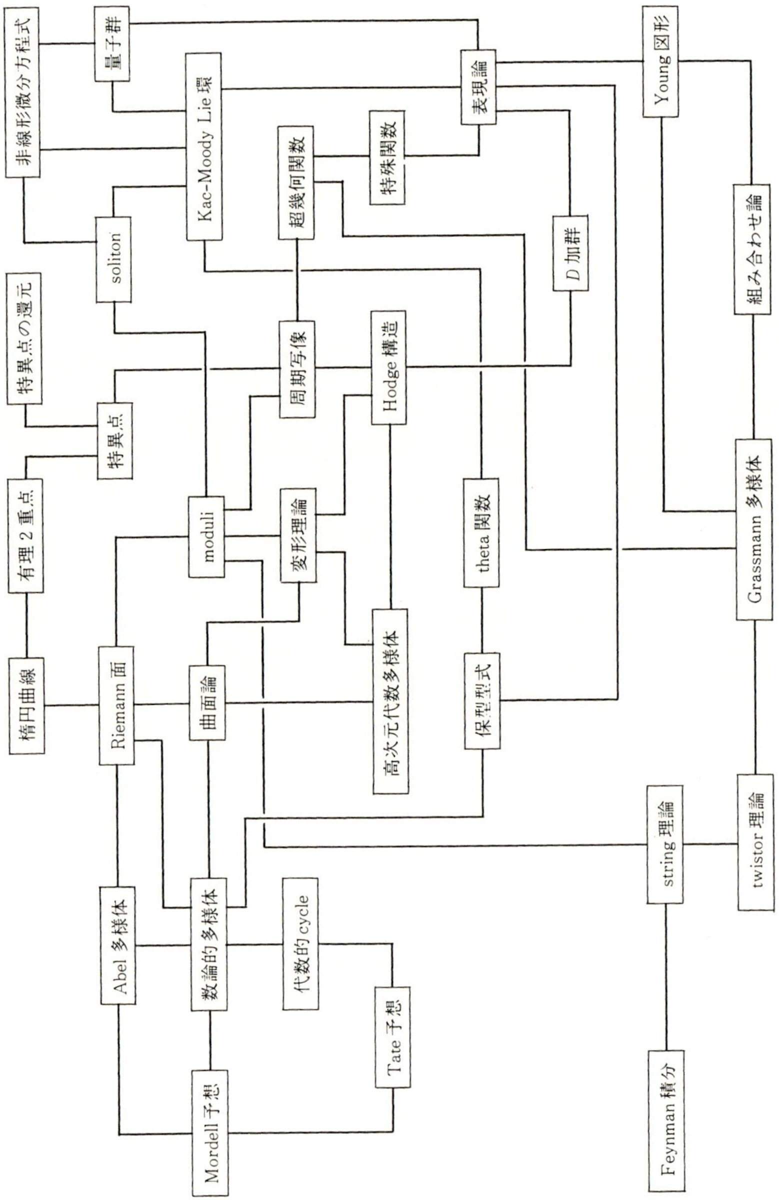
非線形微分方程式
量子群
表現論
Young 図形
Kac-Moody Lie 環
特殊関数
超幾何関数
組み合わせ論
D 加群
soliton
特異点の還元
周期写像
Hodge 構造
特異点
有理 2 重点
moduli
変形理論
theta 関数
Grassmann 多様体
楕円曲線
Riemann 面
曲面論
高次元代数多様体
保型型式
string 理論
twistor 理論
Abel 多様体
数論的多様体
代数的 cycle
Tate 予想
Mordell 予想
Feynman 積分

■岩波オンデマンドブックス■

複素代数幾何学入門

1990年 4月27日　第1刷発行
2015年 1月15日　新装版第1刷発行
2015年 2月16日　新装版第2刷発行
2019年 3月12日　オンデマンド版発行

著　者　堀川穎二（ほりかわえいじ）

発行者　岡本　厚

発行所　株式会社 岩波書店
〒101-8002 東京都千代田区一ツ橋2-5-5
電話案内 03-5210-4000
http://www.iwanami.co.jp/

印刷／製本・法令印刷

ISBN 978-4-00-730857-4　　Printed in Japan